第二届全国 BIM 学术会议论文集

Proceedings of the 2nd National BIM Conference

中国图学学会 BIM 专业委员会　主编

2016 年 11 月 12—13 日　广州

中国建筑工业出版社

图书在版编目(CIP)数据

第二届全国 BIM 学术会议论文集/中国图学学会 BIM
专业委员会主编.—北京:中国建筑工业出版社,2016.10
ISBN 978-7-112-19778-1

Ⅰ. ①第… Ⅱ. ①中… Ⅲ. ①建筑设计-计算机辅助
设计-应用软件-文集 Ⅳ. ①TU201.4-53

中国版本图书馆 CIP 数据核字(2016)第 213585 号

中国图学学会建筑信息模型(BIM)专业委员会是中国图学学会所属分支机
构,在中国图学学会的指导下,中国图学学会建筑信息模型(BIM)专业委员会
每年组织举办全国 BIM 学术会议。第二届全国 BIM 学术会议于 2016 年 10 月在广
州市召开,本书收录了大会的 53 篇优秀论文。
本书可供建筑信息模型(BIM)从业者学习参考。

责任编辑:李天虹
责任校对:李欣慰 张 颖

第二届全国 BIM 学术会议论文集
Proceedings of the 2nd National BIM Conference
中国图学学会 BIM 专业委员会 主编

*

中国建筑工业出版社出版、发行(北京西郊百万庄)
各地新华书店、建筑书店经销
龙达图文制作有限公司制版
廊坊市海涛印刷有限公司印刷

*

开本:880×1230 毫米 1/16 印张:21¼ 字数:667 千字
2016 年 10 月第一版 2016 年 10 月第一次印刷
定价:**58.00** 元
ISBN 978-7-112-19778-1
(29309)

序

　　引领着建设领域第二次信息化革命的 BIM 技术，经过最近十年的发展，已在我国工程建设全行业迅速推进，为工程项目实现全生命期的信息共享、提升全生命期的可预测性和可控制性起到至关重要的作用，进而促进生产方式的改变、推动建设行业工业化的发展。目前，BIM 技术的研究已在政策法规、标准体系、关键技术和系统研发等多个方面深入展开，其应用也从建筑工程扩展到地铁、铁路、道路、桥梁、隧道、水电、机场等基础设施领域，并通过与大数据、云计算、物联网、移动互联网、虚拟/增强/混合现实、人工智能等技术融合，实现了信息技术在传统土建行业的深度应用，体现了信息资源的巨大应用潜能。

　　中国图学学会建筑信息模型（BIM）专业委员会（以下简称"BIM 专委会"）是中国图学学会所属分支机构，致力于促进 BIM 技术创新、普及应用和人才培养，提升行业科技水平，推动 BIM 及相关学科的建设和发展。BIM 专委会于 2015 年 10 月 31 日至 11 月 1 日在北京举办了"第一届全国 BIM 学术会议"，其论文集收录学术论文 34 篇，参会人数超过 250 人。该会议是国内首次以 BIM 为主题的大型学术会议，其圆满成功的举办，为将其打造成在全国具有广泛影响力的 BIM 学术交流平台奠定了基础。"第二届全国 BIM 学术会议"将于 2016 年 11 月 12～13 日在广州举办，由广州地铁集团有限公司和广州轨道交通建设监理有限公司承办。本届会议已被中国知网纳入全国重要学术会议名录，论文集由"中国建筑工业出版社"正式出版，分为常规投稿与广州地铁篇两大部分，共收录了 53 篇学术论文，内容涉及 BIM 相关的教学模式、基础研究、技术创新、系统研发、项目级和企业级的 BIM 实施与建设等，跨越了设计、施工和运维等阶段，反映了 BIM 技术在工程建设领域中的研究与应用现状，展示了丰富的研究成果。

　　值此第二届全国 BIM 学术会议论文集出版之际，希望行业相关技术管理人员共同努力，开拓创新，进一步推动我国 BIM 技术在工程建设领域的深度应用和发展。衷心感谢国内外专家学者的大力支持！

中国图学学会 BIM 专业委员会张建平主任委员

目　录

广州地铁篇

工程管理专业 BIM 教学模式探索研究
——基于产学研相结合的视角

冯领香

（天津财经大学商学院，天津 300222）

【摘　要】 高等院校 BIM 教学改革是解决 BIM 人才缺乏问题的根本。通过分析当前 BIM 教学现状和现实中存在的困难，从产学研相结合的视角，探讨了工程管理专业 BIM 教学模式、课程体系和相关课程教学内容的改革，提出工程管理专业 BIM 教学内容体系和基本要求。

【关键词】 工程管理专业；建筑信息模型；教学模式；产学研相结合

1　引　言

BIM（Building Information Modeling，建筑信息模型）是工程项目或其组成部分在全寿命周期中物理特征、功能特性及管理要素的数字化表达，是在工程建设领域应用信息技术，实现对设计、施工和管理过程仿真和模拟的一种技术和管理方法[1]。BIM 因具有三维可视化、多专业高效协同设计、提高效率等优点受到行业瞩目。BIM 最先从美国发展起来，已经扩展到了英国、芬兰、日本、韩国、新加坡等国家，在这些国家 BIM 发展和应用都达到了一定水平。中国各地正开展大量各类世界级建筑工程，并且越来越多地借助 BIM 来应用创新流程，住房和城乡建设部及各省市出台了多项法律法规和行业标准，加快推广 BIM 技术[2-4]。《2015 中国 BIM 应用价值研究报告》给出统计数字和预测，2016 年将有 75％以上的设计企业和 90％以上的施工企业 BIM 应用率高于 15％[6]。对未来的工程从业者来说，BIM 技能不可或缺。

建筑信息化快速发展，行业需要越来越多的 BIM 人才，而缺少 BIM 人才是工程建设业应用 BIM 技术的最大限制因素[7]。BIM 人才培养有 2 条路，职业培训和高等院校教学改革，解决 BIM 人才缺乏问题的根本仍在于后者[8-9]。工程管理专业是土木工程的相关学科，其目标是培养高级工程管理人才。随着 BIM 技术在勘察设计、造价、施工、运营维护等领域的应用推广和落地，工程管理专业在教学体系中增加相应的课程或就相关专业展开教学改革已成为必然。

2　BIM 教学现状

适应行业发展，探索 BIM 教学模式并开设课程，是目前高等院校土木建筑及工程管理专业教学团队面临的共同问题。已经有多所高校在 BIM 的教学和科研中做了大量工作，在师资力量和教学硬件、软件方面具备了 BIM 教学条件，例如清华大学、同济大学、华中科技大学、大连理工大学、天津大学、天津理工大学等，也有一些学校在不具备教学条件的前提下，借助 BIM 培训机构服务于教学，但更有不少高校工程管理专业未开设 BIM 课程。

BIM 的教学改革处于不断探讨之中，例如以 BIM 平台为基础的工程造价管理课程的教学改革[10]、BIM 教学案例[11]、以产学结合为基础的设备、电气、给排水和消防专业协同 BIM 教学[12]、行业对 BIM 教学的期望[13]、BIM 技术的研究和教学现状、BIM 教学的教学方式、教学内容、教学时间和师资集成的

【基金项目】 2015 年天津财经大学教育教学改革项目（JGY 2015-27）

【作者简介】 冯领香（1979-），女，讲师，博士。主要从事工程项目管理、建筑信息模型研究。E-mail：f_lingxiang@163.com

建议[14]、基于美国高校的 BIM 教学改革经验 BIM 教学改革规划[15,16]、BIM 教学的 SPC（Study-Practice-Competition）模式[17]。一般认为 BIM 课程架构可分为理论和案例两个部分，理论中着重对多维数据信息模型、信息集成、协同工作、可视化等技术进行细致讲解，案例可通过对支持 BIM 不同阶段的各种设计软件、BIM 工程应用等内容的讲解以及 BIM 讲座来实现[18]。

由于师资力量和教学条件的不足，在 BIM 教学开展初期，通常采用以下一种或多种产学研相结合的做法：

（1）高薪聘请 BIM 培训师或校企合作的方式，将专业人才请入大学讲堂为学生授课，既引进了 BIM 技术，实现了人才培养目标和教学改革，又带动了教学团队的建设，一举多得。在校企合作各种形式的交流中，高校得以获取行业对 BIM 人才需求及 BIM 设计师职业岗位素质能力的信息，构建适应行业发展的工程管理专业人才培养方案。

（2）一些职业院校，直接把学生送到 BIM 培训机构，取得了不错的教学效果，学生毕业之后成为专业的 BIM 工程师。据了解，早些年送到培训机构的学生，培训机构免收学费。

（3）为高年级学生提供去企业实习的机会。通过行业企业基地真实的工作环境，参与行业前沿发展，切实加强了学生的 BIM 应用技能和就业优势，同时促进 BIM 教学团队建设和科学研究选题。

（4）参加 BIM 大赛，通过比赛项目的设计、制作和参赛过程，实现教学与行业实践的对接，促进兄弟院校之间 BIM 应用和教学的交流和学习。近年来 BIM 校园大赛举办较多，例如工程建设 BIM 应用大赛、广联达校园 BIM 技能大赛、"龙图杯"校园 BIM 技能大赛、"创新杯"建筑信息模型（BIM）设计大赛、"百川杯"高校 BIM 技术应用大赛等。

3　产学研相结合的教学模式

不同院校的 BIM 教学水平存在巨大的差距，部分高校已经具备了较强的师资力量、教学硬件等办学条件，成立了 BIM 研究中心或培训中心，甚至有多达百人的研究生队伍，形成了研究团队，并为社会提供 BIM 咨询或培训服务。但多数院校仍然存在师资力量和教学资源的不足。BIM 教学实施面临一些困难：

（1）师资力量不足，主要表现为 BIM 专任教师数量不足和质量不高两个方面。高校教师岗位一般要求具有博士学位，而 BIM 教学在高校中的实施时间尚短，少有 BIM 领域博士毕业生被输送到教师岗位。

（2）缺乏教学工具，主要指 BIM 相关软件。随着 BIM 的迅猛发展，常用的 BIM 软件数量已有几十种之多[19]，除欧特克公司为在校学生及教育机构提供限时的免费软件（Revit、Navisworks 等）之外，大部分的软件需要高额的教育经费支持进行采购。

（3）计算机硬件有待升级。BIM 教学需要应用的软件为三维设计及动画展示，这对计算机硬件水平提出了较高要求，64 位系统和 16G 内存为最低配置，电脑运行速度还需成倍提高。

（4）BIM 教学深度不够。一些已开设 BIM 课程的高校，教学内容停留在概念阶段，课程仅限于 BIM 概论，没有把它融合在更多的专业课程中去，将 BIM 技术前沿引入课堂尚需时间。

2015 年 10 月 31 日，在全国第一次 BIM 学术会议上，清华大学张建平老师在评价参会论文时提出，应形成从 BIM 基础、理论、软件到应用的课程体系，与原有的画法几何、CAD、工程项目管理课程相互衔接，并让学生进入课题组，参与 BIM 科学研究与工程实践，形成产学研相结合的教学模式。我校工程管理专业教学团队在 BIM 教学模式探索中，尝试了产学研相结合的方法，并组织学生参加了"第二届'百川杯'高校建筑信息模型（BIM）应用技能大赛"，在参赛过程中，不仅获得了主办方的技术支持，还促进了我校工程管理专业与兄弟院校的沟通交流。

产学研相结合的教学模式，包括入研、入企、协同三种合作教育模式，根据企业的需要开设课程，定向培养人才，促进科研与教学互动、教师参与企业的研发，企业接受大学生的实习与就业。高校与企业联合办学，共同制订教学计划，对于提升高校教育教学水平和人才培养质量具有重要意义[20-23]。BIM 技术推广过程中，部分大型设计院、房地产开发商、施工企业作为 BIM 技术的最先采纳者，成立了专业的 BIM 小组，并将 BIM 技术应用于建筑生命周期的部分阶段，成为 BIM 技术的权威专家。在当前 BIM 人才现状条件下，产学研相结合的教学模式，有利于推进学校与企业在 BIM 领域的广泛合作，协同创新，促进学科发展与技术合作，有利于高校师生参与行业前沿发展，促进教学团队建设，提高培养学生的水平，加强学生专业技能和就业优势。

4 工程管理专业 BIM 课程体系

工程管理专业的培养目标是培养适应现代化建设需要，德智体全面发展，具备工程技术及经济管理、法律等基本知识，获得工程师基本训练，具有较强实践能力、创新能力、组织管理能力的高级工程管理人才。工程管理专业与国家注册监理工程师、国家注册造价工程师的知识结构相接轨，专业方向涵盖工程项目管理、房地产管理经营、工程投资与造价管理、国际工程承包等方向。毕业生可从事工程咨询、工程项目施工、房地产开发与经营的相关工作。当前，BIM 技术已经落地，从设计阶段的三维建模出图技术，逐渐嵌入到施工和工程管理流程当中，演变为项目管理和房地产开发管理手段，在不久的将来，BIM 数据将作为企业资产[24-27]，被用于物业运营管理和资产管理。因此 BIM 在工程管理教学体系改革中，已不是做不做的问题，而是如何做的问题。

何关培认为，BIM 专业应用人才的能力由工程能力和 BIM 能力两部分构成，BIM 是行业从业人员可以使用的第 19 般兵器，BIM 技术是在原来的学科基础上用这种建筑业信息技术来提高完成专业任务的效率和任务[28]。工程管理专业 BIM 课程体系的内容应根据人才培养的目标和工程管理专业人才能力构建体系科学设计，正确处理教学内容传承与更新的关系，在保持课程基本内容整体框架的基础上，增加新知识和新项目的比重。在课程组织上，突出课程的重点和难点，加大实践课时，突出建筑施工项目进课堂，以培养学生的实践应用能力为主线，通过上述细化安排，突出主要矛盾，分层次建设，避免精力均分，提高 BIM 课程建设效果。

美国国家 BIM 标准（NBIMS Part 1 Version1）把与 BIM 有关的人员分成如下三类：BIM 用户、BIM 标准提供者、BIM 工具制造商[29]。BIM 用户指的是 BIM 应用人才，即应用 BIM 支持本人专业分工的人才。工程建设行业的 BIM 人才需求部门包括政府、科研、业主、设计、施工、运维、软件厂商、设备制造以及预制工厂等。BIM 专业应用人才有 5 种类型的职业：BIM 战略总监（企业级 BIM 人才）、BIM 项目经理（项目级 BIM 人才）、BIM 专业分析工程师、BIM 模型生产工程师、BIM 信息应用工程师。高校人才的培养也应从低到高进行梯次提升，学生从会建模到会应用，毕业后能够快速适应基于 BIM 的项目管理，并在企业中经过项目实践应用后逐步发展到能够进行业务集成的高级 BIM 管理人才。由此可见，高校本阶段人才培养应以 BIM 应用型初级人才的培养为基础和起点。

工程管理专业 BIM 课程体系的设计，应以 BIM 理论为基础，以 BIM 软件为手段，强调 BIM 在工程建设项目全生命周期的应用，穿插引入基于工程项目实践的教学内容。BIM 软件数量已达几十种之多，这也反映了 BIM 技术发展的热度。例如 Autodesk Revit、Autodesk Navisworks、Bentley、Nemetschek ArchiCAD/AllPLAN/ YectorWorks、Dassault CATIA、Tekla，以及国内的 PKPM、鲁班、广联达、斯维尔等。所谓巧妇难为无米之炊，软件建模是 BIM 应用的基础，是 BIM 入门必学内容。

BIM 应用方面：工程建设行业 BIM 技术的应用已经覆盖工程项目全生命周期，BIM 建筑方案设计、场地分析、结构详图模拟、管线综合、协同设计、建筑性能分析、算量统计、施工进度控制、施工组织设计、竣工模型交付、资产管理、空间管理、灾害应急模拟等[31,32]。可以看出 BIM 应用与工程管理课程体系中的多门课程相关，例如计算机辅助设计、房屋建筑学、建筑结构、建筑施工、智能建筑、工程造价、房地产营销等。BIM 课程内容的设计，应以工程管理专业 BIM 课程体系整体改革为目标，根据专业特点进行课程结构的整体调整，对相关课程的内容进行重新设计。充分考虑相关课程在时间和内容上的衔接关系，重新修订教学大纲，确定 BIM 教学内容在课程体系中应占的比重，对整个 BIM 课程体系进行整体规划。

综合 BIM 人才需求、工程管理专业培养目标、既有课程体系及 BIM 相关软件功能特点，给出 BIM

教学内容、相关课程、教学要求及软件类别如表 1 所示。

BIM 教学体系及教学要求　　　　　　　　　　　　　　　　　　表 1

教学内容	相关课程	软件类别	教学要求
BIM 理论	—	—	BIM 的概念、BIM 的起源与发展,BIM 在工程项目全生命周期的应用框架,基于 BIM 的工程项目 IPD 模式[33]
BIM 标准	—	—	企业级 BIM 实施标准、项目级 BIM 实施标准、BIM 应用的质量控制标准
BIM 工程识图与制图	画法几何 计算机辅助设计 房屋建筑学 工程结构	Revit、Navisworks、GICD 结构施工图、Tekla 钢结构设计	通过各 BIM 软件的学习应用,以及素材案例的学习,使学生能识读建筑专业施工图、结构专业施工图、结构详图、节点详图,并与三维视图进行比对视图,能领会设计意图,阅读和引用标准图集,并能使用专业软件绘制建筑、结构施工图
BIM 算量与工程计价管理	工程造价 工程招投标	Revit 明细表 土建算量 GDL、钢筋算量 GGJ、安装算量 GQI、计价软件 GBQ、结算管理 GES、比目云 5D 算量	以实际工程案例教学形式,及配套的课程教材、评分标准、案例图集等,既使其掌握软件功能操作,又使其工程造价业务能力大幅提升。 招投标课程:通过情景模式仿真的形式,体验工程项目从招标至竣工的全过程,使学生清楚工程项目招投标全业务流程,具备编制招标文件、投标文件的能力
BIM 工程项目管理	工程项目管理	广联达 BIM5D、Navisworks	以建筑信息模型为基础,整合成本、进度、质量、资源、安全等工程管理核心内容,通过实际案例进行项目管控,实现模拟多方沟通与协作,学习运用 BIM5D 技术进行工程管理[34]
BIM 施工组织设计	建筑施工组织方案设计与仿真工地模拟	三维场地布置 GSL、脚手架模板设计软件	虚拟仿真模拟一个标准的安全文明施工工地,以多人在线的形式,学生通过任务式的引导进行体验式的互动学习、考核,最终使学生掌握安全施工、文明施工、绿色施工在真实工地的体现,全面认识施工现场

5　总　结

BIM 的应用是推进中国建筑业信息化变革、加速产业结构升级的过程,BIM 已成为工程建设行业信息化发展的方向,BIM 人才缺乏成为制约行业发展的最主要因素。当前 BIM 技术正在落地,高校工程管理专业教学改革是行业需求,也是教学发展的必然选择。本文探讨了当前 BIM 教学的常见模式以及存在的主要问题,以适应行业发展对 BIM 人才的需求为出发点,提出产学研相结合的教学模式适合当前 BIM 教学改革的特点,之后,基于 BIM 人才需求和工程管理教学目标,提出了对工程管理专业 BIM 教学课程体系设计和相关课程教学内容改革的思考,构建了既有教学体系中相关课程的 BIM 教学内容、软件配置及教学要求。

参 考 文 献

[1]　住房和城乡建设部.关于推进建筑信息模型应用的指导意见[R].2015.
[2]　住房和城乡建设部.2011-2015 年建筑业信息化发展纲要[R].2011.
[3]　上海市城乡建设和管理委员会.上海市建筑信息模型技术应用指南（2015 版）[S].2015.
[4]　北京市规划委员会.民用建筑信息模型设计标准[S].2014.
[5]　深圳市建筑工务署.深圳市建筑工务署 BIM 实施管理标准[S].2015.
[6]　欧特克.2015 中国 BIM 应用价值研究报告[R].2015.
[7]　何清华,钱丽丽,段运峰,李永奎.BIM 在国内外应用的现状及障碍研究[J].工程管理学报,2012,01：12-16.
[8]　N. W. Young, S. A. Jones, H. M. Bernstein, J. Gudgel. Smart Market report on Building Information Modeling (BIM)：transforming design and construction to achieve greater industry productivity[R]. New York. McGraw-Hill Construction，2009.
[9]　R. Sacks, R. Barak. Teaching building information modeling as an integral part of freshman year civil engineering education[J]. Journal of Professional Issues in Engineering Education and Practice，2010，136（1）：30-38.
[10]　米旭明.基于 BIM 平台的工程造价管理课程教学研究[J].中国科技信息,2011,16：165.
[11]　赵晓刚,周力坦.将学习进行到底——BIM 为建筑院校构建完整教学案例[J].建筑技艺,2011,Z1：121-125.

［12］　卡罗琳娜·M·克莱温格尔，史蒂芬尼·卡雷．产学结合：开发以 BIM 为基础的设备、电气、给排水和消防专业协同教学单元［J］．建筑创作，2012，10：48-57.

［13］　克里斯托弗·帕韦尔科，阿兰·D·切西．当今大学本科课程中的 BIM 课程［J］．建筑创作，2012，10：20-29.

［14］　刘红勇，何维涛，黄秋爽．普通高等院校 BIM 实践教学路径探索［J］．土木建筑工程信息技术，2013，05：98-101.

［15］　张尚，任宏，Albert P. C. Chan. BIM 的工程管理教学改革问题研究（一）——基于美国高校的 BIM 教育分析［J］．建筑经济，2015，01：113-116.

［16］　周建亮，吴跃星，鄢晓非．美国 BIM 技术发展及其对我国建筑业转型升级的启示［J］．科技进步与对策，2014，11：30-33.

［17］　甘荣飞，曹文龙，孙靖立．BIM 在建筑类本科院校的实践探索［A］．第十六届中国科协年会——绿色设计与制造信息技术创新论坛论文集［C］．中国科学技术协会、云南省人民政府，2014，4.

［18］　刘照球，李云贵．土木工程专业 BIM 技术知识体系和课程架构［J］．建筑技术，2013，10：913-916.

［19］　何关培．BIM 和 BIM 相关软件［J］．土木建筑工程信息技术，2010，04：110-117.

［20］　黄大明，黄俊明，黄伟，杨春兰．改革与创新实践教学模式　推进校企合作平台的建设［J］．实验室研究与探索，2012，06：140-143.

［21］　鲍文博，金生吉，宁宝宽．产学研合作实践教学模式探讨［J］．高等建筑教育，2012，04：111-113.

［22］　步德胜．基于产学研合作的人才培养模式研究——以青岛科技大学为例［J］．中国高校科技，2015，03：32-33.

［23］　杨艳敏，郭靳时，王勃．土木工程结构实验教学体系的改革与实践［J］．实验科学与技术，2015，02：66-67＋144.

［24］　Becerik-Gerber B，Jazizadeh F，Li N，et al. Application Areas and Data Requirements for BIM-Enabled Facilities Management［J］．Constr. Eng. Manage.，2012，138（3）：431-442.

［25］　Lucas J，Bulbuh T，Thabet W，et al. Case Analysis to Identify Information Links between Facility Management and Healthcare Delivery Information in a Hospital Setting［J］．Archit. Eng.，2013，19（2）：134-145.

［26］　Davies R，Harty C. Implementing "Site BIM"：A Case Study of ICT Innovation on a Large Hospital Project［J］．Automation in Construction，2013，30：15-24.

［27］　Marzouk M，Abdelaty A. BIM-based Framework for Managing Performance of Subway Stations［J］．Automation in Construction，2014，41：70-77.

［28］　张建平，刘强，张弥等．建设方主导的上海国际金融中心项目 BIM 应用研究［J］．施工技术，2015，06：29-34.

［29］　何关培．如何让 BIM 成为生产力［M］．北京：中国建筑工业出版社，2015.

［30］　The Computer Integrated Construction Research Program of the Pennsylvania State University. Building Information Modeling Execution Planning Guide，Version 2.0［EB/OL］．［2010-09-02］．http：//bim. psu. edu/.

［31］　李建成，王广斌．BIM 应用·导论［M］．上海：同济大学出版社，2015.

［32］　刘济瑀．勇敢走向 BIM2.0［M］．北京：中国建筑工业出版社，2015.

［33］　马智亮，张东东，马健坤．基于 BIM 的 IPD 协同工作模型与信息利用框架［J］．同济大学学报（自然科学版），2014，09：1325-1332.

［34］　黄强．论 BIM［M］．北京：中国建筑工业出版社，2016.

上海水利行业 BIM 技术标准体系研究

张吕伟

（上海市政工程设计研究总院（集团）有限公司，上海 200092）

【摘　要】 BIM 技术标准不仅仅是一个数据模型传递数据的格式标准或者分类标准，还包括对 BIM 各参与方进行数据交换或数据模型交付所需要的内容、节点、深度和格式的规定，对实践流程与管理的规定等。本研究内容结合上海市水利工程特点，并参考上海市已经完成的 BIM 应用标准，提出上海市水利行业的 BIM 技术应用标准体系，为上海市水利行业的 BIM 技术标准编制提供参考依据。

【关键词】 水利行业；BIM；标准体系

1　研究背景

随着 BIM 技术在中国被逐渐认识与应用，特别是在国内工程建设行业高速发展的背景下，BIM 已在国内一些大型工程项目中得到积极应用，涌现出很多成功案例，充分展现了 BIM 技术在建设工程行业的应用价值。

2014 年 10 月 29 日，上海市出台了《关于在本市推进建筑信息模型技术应用的指导意见》（沪府办发〔2014〕58 号），旨在推广建筑信息模型（BIM）在上海市建筑行业的应用。《意见》明确了 BIM 推进工作的指导思想、基本原则和主要目标，对 BIM 推进工作中的重点任务进行了部署。最后提出了完善的保障措施，力求政策能够落到实处。《意见》的出台将极大地推动 BIM 技术在上海的应用，为 BIM 进一步在全国的推广起到示范作用。

2　研究意义

BIM 技术的推广已成为工程技术发展必然的趋势。目前 BIM 技术在国内水利行业的应用尚处于起步阶段，通过工程案例来看，虽然一些大型专业设计院已采用 BIM 技术进行大中型水电工程的规划、设计。但水利行业仍普遍采用 AutoCAD 进行二维设计。BIM 技术则主要是采用 Civil 3D 软件完成一些较为简单的渠道、堤防、土石坝等任务，无法充分发挥 BIM 技术的强大优势。因此 BIM 技术在水利行业的推广应用仍需进一步努力。

水利工程中的 BIM 技术应用在国内尚属起步阶段，本研究内容结合上海市水利工程特点，并参考上海市已经完成的 BIM 应用标准，提出上海市水利行业的 BIM 技术应用标准体系，为上海市水利行业的 BIM 应用标准编制提供参考依据。

3　上海水利行业 BIM 应用现状

上海市大部分设计施工企业已经有意识地开展水利工程行业 BIM 技术应用，绝大部分企业都认为 BIM 技术是未来行业发展趋势，但目前在企业中推广 BIM 技术进展缓慢，BIM 技术作为一项新兴的技术手段，还存在诸多亟待解决的瓶颈问题。体系编制过程中，广泛调研分析目前上海市水利行业 BIM 应用状况，可以将问题归总到四个层面：体制、标准、技术和人才。

【作者简介】 张吕伟（1960-），男，教授级高级工程师。从事 CAD/BIM 技术研发和应用。E-mail：zhanglvwei@smedi.com

3.1　体　制

政策层面的问题为 BIM 技术应用最为突出、企业最为关注的瓶颈问题。具体可以分为以下几点：

（1）建设、设计、施工、运维单位分离。BIM 技术的特长在于贯穿工程的全生命周期中的模型和信息的唯一性和持续性，而往往工程项目从立项到建设审批，再到运营单位移交的过程中，每个阶段对工程项目的资料要求不完全一致，导致 BIM 模型在每个阶段均需要进行大量的修改和调整以满足各个不同管理部门的需求，BIM 模型的唯一性和持续性面临较大挑战。

（2）企业或公司在探索 BIM 技术应用过程中，都建立了各自的 BIM 构件库和模板库，但不同企业或公司之间通常由于市场竞争关系彼此保密，导致很多简单基础性的构件或模板会有不同的 BIM 版本，犹如一个个 BIM 资源孤岛，背离了 BIM 技术应用的初衷，实质是一种低水平重复的劳动，浪费大量时间和精力。

（3）实际工程往往需要历经层层专家评审，并反复地调整修改，而工程的时间期限一般不会更改，从而造成设计和施工企业的工期非常紧张，这是水利建设工程行业必须面临的一种常态。

3.2　标　准

标准层面问题为 BIM 技术应用中最为普遍最为基础的问题，也是最为棘手的问题，具体可以分为以下几点：

（1）在上海市水利行业 BIM 技术作为刚刚起步的新兴技术手段，其应用成功的案例比较少，而且覆盖的专业比较少，BIM 技术应用的程度也比较浅，很难有丰富的实例经验作为制定标准体系的依据。

（2）目前主要是国外软件为主导占据市场，势必存在本地化程度不高、使用习惯不完全符合要求等问题，更加难以做到软件之间无缝传导信息数据。

（3）应用 BIM 技术，必然需要将 BIM 模型作为阶段的交付物，但针对 BIM 模型尚无一套有效的审核管理流程予以保障，导致边界模糊，责任也无法明确，工程的安全可靠无法得到保证，也无法顺利推进。

3.3　技　术

技术问题是制约 BIM 技术应用最为关键问题之一，具体可以分为以下几点：

（1）在水利建设工程行业，BIM 技术更是处于起步的概念阶段，很多企业是抱着试试看的心态进行探索研究，真正投入大量人力物力的企业还是凤毛麟角。

（2）水利建设工程行业的特点之一就是情况因素复杂多变，由此产生的设计变更往往比较频繁，并且设计变更的时间都比较紧张。因此在设计频繁变更的情况下，BIM 模型往往很难保证实时同步修改，并且由于前期考虑不足，BIM 模型很大程度上需要重新建立，导致最终 BIM 模型相对工程项目的准确性和可用性也大打折扣。

（3）BIM 模型的检查和审阅手段还没有建立一套行之有效的流程，但对于工程所需要的各种规范检查、尺寸审核而言，三维模型有时反而不如传统的二维图纸那么直观和方便，甚至有时也需要从三维模型中通过剖切或投影方式重新得到二维图纸。

3.4　人　才

任何新技术的应用都离不开人才的储备和培养，专业 BIM 技术应用人才也逐渐成为不可忽视的限制因素。

（1）水利建设工程项目设计人员的工作量很大，要求设计人员改变常规思路，另辟蹊径采用 BIM 技术解决问题比较困难，设计人员往往不会主动在工程项目中运用 BIM 技术。

（2）目前市场上具备完善的专业工程背景和 BIM 应用能力的复合型人才十分稀缺，这也导致在工程项目上 BIM 技术的应用水平和程度较低，无法真正体现 BIM 技术的价值所在。

4　上海水利行业 BIM 推广应用对策研究

4.1　BIM 推广应用模式

政府牵头，组织 BIM 技术专家，成立团队，根据国内外的广泛调研和国家发展战略要求，结合水利建设工程行业 BIM 技术应用的成功案例，因地制宜制定水利工程领域 BIM 近期实施（三年行动）和远期发展规划。通过示范工程 BIM 技术应用的推进和实施，逐步积累 BIM 技术应用经验，引导政府主管部门正确理解 BIM 技术应用的能力和水平，从而能够理性提出对 BIM 技术应用的要求和愿景。

同时逐步建立政策性、指导性和可操作性的水利建设工程行业 BIM 技术应用指南或指导意见，引导水利建设行业的 BIM 技术应用稳步推进。

通过水利建设工程示范工程有效经验的逐步积累和总结，组织专家会同参与 BIM 技术应用工程的企业人员，按照国家标准制定情况，参考国际标准共同制定 BIM 技术应用统一基础标准、应用技术标准以及评价标准体系。

由政府牵头，组织参与 BIM 技术应用的单位和 BIM 技术专家，通过水利建设工程示范工程，按照国家审核流程和国际先进的 BIM 模型审查制度，逐步制定模型审核的流程与规定、模型存档管理办法。

4.2　BIM 推广技术路线

BIM 技术应用与设计同步考虑，建立的 BIM 模型能基本体现设计要素并具有一定可调整的参数。通过水利建设工程示范工程逐步积累相应的 BIM 模板，针对设计变更能达到快速修改的效果

通过水利建设工程示范工程由各参与企业逐步探索符合水利建设工程发展要求基于 BIM 技术的审批与监管流程，组织 BIM 技术专家进一步完善审批与监管流程，并在实际 BIM 技术应用工程中实施以检验效果。

4.3　BIM 推广应用标准研究

通过水利建设工程示范工程有效经验的逐步积累和总结，组织专家会同参与 BIM 技术应用工程的企业人员，按照国家标准制定情况，参考国际标准共同制定 BIM 技术应用统一基础标准、应用技术标准以及评价标准体系。

参考相关中国编码规范，借鉴国际项目经验，制定不同专业的信息编码、信息交付标准，建立信息交换平台。借鉴国际先进 BIM 技术要求，逐步制定存储 BIM 模型数据的统一标准格式。

由政府牵头，组织参与 BIM 技术应用的单位和 BIM 技术专家，通过水利建设工程示范工程，按照国家审核流程和国际先进的 BIM 模型审查制度，逐步制定模型审核的流程与规定、模型存档管理办法。

5　上海水利行业 BIM 标准体系研究

BIM 标准体系反映了标准与行业规范间的关系，还有各层次标准间的关系，包括国内外标准之间的关系、国家与上海市标准之间的关系，以及基础标准与应用标准之间的关系。

5.1　BIM 标准体系架构

上海水利行业 BIM 标准序列应分为三个层次：

第一层，上海水利行业 BIM 标准。作为一种行业标准，应该满足和遵守国家 BIM 标准的相关要求和规定。同时水利工程 BIM 标准体系内一些对其他行业领域具有强制要求、指导或借鉴意义的规定可以上升为国家标准。

第二层，企业 BIM 标准。水利工程设计、施工、建设管理、运营企业，在 BIM 国家标准、行业标准、地方标准的约束指导下，为实施本单位 BIM 项目制定工作手册或作业指导书。

第三层，企业项目团队针对具体的建设项目制定具有高度项目相关性的项目 BIM 工作原则。

上海水利行业 BIM 标准序列与中国国家 BIM 标准、地方 BIM 标准和相关行业领域间的关系。如图 1 所示。

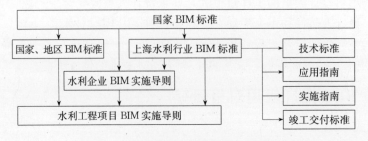

图 1　上海水利行业 BIM 标准体系架构

5.2　总体指导思想

参照国家、上海市已经完成 BIM 标准，根据上海市水利行业特点补充部分内容，完成上海市水利行业 BIM 标准体系。

5.3　标准参照关系

参照国家、上海市已经完成 BIM 标准，根据上海市水利行业特点补充部分内容，完成上海市水利行业 BIM 标准体系（图2）。

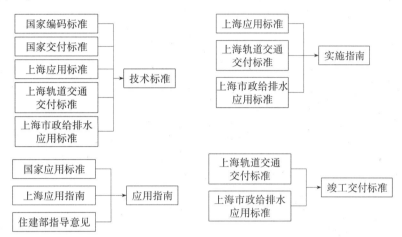

图2　上海水利行业 BIM 标准体系参照关系

5.4　数据分类与编码

将水利工程中所涉及的对象进行分类，参照国家标准《建筑工程设计信息模型分类和编码标准》中的建筑信息分类编码表。针对水利领域制定并作为信息分类的标准原则使用，贯穿了整个建筑生命周期。

5.5　模型深度等级要求

BIM 几何模型与几何相关的信息按工程项目发展阶段表达为五个深度等级（表1）。

深度等级表　　　　　　　　　　　　　　　　　　　　　　　　表1

		深度要求	BIM 应用
L1	模型	具备基本外轮廓形状,粗略的尺寸和形状	1. 概念建模(整体模型) 2. 可行性研究 3. 场地建模、场地分析 4. 方案展示、经济分析
	信息	包括非几何数据,仅长度、面积、位置	
L2	模型	近似几何尺寸、形状和方向,能够反映物体本身大致的几何特性。主要外观尺寸不得变更,细部尺寸可调整	1. 初设建模(整体模型) 2. 可视化表达 3. 性能分析、结构分析 4. 初设图纸、工程量统计 5. 设计概算
	信息	构件宜包含粗略几何尺寸、材质、产品信息	
L3	模型	物体主要组成部分必须在几何上表述准确,能够反映物体的实际外形,保证不会在施工模拟和碰撞检查中产生错误判断	1. 真实建模(整体模型) 2. 专项报批 3. 管线综合 4. 结构详细分析、配筋 5. 工程量统计、施工招投标
	信息	构件应包含几何尺寸、材质、产品信息(例如电压、功率)等。模型包含信息量与施工图设计完成时的 CAD 图纸上的信息量应该保持一致。包括所有详图	
L4	模型	详细的模型实体,最终确定模型尺寸,能够根据该模型进行构件的加工制造	1. 详细建模(局部模型) 2. 施工安装模拟 3. 施工进度模拟
	信息	构件除包括几何尺寸、材质、产品信息外,还应附加模型的施工信息,包括生产、运输、安装等方面	
L5	模型	土建设施和各类设备的实际尺寸与位置	1. 养护管理 2. 资产管理与统计 3. 设备集成及监控
	信息	水利项目所要求交付的管理信息,可供水利项目运维管理各业务应用	

5.6 协同总体规则

（1）水利设施在全生命周期内的模型信息创建、编辑与使用方，通常包括业主、政府部门、工程管理方、设计方、施工方、供应商、运维方等。

（2）模型创建者是创建和维护具体模型，使之到达规定的建模深度的责任方。将模型提供给使用者前模型创建者应对所创建的模型进行质控检查。

6　上海水利行业 BIM 标准体系编制大纲

6.1 《上海水利行业信息模型技术标准》编制大纲（表2）

《上海水利行业信息模型技术标准》编制大纲　表2

编写大纲	编写内容
总则	适用于本市新建、改建、扩建和大修的水利工程,在规划、设计、施工、运维阶段 BIM 技术应用基础标准
基础数据	分类编码(原则、方法,在《竣工交付标准》中具体化) 数据交互(数据传递的格式,在《应用标准》中具体化) 数据交付(数据交付方式,在《应用标准》中具体化)
建模规定	模型体系(构筑物构件分解和命名) 模型和信息深度(模型 5 个等级、信息 5 个等级) 建模方法(正向设计) 构件创建原则(参数规划)
协同设计	工作流程(角色、活动、逻辑、时限设置要求) 协同平台(编辑区、共享区、发布区、归档区功能要求)
信息共享平台	GIS整合、模型管理、模型服务、项目管理、基础信息服务

6.2 《上海水利行业信息模型应用指南》编制大纲（表3）

《上海水利行业信息模型应用指南》编制大纲　表3

编写大纲	编写内容
概述	适用于本市新建、改建、扩建和大修的水利工程,规范在规划、设计、施工阶段 BIM 技术应用点目标、技术要求、工作流程和交付要求
应用总览	明确适合本市水利行业 BIM 技术应用点目标(区分成熟应用和建议应用)
方案设计阶段应用	规划方案表现、场地分析、方案比选
初步设计阶段应用	管线搬迁道路翻交、场地现状仿真
施工准备阶段应用	大型设备运输路径检查、施工方案模拟
施工实施阶段应用	管线综合与碰撞检查、工程量计算与复核、工程进度模拟
运行维护阶段应用	资产管理与统计、养护管理、运维管理、应急事件处置、设备设施运行监控

6.3 《上海水利行业信息模型实施指南》编制大纲（表4）

《上海水利行业信息模型实施指南》编制大纲　表4

编写大纲	编写内容
概述	适用于本市新建、改建、扩建和大修的水利工程,在规划、设计、施工阶段 BIM 技术实施过程管理
组织架构	管理组织(业主、总体实施单位,各实施参与单位工作职责) 应用规划(总体实施方案,实施应用点、实施进度、实施流程)
模型管理	模型命名、构件命名、系统命名
协同管理	子模型划分和分工、坐标和高程系、单位与度量、建模协同流程和平台
过程控制	成果交付及验证流程、模型责任方和验收标准、模型版本管控机制,沟通方式、文件传递方式、实施过程记录内容方式,模型成果的所有权和使用权

6.4 《上海水利行业信息模型竣工交付标准》编制大纲（表 5）

《上海水利行业信息模型竣工交付标准》编制大纲

表 5

编写大纲	编写内容
总则	适用于本市新建、改建、扩建和大修的水利工程竣工模型交付管理。符合本市水利工程设施设备运行维护管理平台交付要求
交付要求	建模范围（按工程类型） 建模精细度（按构筑物类型，表格具体化） 属性精细度（按构筑物类型，表格具体化） 实施设备分类编码（按运行维护要求确定编码结构，表格具体化） 交付流程（信息来源）
交付文件	模型组成（各专业模型） 命名规则（专业模型命名、文件命名、设备命名） 文件格式（根据运行维护平台软件开发环境要求）

参 考 文 献

[1] 上海市. 关于在本市推进建筑信息模型技术应用的指导意见［R］.

[2] 上海市住建委. 上海市建筑信息模型技术应用指南［R］.

[3] 上海现代集团. 上海地区 BIM 技术应用标准体系研究报告［R］.

[4] 上海标准. 市政给排水信息模型应用标准（送审稿）［S］.

[5] 李华良，杨绪坤，王长进，等. 中国铁路 BIM 标准体系框架研究［J］. 铁路技术创新，2014（2）.

[6] 顾明. 流程再造——BIM 应用的深水区. 中国建设报，2015 年 1 月 27 日第 009 版.

[7] 周霜，黄振华. BIM 在中国的应用现状分析与研究［J］. 土木建筑工程信息技术，2014，6（4）：24-29.

[8] 何关培. 实现 BIM 价值的三大支柱－ IFC/IDM/IFD［J］. 土木建筑工程信息技术，2011，03（1）：108-116.

[9] 李云贵，邱奎宁. 我国建筑行业 BIM 研究与实践［J］. 建筑技术开发，2015，42（4）：3-10.

[10] 张吕伟. 探索 BIM 理念在给排水工程设计中应用［J］. 土木建筑工程信息技术，2010，02（3）：24-27.

[11] 张建平，张洋，张新. 基于 IFC 的 BIM 三维几何建模及模型转换［J］. 土木建筑工程信息技术，2009，1（1）：40-46.

BIM 技术在机电安装工程中的应用

方速昌

（中国建筑第八工程局有限公司广州分公司，广东 广州 510663）

【摘 要】BIM 技术作为建筑施工行业新的发展方向，其在建筑机电安装工程中的应用效果尤为突出。结合工程实例，从项目招投标阶段的效果展示，实施阶段的造价管理、管线预留预埋和综合优化设计、管线预制加工、安装施工模拟和现场管理，到项目后期的运维管理，讲述 BIM 技术在建筑机电安装项目生命周期中各阶段的应用，可为类似工程提供借鉴。

【关键词】BIM 技术；机电安装工程；管线综合；深化设计

1 引 言

随着 BIM 技术应用的不断发展，BIM 技术在建筑机电安装工程中的应用越来越受到安装企业的重视，在施工指导、成本控制和现场管理等方面的应用给安装施工企业带来显著的效果。本文以工程项目建设发展为顺序，结合工程实例，对 BIM 技术在建筑机电安装建设过程各阶段中的应用进行了研究与探讨。

2 招投标中的应用

在项目投标阶段采用 BIM 技术进行项目三维动态效果展示（图 1），使用新颖的方式取替了以往枯燥的解说，使项目各参建方清晰直观了解机电管线安装完成后的效果；同时对重难点方案进行动画模拟，让评标专家快速了解施工安装过程，具体形象地展示投标单位的实力，使企业具备更大的竞争优势。此外，通过 BIM 相关软件对数据模型进行工程量统计，精准快速地完成算量，进行科学报价，为项目商务策划奠定基础，同时在招投标中应用 BIM 技术提高企业在业主的认可度，为机电安装工程企业开拓新的业务领域保驾护航。

图 1 地下室综合管线效果图

【作者简介】方速昌（1989-），男，助理工程师。主要研究方向为建筑机电工程施工技术和 BIM 技术。E-mail：fangsuchang@qq.com

3 工程造价管理

在建筑工程领域，机电安装工程清单项多，且材料种类繁多复杂，商务管理难度大。工程造价是工程建设项目管理的核心指标之一，工程造价管理依托于两个基础工作：工程量统计和成本核算。在目前普遍使用 CAD 作为绘图工具的情形下，工程造价管理的两个基本工作中，工程量统计会耗用造价人员 50%～80%的时间，需要人工根据图纸或 CAD 图形在算量软件中完成建模并进行工程量的计算。无论是手工翻模还是基于 CAD 图形识别建模，不仅效率低下，重复建模成本高，且最终的工程量计算结果都依赖于模型的精确性，风险较大。

基于 BIM 技术的机电安装工程造价，在数据模型（BIM）的基础上采用 BIM 相关软件（如 Revit、Navisworks）进行工程量统计（图 2），同时可以自定义不同格式的清单直接输出预算表。从而高效准确地完成工程量的统计，为工程造价管理提供精确数据，为项目商务策划奠定基础。

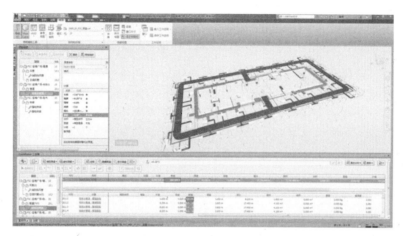

图 2　BIM-Navisworks 工程量统计

在项目实施过程中，可以根据 BIM 数据模型与现场比对，控制成本及进度。对每期劳务进度款进行实时监控。记录设计变更，更新模型并做好记录，对比变更前后对工程造价的影响。通过反复完善 BIM 数据模型，使其更加贴近于现场实际工程，在竣工结算中可以直接利用模型中的工程量数据作为竣工结算基础数据，充分利用 BIM 技术在机电安装工程的应用，提高精确度和工作效率。

4 预留预埋优化

机电安装预留预埋是后期正式安装的关键，预留预埋的质量直接决定着后期机电安装的整体质量。尤其是剪力墙、梁柱结构等预埋套管如果位置不精确，后期补返工等现象十分普遍，而且影响结构受力。

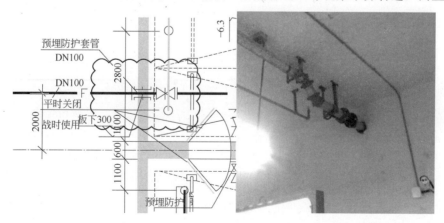

图 3　按原设计图预埋和安装图

通常，预留预埋是根据设计院提供单专业图纸进行施工，而设计院各专业管线大多按照本专业要求布置，且设计过程中常有修改完善，难免出现错、碰、漏、缺的现象，若不对图纸进行综合优化，预留预埋质量得不到保证。此外，传统的二维预留预埋图纸中很难直观看出阀门管件等空间位置是否影响管线安装，因此很难判断二维图纸中预留预埋位置是否满足后期管线安装要求（图 3）。

采用 BIM 技术对机电安装前期预留预埋进行深化设计，精确定位预留洞口，解决预留预埋位置不精确造成后期安装需二次开洞打凿等现象，从而保证施工质量、有效节约施工费用（图 4）。

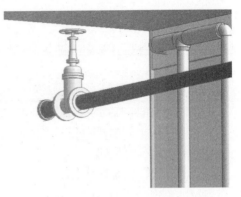

图 4 BIM 技术洞口预留优化效果图

5 管线综合深化设计

建筑工程项目设计阶段，建筑、结构、幕墙及机电安装等不同专业的设计工作往往是独立进行的。在施工进行前，施工单位需要对各专业设计图纸进行深化设计，确保各专业之间不发生碰撞，满足净高等使用要求。传统的二维管线综合深化设计通常将设计院提供的各个专业进行叠加，然后人工对照建筑、结构等专业将机电管线优化调整。这种效率低，剖立面图需要逐个绘制很难避免碰撞，特别是在大型建筑管线复杂区域、设备机房内的设备管线布置，往往二维深化设计图纸无法达到预期效果。普遍存在因管线碰撞而返工的情形，造成材料浪费、拖延工期、增加建造成本的现象。

采用 BIM 技术，将建设工程项目的建筑、结构、幕墙、机电等多专业物理和功能特性统一在模型里，利用 BIM 技术碰撞检查软件对机电安装管线进行碰撞检测，净高分析，确保满足建筑物使用要求（图 5、图 6）。

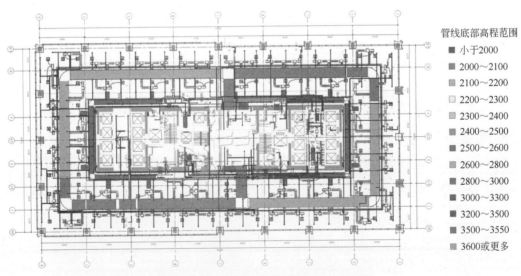

管线底部高程范围
- ■ 小于2000
- ■ 2000～2100
- ■ 2100～2200
- □ 2200～2300
- ■ 2300～2400
- ■ 2400～2500
- ■ 2500～2600
- ■ 2600～2800
- ■ 2800～3000
- ■ 3000～3300
- ■ 3200～3500
- ■ 3500～3550
- ■ 3600或更多

图 5 标准层 BIM 技术综合管线净高分析

应用 BIM 技术进行机电安装管线综合深化设计，提高管线深化效率，有效避免因碰撞而返工的现象。对于地下室、设备机房、天花、管道井等管线复杂繁多区域采用 BIM 技术进行管线综合深化设计效果尤为明显，有效避免传统管线综合深化设计错、碰、漏、缺的弊端，减少施工中的返工，节约成本，缩短工期，降低风险，提高工程质量（图 7、图 8）。

6 管线预制加工

随着建设项目对绿色施工的需求，预制加工技术越来越受到广泛的关注和重视。管道预制加

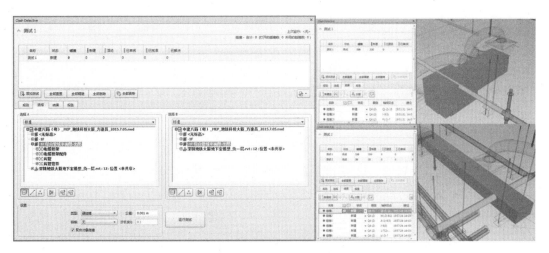

图 6　Navisworks 管线碰撞检测

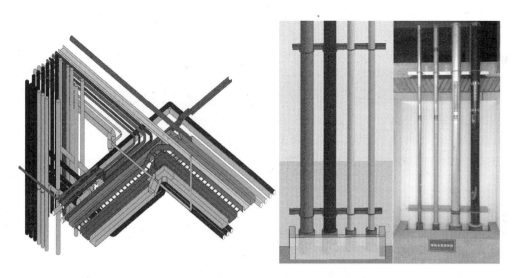

图 7　复杂区域优化模型与现场安装效果图

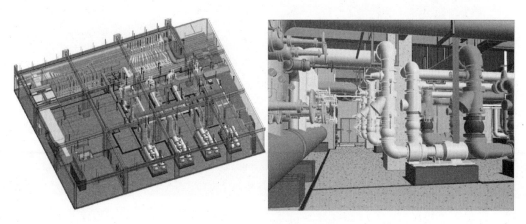

图 8　设备机房管线优化效果图

工是将施工所需的管材、壁厚、类型等一些参数输入 BIM 模型当中，然后将 BIM 模型根据现场实际情况进行调整，优化调整模型直至与现场一致，再将管材、壁厚、类型和长度等信息导成一张完整的预制加工图，将图纸送到工厂里进行管道预制加工，等实际施工时将预制好的管道送到现场安装。

　　在不规则角度管线连接时，往往需要使用多个规则角度配件组合连接，这不仅浪费材料，而且达不到预期设计效果，甚至会增加系统运行能耗。采用 BIM 技术与数字化加工集成的技术将避免不规则角度管线安装困难、材料浪费现象。机电安装管线预制加工技术将使机电管线、设备安装施工向精细化、批量定制化、信息化生产方向发展。

7　运维与模拟

　　BIM 技术在机电安装运维与模拟的应用主要体现在地下室车库车辆行走模拟、车流量模拟、设备机房设备操作及维护空间合理性检测、设备吊装模拟、设备信息管理与后期应用等。

　　采用 BIM 技术对设备吊装方案进行分析和模拟，可以直观地了解整个吊装过程，清晰地把握吊装过程的重难点，选出最优吊装方案，合理安排施工计划，确保设备准确安全完成吊装（图 9）。

图 9　屋面设备吊装模拟

　　地下室车库综合管线深化设计往往是整个项目机电管线相对复杂的区域，特别是机械停车位和主通道区域的管线最低净高要求，影响车辆的通行，是管线综合深化设计的重难点。为确保停车位及车辆通道净高满足要求，采用 BIM 技术模拟车辆实际行走路径，及时发现不合理地方（图 10）。

图 10　车库净高检测

　　机电设备机房内管线众多，不仅需要满足机房内净高和美观的要求，还需要考虑设备操作及维修需要的空间，如果施工过程不对此类问题全面考虑，势必造成返工现象。通过 BIM 技术模拟设备日常操作及维护，可以有效避免此问题的发生（图 11）。

　　机房内管线完成深化设计后，对设备模型进行信息录入，用于后期运营维护和设备管理等。此外，BIM 技术在机电安装中运维与模拟的应用还包括模拟安装、照明模拟、能耗分析等。

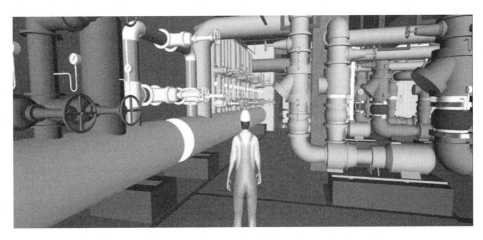

图 11　设备维修空间合理性检测

8　综合管理

　　BIM 技术在机电安装管理中的应用主要体现在技术交底、物资管理、工程资料管理、设计变更管理等方面。通过 BIM 技术，结合二维码、信息平台和物业系统实现项目全生命周期管理，推动建筑行业信息化发展（图 12）。

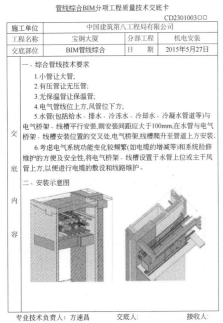

图 12　管线深化技术交底

9　经验与总结

　　通过宝钢大厦（广东）、深圳地铁科技大厦、深圳招商海上文化艺术中心、海南海口万达广场等项目 BIM 技术在建筑机电安装中的应用发现，BIM 技术在机电安装预留预埋和管线综合优化设计方面发挥显著作用，提高了预留预埋精确度，避免因碰撞而返工的工作量，极大地减少设计变更和施工成本。

　　当前国内机电安装行业的 BIM 应用，主要集中在数据模型的简单利用，如投标展示、碰撞检查等。随着建筑信息化的发展，政府相关政策及软硬件的完善，企业的推动，未来 BIM 技术在机电安装工程中不仅能有效地降低施工成本、提高施工效率、提高工程质量，而且在项目的精细化管理中将发挥重要作用，从而推动建筑施工信息化发展。

参 考 文 献

[1]　赵民琪，邢磊.BIM 技术在管道预制加工中的应用［J］.安装，2012，01（05）：55-59.

[2]　中建《建筑工程设计 BIM 应用指南》编委会.建筑工程设计 BIM 应用指南［M］.北京：中国建筑工业出版社，2014：79-90.

[3]　倪江波，等.中国建筑施工行业信息化发展报告（2015）：BIM 深度应用与发展［M］.北京：中国城市出版社，2015：146-148.

基于 BIM 的植物构件信息模型
数据库的建立及应用

林洪杰[1]，汤　辉[2]，林泽鹏[2]

(1. 广州城建开发设计院有限公司，广东　广州 510620；2. 华南农业大学林学与风景园林学院，广东　广州 510640)

【摘　要】本文研究以 BIM 平台 Revit Architecture 为媒介，建立植物构件信息模型数据库，以满足在园林项目全生命周期中，设计、施工、运维等不同专业技术人员对园林植物的树高、冠幅等几何属性以及生物学生态学特征、施工养护管理技术、造价信息、苗场供应信息等非几何属性的需求。为园林植物应用提供科学依据，具有理论及实践应用的意义。

【关键词】BIM；园林绿化；植物构件信息模型；数据库；标准化

随着建筑信息模型 BIM (Building Information Modeling) 在国内外建设行业的不断发展，BIM 在风景园林中的应用日益受到重视。BIM 应用成功与否需要有一个合适的标准，一套成熟的信息平台，一个完整的族库[1]。相同的道理，BIM 在园林绿化中应用的关键是一个基于 BIM 的标准化植物数据库。

目前国内外已经有很多园林植物数据库，如网页版《中国植物志》、中国植物图像库、BBC 网站园林专栏、RHS 网站植物查寻器等[2]。但是能在园林项目全生命周期中，为设计、施工、养护管理等不同专业技术人员查询、应用园林植物几何属性、非几何属性而建立的植物构件信息模型数据库却严重匮乏。

故本文旨在园林项目全生命周期中，基于 BIM 技术，为园林工作者提供良好的信息资源平台，避免园林工作者由于对园林植物相关信息的不了解而出现的错误和经济损失，做到适时适地进行植物配置。基于此目标，本文的研究思路是从园林绿化工程的建设需求出发，建立一个为园林建设服务的植物构件信息模型数据库，以及探究该数据库在园林建设项目中的应用。

1　基于 BIM 的植物构件信息模型数据库的建立

基于 BIM 的植物构件信息模型数据库，作为信息平台，是园林 BIM 应用成功与否的基础和保证。模型中存入的几何、非几何信息以功能有用性为原则；信息的存入以规范化、标准化的方式；并且该标准化信息库具有不断完善其功能模块的可拓展性。

1.1　信息模型的建立流程

该信息模型可选用相应 BIM 软件建立，本文借助 Revit Architecture 平台，通过 access 数据库技术添加信息的方法建立，如图 1 所示。

植物构件信息模型——信息载体：在模型建立的基础上，Revit Architecture 环境中，通过 access 数据库技术对模型进行添加、读取以及更新相应信息。该方法的核心是利用扩展数据存储植物构件信息选项卡和每个选项卡中的字段信息。这种存储结构方便信息的写入、读取以及更新，并且可以实现信息的扩展功能；同时，模型与信息同在，可以方便我们对模型进行信息的读取，以及仿真分析及预定功能模块所需信息的直接调用。

信息被保存在模型实体内，与实体同生命周期。使用者在对实体的处理过程中，可以随时调用其上

【作者简介】林洪杰 (1991-)，男，广州城建开发设计院有限公司园林设计师。主要研究方向为数字园林、BIM。E－mail：scaulf_bim
@163.com

汤辉 (1980-)，男，华南农业大学林学与风景园林学院讲师。主要研究方向为风景园林历史与理论、数字园林。

储存的信息值，方便快捷。

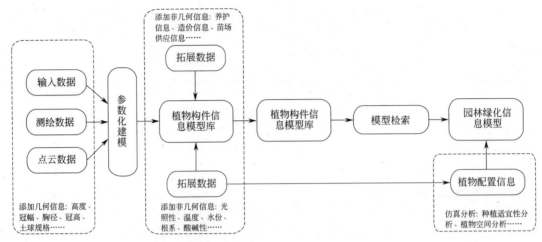

图 1　植物构件信息模型库设计平台的系统框架

1.2　构件信息的标准化

植物构件信息模型数据库的建立工作之所以困难，很大程度上在于植物种类的多样性，且每一种植物都有其独特的几何属性和非几何属性，由此可见该信息库所需的信息量之大。

这些量大而散乱的信息，在园林行业迈向信息化的今天，迫切需要专业人员去进行优化梳理，以更精确又快捷的方式使植物信息规范化、标准化，便于检索、查看及调用。建立规范化的构件信息库，不仅可以解决这些问题，更能减少信息的歧义。

植物构件信息的规范化、标准化在于充分考虑场地立地条件及满足植物生态习性的前提下，从园林工作者现有思维习惯以及设计、施工、运维等程序出发；对园林植物相关属性进行研究，并可视化地分析其对园林植物景观空间构建的影响，最终得到有效的植物数据库标准化信息选项[3]。

以每一种植物物种作为基本单元构件来进行信息的标准化整理，包括：树高、冠幅、胸径、土球规格等几何属性；温度、水分、耐酸碱、光照等生物学生态学属性；以及施工养护信息、造价信息、苗场供应信息等社会属性。植物构件信息的整理是使其规范化的基础，从常用苗木及其仿真分析的角度去研究记录其在绿化工作过程所需的信息，以乔木朴树为例，其标准化信息如图 2、图 3 所示。

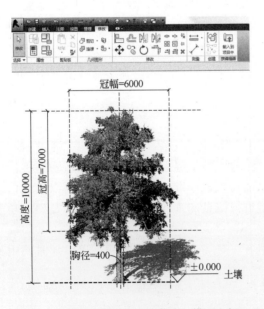

图 2　以朴树为例的标准化信息（模型空间）

图 3　以朴树为例的标准化信息（信息选项卡）

1.3　标准化信息库的可拓展性

园林绿化是一个系统工程，信息贯穿于园林项目全生命周期，流通过程中的信息损失应降到最少。由此，规范化、标准化的信息平台无疑具有极大的优势。同时，该系统具有可扩展性，系统的可扩展性使得我们可以在后续工作中不断完善其功能模块，提供一个大家共同开发的平台，从而建立一个不断完善、与实际需求无缝对接的植物信息库。如图 4 所示，信息库的可拓展性不仅体现于不断完善的基础标准化信息，而且可以根据实际功能需要，通过基础标准化信息，利用功能函数，扩展功能信息。这些基础信息与功能性信息共同构成了植物构件的信息主体，从而建立功能信息平台。

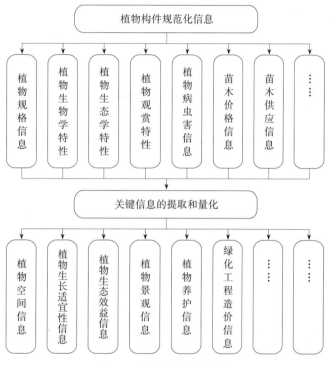

图 4　不断扩展的信息平台

2　基于 BIM 的植物构件信息模型数据库的应用

植物信息数据及信息值储存于植物构件信息选项卡中，信息的使用分为直接查看和量化调用两种方式。根据园林绿化工作全生命周期的需要，对其进行查看；但有些信息需要与 BIM 场地模型进行仿真分析，以便功能函数调用处理，从而科学地度量园林绿化工作的合理性。

2.1　规划设计阶段中的应用

规划设计阶段主要是进行植物种植可视化设计、虚拟现实、种植适宜性分析以及为苗木施工、绿化工程预算等提供完整的模型和图纸依据。部分主要内容包括：根据植物信息模型附带的生物学生态学属性进行种植适宜性分析[4]，如图 5 所示；根据附带的植物规格信息进行植物空间分析，如图 6 所示；以及通过附带的价格信息统计绿化造价，论证园林绿化项目经济合理性。

2.2　施工阶段中的应用

施工阶段的主要目的是完成园林绿化合同规定的绿化施工任务，以达到验收、交付的要求。主要内容包括：利用绿化信息模型进行种植施工方案模拟，统筹调度施工现场的人、材、机、法等施工资源；实际进度和虚拟进度比对，对进度偏差进行调整以及更新目标计划，以达到多方平衡。

2.3　运维阶段中的应用

运维阶段的主要目的是通过园林绿化信息模型管理园林植物，保证植物正常生长的要求。主要工作内容包括：根据植物信息模型附带的植物运维信息制定日常养护管理计划；根据附带的病虫害信息治理苗木病害虫害，甚至可直接提取信息库中的外链资源联系供应苗场咨询治理方法。

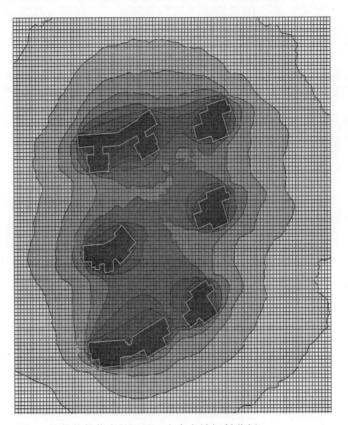

图 5　植物构件信息的调用（光合有效辐射分析）

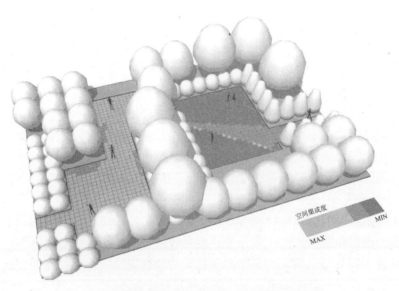

图 6　植物构件信息的调用（计算空间集成度）

3　结论与展望

　　本文提出建立基于 BIM 的植物构件信息模型数据库的设想，以期作为植物构件信息的一种规范性质的信息库，为我们园林绿化工作提供方便快捷的信息技术支持。通过建立数据库，满足在园林项目全生命周期中，设计、施工、运维等不同专业技术人员对园林植物树高、冠幅等几何属性以及生物学生态学特征、施工养护管理技术、造价信息、苗场供应信息等非几何属性的需求；从另一个意义上讲，这是园林绿化工作者成果的一个交流平台，并在一定程度上解决了园林绿化设计单位、施工单位、物业运维单位、苗木供应单位相互间联系能力弱，交流困难的现状。

　　然而植物构件信息平台的建立依托于大量工作，信息的不断扩展是一个持续的过程，需要大量专业人员共同的努力，并且信息的标准还有待优化，需通过不断改进使其趋于合理。

参 考 文 献

［1］ 王茹，张祥，韩婷婷．基于 BIM 的古建筑构件信息的标准化及量化提取研究［J］．土木建筑工程信息技术，2014，6（1）：25-28.

［2］ 王涛．园林植物信息数字管理工具初探——植物单体信息在线存储、提取与共享［D］．广州：华南理工大学，2012.

［3］ 叶文艳．基于风景园林设计过程的园林植物数据库构建——以长江三角洲地区为例［D］．浙江：浙江农林大学，2010.

［4］ 蔡凌豪．风景园林规划设计的数字实践——以北京林业大学学研中心景观为例［J］．中国园林，2015，（7）：15-20.

城市高架工业化建造全过程信息化
精益管理系统架构研究

余芳强，高　尚，曹　强

(上海建工四建集团有限公司，上海 201103)

【摘　要】为实现低环境影响的绿色建造，上海市正在大力推动城市高架工业化建造模式。但由于缺少信息化技术支撑，工厂与现场常常协调不畅，导致库存积压等问题频发。本研究旨在构建一整套针对城市高架工业化建造的全过程信息化精益管理系统，支持基于 BIM 的深化设计、工厂管理、现场建造，实现工业化和信息化深度融合。本文介绍城市高架工业化建造的各个业务流程，提出信息化精益管理系统的功能需求和系统架构，为系统开发奠定基础。

【关键词】城市高架；工业化；建筑信息模型；两化融合；精益管理

1　引　言

为缓解日趋紧张的城市交通压力，城市高架路成为北京、上海等大型城市交通建设的首选。但传统的高架路建设过程需占用较多的周边现有道路，加剧交通拥堵。通过工业化建造方式，在工厂完成构件预制，减少现场占地和施工周期，可有效解决这一矛盾[1]。近 2 年来，上海市政府投资建设的嘉闵高架北二期[2]、中环国定路下匝道等工程全部采用工业化建造方式。实际调研表明，由于城市高架预制构件庞大、复杂、加工周期长、精度要求高，通过信息化技术实现智能加工和精益化协同管理至关重要，否则常常因为工厂、施工现场等参与方的协调不畅导致库存积压、构件返厂、工期延误等问题。

以建筑信息模型（Building Information Modeling，BIM）为代表的建筑信息技术已成为建筑业最热门的新兴技术之一，得到住建部、上海市等地方政府和企业的大力支持[3]。但由于工程建造管理过程标准化程度低、相关信息系统成熟度不够、从业人员水平参差不齐等原因，目前 BIM 技术与整个建造过程难以有机融合，存在"两层皮"的问题[4]。城市高架路工程工业化建造过程相对一般建筑的建造过程更简单、更标准，是探索建筑行业工业化和信息化深度融合的绝佳突破口，可为建筑产业的信息化技术应用提供示范作用[5]。

作为城市高架建设的总承包商，上海建工四建集团通过深入挖掘各参与方的信息化应用需求，提出基于 BIM 和物联网技术的城市高架精益建造协同管理系统，支持基于 BIM 的深化设计、自动化加工，工厂和施工现场的精益化协同管理，以期减少库存积压、构件二次加工等问题，保障工程质量和进度，降低建造成本，减少对周围环境和交通的影响。

2　业务流程分析

城市高架路工业化建造全过程以预制构件为基本要素[1]，涉及深化设计、工厂生产与管理、构件运输与吊装等业务，各业务由不同的部门或单位完成。本研究首先对各个业务的工作内容和流程进行了详细分析。

【基金项目】上海市青年科技英才扬帆计划项目（15YF1405700）

【作者简介】余芳强（1987-），男，BIM 研究所副所长/工程师。主要研究建筑信息平台技术。E-mail：fqyu007@163.com

2.1　基于 BIM 的城市高架路深化设计业务描述

通过运用 BIM 建模软件,建立城市高架路各构件的加工级别深化设计模型,包括材料、配筋、预埋件、吊点等信息,并结合加工和施工工艺分析和优化设计模型,解决空间和逻辑碰撞问题,避免二次加工。结合模拟仿真软件,预先模拟高架路构件加工或吊装过程,提前解决实际预制过程可能遇到的技术疑点和难点。最后,通过数据接口导出预制构件加工图或加工数据,为后续生产加工提供数据源。

2.2　城市高架预制工厂协同管理业务描述

预制工厂管理团队通过导入深化设计模型,快速生成订单信息;然后根据施工现场的施工进度要求进行预制构件生产规划、材料采购;最后将预制构件信息导入加工机器进行自动化加工,或将预制构件信息作为加工单下达加工团队进行加工。生产过程中,实时监控预制构件的生产状态、设备运行状态以及材料和成品的库存状态,支持进度、质量、仓储、材料的精益化管理。

2.3　城市高架路施工现场智慧建造管理业务描述

施工现场管理团队应用信息化技术实现施工过程信息的快速采集,包括构件进场时间、吊装时间等进度信息,堆放位置等仓储信息,质量问题照片、质量检验表单等质量信息,安全问题照片、安全问题处理情况等安全管理信息,并将实际信息与虚拟的 BIM 进行集成。基于 BIM 应用信息化技术进行智能分析和自动预警,并反馈给智能末端设备,支持智慧建造管理和施工控制,提高管理水平和施工效率。

2.4　城市高架建造全过程协同管理业务描述

传统的建造模式中,深化设计、工厂、现场、业主、监理等参与方一般采用两者之间点对点的线性交互方式,如图 1(a) 所示,容易导致文山会海、沟通效率低、图纸等信息不一致、信息传递不及时等问题[6]。通过引入统一的 BIM 协同管理平台,可以实现信息的集成存储和统一访问,提高信息传递和共享效率,避免信息不一致等问题。改造后流程如图 1(b) 所示。项目各参与方可通过协同管理平台实现预制构件设计模型、加工进度等信息及时交互与共享;并支持在线的沟通与协同工作,包括订单下达、现场进度变更反馈等工作。

通过业务需求分析,本研究提出城市高架精益建造协同管理系统总体研究内容如图 2 所示,包括城市高架深化设计系统、工厂协同管理系统和施工现场施工智慧建造管理系统,以及连接整个建造过程的城市高架建造协调管理平台。

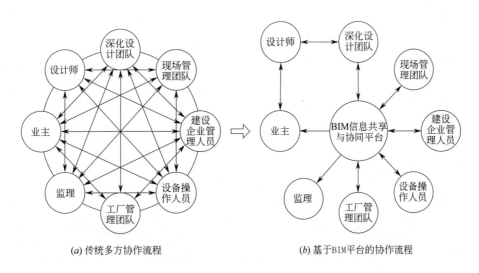

(a) 传统多方协作流程　　　(b) 基于 BIM 平台的协作流程

图 1　城市高架建造全过程协同管理业务流程分析与改造

3　系统功能需求

通过需求调研,本研究总结了城市高架精益建造协同管理系统一个平台、三个系统的主要需求,详细说明如下。

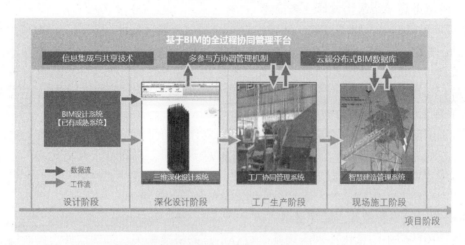

图 2　城市高架精益建造协同管理系统研究内容

3.1　城市高架建造全过程协同管理平台功能需求

（1）统一的 BIM 数据存储和管理：协同管理平台需存储和维护城市高架全过程信息，形成统一的数据源，为构件库积累、智能加工和智慧建造提供数据；

（2）各阶段数据需求定义：辅助用户通过输入专业术语定义其业务流程所需的数据，用于从协同管理平台提取所需的业务信息；

（3）支持按需提取 BIM 数据：协同管理平台支持各建设参与方根据自身需求从全过程信息模型中过滤和提取所需的数据子集，辅助其实际工作；要求所提取的数据子集既满足应用需求，又不携带不必要的信息；

（4）各阶段业务模型集成：协同管理平台支持各参与方将其所创建的业务模型完整、正确地融入已有信息模型中，从而不断完善信息模型，并为后续应用提供更完备的全过程信息模型数据库，实现信息共享。

3.2　基于 BIM 的城市高架深化设计系统功能需求

（1）设计模型导入功能：支持无损地导入设计阶段建立的 BIM；

（2）钢筋建模功能：支持在预制混凝土构件上添加钢筋信息，包括各种形状的纵筋、箍筋、拉筋等，支持钢筋的分组和拆分，钢筋的位置和几何形状的修改；

（3）预埋件和吊点设计功能：支持在预制混凝土构件上放置各种预埋件、吊点，包括材料、几何形状、受力性能等信息；

（4）碰撞检测功能与工艺模拟：支持空间碰撞检测和考虑加工、运输、吊装等工艺限制的逻辑碰撞检测，自动发现深化设计模型中存在的问题；支持通过 4D 方式模拟施工工艺和流程，通过可视化方式发现工艺中存在的问题；

（5）生成加工数据：支持生成加工设备或管理系统可认识预制构件加工数据。

3.3　城市高架预制工厂协同管理系统功能需求

（1）订单管理：支持录入订单的项目名称、客户名称、完成时间等信息建立订单，通过数据接口自动导入深化设计信息，形成订单的构件库；

（2）生产规划：支持生产部门根据订单的出厂时间、构件吊装顺序、工厂流水线状态、库存状态等情况规划生产任务，合理安排流水线进行构件加工；

（3）钢筋数字化加工：将构件配筋信息快速录入自动化加工设备，然后设备自动完成选料、弯曲、截断和焊接等工序，并完成成品的收集；加工过程中，加工设备可将加工过程、加工状态等信息反馈到管理系统，支持对构配件加工进度、工厂生产设备的状态监控；

（4）预制构件生产过程监控：为每个构件生成二维码身份牌，通过使用移动设备在预制构件生产过程中的重要节点扫描二维码，并选择相应的状态来实时录入构件所处状态；

（5）仓储管理：根据预制构件生产过程监控功能的监控结果，记录当前未出厂的成品构件所处堆场区域，显示每个堆场区域当前构件数量、重量，根据设定的阈值进行预警。

3.4　城市高架路施工现场智慧建造管理系统功能需求

（1）预制构件状态监控：在预制构件施工过程中通过移动设备扫描身份牌录入构件状态变更信息并上传到数据库，为进度、场地、质量管理提供基础数据；

（2）4D 施工状态模拟：基于 3D 技术，展现任意选定时刻的施工状态，支持实际进度与计划进度对比分析；

（3）场地管理：展示场地中各个区域的面积、用途和使用的分包等信息，模拟场地中堆放的预制构件情况，分析各类构件的堆放时长，当放置时间超过阈值时，进行报警；

（4）质量和安全管理：通过 PDA、智能手机等移动设备，将现场发现的质量或安全问题通过照片、文字描述等方式上传到平台，并通过扫描二维码等方式关联到施工段或构件；支持质量和安全问题的发起、流程流转和关闭，支持质量问题的统计分析；

（5）施工监控与预警分析：设置传感器的位置，与构件的关联；通过网络将传感器检测数据获得的信息存入数据库；在模型上查看传感器的数据；基于监测数据的报警。

4　系统架构设计

结合城市高架路工业化建造全过程信息化精益管理系统的需求和功能分析，本研究设计了精益管理系统总体结构如图 3 所示，包括四个层次，具体说明如下。

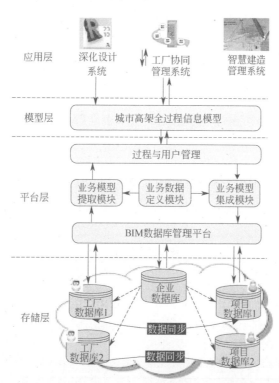

图 3　城市高架路工业化建造全过程信息化精益管理系统总体架构

4.1　存储层

从企业管理角度出发，城市高架路工业化建造全过程信息化精益管理系统需要支持多个项目、多个工厂的管理和企业级的项目管理，并且一个工厂需要服务多个项目，因此存储层构建的数据库是一个多项目数据库。为降低数据耦合度，提高稳定性，为每个工厂和每个项目体建立一个数据库，并通过企业数据库进行映射和集成，形成一个分布式数据库。

4.2　平台层

全过程协同管理平台用于与存储层通信，实现 BIM 数据的提取、存储、集成和控制等核心功能，部署在阿里云服务器上。全过程协同管理平台包括数据管理、用户权限管理、业务模型提取和业务模型集成等功能。

4.3　模型层

模型层是平台层和应用层进行数据交互和传输的数据协议，实现了在内存、传输文件中以标准格式对城市高架全过程信息模型进行表达。平台层将从数据库提取的数据或从应用层获取的数据转化为可视化的模型用于显示、修正、审核与存储。各应用系统将业务模型转化为全过程信息模型，从而支持信息集成和共享。

4.4　应用层

包括深化设计系统、工厂协同管理系统、智慧建造管理系统等针对各个业务需求的 BIM 系统。各应用系统根据需要开发各自的服务端和客户端。譬如，智慧建造管理系统可分别针对企业管理人员、BIM工程师、项目管理人员、现场施工人员的不同需求开发网页端、桌面端、智能手机端和 PDA 端。

5　实现方法探讨

通过充分调研目前市场上各类 BIM 软件，本研究认为可支持对象级别数据协同管理的成熟平台仍缺乏[6]，需要结合城市高架工业化建造特点定制开发。深化设计系统可在成熟的 BIM 设计和分析软件（譬如 Revit 和 Navisworks）基础上进行二次开发，难点在于如何结合工程检验进行逻辑上的碰撞检测、分析和优化。预制工厂协同管理系统，上海建工四建集团已经开发完成，并在嘉闵高架预制工厂成功应用[5]。施工现场智慧建造管理系统可在已有的基于 BIM 的施工管理平台基础上进行开发，其难点在于与智能移动端、二维码监控系统以及无线智能监控设备的对接，实现实际施工信息的采集和集成。

6　结　论

通过需求调研、功能分析和系统设计，本研究提出城市高架工业化建造全过程协同管理的流程改造方式，支持深化设计、工厂生产和现场施工在统一的平台下进行信息共享和协同工作。为实现这一新型的协同管理流程，需要开发一整套信息化精益管理系统，包括城市高架建造全过程协同管理平台、基于BIM 的深化设计系统、预制工厂协同管理系统和施工现场智慧建造管理系统。本文详细描述了各个平台和系统的功能需求，并结合需求设计了系统的总体架构，探讨了各个系统的实现方法，为后续系统的开发指明方向。

参 考 文 献

[1] 黄国斌，查义强．上海公路桥梁桥墩预制拼装建造技术［J］．上海公路．2014（4）：1-5.
[2] 王伟兰．上海嘉闵高架快速路（北段）总体设计［J］．中国市政工程，2013（6）：1-3.
[3] 中华人民共和国住房和城乡建设部．关于推进建筑信息模型应用的指导意见［R］．北京：2015.6.
[4] 马智亮．我国建筑施工行业 BIM 技术应用的现状、问题及对策［J］．中国勘察设计，2013（11）：39-42.
[5] 余芳强．全预制高架路工程建设管理信息系统研究［J］．建筑施工，2015，37（S1）：126-128.
[6] 余芳强．面向建筑全生命期的 BIM 构建与应用技术研究［D］．北京：清华大学，2014.

面向结构性能的桥梁 BIM 信息管理研究

何　畏，陈莎莎，朱殷桥

（西南交通大学，四川　成都 610031）

【摘　要】信息是事物现象及其属性标识的集合，信息本身没有实体。BIM 的应用使信息得以依附于三维模型进行存储、传递和表达。桥梁工程信息空间与建筑工程信息空间具有一定关联，但也存在差异，具体体现在两者的关注点不同，桥梁工程更关注结构性能信息。因此，本文开展基于 BIM 的钢桁架拱桥结构性能信息管理研究，提出由"结构实体"、"结构性能"和"生命周期"三个维度定义的桥梁信息空间模型，从而实现桥梁工程全寿命周期内结构和性能信息的有序组织。

【关键词】钢桁架拱桥；信息空间；结构；性能；全寿命

1　引　言

信息是事物现象及其属性标识的集合[1]，信息本身没有实体。而 BIM 的技术核心是由计算机三维模型所形成的数据库，涵盖工程项目不同阶段（规划、设计、施工、运营、管养等各阶段）的全部信息。因此认为，BIM 技术使信息得以依附于三维模型这个载体而进行存储、传递与表达。

目前，BIM 的应用已逐渐从建筑领域扩展到市政、交通、水利等领域，但在桥梁工程中的应用和研究还很少见。对桥梁信息的有效组织管理是体现桥梁 BIM 应用价值的关键。另外，由于钢桁架拱桥的设计复杂，施工难度大，异型构件众多，信息庞杂，其有效的信息管理具有桥梁工程的典型性，因此开展基于 BIM 的钢桁架拱桥信息管理研究。

2　建筑工程信息化与 BIM

建筑业信息化概念是 1975 年在美国"无纸化运动"中被提出，当时文档的存储和信息的传输按照 CALS 规则实现无纸化和共享。而美国斯坦福大学在 1989 年成立了跨土木工程学科和计算机学科的研究中心，在建筑业信息化方面开展前瞻性的工作[2]。目前，建筑信息化的内容包括建筑业电子政务的信息化、工程项目建设的信息化、建筑企业管理的信息化，均是通过软件、网络等信息化技术实现政府与企业、项目实施各方以及企业内部的交流和管理。

信息具有无穷性，信息的有序组织和管理是信息模型完善与否的关键。国际上已有 ISO 12006-2 体系（图 1），定义了建设工作生命周期内的信息组织类别，并指出这些类别如何关联。ISO 12006-2 体系分类对象按建设资源、建设进程、建设成果和属性四大类对建筑工程和土木工程中的信息进行分类。在 ISO 框架下，有英国 Uniclass 体系，美国 Omniclass 体系等。我国《建筑工程设计信息分类和编码标准》（2014 年 12 月发布征求意见稿）中，按照 ISO 12006-2 框架，并参考美国 Omniclass 体系，将分类对象按建设资源、建设进程、建设成果三大类分为 15 张分表，属性归入建设资源。

计算机的快速发展则提供了多种多样的辅助设计软件，既有二维绘图软件，也有功能强大的三维设计软件。这些软件能够在不同程度上实现可视化、参数化、协同化和智能化，但仅应用于设计阶段，对信息的包容量停留于几何信息。BIM 概念来自于三维设计技术而又高于三维设计，BIM 希望得到一个完善的信息模型，能够综合构筑物所有几何模型信息、功能要求和构件性能，并能够连接项目生命期不同

【作者简介】何畏（1972-），男，副教授。主要研究方向为桥梁概念设计。E-mail：harveyhe@vip.163.com

阶段的数据、过程和资源[4]。因此，三维模型是建筑信息的载体，信息依附于三维模型进行存储、传递与表达。

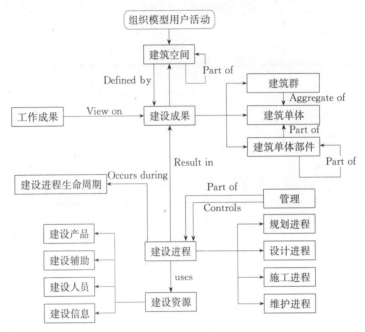

图 1　ISO 12006-2 建筑信息分类体系（译自文献[3]）

3　建筑工程与桥梁工程的信息空间

3.1　信息空间理论

英国的布瓦索（Boisot）曾提出的信息空间分析框架较完整地解决了内部信息收集、组织和交换等问题。他通过对信息结构性、共享性以及信息发送与接收双方关系的分析，得出了新信息是在组织学习过程中进入系统的结论。而且，经常发生的信息流将会导致行为模式的产生，信息运动的特征，一方面反映了信息在信息空间中的特定位置；另一方面也体现了因信息流动而形成的结构对信息流动本身产生的影响[5]。

信息空间的空间特性是多维的、抽象的、不可见的。它具有两个基本特性：语义和空间特性。语义特性很明显，因为它是一个数据集信息组织的结果，揭示了数据间的语义关系，使用户能够研究和发现数据集中的信息。空间特性没有语义特性那么明显。抽象信息本身是没有形状的（Koike，1993），因此信息本身并没有构成一个空间，而是数据信息间的语义关系构成了信息空间的结构[6]。

3.2　建筑工程与桥梁工程信息空间与层级

按上文所述，包括建筑业电子政务信息、工程项目建设信息和建筑企业管理信息在内的建筑业信息，在信息空间尺度上可以认为是企业级信息，建筑信息分类体系即希望实现企业级 BIM 的信息组织。桥梁工程作为建筑业的组成部分，桥梁信息与建筑信息是子集与合集的关系。因此，在企业层面上，桥梁工程与建筑工程信息管理是一致的。

刨除成本、物料管理等一致的建筑企业级信息后，项目级的信息管理由于建筑项目和桥梁项目的不同特点而存在差异。BIM 在建筑项目的应用，表现为一定场地范围内的建筑、结构、机电工程的集成。而 BIM 在桥梁项目上的应用，不存在外观建筑和机电和结构进行协调的问题。同时由于桥梁工程尤其大跨度桥梁，使用寿

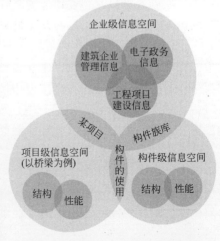

图 2　"企业-项目-构件"信息空间

命长，活载大，易损伤，需长期监测检修，以结构受力性能为主要关注对象，则桥梁 BIM 应用和研究应更倾向于生命期内结构和性能信息的集成和流动管理发展（图 2）。

另一方面，由于建模深度、计算机运行效率等问题致使 BIM 模型并非越细致越好，即需要避免过度建模的误区。因此，构件级的信息空间亦有存在的必要。同时，构件族库的建立和维护是保障基于 BIM 的三维设计能够发挥高效率和高质量的重要一环，这需要在企业层面进行有效的管理维护。而构件在项目中的使用是构件级信息空间和项目级信息空间关联和重叠的部分。对于建筑工程而言，族库的建立维护重点是门、窗等构件的众多尺寸和形式，基本不涉及或很少涉及构件性能要求；对于桥梁工程而言，则应以支座、拉索、吊杆等构件的结构参数和性能要求为重点。

4　桥梁工程的结构实体和性能信息

4.1　信息可视化模型

信息本身没有实体，在建筑工程与桥梁工程的传统作业形式中，结构信息依附于二维图纸和文档、性能信息依附于有限元软件和计算报告进行存储、传递与表达。三维建模软件和 BIM 的发展使得结构信息得以通过三维结构模型展现；目前阶段，部分软件可同时实现结构和性能信息的集成，但大多时候仍然通过有限元模型表达性能信息。

以天府新区北京西段锦江桥为例，该桥为钢桁架拱桥，设计过程中采用 BIM 软件进行三维设计，并进行相应计算分析。基于 BIM 的三维设计可以得到结构实体信息可视化模型，按有限元计算分析所得模型其实即为结构性能信息可视化模型。因此，按照结构实体和结构性能两个维度拆分桥梁项目信息是合理且必要的。

实际设计和分析过程中，通常又按照项目级和构件级分级建立结构模型和分析获得性能模型，图 3 和图 5 为全桥项目级实体模型和性能模型，图 4 和图 6 为拱铰构件级实体模型和性能模型。

图 3　实体信息可视化模型（全桥项目）

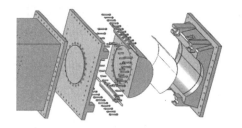

图 4　实体信息可视化模型（拱铰构件）

图 5　性能信息可视化模型（全桥项目）

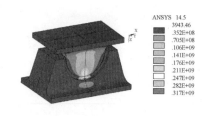

图 6　性能信息可视化模型（拱铰构件）

4.2　生命周期内信息流动

桥梁全生命周期的信息非常庞大，生命期内的结构和性能信息处在不断变化之中，对信息的流动进行管理能够保证使用者得到桥梁的全部信息，避免信息断层，方便桥梁后期的维护运营和其他方面的信息利用。生命周期内各阶段均产生新的信息，并有所差异，从规划设计阶段、施工阶段及运营维护三个阶段，定义每个阶段的信息类别[7]。

（1）规划设计阶段：该阶段又可分为规划、初步设计和施工图设计三个子阶段，各子阶段模型深入程度递增至完整设计信息模型，产生的信息为设计信息。

（2）施工阶段：施工是对设计的实施，而施工不可避免会因环境变化和施工过程等因素带来偏差，偏差将影响性能的变化。施工阶段产生的偏差为缺陷信息，包括几何参数偏差、材料参数偏差、构件缺陷等。在施工过程中，需要进行施工监测，确保施工偏差在容许值以内。

（3）运营维护阶段：桥梁使用寿命长，大型桥梁设计寿命更是高达 100 年以上，在运营期间，必然产生结构损伤及退化，发现损伤后需要重新评估桥梁安全。此阶段产生的信息则为损伤信息，包括材料老化、钢材锈蚀、吊杆锈蚀等。大型桥梁通常需要建立健康监测系统进行动态监测，一般直接监测挠度、应变、频率等桥梁性能信息，再通过多种方法进行损伤识别。损伤严重时，需要进行结构维护，则有维护信息。

由规划设计阶段的设计信息得到桥梁基准结构信息。施工阶段产生缺陷信息，运营维护阶段产生损伤信息及维护信息。缺陷信息和损伤维护信息通过结构试验和模型修正技术修正设计结构得到与实际相符的结构信息模型，并达到正确预测结构行为的目的（图 7）。

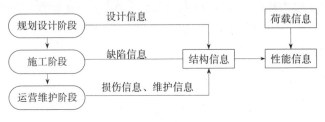

图 7　桥梁工程信息流动

5　面向结构性能的桥梁信息空间模型

根据我国建筑信息分类体系中的建设成果、建设资源、建设进程三类分类对象，提出由"结构实体"、"结构性能"和"生命周期"三个维度的内容组成的桥梁工程信息模型空间，以实现项目级桥梁工程信息的有序组织和管理，见图 8。

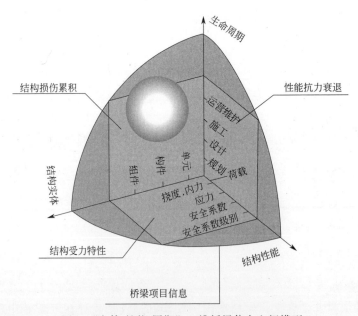

图 8　"实体-性能-周期"三维桥梁信息空间模型

桥梁工程的结构和性能信息随着时间的变化而变化，在桥梁没有被维修的前提下，桥梁结构随时间有结构损伤积累和抗力衰退。在规划设计阶段，通过桥梁结构设计得到结构实体设计信息，并通过性能分析可以逐步得到挠度、内力、应力和安全系数等，即是构件和单元的性能信息。在规划设计阶段得到结构设计实体后，在施工阶段，由于施工误差等因素造成实际结构和设计结构有所偏差；在运营维护阶段，由于材料强度退化、腐蚀等造成结构逐渐损伤；将结构实体随时间轴的变化视为结构损伤累积。同时，结构性能将由于结构损伤累积而产生随时间变化的抗力衰退。

6　结　论

将建筑工程与桥梁工程信息空间按照企业级、项目级和构件级划分为三个层级空间，相互之间有关联和重叠。桥梁工程企业级信息管理与建筑工程相似，但在项目级信息管理上则由于桥梁工程更关注性能而应当侧重于生命周期内的结构和性能信息管理。三维结构模型和有限元模型是结构实体和性能信息的可视化展示，并且结构信息和性能信息在全寿命期内流动发展。因此，本文将面向结构性能的钢桁架拱桥全寿命信息按"结构实体"、"结构性能"和"生命周期"三个维度定义的信息空间进行组织以实现有效的桥梁信息管理。

参 考 文 献

[1]　赵雪锋. 建设工程全面信息管理理论和方法研究 [D]. 北京：北京交通大学，2010.

[2]　吴双月. 基于 BIM 的建筑部品信息分类及编码体系研究 [D]. 北京：北京交通大学，2015.

[3]　ISO 12006-2 Building construction—Organization of information about construction works Part2：Framework for classification [S]，2015.

[4]　中国市政设计行业 BIM 实施指南 [R].

[5]　马克斯·布瓦索. 信息空间：认识组织、制度和文化的一种框架 [M]. 上海：上海译文出版社，2000：5-10.

[6]　Jin Zhang（美）. 信息检索可视化 [M]. 北京：科学出版社，2009：20-30.

[7]　石雪飞，黄睿，阮欣. 期待桥梁建设的 BIM 时代 [J]. 中国公路，2015：82-85.

BIM技术在非对称外倾拱桥施工中的应用

马也犁，李亚东，姚昌荣

（西南交通大学，四川 成都 610031）

【摘　要】以某主跨150m的曲线梁非对称外倾拱桥为对象，建立包含完整工程信息的桥梁BIM模型，探索BIM技术在构造复杂的拱桥施工中的应用，如关键施工工艺模拟、碰撞检测、4D进度管理等。研究表明，BIM技术可为构造复杂的拱桥施工提供极大便利，本研究也为桥梁工程中的BIM技术应用提供了一个可供参考的实例。

【关键词】拱桥；BIM；3D模型；施工模拟

　　桥梁结构形式多样，构造复杂，与周边环境结合紧密，施工难度大，维护要求高。目前，国内桥梁从规划设计到施工运营和养护维修均基于CAD系统，依靠二维图纸存储数据，并实现信息的利用与共享，由于每个生产过程高度分离，产生了大量孤立和无法交互的数据，极易导致信息丢失。在建筑工程领域，BIM技术可建立包含完整项目信息的多维模型[1]，实现各阶段、各专业之间的信息集成和共享，应用于项目的全生命周期，大大提高建设的质量和效率。在桥梁工程领域，可借鉴建筑工程中BIM技术的应用方法，选择合适的工作平台进行协同设计，建立精细化的三维模型。非对称外倾拱桥作为一种新型拱桥结构形式，其结构新颖、造型独特，采用支架法施工时，施工过程比较复杂，其中钢结构的分段较多，支架合理的安装及拆除顺序是保证结构安全以及拱肋线形的重要工序，采用BIM技术可以有效模拟该类桥梁的施工工序，对施工方案进行优化，具有传统的设计方法不可比拟的优势。本文以某非对称外倾拱桥为研究对象，建立了该拱桥的BIM核心模型，并通过添加施工临时构件和施工机械建立施工信息模型，以探索BIM技术在拱桥施工中的应用。

1　工程概况

　　该非对称外倾拱桥全桥总长249m，跨径布置为（44＋150＋55)m。主跨位于曲线半径为$R=600$m圆曲线上，两侧边跨分别位于缓和曲线上。该拱桥南北两条拱肋独自向外倾斜，分别位于各自的倾斜平面内，北侧拱肋向外倾斜30°，南侧拱肋向外倾斜18°，拱肋由混凝土拱脚段和钢箱拱肋段组成，两条拱肋交于桥梁主墩承台。钢梁采用双纵箱＋格子梁结构形式，为三跨连续全钢结构，在两岸桥台位置设置伸缩缝，拱肋通过斜向吊杆支撑桥面钢箱梁，全桥方案如图1所示。

图1　桥梁方案

【作者简介】马也犁（1991-），女，硕士生。主要研究方向为桥梁设计理论与施工控制。E-mail：691751613@qq.com

2　BIM 模型的建立

2.1　软件的选择

在 BIM 技术的一系列建模软件中，适合钢桥建模的软件有 CATIA、Tekla Structures、Bentley、Revit 等，这些软件在建模中各具优势，都能满足设计的基本需要，其中，Autodesk 公司的 BIM 软件沿用了 Autodesk 系列一贯的操作模式，上手容易、操作简单方便，在建筑设计领域的应用也较为成熟，因此选择 Autodesk 公司的系列软件，BIM 核心模型的建立采用 Autodesk Revit 2014，后续的施工模拟及进度管理采用 Autodesk Navisworks 2014。

2.2　建模流程

该非对称外倾拱桥的 BIM 模型包括了永久结构模型、场地模型及各种临时设施和施工机具的模型，在模型建立过程中通过准确的划分与定位，使得构件精度与构件逻辑关系得以保证。在 Revit 软件中，核心的概念是"族"，族是组成项目的构件，也是参数化信息的载体，Revit 中的每一个图元都是一个族。使用 Revit 的族样板先建立起钢梁、拱肋、承台、桩基础、施工支架等族，然后将这些族载入到项目中，通过创建轴网、标高、参考平面等来准确定位各构件所放置的空间位置，最后将各个构件拼装起来形成整个项目模型，利用 Revit 软件建立拱桥项目模型的流程如图 2 所示。

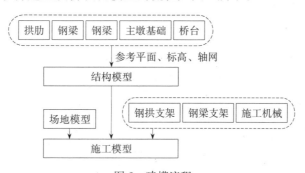

图 2　建模流程

2.3　结构模型

在传统设计构思方式中，以直接绘制建筑物构件的轮廓形状为主，而 Revit 使用参数化建模的方式，定义的则是具体方案的参数而不是形状，通过对参数赋值来创建不同的对象和形态，并且通过在不同的参数之间建立一定的逻辑关系，实现相互关联使用[2]。在钢梁建模中，如 U 肋、板肋这样简单且有规律可循的构件，可以使用参数化建模，通过直接修改族的参数值使得设计修改更加简单快捷，不易出错。而由于每个钢梁节段构件繁多，通用性不强，因此需要分别创建每个节段的梁族，这导致参数化应用较弱，工作量较大，建模难度增加。图 3 所示为分别定制的吊索区的钢梁族。

(a) 钢梁第一区段族　　　　(b) 钢梁北侧第二区段　　　　(c) 钢梁北侧第三区段

图 3　吊索区钢梁族

全桥共建立了钢梁、拱肋、吊杆、主墩基础、桥台等所有构件族，拼装形成整个拱桥结构，在拱桥结构模型的基础上建立场地模型，并对整个项目中的构件赋予材质信息，即可通过 Revit 对整个综合模型进行渲染，该拱桥项目的全桥三维模型及渲染后的效果图如图 4 所示。由于钢桥构造复杂，细部构件较多，传统的 CAD 不利于钢梁结构信息的清楚描述，给设计的解读带来了一定的困难，而 Revit 建立的三维可视化模型可直观形象地展示出整个钢桥结构的细部构造，不仅如此，该拱桥工程中涉及大量的预制结构，根据传统的二维图纸进行构件的预制加工难度大、效率低，很难形成规模化生产，而 BIM 模型中包含实体构件的所有信息，如尺寸、材料、生产厂商等，预制加工商可以根据 BIM 模型进行标准化构件的预制加工，再将构件运到工程现场进行装配，这样大大地提高了施工效率。

(a) 全桥三维模型　　　　　　　　　　　　(b) 渲染后的效果图

图 4　全桥三维模型及渲染效果图

3　施工中的应用

3.1　主要施工方案模拟

在已建立的拱桥的 BIM 结构模型的基础上，通过添加施工临时构件和施工机械，进一步建立该拱桥的施工信息模型，该拱桥钢梁及钢拱肋均采用支架法施工，在 Revit 中建立临时施工构件以及施工机械的族，比如钢梁支架、钢拱支架、平板运输车、履带起重机等，部分族如图 5 所示。

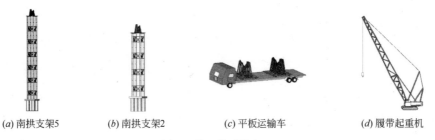

(a) 南拱支架5　　　　(b) 南拱支架2　　　　(c) 平板运输车　　　　(d) 履带起重机

图 5　施工临时设备

该拱桥的主要施工方案如下：钢拱肋采用在钢管立柱支架上拼装施工，采用履带吊从拱脚依次向上对称吊装，最后合龙。当南北侧拱肋合龙并焊接完成后，再在两拱肋之间设置横桥向临时对拉索，增强拱肋横桥向稳定性，然后从跨中向拱脚依次卸落并拆除支架。钢梁采用在贝雷梁支架上拼装的方法施工，钢梁在施工现场的运输和架设采用运架一体机完成。图 6 中展示了部分钢拱和钢梁的安装工序。BIM 技术实现了桥梁的三维模型与施工方法的有效关联，通过关键施工工艺的模拟，可以直观地分析施工工序是否合理，发现问题时及时进行修改与再模拟，从而不断优化施工方案，避免在实际施工中拼装失败的情况，最大限度地减少因返工和整改而造成的经济损失。

3.2　碰撞检测

在实际施工之前，对 BIM 信息模型进行碰撞检测，包括场地设施之间、施工机械之间以及施工机械与主体结构之间的碰撞检测[3]，以提前查找出工程结构不同构件之间的冲突问题。针对该桥的碰撞检测主要有两种，一是桥梁主体结构部分之间的碰撞检测，检查设计有无不合理之处，二是施工临时构件与桥梁主体部分的碰撞检测，确保施工方案安全可行。将 Revit 中建立的三维模型直接导入到 Navisworks 中，运用其中的 Clash Detetive 功能进行碰撞检测。图 7 所示为碰撞检测的结果，通过检测向外倾斜的拱肋与钢梁挖空区的位置得知二者并没发生碰撞，因此该部分结构设计是合理的，而临时搭设的钢栈桥与混凝土桥墩发生碰撞，发生碰撞的部分被高亮显示出来，对其可进行标记并添加注释。采用 BIM 技术对工程进行碰撞检测，能够解决采用传统方法难以预测的一系列工程问题，在 BIM 技术中通过主动发现错误并及时解决设计及施工方案的相关问题，避免将各种问题滞留到施工阶段，提高了施工效率。

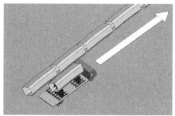
(a) 平板运输车运输钢拱节段

(b) 履带起重机吊装钢拱节段

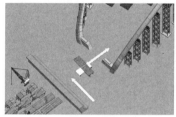
(c) 运架一体机运输钢梁节段

(d) 钢梁节段安装

图 6　关键施工工序

(a) 拱肋与钢梁的碰撞检测

(b) 钢栈桥和桥墩的碰撞检测

图 7　碰撞检测

3.3　4D 进度模拟

由于桥梁设计与地形地质等有关，施工也受周边环境的影响，因此任何一个桥梁项目的设计和施工都是独特的[4]。通过编制合理的施工进度计划，可保证施工活动能够有序、高效、科学地进行。工程人员依靠以往的经验制订的施工方案并不能完全保证施工的安全可行，实际施工中无法预料的问题也会导致工期拖延。在项目的实际施工中，常用的项目进度计划编制和项目进度管理方法有甘特图法和网络技术计划两种，采用 BIM 技术可以在施工过程中提供可视化的管理，即将施工模型与进度计划结合起来，生成包含时间信息的 4D 模型，进行虚拟建造，动态地呈现工程进度计划与施工模型的推进情况，与传统的进度管理相比具有更加直观、形象的优势。

该拱桥项目的 4D 模拟采用 Autodesk Navisworks 软件，将在 Mircosoft Project 中编制项目施工进度表中的任务、时间等信息与 Navisworks 中的项目模型创建关联，通过 TimeLiner 工具对整个拱桥项目的施工进度进行模拟，部分模拟内容如图 8 所示。

在桥梁实际建造之前先采用 BIM 虚拟建造技术模拟桥梁的施工过程，以期发现和解决实际建造过程可能发生的问题，这可大大增加项目的可控性，减少变更、提高效率、缩短工期。根据桥梁实际施工过程再对所建立的 BIM 模型进行更新维护，并且可以在 BIM 模型的基础上借助不同的软件工具完善项目施工和运营等各个阶段所需要的信息与服务。

4　结　语

BIM 技术在我国桥梁工程中的应用尚在发展之中。BIM 技术将实现项目的精细化和集约化管理，为桥梁工程的设计、施工、运营和管理带来全新的变革。本文针对一座非对称外倾拱桥的施工，借助 BIM

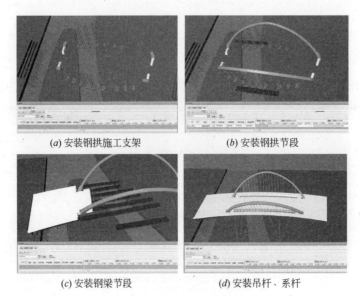

(a) 安装钢拱施工支架   (b) 安装钢拱节段

(c) 安装钢梁节段   (d) 安装吊杆、系杆

图 8   4D 施工进度模拟

技术研究了其施工工艺模拟、碰撞检测、4D 进度管理等，可为其他同类桥梁的 BIM 技术应用提供参考。

参 考 文 献

［1］ 柳娟花．基于 BIM 的虚拟施工技术应用研究［D］．西安建筑科技大学，2012.

［2］ 高岩．基于设计实践的参数化与 BIM［J］．南方建筑，2014，04：4-14.

［3］ 张建平．基于 BIM 和 4D 技术的建筑施工优化及动态管理［J］．中国建设信息，2010，02：18-23.

［4］ 刘占省，李斌，王杨，等．多哈大桥施工管理中 BIM 技术的应用研究［A］//第十五届全国现代结构工程学术研讨会
      论文集［C］．天津大学、天津市钢结构学会，2015：7.

基于 BIM 技术的大跨弦支梁屋盖施工过程仿真分析

刘占省[1]，汤红玲[2]，王泽强[3]，芦　东[2]

(1. 北京工业大学，北京 100124；2. 北京市第三建筑工程有限公司，北京 100044；
3. 北京市建筑工程研究院有限责任公司，北京 100039)

【摘　要】针对大跨弦支梁结构施工过程拼装及张拉控制难度大，安全质量问题突出等情况。以长沙国际会展中心为工程实例，结合 BIM 技术对弦支梁屋盖施工过程进行仿真计算，并根据位移、索力及刚性构件应力等计算结果，对其施工方案的安全性及可行性进行检测。研究结果表明 BIM 技术与有限元分析软件的结合，可实现对结构施工过程力学性能的有效模拟，同时也为结构分析计算提供了一种新手段，可为其他工程的应用提供参考。

【关键词】BIM（建筑信息模型）；弦支梁；仿真计算

1　引　言

随着建筑结构逐渐向高度更高、跨度更大这两大趋势发展，更多的大跨度公共建筑将会出现。其中预应力弦支梁结构是这种大跨度公共建筑常用的一种结构形式[1]，因其受力合理、建造速度快、重量轻等特点，在近十多年来得到了大力开发与发展，且受到国内外科技界和工程界的广泛关注和重视，同时也给施工过程带来了新问题及新挑战，如弦支梁拉索预应力张拉施工难度大，安全质量问题突出。故对项目施工过程进行力学性能仿真分析具有重要意义。BIM 技术作为伴随着计算机发展而兴起的一种模型信息集成技术，其高度可视化、信息化及仿真性等优势可在建筑项目设计阶段发挥重要价值及作用[2-5]。赵华英通过使用 Revit 软件探讨了基于 BIM 的具体结构设计流程[6]。王晓彤结合上海某钢结构实际算例，应用常见的 BIM 软件 Revit Structure 与 Robot Structural Analysis 进行了双向链接分析[7]。杨党辉对基于 Revit 的 BIM 技术结构设计中的数据交换问题进行了分析[8]。杨鹏飞对基于 ABD 的 BIM 物理模型与结构分析模型的数据链接进行了案例分析[9]。董骁利用 BIM 模型来进行了基于 ANSYS 有限元软件的吊件结构分析[10]。

基于以上背景，本文将 BIM 技术与有限元分析软件 MIDAS/Gen 结合，对长沙国际会展中心弦支梁屋盖施工过程进行仿真计算，分别对 BIM 模型建立、BIM 模型导入及转化、施工过程力学性能仿真等三个方面进行研究。

2　工程概况

长沙国际会展中心是集展览、会议、购物等为一体的综合性会展城，项目共设 12 个单层展馆，总面积约为 43 万 m²，展馆全景效果图如图 1 所示。屋盖采用的是跨度为 100m 的弦支梁结构，其结构立面如图 2 所示。

经分析在该工程施工过程中主要面临以下难点：

（1）弦支梁结构预应力张拉精度要求高，且在张拉过程中各构件之间相互作用影响，故施工安全和质量问题突出。

【基金项目】北京市科委科技新星计划项目（Z14110601814085）；住房和城乡建设部科学技术项目计划（2015-K8-031）
【作者简介】刘占省（1983-），男，高级工程师。主要研究方向为结构工程和 BIM 技术。E-mail：lzs4216@163.com

图1　展馆全景效果图　　　　　　　　　　图2　单榀弦支梁结构立面图

（2）展馆体量大数量多，且结构构件形式多样。在基于有限元分析软件的结构仿真计算过程中，建模效率低，费时费力，且信息化程度低。

故如何高效实现对结构施工过程的力学性能仿真分析是项目的重点及难点。

3　BIM 模型建立

BIM 模型是 BIM 技术应用于结构仿真计算过程中的关键，作为建筑信息的载体，其模型精度及准确性直接对后期仿真计算结果影响重大，同时也关系到信息处理及传递的效率。

3.1　专项构件参数化族库创建

针对该工程大型复杂钢结构形式，基于 BIM 建模软件结合参数化建模技术采用嵌套族的形式对结构构件模型进行建立，如在建立桁架模型时，每段桁架以族的形式创建和命名，在此族中再嵌套相应弦杆和腹杆族（如图3所示），同时改变参数自动生成杆件长度、直径和角度不同的桁架族，大大减少重复建模的工作且方便对结构的拼装，有利于建模速度及准确度的提高，其中部分弦支梁构件族库如图4所示。另外构件的各种信息以参数的形式直接存储于模型族库中，有利于后期结构分析对其相应信息的调用及处理。

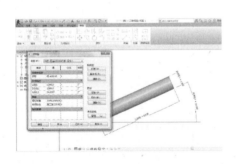

图3　参数化构件族

图4　部分弦支梁构件族库

3.2　模型拼装

该结构造型不规则，且边跨桁架及中间跨弦支梁以多段折线形式拼装，屋面近似曲面。故对构件位置及角度的精确定位是模型拼装过程中的难点问题。导入三维 CAD 轴线模型，以该轴线为基础对模型进行位置定位，同时设置相应工作面以实现角度定位来完成模型拼装，从而有效降低模型拼装的难度。弦支梁梁端拼接模型及整体拼接模型分别如图5中（a）和（b）所示。

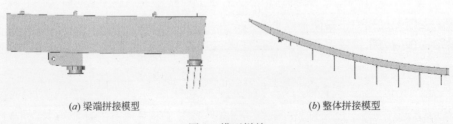

（a）梁端拼接模型　　　　　　　　　　　　（b）整体拼接模型

图5　模型拼接

3.3　模型校核

模型的准确性是结构仿真计算的关键，故在 BIM 模型拼装完成后，需对其进行严格的校核，以保证后期计算结果的可靠性。通过 BIM 模型与 CAD 模型以原点对齐的方式重叠以检查 BIM 模型是否与 CAD 设计模型一致，对其冲突部位进行检查修改从而保障 BIM 模型的准确性，最终 BIM 模型如图 6 所示。

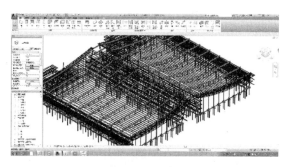

图 6　BIM 模型

通过专项参数化构件族库创建、模型拼装及模型校核有效实现对高精度 BIM 模型的快速创建，为后期结构仿真计算提供基础，同时也大大提高了整个仿真过程的效率。

4　BIM 模型转化及导入

4.1　BIM 分析模型计算参数定义

将 BIM 模型导入有限元软件计算分析之前需在几何模型的基础上，基于 Revit structure 模块对结构物理模型进行分析模型转化及模型计算参数定义。

（1）材料属性

在该结构系统中主要有两种材料构成，其中刚性构件统一采用 Q345 钢材，拉索采用钢绞线材料，在 Revit structure 模块中对其材料属性进行定义，主要包括弹性模量、泊松比、容重及密度等。

（2）边界条件

在 Revit structure 模块中释放条件主要由 X 方向上轴力、Y 方向上抗剪力、Z 方向上抗剪力、X 方向上扭转力、Y 方向上弯矩、Z 方向上弯矩组成。通过对以上释放条件及释放位置的定义实现对模型边界条件的设定。

（3）荷载情况

在 Revit structure 模块中通过对荷载类型、荷载工况及荷载组合的设定实现对结构 BIM 分析模型自重荷载及张拉施加荷载的赋值及录入。

4.2　BIM 模型导入 MIDAS/Gen 及施工参数确定

Revit structure 模块本身不具有结构分析计算功能，结构 BIM 分析模型仅能实现对结构几何、材料、荷载及边界等信息的存储，故还需结合有限元分析计算软件 MIDAS/Gen 对其施工过程进行仿真计算。

通过程序编程接口（API）将 BIM 分析模型导入 MIDAS/Gen 中，在 BIM 分析模型的基础上，根据施工方案步骤流程（如图 7 所示），对其施工参数进行确定，主要包括单元属性确定并根据施工步骤对其计算模型的结构组、荷载组、边界组进行定义和划分。

通过对 BIM 模型进行转化及导入，实现了 BIM 技术与有限元分析软件的有效结合，BIM 模型中的信息经转化及处理可直接用于有限元软件对其结构进行分析，有利于避免繁琐的重复建模工作。

5　施工过程力学性能仿真分析

5.1　位移计算

在弦支梁安装及张拉过程中整体结构位移变形主要表现在 Z 方向上竖向位移（即结构起拱）。结构在（1）~（15）施工模拟步骤中起拱值计算结果如图 8 所示，其中模拟步骤（10）所产生的起拱值最大如图 9

所示。

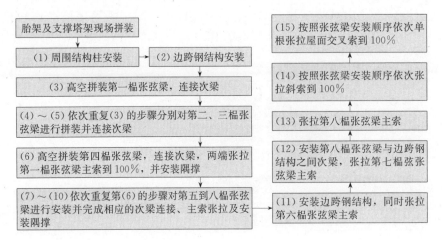

图 7　施工方案步骤流程

由计算结果可知结构成型以后，最大起拱为 195mm，$195 < L/500$ 满足钢结构工程施工与质量验收要求。

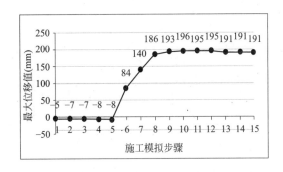

图 8　施工模拟过程最大位移图

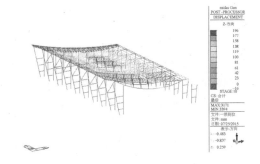

图 9　施工模拟步骤（10）位移计算结果

5.2　索力计算

在结构施工过程中，通过对拉索进行预应力施加，使结构具有刚度及成形，并使拉索索力达到设计值要求，从而使结构受力性能及安全满足设计要求。在张拉成形后各跨拉索索力模拟值与设计值的对比情况见表1。

各跨拉索索力模拟值与设计值的对比情况（kN）　　　　　　　　　　　　　表 1

拉索轴线号	E20	E18	E16	E14	E12	E10	E8	E6
模拟值	5680	5452	5413	5418	5037	5427	5428	5446
设计值	5800	5650	5650	5650	5650	5650	5650	5800
误差	2%	3%	2%	2%	3%	2%	2%	3%

由表可知，拉索索力模拟值与设计值较接近，误差较小，结构施工方案满足设计要求。

5.3　刚性构件应力计算

根据模拟步骤对结构施工全过程进行应力计算，结构在（1）～（15）施工模拟步骤中最值应力计算结果如图 10 所示，其中模拟步骤（15）应力计算结果如图 11 所示。

由计算结果可知结构成型以后，最大应力为 118MPa，最小应力为 −133MPa，结果小于 180MPa，满足钢结构设计限值要求。

在通过有限元分析软件对结构施工过程力学性能进行仿真计算后，其结果可通过数据接口实时准确返回 BIM 模型，并以参数的形式存储于模型中，从而有效实现了信息的流通，大大减少了结构分析中信息壁垒的存在，有利于结构计算乃至整个建筑行业信息化的实现。

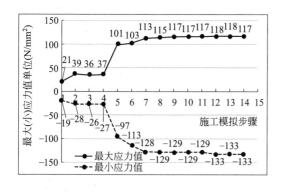

图 10　施工模拟过程结构最值应力图

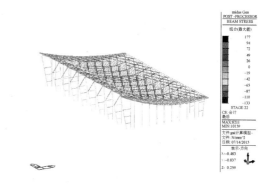

图 11　应力计算结果

6　结　论

本文将 BIM 技术应用到大跨弦支梁屋盖施工过程仿真计算中，很好地实现了 BIM 技术与结构计算的有效结合。根据结构位移、拉索索力、刚性构件应力等计算结果可对结构在施工过程中的受力分布、变形特征及稳定性能进行全面预知及检查，为结构施工方案安全性及可行性的判定提供了依据，从而有效保障了结构施工安全及质量。

研究结果表明与传统结构仿真分析相比 BIM 技术的引入给结构计算过程提供了一种新方法及新思路，同时也充分发挥了 BIM 技术参数化、信息化及仿真性等优势。其中 BIM 技术在结构分析中的重要作用及价值总结如下：

（1）基于 BIM 技术建立结构分析模型，BIM 模型作为信息载体，可实现建筑结构力学性能信息与其他信息的集成与传递共享，有效地实现了结构分析与建筑项目中其他参与方的信息沟通及传递。

（2）在传统有限元分析软件建模过程中，往往是基于简单的点、线、面等元素，建模速度慢，容易出错。而在 BIM 建模过程中，基于对象的参数化图元建模技术可有效提高建模的速度及准确性。

（3）高度可视化的 BIM 模型可为结构仿真过程提供直观的观察及检测基础，有利于结构仿真分析智能化的实现。

参 考 文 献

[1]　陆赐麟．预应力钢结构学科的新成就及其在我国的工程实践 [J]．土木工程学报，1999，32（03）：3-10.
[2]　刘占省，赵雪锋．BIM 技术与施工项目管理 [M]．北京：中国电力出版社，2015：10-157.
[3]　刘占省，赵雪锋．BIM 技术概论 [M]．北京：中国建筑工业出版社，2016：50-128.
[4]　向敏，刘占省．BIM 应用与项目管理 [M]．北京：中国建筑工业出版社，2016：22-52.
[5]　Raymond D. Crotty. The Impact of Building In for Mation Modeling [M]. 2012：20-28.
[6]　赵华英．BIM 结构设计应用 [J]．土木建筑工程信息技术，2015，03：30-39.
[7]　王晓彤，刘泽洲．BIM 技术在国内结构设计中应用的可行性分析 [J]．工程管理学报，2015，02：10-17.
[8]　杨党辉，苏原，孙明．基于 BIM 技术的结构设计中的数据转换问题分析 [J]．建筑科学，2015，03：31-36＋56.
[9]　杨鹏飞，张洪伟，高兴华．基于 ABD 的 BIM 物理模型与结构分析模型数据链接的案例分析 [J]．土木建筑工程信息技术，2014，02：6-9.
[10]　董骁，王一凡，武绍彭，等．建筑信息模型（BIM）技术在 AP1000 核岛大件吊装仿真中的应用 [J]．工业建筑，2014，07：178-182.

基于 IFC 标准的典型梁柱构件工程量
自动计算方法研究

匡思羽，张家春，邓雪原

（上海交通大学，上海 200240）

【摘　要】BIM 作为一种新的理念与技术，正引发建筑行业的变革。然而 BIM 应用中工程量计算的可靠性与灵活性难以兼容，数据处理过程过于复杂冗长，并没有真正地优化算量流程和提高算量效率。本文基于 IFC 标准对工程量自动计算方法进行探讨与应用，分析 IFC 标准中典型梁柱构件几何信息、关联信息的描述方法，借助几何方程实现节点重叠体积的计算，得到符合我国计量标准的混凝土工程量。结果表明，基于 IFC 标准的构件工程量自动计算方法是可行有效的，能够提高工程算量的效率与精度，并实现工程量计算与建模软件及绘制路径的无关性。

【关键词】IFC 标准；工程量自动计算；梁柱节点

1　前　言

工程量计算是工程建设中必不可少的工作，提高算量计价效率与准确性对企业提高经济效益至关重要。随着 BIM（Building Information Modeling，建筑信息模型）技术发展，建筑项目中的造价工程已经产生多方位的变革，CAD 软件、BIM 软件、基于 BIM 技术的算量软件随之快速发展，但工程量自动计算仍旧面临技术瓶颈：主流 BIM 软件（如 Revit、Archicad 等）算量方法与国家规范、地方规则不契合；算量软件（如鲁班、广联达等）与 BIM 技术结合不够紧密，模型数据利用率低，信息传递环节低效；模型构建方法的不同对算量结果产生不同的影响，工作模式与配套软件不匹配；应用当前不同的 BIM 软件实现工程量自动计算需大量的二次开发资源，成本高。

IFC（Industry Foundation Classes，工业基础类）标准的推广为上述问题提供了有效的解决途径[1][2]。IFC 标准由国际协作联盟组织（International Alliance for Interoperability，IAI，现名为 BuildingSMART 联盟）提出，是一个公开的、结构化的、面向对象的数据标准。其作为统一的 BIM 标准，目的是实现对建筑项目生命周期所有信息的完整描述。然而，当前 BIM 软件对 IFC 标准支持程度不够、软件之间的信息交换存在缺失与遗漏，尤其是在工程量自动计算的过程中，缺少成熟的 BIM 软件或 IFC 平台软件能够衔接我国规范、地方规则的算量要求。因此，研究基于 IFC 标准的构件工程量计算是解决基于 BIM 技术工程量计算中亟待解决的问题。

1.1　基于 BIM 技术的工程量自动计算需求

工程量计算是指计算工程中各种项目的数量明细，其依据是施工图纸、配套的标准图集及定额、工程量清单计价规范、规则，是编制工程预算、决算的基础工作。传统工程量计算流程中造价人员参照施工图纸，确定分部工程计算顺序，进一步确定分部工程中各分项工程计算顺序，然后依照图纸与计算规则，按照特定的计算顺序（如顺时针、按编号、按轴线等）逐步计算工程量。随着建筑项目复杂化、大型化，传统工程量计算方法逐渐暴露出诸多问题：大型、超大型项目的工程量精度

【作者简介】匡思羽（1991-），男，研究生。主要研究方向为基于 IFC 标准的工程造价应用。E-mail：spooooooooor@sjtu.edu.cn
【通讯作者】邓雪原（1973-），男，副教授，博士。主要研究方向为建筑 CAD 协同设计与集成、基于 BIM 技术的建筑协同平台。E-mail：dengxy@sjtu.edu.cn

与可靠性难以同时保证；传统工作模式信息携带能力弱，复杂节点、异形构件等算量的难点沟通低效；多阶段信息无法互相链接，设计、方案变更后难以及时更正造价信息，涉及多阶段的造价管理更是难上加难。

　　BIM 技术带来的优势在于快速算量的可能性、精确算量的可靠性以及算量管理的可持续性。如图 1 所示，投资决策阶段的方案比选和投资控制、规划设计阶段的概预算和限额设计、招投标阶段的清单造价等多阶段的造价管理都需要对同一项目进行多次、多深度的算量计价。在传统的造价管理中各阶段是割裂的，信息不能有效贯通全过程，造价人员需要花费大量时间对同一模型不同阶段反复计量；项目信息变更时，往往不能及时响应，影响造价效率和质量。但在 BIM 造价管理体系中，通过面向对象的数字化工具实现模型的可视化、参数化，能够将全过程的造价管理信息集中在一个模型上，工程量的计算可以自动生成，并随着模型深化、信息增多而自动调整，有效地保证了工程量的准确性和有效性，实现了更加精细化、复杂化，甚至涉及变更、多阶段的造价管理。

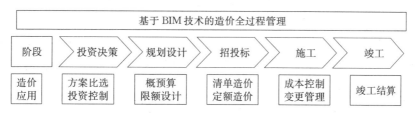

图 1　基于 BIM 技术的造价生命周期管理

1.2　基于 BIM 技术的工程量自动计算研究现状

　　当前，国内外对基于 BIM 技术的工程量自动计算开展了一定的研究。杨震卿[3]等以某高层建筑案例，对比传统算量结果与 Revit 明细表，验证了 BIM 软件算量精度与自动化的优势，但可靠性仍需完善。Louise Sabol[4]分别从信息需求、信息交换、信息标准、信息周期的角度阐述 BIM 技术为工程造价所带来的精度与自动化的优势。李志阳[5]等对比了广联达与斯维尔基于某高层建筑 Revit 模型的算量结果，认为基于 BIM 技术的算量精度可控，但也表明中间格式对信息保存、转换及利用的效率较低，适用性差，难以推广。Shen Zhigang[6]认为当前主流的 BIM 软件已能实现较为准确的构件物理数量计算，造价计算的困难集中于材料、人工、机械等施工过程对计算的影响难以判断与表达。马智亮[2]、张修德[7]论述了基于 IFC 标准的建筑产品信息等七个有关造价方面信息的表达，提出成本预算的信息需求模型，建立了基于 BIM 技术的建筑预算软件研制框架。Xu Shen[8][9]则在造价原理的基础上，提出五方面造价信息在 IFC 标准中的表达，建立了基于 IFC 造价软件的信息需求与系统框架。魏振华[10]在分析我国工程量清单计算规则的基础上，选取 WOL 语言表达规则、关系等，建立了基于本体论的建筑工程成本预算数据表达和利用框架。

　　上述的研究可归纳为如下两方面：通过中间格式尝试 BIM 软件与算量软件的数据交换，减少数据录入环节的耗时；利用 BIM 软件算量功能及二次开发插件，使算量结果满足我国规范、地方规则。但总体而言，基于 BIM 技术的工程量自动计算并不成熟，学习、应用成本相对较高，精度、可靠性仍待进一步探索。基于 IFC 标准的工程量自动计算则是另一种研究思路，多个学者归纳了 IFC 标准关于工程量信息的表达并整理了相应的软件框架或计算系统，但基于 IFC 标准的工程量自动计算仍待进一步探索。

1.3　主流 BIM 软件与 IFC 平台软件的工程量计算现状

　　采用主流 BIM 软件与 IFC 平台软件进行工程量计算试验，试验结果如表 1 所示。目前主流的 BIM 软件具有部分工程量计算的功能，但测试结果显示，BIM 软件与 IFC 平台软件所得到的工程量都无法满足国家规范。

1.4　基于 IFC 标准的工程量自动计算的优势

　　基于 IFC 标准的构件工程量自动计算，意味着更大的灵活性，可依据国家规范、地方规则进行算法的调整，实现不同规则下的工程算量。对建模软件、绘制方式无硬性要求，容错率高；计算结果是基于

IFC 文件的数据信息，精度高，可靠性强。基于 IFC 标准的构件工程量自动计算研究还具有更深层次的意义。IFC 标准作为可持续发展的标准，扩展性强，有利于实现多阶段造价管理中的基于 IFC 标准的信息共享与交换，促进生命周期的造价管理。建筑生命周期中的信息共享与转换是 BIM 技术的核心问题[11]，实现造价模型与结构模型、建筑模型等其他模型的信息共享与转换是实现 BIM 应用与普及不可或缺的环节。

主流 BIM 软件与 IFC 平台软件算量情况　　　　　　　　　　　　　　　表 1

名　　称	不同种类构件节点体积扣减	对孔洞、洞孔体积的扣减
Revit 2015	单节点调整	不符合国家规范的扣减规则，如《建设工程工程量清单计价规范》GB 50500—2013 附录 E 中： 1. 对墙要求"扣除门窗洞口及单个面积 $>0.3\text{m}^2$ 的孔洞所占体积"； 2. 对板要求"不扣除单个面积 $\leqslant0.3\text{m}^2$ 的柱、垛及洞孔所占体积"
Archicad 19	批量调整	
Tekla 19	不提供计算表 提供计算信息（长、宽、高、重量等）	
IFCQuery	无法调整	
BIMSight		
Solibri 8.0		

下文采用典型构件梁、柱为案例，通过对 IFC 文件的解析，构建其形体的几何方程组，联立多个构件的几何方程组，求解重叠部位体积，实现构件节点工程量扣减，得出符合国家规范（本案例特指《建设工程工程量清单计价规范》GB 50500—2013，以下简称规范）的计算结果。

2　基于 IFC 标准的构件表达

2.1　基于 IFC 标准的建筑构件简介

采用 ArchiCAD 19 绘制梁柱构件，并导出 IFC 2×3 文件，如图 2 所示。其中梁为 600mm×400mm×3000mm，柱为 600mm×600mm×3000mm，梁绘制至柱轴心。

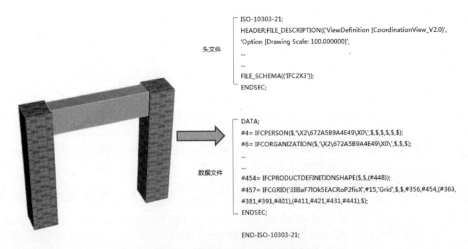

图 2　模型与 IFC 文件示意图

IFC 文件由头文件和数据文件组成。头文件包含信息如文件创建时间、创建用户、生成文件软件、IFC 版本等。数据文件则由多个实体语句组成，通过构件实体、属性实体和关联实体三部分内容共同表达一个完整的项目模型。

2.2　基于 IFC 标准的构件几何信息解析

理解 IFC 文件中几何信息的表达是实现工程量计算的基础。在 IFC 标准中，实现特定构件的绘制，需要两方面的信息：坐标系信息与形体信息。

IFC 标准中坐标系是层层嵌套的。柱、梁、板、墙等在其自身构件坐标系下的表达通过坐标转换可转换成 IFCBuildingStorey 楼层坐标系下的表达，在该层坐标系下可形成算量的扣减关系（图 3）。

以梁为例，梁（IFCBeam）由实体 IFCLocalPlacement 表达坐标系信息。其中，属性 PlacementRelto

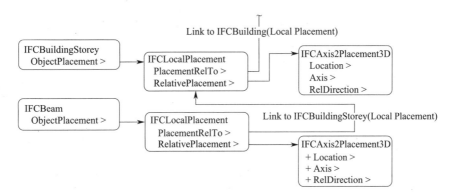

图 3　基于 IFC 标准的构件坐标系信息表达

表示其参照的坐标系；属性 RelativePlacement 表示梁坐标系与参照坐标系之间的转换信息：梁坐标系的原点在参照坐标系的位置；梁坐标系的 Z 轴表达；梁坐标系的 X 轴表达。三者结合能实现同一构件在不同坐标系之间表达的转换。

　　IFC 标准对形体信息的表达提供了丰富的描述形式，在物理文件中使用属性 Representation 来描述，派生关系如图 4 所示。

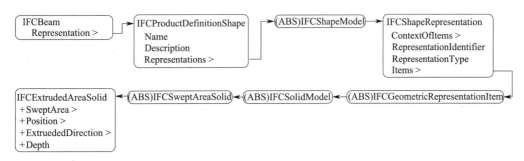

图 4　基于 IFC 标准的梁构件形体信息表达

　　同样以梁为例，实体 IFCProductDefinitionShape 定义了所有关于形体的信息，实体 IFCShapeRepresentation 定义了形体的表达形式，此处表现类型为"SweptSolid"，即拉伸实体。实体 IFCExturdedAreaSolid 定义了拉伸形体的信息，包含四个属性：拉伸的截面形状，包括截面长度、宽度、截面形心的坐标；拉伸坐标系向梁坐标系的转换信息；截面拉伸的方向；拉伸形体的长度。四者结合能描述拉伸形体的表达。

2.3　基于 IFC 标准的构件关联信息表达

　　实现构件的工程量计算，还需明确节点位置构件扣减的优先级。对于构件搭接，IFC 标准有两类关联[12]：非对称性关联和对称性关联。本文使用对称性关联，通过反属性 ConnectedTo 与 ConnectedFrom 以及关联实体 IFCRelConnectsElments，将两个不同的实体（IFCBeam 与 IFCColumn）进行关联（图 5）。

　　实体 IFCRelConnectsElements 的属性 RelatingElement 可用来表示主动关联的构件，搭接点优先权更高，即不需扣减的构件；属性 RelatedElement 则用来表示被关联的构件，即需被扣减的构件。

3　基于 IFC 标准的典型梁柱构件重叠体积计算方法

　　构件重叠形体的体积，可借助几何方程表达并计算。空间形体采用方程组表达，对于多个构件的形体，形成多个方程组，进而解得重叠形体的方程组并求出重叠体积，再通过相应的扣减规则，实现工程量的计算。

3.1　几何信息解析

　　根据 IFC 文件获取构件方程组所需的数值，如图 6 所示：(x_0, y_0) 是拉伸截面中心在拉伸坐标系

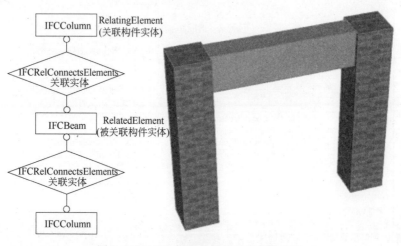

图 5　基于 IFC 标准的构件关联信息表达

xyz 下 xoy 平面的坐标值；B，H 为拉伸截面宽度、高度；L 为拉伸长度；$(x_1，y_1，z_1)$ 是拉伸坐标系原点在构件坐标系 $X_eY_eZ_e$ 下的坐标值；$(x_2，y_2，z_2)$ 是构件坐标系的原点在楼层坐标系 $X_sY_sZ_s$ 下的坐标值；坐标转换信息由 IFC 文件中属性 RelativePlacement 给出，根据特定的规则，可实现不同坐标系的方向转换。

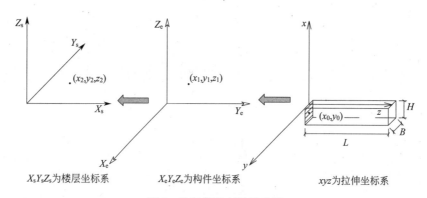

$X_sY_sZ_s$为楼层坐标系　　　　$X_eY_eZ_e$为构件坐标系　　　　xyz为拉伸坐标系

图 6　几何信息变量示意图

3.2　楼层坐标系下方程组

假定梁长、宽、高分别为 L^b、B^b、H^b，柱长、宽、高分别为 L^c、B^c、H^c，坐标点信息参照上文定义，上标含 b 的为梁的信息，上标含 c 的为柱的信息。

由拉伸形体方程组经过两次转换后，可得梁在楼层坐标系下的几何方程：

$$-\frac{H^b}{2}<z-z_2^b-z_1^b-x_0^b<\frac{H^b}{2}$$
$$-\frac{B^b}{2}<y-y_2^b-x_1^b-y_0^b<\frac{B^b}{2} \tag{1}$$
$$0<-(x-x_2^b)-y_1^b<L^b$$

梁的初始体积为 $V^b=B^b\times H^b\times L^b$。

同理，柱在楼层坐标系下的方程：

$$-\frac{H^c}{2}<x-x_2^c-x_1^c-x_0^c<\frac{H^c}{2}$$
$$-\frac{B^c}{2}<y-y_2^c-y_1^c-y_0^c<\frac{B^c}{2} \tag{2}$$
$$0<z-z_2^c-z_1^c<L^c$$

导入本案例中的数值，联立（1）（2）方程组即可得重叠体积的方程：

$$\begin{cases} -L^b+x_2^b<x<\dfrac{H_c}{2}+x_1^c \\ -\dfrac{B^b}{2}+y_2^b<y<y_2^b+\dfrac{B^b}{2} \\ -\dfrac{H^b}{2}+x_0^b+z_2^b<z<L^c+z_2^c \end{cases} \quad (3)$$

即重叠部分体积：

$$V'=\left(\frac{H^b}{2}+x_1^c-(-L^b+x_2^b)\right)\times B^b\times\left(L^c+z_2^c-\left(\frac{H^b}{2}+x_0^b+z_2^b\right)\right) \quad (4)$$

两者相减得到梁修正后体积 $V_{修}^b=V^b-V_c$，与规范中的计算规则一致。

根据前文设计的计算流程，采用 Python 语言编程，提取 IFC 文件中梁柱构件的属性后计算得出梁柱的正确工程量，验证了本文计算方法的可行性与正确性。

在软件建模过程中，同一节点有不同的绘制情况。以梁柱节点为例，有梁绘制至柱轴心、柱外侧以及柱内侧三种情况。根据规范，均应按"梁与柱连接时，梁长算至柱侧面"进行计算，但现有 BIM 软件（如 Revit 2015、Archicad 19）仅按照工程净量或绘制路径进行计算，上述三种情况下梁、柱的工程量都不相同。采用本文的计算方法，如表 2 所示，同一节点多种形式的工程量计算结果均符合规范的计算要求，实现了工程量计算与建模软件及绘制路径的无关性。

同一节点多种形式的工程量计算结果　　　　　　　　　　　　表 2

节点示意图	工程量	节点示意图	工程量
梁至柱轴心	重叠体积:0.072m³×2 梁体积:0.576m³	梁至柱外侧	重叠体积:0.144m³×2 梁体积:0.576m³
梁至柱内侧	重叠体积:0m³ 梁体积:0.576m³	梁穿过柱（梁长 5000mm）	重叠体积:0.144m³×2 梁体积:1.056m³

注：梁为 600mm×400mm×3000mm，柱为 600mm×600mm×3000mm。

另外，对于开洞构件，规范对墙要求"扣除门窗洞口及单个面积>0.3m² 的孔洞所占体积"，对板要求"不扣除单个面积≤0.3m² 的柱、垛以及洞孔所占体积"，主流 BIM 软件算量亦难以符合该规则。如采用基于 IFC 标准的计算方法，使用实体 IFCOpeningElement 来表达洞口，提取相应的几何属性，进而求得其洞口面积并进行筛选，可实现符合规范的规则扣减。

4　结论与展望

本文以典型梁柱构件为例，研究基于 IFC 标准的工程量自动计算方法。通过解析 IFC 标准下构件几何信息、关联信息的表达，借助几何方程表达构件形体，联立多个形体的方程组得到重叠部分的方程组，进而求出节点重叠体积，在此基础上实现了典型梁柱构件同一节点多种形式的工程量自动计算，验证了本文计算方法的可行性与准确性。主要结论与展望如下：

（1）现有的工程量计算模式耗时耗力，难以满足日益复杂的工程算量需求，基于 IFC 标准的工程量自动计算方法可以在效率、精度上突破原有算量瓶颈；

（2）基于 IFC 标准的构件工程量自动计算方法灵活性好，容错率高，实现了工程量计算与建模软件及绘制路径的无关性，可进一步实现多种类、多楼层的工程量自动计算与统计；

（3）本文实现了典型梁柱构件混凝土工程量的计算，其方法可扩充至所有拉伸实体，如板柱、板梁等构件之间的工程量计算，但对于更多不规则构件、复杂构件等还需进一步研究。

参 考 文 献

[1] 李犁，邓雪原. 基于 BIM 技术的建筑信息平台的构建 [J]. 土木建筑工程信息技术，2012，02：25-29.

[2] 马智亮，娄喆. IFC 标准在我国建筑工程成本预算中应用的基本问题探讨 [J]. 土木建筑工程信息技术，2009，02：7-14.

[3] 杨震卿，潘朝辉，田丰，等. BIM 技术开创混凝土算量工作新模式 [J]. 建筑技术，2015，02：129-131.

[4] Louise Sabol. Challenges in cost estimating with building information modeling [EB/OL]，[2008] http：//www. dc-strategies. net/files/2 sabol cost estimating. pdf.

[5] 李志阳，张天琴，孙志新. BIM 技术在造价管理中的应用研究 [J]. 工程建设与设计，2015，11：138-141.

[6] ShenZhigang. Issa R A (2010) Quantitative evaluation of the BIM-assisted construction detailed costestimates. Journal of Information Technology in Construction (ITcon)，Vol. 15，pg. 234-257.

[7] 张修德. 基于 BIM 技术的建筑工程预算软件研制 [D]. 清华大学，2011.

[8] Xu Shen，Liu Kecheng，and Tang，L. C. M. Cost Estimation in Building Information Model [C] //Proceedings of the 11th International Conference on Construction and Real Estate Management (ICCREM 2013)，Karlsruhe，Germany.

[9] Xu Shen，Liu Kecheng. Knowledge-based Design Cost Estimation through Extending Industry Foundation Classes [C]// Proceedings of the 16th International Conference on Enterprise Information Systems (ICEIS2014)，Lisbon，Portugal.

[10] 魏振华，马智亮. 基于本体论的建筑工程成本预算规范表达 [J]. 土木建筑工程信息技术，2013，04：1-6.

[11] 邓雪原. CAD、BIM 与协同研究 [J]. 土木建筑工程信息技术，2013，05：20-25.

[12] 王勇，张建平. 基于建筑信息模型的建筑结构施工图设计 [J]. 华南理工大学学报（自然科学版），2013，03：76-82.

基于建筑领域本体的 BIM 族库
模糊语义检索研究

吴松飞，申琪玉，王　亮，吴观众，张昊天，吉　嘉，邓逸川

(华南理工大学，广东　广州 510000)

【摘　要】目前国内 BIM 族库的搜索技术大多采用无法进行语义识别的关键词搜索，依然无法实现对自然语言的智能搜索。本文提出将模糊语义的检索技术应用于 BIM 族库检索，在住建部已有数据库的基础上，纳入产品编码，并赋予参数信息。其次，建立部品本体库，利用本体库对检索字段进行语义理解，利用分词处理，查询扩展，相似度等算法遍历 BIM 族库得到排序的检索结果，检索准确率高达 78% 左右。本文将此技术用于 Revit 建模智能推荐，为设计的部件推荐与其协作完成某一功能的其他可能部品。

【关键词】　建筑领域本体；BIM 族库；模糊语义；检索；Revit

1　背　景

当今，基于互联网、大数据的 BIM 技术已经成为助力我国建筑行业转型升级和产业进步的重要手段之一，也是推动建筑标准化、信息化、工业化的基础性技术。2015 年 4 月住房和城乡建设部发布了《关于推进建筑信息模型应用的指导意见》，旨在推进 BIM 信息技术在工程设计、施工、运营维护的应用。此外，广东省住房与城乡建设厅（2015）、山东省（2014）、深圳市、上海市等发布了 BIM 应用标准、利用 BIM 提升建筑质量等文件，目的在于利用 BIM 信息技术提升建筑智造水平与运营管控。BIM 数据库作为建材部品与 BIM 技术衔接应用的关键性基础数据平台，将有力推动我国建设行业标准化部品构件体系建设。为方便广大从业人员更好利用规模化生产的建筑部品，高效检索技术的开发变得尤其迫切。然而，国内官方建立的住房与城乡建设产品 BIM 数据库[1]完成了基本的建筑部品分类及搜索，但是分类混乱，无法进行自然语言的搜索；业界还有八戒工程网[2]、易族库推行这一服务，其数据库部品分类不够全面，且对于用户的自然语义检索能力几乎为零。究其原因，三者使用了国内建筑业数据库主流使用的关键字搜索技术。这一搜索技术搜索冗余大，准确率低，且对于用户的检索字段无法进行智能语义识别，无法满足用户的搜索需求。针对上述问题，本项目首先开发了基于模糊语义搜索的 BIM 族库检索平台开发，研究了如何建立一个科学分类的 BIM 族库体系，并建立了国内建筑领域本体；然后研究了如何依据领域本体对检索字段进行语义层次的理解与扩展，根据扩展的概念进行检索，依据语义相似度算法对搜索结果进行排列显示；最后对建立的 BIM 族库应用这一智能检索技术进行了实证研究以验证这一方法的检索效率与质量。此外，将这一检索技术引入 Revit 建筑设计，在设计中智能匹配用户所需，提高了建筑设计过程的智能化。

2　文献综述

实现建筑精细化，规模化生产的基础是对建筑部品进行科学的划分，建立一套通用化，标准化，信息化的族库体系。法国在 20 世纪 70 年代成立构件建筑协会，定制构件尺寸协调规则，建立建筑部品目录，方便了用户根据部品几何级数参数进行选择[3]。同时期日本公共住宅规格化部品委员会制定住宅各

【基金项目】中国博士后科学基金第 59 批面上资助（2016M592498）

【作者简介】邓逸川（1989-），男，师资博士后。主要研究方向为工程管理、信息技术、建筑信息模型。E-mail：ctycdeng@scut.edu.cn

部分的通用部品标准，将全国各厂家生产通用部品纳入了《通用体系产品总目录》较大提高了一般住宅生产效率[4]。丹麦为使预制部品更好协调工作，以法律的形式规定了建筑构件生产的模数标准，并成为IFC 的范本，大大促进了建筑部品化发展。此外，美国、瑞士也大力发展部品通用化，为住宅产业化生产提供较好的推力。而国内建筑部品真正起步相对较晚，从 90 年代到 2005 年初步建立住宅及材料、部品的工业化生产体系，并认证第一批部品：墙体保温、建筑门窗、家具、楼板等。到 2008 年国家发布《住宅部品术语》标准，根据功能不同将住宅部品宏观的分为屋顶部品，墙体部品等十大类。而 IFC 标准将建筑部品分为七大类，并做了三层分级及编码，相对住宅部品分类更加细致。之后，叶明[5]（2009）指出住宅部品主要由主体产品、配套产品、配套技术和专用设备四部分构成，并将住宅部品体系分为五个层级，并为每个层级设置编码以期实现部品的信息化。刘春梅[6]（2014）根据 IFC 分类标准，并为配合建筑业协调设计标准，依据所处部位将建筑部品分类为八个部品体系，每个部品体系分为六个层次，分类较为全面，属性层次包含了部品使用、装配、属性等信息。吴双月[7]（2015）从建筑信息化和标准化入手，根据建筑生产过程，编制建筑部品的工项、项目阶段、建筑部品及属性四个过程分类表，完成了对建筑部品从生产到维护过程的信息管控。本文参考以上建筑分类标准与编码过程，将建筑分类为七大部品体系，每个体系设置五层级并为之编码，属性层为独立层。

正由于建筑的装配化，规模化生产成为趋势，为方便广大从业人员更好利用规模化生产的建筑产品，开发 BIM 族库的高效搜索技术的变得尤其迫切。目前在国内工程领域应用语义检索技术助力建筑领域的并不多见，其中张素静[8]（2010）以轨道交通为对象，建立高速铁路领域本体，提出较为完备的语义查询扩展算法，初步实现基于领域本体的语义检索技术在轨道交通系统的应用。赵连居[9]（2013）为实现结构工程试验数据的即时共享与重用，构建了结构工程领域的知识模型及试验本体，设计完成基于Linked Data 的结构工程试验语义查询系统。而张健[10]（2013）在海量建筑信息文档查找方面提出基于本体的语义搜索方法，即利用 methodology 法与七步法建立建筑领域本体，通过语义理解及语义扩展实现的检索技术，并以风险管理领域本体试验验证了其语义搜索的有效性。吴蕴泽[11]（2015）也在建设领域文档搜索方面提出基于 BIM 的建设工程文档上下文信息检索方法，该方法应用 protege5.0 生成上下文本体，在 Jena 推理进行基于本体的推理，得到有效的搜索信息，较大提高建设领域文档信息的重用性。秦飞巍[12]（2014）为解决真正满足高效设计重用不同工程领域异构 CAD 模型检索难的问题，开发了基于层次式 CAD 特征本体的异构三维 CAD 模型语义检索方法，检索效果较之传统的关键字搜索有较大的提升。由上可见，语义搜索在建筑工程领域应用偏于理论应用，对于建筑工业化，信息化方面的应用相对较少，在 BIM 族库中的应用还较为缺乏；其次，在自然语言处理方面涉及较少。

本体是实现语义搜索的基础。张金月、Tamer E[13]（2009）指出建筑领域本体是指建设产品概念、兄弟概念以及相互关系的知识集合，是形成了语义服务的基础。Gohary 和 Diraby[14]（2010）提出个描述多方利益相关项目开发过程中的知识本体模型以满足基础设施一体化建设过程的需求。Kusy, Vojtech[15]（2013）指出建筑行业未来的趋势是 BIM 技术，但由于不同软件供应商提供不同组件限制，提出一个基于本体驱动的知识管理方式来解决组件的查询问题。刘紫玉[16]（2009）参考已有本体构建方法，构建了高铁领域的多专业范畴表和主题词表，提出多领域本体构建方法 MMDOB、本体模型、概念语义相似度算法，依据此法设计一个面向高速铁路知识的语义检索系统。张健[10]（2013）依据 methodology 和七步法的本体构建过程，利用收集的风险领域的多种概念、术语及相互关系形成该领域的知识体系，并利用 protégé 本体构建风险领域本体库，本体的应用为其语义检索效率提高助力明显。刘赟[17]（2014）建立建筑施工突发事件的本体，提出建筑施工突发事件推理模型，丰富了解决建筑施工事故的途径。刘欣、姜韶华、李忠福[18]（2015）等人提出建筑工程质量知识本体，解决建筑领域质量问题诊断效率低下，信息共享与重用难问题。本文参考国内外领域本体的建立过程、方法及应用领域，建立了建筑部品领域本体，为模糊语义搜索的完成奠定基础。

3　研究方法

本次检索平台的开发过程主要包括基于 BIM 建筑部品库的建立，建筑部品领域本体库开发，查询算法及排序算法开发，以及智能匹配的开发。

3.1　建筑部品体系建立

3.1.1　建筑部品分类体系

正如综述所言，住宅部品国家标准分类过于宏观，不利于实际使用；国家住房和城乡建设产品 BIM 大型数据库分类种类过多以致层次不清晰；八戒工程网分类较简练，层次不够；本文参考以上分类及 IFC 标准，克服了分类不全面，层次不够的问题，将建筑部品分类为七个部品体系，分别为结构部品体系、外围护部品体系、内装部品体系、橱窗部品体系、卫浴部品体系、设备部品体系、智能化部品体系。为方便通用化，标准化及数据互用性，本研究将每个部品体系分为四个层及属性层，四个层分别为体系层（大类），体系层一般无直接关联；部品层（中类），体系层组成因子，强调部品与部品的界面连接；产品层（小类），部品的组成因子；族库层（细类，具体构件），一般根据材料类别进行分类。而属性层是以每个体系层为界限，归纳该体系部品的共同属性及特殊属性，本研究归纳了三种属性：基本属性、力学属性、性能属性。

3.1.2　部品编码体系

编码是建筑部品体系实现信息化的途径之一，也是满足不同专业，不同部品信息交流的方式。科学的编码需满足通用性、唯一性、可扩充性等。国内的 GB 50500—2013 规范用 12 位数字确定每个分部分项工程的唯一信息；ISO 12006-2 应用字母＋数字对项目进行描述，本文参考相关标准及文献，依据分类层次，为满足可扩充性，每层用两位数字表示，体系层编码体系层编码（大类）：七大部品体系编码分别从 01～07，部品层编码，产品层编码，族库层编码以此类推。为区分属于同一族库（第四层）但属性有区别的产品，外加四位数字来表示到每一个具体的产品，前两位区别某一属性，后两位表示另一属性（间接表示数量），从而实现了唯一性。

3.1.3　分类体系的现有部品整理

为了验证所开发的系统，本研究参考住房和城乡建设产品 BIM 大型数据库，收集大约 173 个具体模型及参数、相关网址。并依据分类体系将这一具体模型信息填入此体系，完成一个小型 BIM 族库的建立。

3.2　本体开发

本文利用七步法与 methodology 方法[10]建立了建筑部品领域本体，基本步骤如下：（1）确定本体构建目的和范畴：目的是提高对于 BIM 族库的检索能力，实现模糊语义搜索，应用于建筑领域。（2）研究相关领域内是否有可进行复用的领域本体：目前国内关于工程行业领域本体较多，如风险领域，高铁领域，结构工程试验等领域本体，但关于建筑产品领域本体还未设计，本文参考以上本体建立方法，结合建筑领域相关知识建立了建筑部品领域本体。（3）列举本体涉及概念及术语：本文根据抽象层次列举了七大部品体系所涉及的相关概念及相应的子概念。（4）定义分类概念及层次：本文根据以上概念的相互关系，定义类及子概念，结果定义了七个大类，分为四个层次。如外围护部品体系概念包括屋顶部品、外墙部品、外门部品、外窗部品等概念。（5）定义类的属性：本文根据各类的特点不统计了各类的属性，譬如结构部品体系，定了基本属性、力学属性、性能属性等属性。（6）定义属性值：确定各类的属性个数及取值范围。（7）创建实例：根据收集的相应部品模型，为之赋予了相应的属性值，从而创建了相应的实例。

本文采用 protégé 建软件对建筑部品领域本体进行了建立，结果如图 1 所示。完成了这一领域本体建立后，生成 OWL 文件，实现将此文件应用到分词器，实现数据库层面的映射。

3.3　程序开发

检索开发的流程图如图 2 所示。

3.3.1　检索开发

本次开发主要包括三个过程，即分词处理及标注，查询扩展，相似度排列。首先用目前主流的汉语分词器 Chinese Analyzer[20]对自然语言字段进行分词处理。为保证划分的准确性，将已经建立好的建筑部品领域本体先导入该软件的中文词库（sDict）之中。该软件所包含的 Lucene china.dill 和

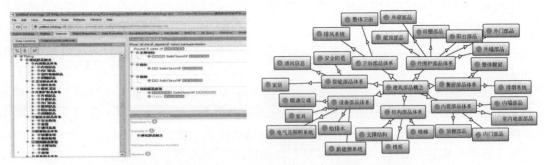

图1　建筑部品领域本体（左）和建筑部品领域本体 OWL 视图（右）

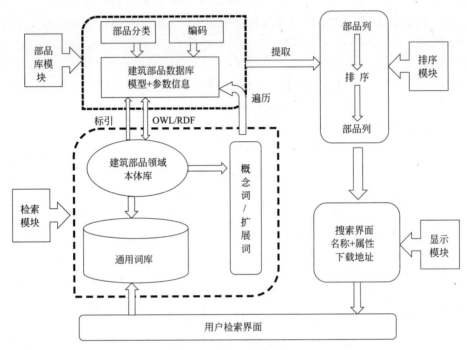

图2　检索技术流程图

Lucene Net.dill 两个程序库先调用 Request Parser 模块，对比停用词库（s-noise）过滤掉字段中无实际意义的词，再利用剩下的分词匹配本体库中的概念，属性及实例，得到匹配过后的规范概念词，属性等。同时，利用查询扩展算法，依据本体库进行语义扩展。根据分词在本体中匹配的概念，利用语义相似度算法计算与其所属的上位概念、下位概念及同义概念的相似度，选取相似度值超过阈值的概念作为查询扩展词。根据得到的概念词，查询扩展词，将其与事先被本体标记的建筑部品库知识内容进行匹配，提取部品库中具体内容。利用排序算法依据相似度值大小对提取结果进行排序，而后将排序结果返回给用户。

3.3.2　智能匹配

本文将这一检索技术应用于 Revit 建筑设计之中，为设计效率的提高，快速工程估算提供可能。本文利用 Visual Studio2013 平台，运用 C♯语言在 Revit2015 中进行了二次开发，建立了一个可供用户设计检索的外部插件。首先在 C♯项目中添加引用 Revit 的动态链接库，在其中的浏览标签下选择 Revit API.dll 和 Revit APIUI.dll 文件，完成添加。在用户利用该插件行设计时，一方面可以通过插件的界面搜索需要的部件，另一方面本插件还能利用 Revit 内置函数识别设计构件，通过这一构件的名称，及参数信息形成搜索字段，利用本体库中相对应的概念及本体关系，分析得到下一步用户可能用到的部件的概念，然后进行搜索并以一定的排列方式，如某一性能高低，如价格，显示数据库中抽取的部品，实现对用户的智能推荐。

3.4　检索结果

3.4.1　BIM 族库检索

当输入字段"我需要截面尺寸为 300×400，强度等级为 C30 的混凝土矩形梁"时，结果如图 3 所示。

(a) 住房与城乡建设产品大型BIM数据库搜索结果　　(b) 八戒工程网搜索结果显示

(c) 本次开发的BIM族库搜索显示(第1页)　　(d) 本次开发的BIM族库搜索显示(第2页)

图 3　结果展示

根据图 3 显示的结果可知，对比另外两个数据库，只有本次开发的 BIM 族库能进行模糊语义搜索。本研究开发的模糊语义搜索的结果平均准确度可达 78.3% 左右，如图 4(c) 搜索梁为例，其准确度达到 75%。

3.4.2　智能匹配结果

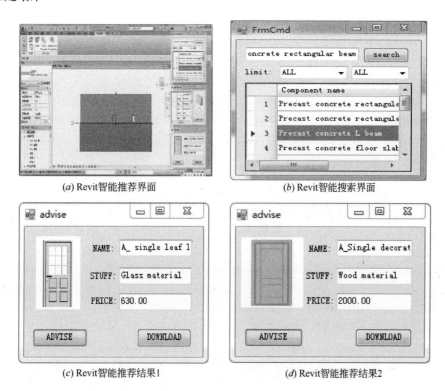

(a) Revit智能推荐界面　　(b) Revit智能搜索界面

(c) Revit智能推荐结果1　　(d) Revit智能推荐结果2

图 4　Revit 智能推荐

图 4 是利用模糊语义检索对 Revit 智能推荐的结果，主要实现两项功能：（1）在 Revit 建模时可以智能推荐相关联的部品，如上图绘制墙模型，自动推荐不同价格的门或窗。（2）在 Revit 建模时提供基于 BIM 族库的智能搜索界面，可直接搜索并从 BIM 族库中提取所需部品。

4　结论及展望

4.1　结论

本文创新地提出了模糊语义检索在建筑部品数据库的应用，以建立的小型 BIM 族库为示例进行了验证，主要成果如下：

（1）构建较为全面的，层次清晰的 BIM 族库体系，并实现科学，可扩充的编码体系，以收集的 173 个部品并为之信息化，完成了一个小型族库的建立。

（2）依据七步法及 methodology，用 Protégé 工具构建了一个小型建筑部品领域本体库。实现基于建筑部品领域本体的模糊语义检索平台的开发，并利用建立的小型族库进行实证研究，并与同类产品"住房与城乡建设 BIM 大型数据库搜索界面"、"八戒工程网"搜索效果进行对比，查全率与查准率都有很大提高。

（3）实现智能匹配，即将这一搜索技术运用到 Revit 建筑设计过程中，为用户在建模过程中提供智能建议，提高了设计效率。

4.2　展　望

由于时间有限，本研究不足在于建筑领域本体库不够全面，BIM 族库建立需要更为全面细致的划分。此技术除了应用于 Revit 智能匹配以外，还可应用于建筑的能耗分析，快速建筑成本估算，各地区建筑部品仓库的资源优化等方面。本研究将继续解决本项目的不足之处，将其应用于更多领域。

参 考 文 献

[1]　http：//www. bim99. org/home.

[2]　http：//zuku. bajiegc. com/index. html.

[3]　高颖．住宅产业化—住宅部品体系集成化技术及策略研究［D］．上海：同济大学，2006.

[4]　周晓红，叶红．中日住宅部品认定制度［J］．住宅产业，2009（Z1）105-109.

[5]　叶明．我国住宅部品体系的建立与发展［J］．住宅产业，2009（Z1）12-15.

[6]　刘春梅．建筑视角下的建筑部品体系研究［D］．北京：北京交通大学，2014.

[7]　吴双月．基于 BIM 的建筑部品信息分类及编码体系研究［D］．北京：北京交通大学，2015.

[8]　张素静．基于本体的语义检索在轨道交通系统中的应用研究［D］．北京：北京交通大学，2010.

[9]　赵连居．结构工程试验关联数据语义查询的设计与实现［D］．北京：北京工业大学，2013.

[10]　张健．BIM 环境下基于建设领域本体的语义检索研究［D］．大连：大连理工大学，2013.

[11]　吴蕴泽．基于 BIM 的建设工程文档上下文信息检索研究［D］．大连：大连理工大学，2015.

[12]　秦飞巍．基于语义的异构三维 CAD 模型检索［D］．杭州：浙江大学，2014.

[13]　Zhang, J．, El-Diraby, T. E. SSWP：A Social Semantic Web Portal for communication in construction［J］．Journal of Computers. Vol. 4（4），330-337.

[14]　EI-Gohary, Nora M，EI-Diraby, Tamer E. Domain ontology for processes in infrastructure and construction［J］．Journal of Construction Engineering and Management，Vol. 136（7）：730-744.

[15]　Kusy, Vojtěch. An ontology driven BIM components repository：A new way to share bim components［J］．Sustainable Building and Refurbishment for Next Generations，June 26，2013 - June 28，2013：559-562.

[16]　刘紫玉．多专业领域本体的构建及语义检索研究［D］．北京：北京交通大学，2009.

[17]　刘赟．基于本体的建筑施工突发事件案例推理研究［D］．西安：西安建筑科技大学，2014.

[18]　王海渊，黄智生，黄佳进，等．本体技术在建筑信息模型系统中的应用［J］．工业建筑，2015，45（06）：186-189.

[19]　刘欣，姜韶华，李忠富．基于本体的建筑工程质量通病诊断方法［J］．土木工程与管理学报，2015，32（02）：79-83.

[20]　黄翼彪．实现 Lucene 接口的中文分词器的比较研究［J］．科技信息，2012，（12）：246-247.

基于 IFC 标准的二维施工图尺寸标注自动生成方法研究

黄静菲，赖华辉，邓雪原

(上海交通大学土木工程系，上海 200240)

【摘　要】 BIM 作为一种新的理念和技术正逐步改变设计行业的工作习惯。然而目前 BIM 应用中普遍采用"先出图，后建模"的工作模式，模型制作过程是脱离、滞后的，并未真正优化设计质量和提升工作效率。本文引入 IFC 标准对二维施工图自动生成方法进行研究，通过分析二维施工图的技术特点，研究基于 IFC 标准的三维对象和二维注释的表达方法，结合实际制图需求，提出基于 IFC 标准的二维施工图尺寸标注自动生成方法，为本地化协同设计平台的开发提供参考。

【关键词】 建筑信息模型；IFC 标准；二维施工图；尺寸标注自动生成

1　前　言

自 20 世纪 90 年代开始的"甩图板"工程以来，我国建筑设计行业一直采用基于 CAD 技术生成的二维图纸进行协作和交流。对比手工制图，CAD 制图对提高设计质量、节省人力与时间具有重要意义。但随着建筑设计复杂化，二维图纸作为设计成果交付的唯一标准，其缺乏空间真实感、协调性差等弊端逐渐暴露。而 BIM（Building Information Modeling，建模信息模型）技术的出现，正受到业内的普遍关注，被誉为自"甩图板"后的第二次设计革命[1]。

但 BIM 技术在我国建筑设计企业的推广进度相对缓慢，目前以项目型 BIM 实施为主。设计合同中信息模型及 BIM 应用成果往往作为一项独立的交付物存在，几乎脱离和滞后于二维制图的过程。设计企业普遍采用"先出图、后建模"的策略来确保图纸按规范设计且满足资料交换的要求，又能达到项目 BIM 交付的目的。但这种模式并未真正减少设计人员的原有的工作量，反而衍生了很多不具备设计能力只负责建模的人员，BIM 技术的优势无法体现，无法从根本上实现 BIM 实施过程中的资源管理、业务组织、流程再造，提升企业的核心竞争力。造成这种现象的主要技术原因有：

（1）BIM 软件输出的二维表达与现行制图规范存在差异：现行的制图规范是与传统二维设计相对应的，延续手工制图"清晰、简明"的原则，而 BIM 软件的二维注释对象并不完全满足规范要求，需花费大量时间进行繁琐的设置和调整工作；对于制图规范中的特殊要求，如图 1 所示立面外轮廓线、地坪线需要加粗，在 BIM 制图过程中只能手动描绘。

（2）三维造型不够自由，二维制图不够快捷：国内建筑设计项目中方案设计和施工图设计常常分属不同的设计人员完成，随意拖拉、造型不受约束的三维设计软件如 Sketchup、Rinho 成为方案推敲过程最有效的辅助工具[2]，但 BIM 软件涉及大量参数和属性设置，使设计人员无从下手；施工图设计阶段需要对材料、尺寸、节点进行细化，在模型的二维视图中仍需手动添加大量二维注释，如图 2 所示的尺寸线、管井名称、洞口线，设计人员宁愿在自由快捷的 AutoCAD 或本地化软件天正平台上完成施工图制图工作。

（3）缺乏合适的 BIM 协同平台：在二维协同过程中，通过提资以及 dwg 图纸参照的方式实现专业间

【作者简介】 黄静菲（1992-），女，硕士研究生。主要研究方向为基于 IFC 标准的二维施工图自动生成。E-mail：hjffaye@sjtu.edu.cn

【通讯作者】 邓雪原（1973-），男，副教授，博士。主要研究方向为建筑 CAD 协同设计与集成、基于 BIM 技术的建筑协同平台。E-mail：dengxy@sjtu.edu.cn

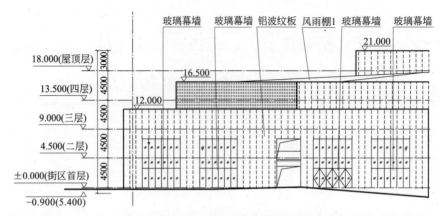

图 1　外立面轮廓线、地形线加粗示例

设计成果交换。在 BIM 协同过程中，通过整合三维模型的方式进行共享，如 Revit 采用文件链接的方式整合土建和设备 rvt 格式的文件[3]；TeklaBIMsight 能整合多个 ifc 格式的文件并进行显示。三维模型虽然直观，但设计人员在三维空间中难以快速定位到具体目标并快速获取准确的尺寸信息，目前仍缺少能同时整合三维模型和二维视图的协同平台。

　　以上种种局限性导致了建筑设计企业中 BIM 技术应用的发展缓慢。设计人员手动添加二维注释的这种非自动、非智能化的工作模式亟需转变，由此研究由三维模型自动生成符合制图规范的二维施工图技术，是 BIM 发展中亟需解决的难点之一。

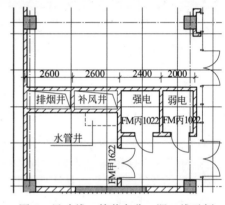

图 2　尺寸线、管井名称、洞口线示例

2　二维施工图出图的技术特点

2.1　基于 CAD 的二维施工图出图

　　图纸的主要目的是反映设计意图，并作为不同专业间设计成果交换的媒介。现行的建筑工程制图标准有《房屋建筑制图统一标准》《民用建筑工程建筑施工图设计深度图样》及其专业系列等，部分设计企业也制订了"CAD 制图规范"以规范电子图档的表达。

　　CAD 软件中延续手工制图的表达习惯，以点、线、面的方式表达建筑实体以及辅助理解的二维注释，需要结合多张图纸反映设计。如图 3 所示，墙体通常使用双线表达，具体构造通过平面图上的详图注释指向对应的详图。作图时通常把表达同类对象的线条画在同一图层中，如天正软件中表示墙体的线条会画在"WALL"图层，配合打印样式即可控制显示效果。

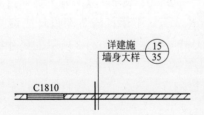

构造简图	构造组成	厚度
	1. 内墙	
	2. 无机轻集料保温砂浆Ⅱ型	30
	3. 界面砂浆	
	4. 200厚加气混凝土砌块	200
	5. 界面砂浆	
	6. 无机保温砂浆	40
	7. 耐碱玻纤网格布抗裂砂浆+弹性底涂7mm	7
	8. 外墙涂料	

图 3　墙体平面图、详图示例

在基于 CAD 的设计过程中，各专业采用外部参照的方式直接引用外专业设计图纸作为本专业开展工作的依据[4]，通过定期、节点性的互提资料，分时、有序的业务模式开展设计工作[5]。但专业间通常只需要引用部分信息，并对图面显示作一定的修改，上海交大 BIM 研究中心开发的 NMCAD 平台通过 CAD 的二次开发实现了图层管理的便捷操作[6]，优化了设计过程中非技术类的重复工作。

总的来说，二维 CAD 作图自由，信息整合容易，但各个视图需要单独绘制，工作周期较长，错漏碰缺难以避免，同时难以通过图纸与非专业人士就设计意图进行有效的沟通。随着建筑设计日趋复杂，上述问题的严重性日益凸显。

2.2　基于 BIM 的二维施工图出图

在基于 BIM 的设计过程中，通过面向对象的数字化工具实现设计成果的信息化、参数化，能更好地把握空间设计效果。目前我国已起草完成《建筑工程信息模型应用统一标准》，主要从模型体系、数据互用、模型应用等方面作出统一规定，但并未提及三维模型在二维制图上的应用。大量研究或报告中都提及通过建筑信息模型能自动生成二维视图，无需为绘制二维图纸花费过多的时间。但实际上除了三维对象对应的二维图例以外，轴网、尺寸标注、符号标注、文字标注等大量二维注释根本无法自动生成，离实现"自动出图"距离还很遥远。

三维模型表达设计意图固然直观，但二维视图在表示空间布置、测量尺寸方面仍具优势，不应因三维技术的出现而彻底否定二维设计的模式。目前基于信息模型进行制图工作，针对不同 BIM 软件都要分别进行企业样板设置，制作二维参数化对象（如 ArchiCAD 的 GDL 对象、Revit 的族），甚至还要对软件进行二次开发，无疑大大加重了设计人员的负担。再者，不同 BIM 软件采用不同的文件格式进行存储，无法保证二维注释能在不同软件之间被完整、准确地共享和交换。

而 BIM 技术的核心问题是信息的共享和交换，要发挥 BIM 技术在建筑行业的真正作用，统一的数据标准是基础。IFC（IndustryFoundationClasses）标准是国际上公认的实现 BIM 的数据描述和交换标准[7]，涵盖了建筑生命周期各个阶段和领域的信息表达。国内外已有一些学者对基于 IFC 标准的模型描述和拓展方法进行了相关研究[8,9]，但目前与二维施工图相关的研究仍局限于软件应用层面，并未深入到数据层面[10-12]。

因此，本文在分析二维施工图出图的技术特点的基础上，研究 IFC 标准中三维对象和二维注释的描述方法，结合实际出图的需求，重点对基于 IFC 标准的二维施工图尺寸标注自动生成方法进行研究，为本地化协同设计平台的开发提供参考。

3　基于 IFC 标准的建筑信息模型表达方法

IFC 标准通过对象实体、属性实体以及关联实体对建筑数据进行完整的描述，保证了数据共享与交换过程中的关联性和一致性。下面将基于 ArchiCAD19、Revit2014 软件导出的 IFC2X3 文件，以二维施工图制图中较常见的墙体及尺寸标注为例分析 IFC 标准的表达方法。

3.1　IFC 实体的定义

在现行的 IFC 标准中，已经建立了完整的建筑构件描述体系，可以描述墙、梁、板、柱、幕墙、门、窗、楼梯等基本构件，还可以通过 IfcBuildingElementProxy 实体对 IFC 标准未包含的建筑构件进行拓展描述。IFC 实体的属性通过继承上级实体的属性以及该实体自身的属性组成。实体的属性分为三种：直接属性、导出属性和反属性。

以标准墙体为例，其 IFC 语句如下：

＃164＝IFCWALLSTANDARDCASE（'1qYjCawNz41BAMYUIvzapX'，＃15，'SW-002'，$，$
　　＃112，＃158，'748AD324-E97F-4404-B296-89E4B9F64CE1'）；

其中直接用字符表达的是直接属性，用语句编号表达的是导出属性，反属性是通过关联实体将多个实体关联后所表达的属性信息，如墙体通过其反属性 ContainedInStructure 与 IfcRelContainInSpatial-Structure 实体关联，实现与所在楼层的关联。

3.2　建筑对象的表达

基于上述对墙体 IFC 语句的解析，选取与二维施工图制图相关的描述空间定位、形状的导出属性和描述材料的反属性进行分析。

3.2.1　空间位置

在 IFC 标准中，采用相对坐标系的方法描述构件的空间位置。墙体的 LocalPlacement 属性下有 PlacementRelTo 和 RelativePlacement 两个导出属性。第一个导出属性关联至楼层的 IfcLocalPlacement 实体，继而关联至楼栋、地块的 IfcLocalPlacement 实体来建立相对坐标系之间的关系。第二个导出属性由 IfcAxis2Placement3D 实体来表达，其三个导出属性分别描述当前坐标系的原点在上一级坐标系下的坐标、z 轴转换方向、x 轴转换方向，三者结合即可定义出新的局部坐标系。

以标准墙体为例，描述空间位置的语句如下：

＃105＝IFCDIRECTION((1.,0.,0.));

＃107＝IFCDIRECTION((0.,0.,1.));

＃109＝IFCCARTESIANPOINT((1000,1000,0.));

＃111＝IFCAXIS2PLACEMENT3D(＃109,＃107,＃105);

＃112＝IFCLOCALPLACEMENT(＃97,＃111);

墙体坐标系的原点一般为绘制墙体时的起始点（轴线起点），其中＃97指向楼层的 IfcLocalPlacement 实体。可见，墙体坐标系的原点（0,0）即楼层坐标系的（1000,1000）。

3.2.2　形状

墙体的形状由描述实体形状的语句与描述轴线形状的语句共同表达。实体形状的表达采用了 IfcExtrudedAreaSolid 实体分别定义墙体的底面轮廓形状、轮廓的拉伸方向、轮廓的拉伸高度。在 ArchiCAD 输出的 IFC 文件中，采用 IfcArbitraryClosedProfileDef 实体下的 IfcPolyline 实体对墙体的底面轮廓边界线进行定义；在 REVIT 输出的 IFC 文件中，采用 IfcRectangleProfileDef 实体来描述底面轮廓的长度和宽度。轴线形状的表达都采用 IfcPolyline 定义轴线的起点和终点。

以标准墙体为例，REVIT 中描述实体形状的语句如下：

＃19＝IFCDIRECTION((0.,0.,1.));

＃121＝IFCRECTANGLEPROFILEDEF(.AREA.,$,＃120,3000.,240.);

＃122＝IFCAXIS2PLACEMENT3D(＃6,$,$);

＃123＝IFCEXTRUDEDAREASOLID(＃121,＃122,＃19,3600.);

描述轴线形状的语句如下：

＃9＝IFCCARTESIANPOINT((0.,0.));

＃111＝IFCCARTESIANPOINT((3000.,0.));

＃113＝IFCPOLYLINE((＃9,＃111));

＃115＝IFCSHAPEREPRESENTATION(＃71,'Axis','Curve2D',(＃113));

可见墙体长 3000mm 宽 240mm 高 3600mm。在设计过程中，通常是给定墙体的厚度和高度，按照实际情况调整墙体的长度（即轴线长度）的。

3.2.3　材料

建筑对象的材料属性属于反属性。先通过反属性 HasAssociations 指向关联实体 IfcRelAssociateMaterial 实现建筑对象与材料（IfcMaterial）的关联，然后通过材料的反属性 HasRepresentation 指向 IfcMaterialDefinitionRepresentation 实体实现材料与其表面材质、覆盖方式、颜色的关联，从而完整地表达墙体的材料构成。

3.3　尺寸标注的表达

IFC 标准中能完整地表达二维对象[8]。尺寸标注在 IFC 标准中用 IfcAnnotation 实体表达，它同样有 OwnerHistory、LocalPlacement、Representation 三个导出属性。因为 BIM 软件中需要手动点选墙体两个端点才可生成尺寸标注，因此输出的 IFC 文件中尺寸标注的 LocalPlacement 是直接与楼层的空间定位进行关联的，与墙体的空间定位无关联关系。尺寸标注的形状通过文本框和尺寸标注线条进行定义。IfcTextLiteralWithExtent 实体定义了文字的内容、文本框的插入点、文字排列的方向和位置，IfcGeometricCurveSet 实体采用定义起点、终点的方式描述尺寸标注的每根线条的位置和尺寸，然后通过反属性 StyledByItem 指向 IfcStyledItem 实体实现文字对应的字体、文字颜色、字高以及线条对应的线型、粗细、颜色的定义。

其他建筑对象和二维注释的表达基本与上述表达类似。要实现基于 IFC 标准的二维施工图的自动生成，关键在于要规范所有建筑对象、二维注释的表达，即建立标准化的 IFC 构件库，并实现某些三维对象、二维图例和二维注释某些属性之间的对应关系，如：尺寸标注的空间位置应跟随建筑对象的空间位置，并按照规范要求离图样距离不应小于 2mm；尺寸标注的形状与墙体轴线形状应有对应关系。

4　基于 IFC 标准的二维施工图尺寸标注自动生成方法

4.1　二维施工图尺寸标注自动生成的流程

通过上述对二维施工图出图的技术特点和 IFC 文件表达的分析，基于 IFC 标准的二维施工图尺寸标注自动生成的流程如图 4 所示。

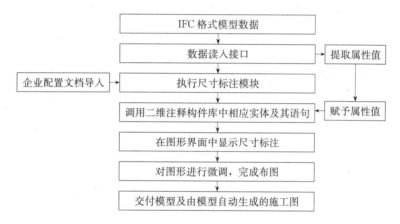

图 4　基于 IFC 标准的二维施工图尺寸标注自动生成流程

参照 IFC 标准官方定义的逻辑结构，IFC 墙体、尺寸标注属性提取和赋值的算法如图 5 所示。

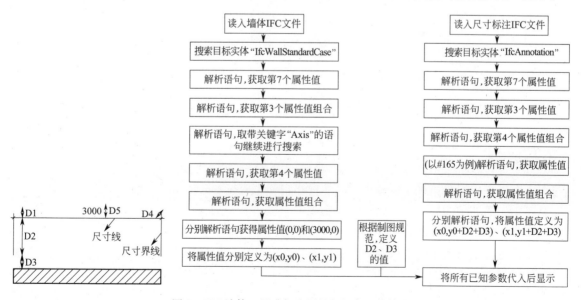

图 5　IFC 墙体、尺寸标注属性提取和赋值算法

4.2　实例验证

如图 6、图 7 所示，在 ArchiCAD19 中创建插入点为（1000，2000），长 3000mm，宽 240mm，高 3600mm 的砖墙，以及高 1500mm 宽 1200mm 的窗户，输出为 IFC2X3 文件。根据上文的算法思路，通过 python 语言进行编程，实现了对墙体属性的提取和尺寸标注属性的赋值。

然后将修改后的 IFC 文件分别导入 BIM 软件、IFC 模型浏览平台软件中进行验证。经过多个平台的比较，本文选择 REVIT2014 和能读入并显示二维注释的 Ifcquery 软件进行测试。

测试结果如下：如图 8 所示，将修改后的 IFC 文件导入至 REVIT 中，尺寸标注、文字、二维填充能够正确显示，但由于窗户是 ArchiCAD 自带的对象，其二维图例无法正确显示。如图 9（a）所示，将修改后的 IFC 文件导入至 Ifcquery 中，墙体、尺寸标注位置都能正确显示；如图 9（b）所示，修改 IFC 文件中墙体的插入点，尺寸标注跟随移动；如图 9（c）所示，修改 IFC 文件中墙体的长度为 4500mm，尺寸标注发生相应变化。上述即验证了通过对 IFC 文件属性提取与赋值的方式实现二维施工图尺寸标注自动生成的思路是可行的。IFC 文件中包含对标注文字的正确表达，但由于 Ifcquery 没有内置字体库，后续需要进一步研究解决标注文字的显示问题。

图 6　ArchiCAD 中的三维视图

图 7　ArchiCAD 中的二维视图

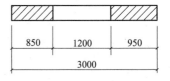

图 8　导入 Revit 后的二维视图

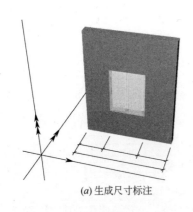

(a) 生成尺寸标注

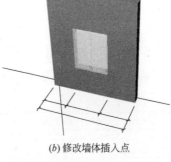

(b) 修改墙体插入点

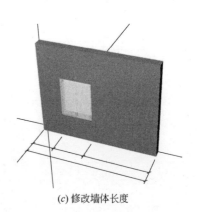

(c) 修改墙体长度

图 9　导入 Ifcquery 后的三维视图

5　结论与展望

通过以上对基于 IFC 标准的二维施工图尺寸标注自动生成技术的分析，可以得到如下结论：

（1）基于 IFC 标准官方定义的逻辑结构可实现 IFC 文件指定属性的提取与赋值；

（2）通过本文的方法可以实现二维施工图中墙体尺寸标注自动生成；

（3）二维施工图的自动生成要求专业软件生成的数据符合 IFC 标准的表达规定。

本文采用 IFC 墙体及其尺寸标注的自动生成算法验证了基于 IFC 标准的二维施工图自动生成方法的可行性，后续将继续进行轴网、文字标注、符号标注、房间标注、详图等二维施工图相关内容的自动生成研究。

参 考 文 献

[1]　任爱珠. 从"甩图板"到 BIM-设计院的重要作用 [J]. 土木建筑工程信息技术，2014，01：1-8.

[2]　杨远丰，莫颖媚. 多种 BIM 软件在建筑设计中的综合应用 [J]. 南方建筑，2014，04：26-33.

[3]　张德海，韩进宇，赵海南，等. BIM 环境下如何实现高效的建筑协同设计 [J]. 土木建筑工程信息技术，2013，06：43-47.

[4]　邓雪原. CAD、BIM 与协同研究 [J]. 土木建筑工程信息技术，2013，05：20-25.

[5]　清华大学 BIM 课题组. 设计企业 BIM 实施标准指南 [M]. 北京：中国建筑工业出版社，2013：15-16.

[6]　周成，邓雪原. 建筑协同设计的模型视图管理应用研究 [J]. 图学学报，2013，02：94-100.

[7]　Froese T，Fischer M，Grobler F，et al. Industry foundation classes for project managementa trial implementation [J]. ITcon，1999（4）：17-37.

[8]　InhanK，Jongcheol S. Development of IFC Modeling Extension for Supporting Drawing Information Exchange in the Model-Based Construction Environment [J]. Journal of Computing in Civil Engineering，2008，22（5-6）：159-169.

[9]　王勇，张建平. 基于建筑信息模型的建筑结构施工图设计 [J]. 华南理工大学学报（自然科学版），2013，03：76-82.

[10]　赵清清，刘岩，王宇. 基于 BIM 的平法施工图表达探讨 [J]. 土木建筑工程信息技术，2012，02：64-66＋70.

[11]　何永祥，潘志广，黄世超. BIM 技术在施工图绘制中的应用研究 [J]. 土木建筑工程信息技术，2013，02：15-22.

[12]　阳舒华. BIM 在结构施工图设计阶段的应用及案例分析 [J]. 土木建筑工程信息技术，2013，02：64-69.

建筑信息模型（BIM）技术在型钢混凝土结构施工中的应用分析

吴荫强

（深圳市建筑工务署土地投资开发中心，广东　深圳 518031）

【摘　要】信息化是建筑产业现代化的主要特征之一，建筑信息模型（BIM）技术应用作为建筑业信息化的重要组成部分，必将极大地促进建筑领域生产方式的变革，对于特殊结构、复杂节点的应用优势更加明显。莲塘口岸旅检大楼型钢混凝土结构中采用 BIM 模拟技术，能有效提高深化设计深度、识别危险源和质量控制难点，提高复杂施工方案的准确性和科学性，对于 BIM 技术在类似结构复杂节点的深化设计、节点连接、安装施工等进行了有效的探索，对其他项目在全过程管理中大规模推广 BIM 技术得到了促进和加强。

【关键词】型钢混凝土组合结构；节点；建筑信息模型（BIM）；施工信息模型

信息化是建筑产业现代化的主要特征之一，建筑信息模型（BIM）技术应用作为建筑业信息化的重要组成部分，是在计算机辅助设计（CAD）等技术基础上发展起来的多维模型信息集成技术，是对建筑工程物理特征和功能特性信息的数字化承载和可视化表达，必将极大地促进建筑领域生产方式的变革。

随着建设工程的大型化、复杂化以及对工程全寿命周期管理的重视，建筑信息模型（BIM）技术作为集工程项目规划、设计、施工、运营维护等各阶段于一体的关键技术，实现建筑全生命期各参与方在同一多维建筑信息模型基础上的数据共享，为产业链贯通、工业化建造和繁荣建筑创作提供技术保障；支持各专业协同工作、项目的虚拟建造和精细化管理，为建筑业的提质增效、节能环保创造条件。

1　建筑信息模型（BIM）技术的特点

建筑信息模型（BIM）技术作为基于公共标准化协同作业的共享数字化模型，可以从四个角度对其内涵进行诠释。

首先，BIM 是一种可视化设计和分析技术。具有强大的可视化展示及分析功能，可以清晰分析设计和施工过程中可能产生的问题，比如规范协调检查、碰撞分析、施工过程预测、监控等。在项目的全生命周期里，相关专业人员在这个可视化的平台中实现信息共享，并能进行有效的沟通、讨论和决策。

其次，BIM 是一种协同工作过程。工程项目从设计、制造、施工、运营直至周期终结，所涉及的信息错综复杂，通过整体协同工作提高工作效率和产品的质量，最终节约成本和资源，提升工程建设的精细化管理水平。

第三，BIM 是一种信息模型集成工具。工程建设行业精细化管理很难实现的根本原因在于海量的工程数据以及不同阶段、不同专业数据信息的脱节和孤立，BIM 集成技术可以让相关专业快速准确地获取所需的数据信息。不同阶段、不同专业的 BIM 子模型，通过集成技术形成统一模型，实现信息的交换和共享，大大减少由于信息交流不畅所带来的效率低下，重复工作不断的问题。

第四，BIM 是一种多维数据信息模型。比如，整个工程和某个单元形状的 3D 几何模型，由时间和几何维度组合而成的 4D 模型，表达工程价值（在某一时间点或全生命期）的 5D 成本模型，成本模型与其他维度所形成的 6D、7D 直至 nD 模型。

【作者简介】吴荫强（1982-），男，高级工程师。负责大型公共建筑的施工管理。E-mail：wuyq0411@163.com

2　工程概况

莲塘口岸位于深圳市罗湖区莲塘街道，主要功能为承担过境货运交通兼顾客运的综合性客货口岸，是构筑深港跨境交通"东进东出、西进西出"重大格局的东部重要口岸。口岸总用地面积约 17.7 万 m^2，总建筑面积 13 万 m^2，包括货检区和旅检区，货检区布置于地面，旅检区布置于二层高架平台，高架平台下方为入境货车主通道，口岸建筑布置效果详见图 1。

图 1　莲塘口岸建筑布置效果

旅检大楼作为口岸建筑的最重要组成部分，设计使用年限为 50 年，单体建筑面积约 10 万 m^2，从方案设计、施工图设计、工程施工直至运营维护各阶段均采用 BIM 技术，BIM 模型见图 2。旅检大楼功能齐全，布置紧凑，为地上五层地下两层框架结构，总高度为 31m，各层布置见图 3，一层为入境缓冲车场，主要通行大型货柜车，荷载大、跨度大，有较大的振动效应；二层高架平台约 3 万 m^2，通行大客车、消防车，存在大范围的柱网转换，为超长结构。

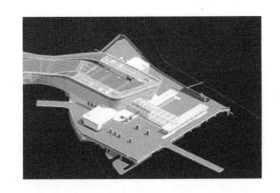

图 2　莲塘口岸旅检大楼 BIM 模型

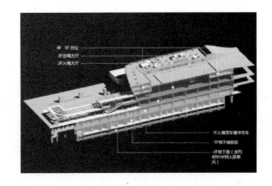

图 3　莲塘口岸旅检大楼各层布局

型钢混凝土结构亦称劲性钢筋混凝土结构，是在型钢结构的外面包裹一层混凝土外壳形成的钢-混凝土组合结构。型钢混凝土结构与其他结构形式相比，具有以下特点：

型钢混凝土尤其是实腹式型钢混凝土结构的延性比钢筋混凝土结构明显提高，具有良好的抗震性能；

型钢混凝土构件比同样外形混凝土构件的承载能力高出一倍以上，可以减少构件截面尺寸，增加使用面积和降低层高；

型钢混凝土结构与钢结构相比，耐火性能和耐久性能优异，同时由于外包混凝土参与工作，和型钢结构共同受力，可以节省钢材约 50%。

由于结构的特殊性和复杂性，旅检大楼从地下室二层（−11.2m）到地上二层高架平台（7.00m）布置有 8 根型钢混凝土柱，柱的截面尺寸为 1500mm×1500mm，型钢为 H900×900×28×50，单根型钢柱的重量约为 16t；型钢梁布置在二层，梁的截面尺寸为 1500×2400，型钢为 $H1800 \times 900 \times 28 \times 50$，长度为 25m，单根最大重量约为 30t。

3　建筑信息模型（BIM）技术在型钢混凝土结构中的应用

旅检大楼作为连接深港双方的重点工程，造型新颖，结构复杂，对结构设计理论和分析提出了较高的要求，同时对施工控制技术方面也提出了较高的要求，主要表现在全过程施工控制技术、施工动态模型、可视化模拟和信息化应用等影响结构性能等因素的控制研究上。

型钢混凝土结构作为将型钢、钢筋和混凝土组合在一起的组合结构，其深化设计、节点连接、安装施工、工序配合和质量保障等都比普通的钢筋混凝土结构和钢结构复杂。

对于型钢混凝土结构等复杂结构，由于涉及钢筋、钢结构、混凝土等多工种和多工艺，BIM 技术更能体现出多专业协同工作、项目虚拟建造、施工精细化和三维模型等优势。对于类似型钢混凝土结构等复杂结构、关键节点的模拟，通过应用建筑信息模型（BIM）技术能够有效解决复杂构件节点安装困难、装配顺序复杂等工程技术难题。

旅检大楼型钢混凝土结构模型（见图 4）在深化设计模型基础上创建，通过对型钢混凝土结构梁、柱等复杂节点施工工艺的模拟优化确定节点各构件尺寸，各构件之间的连接方式和空间要求，以及节点的施工顺序，并进行可视化展示和施工交底。建筑信息模型（BIM）技术在型钢混凝土组合结构的施工中的优势和作用主要表现在：

3.1　深化设计

型钢结构的制造工艺复杂、存在钢筋穿孔和钢板补强的部位较多，深化设计难度大。型钢结构深化设计中，放样工作量巨大，尤其对于比较复杂的梁柱节点，单凭二维图纸和空间想象力，容易导致深化设计的错漏，不利于材料清单等信息的传递。

在莲塘口岸型钢混凝土结构深化设计中，根据规范及图纸要求，对模型进行深化，包括：梁柱节点钢筋排布、型钢混凝土构件节点设计等细化工作，消除柱脚安装、梁柱节点、钢筋绑扎及设计不合理之处，形成深化后的完整模型，并出具满足要求的深化图。通过建立 BIM 三维模型，把每个构件的详细信息在模型中表达，如材质、截面、开孔位置、焊缝位置等，有利于加工人员放样施工，保障加工的质量和准确性，有利于业主、承包方、设计人员对相关问题进行沟通和交流，使得复杂型钢构件的深化设计更加简易和具操作性。

通过采用 BIM 技术，此部分的深化设计在设计效率和设计精度方面均有较大幅度提高。按照传统的设计方法，完成此部分深化设计需要大概 15 天时间，采用 BIM 技术后此部分深化设计仅用 10 天时间，设计效率提高仅 50%。在深化设计过程中，各专业通过 BIM 三维模型对设计成果进行关联复核，发现安装、布置等方面的问题达 20 处，这些设计问题和缺陷在深化设计阶段均得到有效解决和优化，避免了采用传统深化设计方法时这些问题带到加工和安装等后续阶段，大大提高了后续的效率。由于型钢结构的钢板厚度多为 60mm、40mm，为保证制作精度，根据各构件的大小，通过采用 BIM 技术进行准确计算，合理确定下料时的预放收缩量，根据初步测算，采用 BIM 分析计算的预放收缩量比传统的收缩量精度提高 20% 左右。

3.2　节点连接

型钢混凝土组合结构的节点构造十分复杂，节点处型钢柱、型钢梁、受力钢筋、构造钢筋等互相交错穿插，构件的加工、组装施工难度大。通过建立型钢混凝土结构构造节点 BIM 模型（图 5），在三维模型中对梁、柱、钢筋的连接形式、钢筋位置和穿插孔位等进行准确定位，并按照此模型对现场进行技术交底和指导现场施工，对工程后续的施工质量和工序组织都有较大的帮助。

通过采用 BIM 进行技术交底，工人对节点连接、施工顺序、工序重难点等工艺有更加直观、清晰的认识和理解，工作效率、安装质量都有较大提高。根据传统经验测算，完成本项目中一根型钢混凝土柱的型钢、钢筋安装需要 6 名工人 5 天时间，采用 BIM 交底后，工人的效率有较大提高，目前完成一根型钢混凝土柱的型钢、钢筋安装需要 5 名工人 4 天时间。

图 4　型钢混凝土结构一榀结构模型

图 5　型钢混凝土结构节点 BIM 模型

3.3　安装施工

型钢混凝土组合结构中，型钢骨架的定位要求高、单个构件重量大，施工中吊装、安装必须定位准确，型钢的安装和钢筋的绑扎存在工序交叉，如何确保型钢安装和钢筋工程的施工质量是工程施工过程中控制的重点。

本工程施工过程中，通过基于 BIM 技术的虚拟构件组装、节点施工，在三维模型中对单个构件进行预装配，提前发现在现场装配中才能发现的问题，避免因涉及问题造成的工期滞后和返工；可以形象直观、动态的展现施工流程，便于管理人员对现场施工作业人员进行技术交底，使施工人员在工程开始前就能够充分了解施工内容和施工顺序。

钢柱、钢梁安装完成后，对钢筋和型钢的定位进行检查全部满足规范要求，焊缝各项检测结果均为合格，后续工程质量得到了较好保障。

由于梁柱节点处钢筋非常密集，且与型钢梁、柱交叉，通过在 4D 模型基础上进行虚拟建造，可以有效进行钢筋的下料、排放及与型钢结构的搭接关系，对现场材料的准备、劳动力资源的安排等提供了有效的数据。

4　结　语

旅检大楼型钢混凝土结构采用建筑信息模型（BIM）技术对施工的全过程进行管控，利用 BIM 技术指导深化设计、技术交底、资源调配等具体工作，型钢结构的加工质量、安装偏差，受力钢筋间距允许偏差、梁柱保护层偏差等控制指标均在规范要求的范围内；操作工人的劳动效率和工作质量较大提高，现场的施工进度均比计划工期提前；有效解决传统二维设计无法准确表达设计信息的问题，提高了复杂施工方案的准确性和科学性。莲塘口岸旅检大楼型钢混凝土结构中采用 BIM 模拟技术，对于 BIM 技术在类似结构复杂节点的深化设计、节点连接、安装施工等进行了有效的探索，对其他项目在全过程管理中大规模推广 BIM 技术得到了促进和加强。

参 考 文 献

[1]　JGJ 138—2001 型钢混凝土组合结构技术规程 [S].北京：中国建筑工业出版社，2001.

[2]　刘占省，李占仓，徐瑞龙.BIM 技术在大型公用建筑结构施工和管理中的应用研究 [J].施工技术，第 41 卷增刊，2012，7.

[3]　黄子浩.BIM 技术在钢结构工程中的应用研究 [D].广州：华南理工大学，2013.

[4]　徐伶荟.BIM 技术在复杂项目施工中的应用研究 [D].南昌：南昌大学，2015.

"中电建三亚天涯度假酒店升级改造工程"
BIM 应用实践与思考

沈耀东¹，李援转¹，何　波²

(1. 广州南方建筑设计研究院，广东　广州 510000；

2. 广州优比建筑咨询有限公司，广东　广州 510000)

【摘　要】传统的建筑设计领域存在各专业信息交流不畅、施工过程中协调性差、整体性不强等问题，解决这些问题须实现各专业协同设计、施工一体化。建筑信息模型（简称 BIM）便是这样一个优质的平台，能有效缩短建筑设计周期、提高设计效率和设计品质。本文以"中水电三亚天涯度假酒店升级改造工程"为例，分析 BIM 在建筑设计阶段的应用，提出利用 BIM 技术，把设计"做对、做好、做美"的途径及适合国内设计企业的工作流程。

【关键词】BIM 设计阶段应用；三亚酒店；利用效益；工作流程

1　项目背景及概况

BIM 系统是一种全新的信息化管理系统，目前正越来越多应用于建筑行业中，它的全称为 Building Information Modeling，即建筑信息模型，要求参建各方在设计、施工、项目管理、项目运营等各个过程中将所有信息整合在统一的数据库中，通过数字信息仿真模拟建筑物所具有的真实信息，为建筑的全生命周期管理提供平台。

2012 年中国电力建设集团有限公司启动了三亚天涯度假村升级改造工程，计划兴建一座以海洋、生态、科技为特色的会议度假酒店。项目位于三亚湾海滨，体量庞大、造型特异、结构复杂、涉及专业繁多、而建设单位此前较少酒店建设经验。如何在控制预算的基础上，优质高效地完成酒店建设是建设单位最关心的问题。经调研，建设单位采纳广州南方建筑设计研究院的建议，引入 BIM 技术，贯彻"依托 BIM 建酒店"的方针。

中国电建集团在项目之初确定由电建地产三亚公司全程主导，设计阶段由南方院牵头，各设计顾问公司配合，全员参与 BIM，借助 BIM 的可视化特性与性能分析功能，全方位掌握项目进程，力争提升设计品质，为快速决策、综合协调提供有力依据，并探讨施工的重点难点，有效地推动了酒店建设的进程。

2　三亚酒店的 BIM 应用

2.1　方案阶段的应用

2.1.1　外部造型推敲

三亚天涯度假酒店平面曲线与折线结合，剖面为相依偎的两条曲线。建筑体量推敲过程中，通过应用 BIM 技术，确定了弧线优美，结构可行的方案—最大悬挑处为 4.15m 的弧线体量（图 1）。

环绕酒店西部与北部规划了通长的立体绿化，通过 BIM 模型反复推敲，确定其外立面形态，立体绿化廊与主体建筑虚实对比，既减少民房对酒店的影响，也为居民区提供独具观赏性的立体景观（图 2）。

2.1.2　内部空间推敲

借助 BIM 的可视化性能，推敲内部空间，特别是重点空间布局，以便更好地控制空间的比例尺度，

【作者简介】沈耀东（1970-），男，副院长/一级注册建筑师。注册城市规划师主要研究方向为建筑设计。E-mail：79483405@qq.com

李援转（1987-），女，建筑设计师/中级建筑师。主要研究方向为建筑设计。E-mail：602132220@qq.com

何波（1963-），男，技术总监。主要研究方向为 BIM 技术推广、应用和软件开发。E-mail：bo@u-bim.com

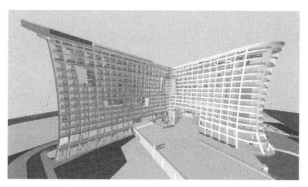

图 1　三亚酒店外形推敲

图 2　三亚酒店立体绿化推敲（左为推敲过程，右为最终方案）

高效地设计出舒适合理的空间。

例如酒店的中庭，中部为中央电梯和大堂，是酒店的核心位置，空间高 36m，半径约为 60m，通过 BIM 的可视化，设计出有趣的电梯表皮，为中庭创造视觉焦点（图 3）。

图 3　电梯空间的推敲过程（右为最终方案）

2.1.3　建筑性能分析

通过对建筑性能的分析，不仅能提高沟通决策的速度，而且从根本上避免"形式主义"，通过 BIM 软件综合分析风、光、热等建筑性能要素，理性设计，大大提高建筑的品质。

本项目主要利用 BIM 分析解决了以下性能问题，保证了建筑品质：

（1）项目地处台风多发地带，"Z"字形单廊平面可能出现局部风压过大的问题；

（2）本酒店建筑体量较大，如何减少对周边建筑的风环境影响；

（3）立体绿化的日照条件与风环境较差，如何保证花架上植物的成活率，降低养护成本；

（4）酒店管理公司提出屋顶经营的需求，需要考虑舒适度问题。

方案设计阶段利用 BIM 技术进行风速风压分析、三维日照分析、光环境与声环境模拟等，为规划部门及建设单位提供了科学的决策依据，支持了建筑及景观方案。

通过量化风环境计算，采用立面"挖洞"的方式减弱项目建设对周边区域风环境的影响，在计算结果的指导下，选择了相对合理的"挖洞"方案，保证了周边区域良好的风环境，从而促使规划报建得以较快推进。主体建筑的立面"挖洞"方案，也有效地降低了局部风压状况，在方案阶段为结构造价控制打下良好基础（图4）。

图4　立面设置空中花园前后风环境对比（左为设置前，右为设置后）

采用基于 BIM 技术的三维日照分析软件，对全部15层花架逐层完成了冬夏季光合作用分析、全年光合作用分析、冬夏季日照时间分析、全年日照时间分析，并结合风速风压分析，为景观设计中植物选型及养护替换方案提供充分设计依据。景观设计公司根据不同区域的日照风压状况进行设计，可有效保证植物的成活率，降低维护成本（图5）。

结合屋顶风速分析、光辐射分析与日照时间分析的结果，景观设计提出相应的景观布置方案，降低屋顶风速、减少光辐射的影响，保证了屋顶用于商业经营时的舒适度（图6）。

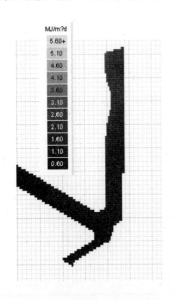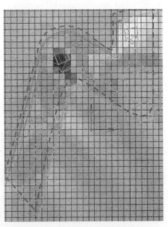

在BIM分析中明显可见,屋顶的全年平均风速约12～14m/s,风速过大,舒适度很差

景观设计考虑了相应的处理手段,其中风速约4～6m/s,风速柔和适合人活动,热辐射是约4070～4510kW/m²,大大降低热辐射,有利于经营

图5　花架全年光合作用分析　　　图6　屋顶舒适度分析（左图为未设置景观，右图为设置了景观）

基于 BIM 技术的各类分析软件在规划方案阶段的应用强化了方案决策的科学性，避免了方案设计流于感性而带来的不利影响，"让数据说话"的方式也为立面设计加入理性分析的因素，规避了形式主义的风险。

2.2　初步设计与施工图设计阶段的应用

2.2.1　协调各专业设计

（1）协调结构专业

项目利用 BIM 模型优化调整多处结构梁板柱的位置、截面、尺寸等，例如借助三维设计，地下车库出入口结构梁调整为宽扁梁，上翻入覆土，解决货运入口所需净高问题。

（2）协调水电暖通专业

本项目定位为五星级酒店，对建筑净高有严格要求，利用 BIM 进行管线综合，有效满足净高要求，保证酒店品质。

（3）协调内装专业

室内设计根据三维模型，结合结构、管道的实际情况优化公区的天花设计。

2.2.2 减少"错漏碰缺"

例如：项目地形复杂，地下室挡土墙出现倾斜、锥形、垂直面的交接，二维图纸无法清晰表达，通过 BIM 优化并输出二维图纸；花架结构柱为三维斜柱，主体结构为垂直构建，利用三维找出碰撞，调整并优化交接处；入口的花池板和转换梁搭接关系复杂，通过三维确定变截面梁尺寸（图 7）。

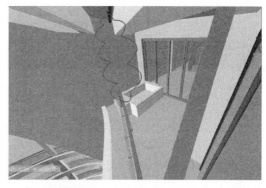

图 7　山墙与栏杆交接处优化（左为未优化前，右图为优化后）

2.2.3 提高设计完成度

弯曲的建筑外形使得花架花池处的装饰铝条呈三维曲面，采用常规设计手段，铝板开料困难，拼装效果不佳，利用 BIM 裁切，将三维铝板切割成扇形片状，精确定位铝条尺寸，并输出施工图。

悬挑泳池悬挑面积近 $40m^2$，规模和施工难度均较大，借助 BIM 模型，结合结构分析和材料性能分析，快速确定泳池形态。

2.2.4 辅助设计交底

设计交底阶段，建设单位基于施工场地的复杂性与本项目存在的施工难点，组织工程部门与设计单位利用 BIM 技术进行三维模拟，以利于设计落地。

本工程一共有 7 种类型的高支模，共 17 处，加之建筑造型复杂，堪称种类繁多且施工难度巨大。若采用常规的二维搭设方式，难以保证异形处的顺利搭设，借助三维模拟，展现难点，提出解决方案，辅助施工交底。

3　BIM 在设计过程中的效益分析

3.1　做对

本项目通过 BIM 技术解决"错漏碰缺"问题约 856 处。

建筑功能复杂，设计过程中专业繁多，容易出现各种错漏碰缺，而二维的施工图纸中较难看出问题，通过 BIM 的碰撞检查，可视化分析，确保设计做对，减少设计变更，降低工程成本，可以有效地检查并改正错漏碰缺。

3.2　做好

本项目通过 BIM 技术实现设计优化约 1065 处。

无论是建筑性能分析、专业沟通、还是辅助设计交底，建筑师都需要综合考虑，衡量利弊，通过 BIM 技术，设计师可以高效积极地面对设计中需要优化的问题。

3.3　做美

本项目通过 BIM 技术解决建构细部问题约 421 处。

在任何一个设计中，都有许多设计细部、重点部位需要推敲。通过 BIM 的可视化分析，助力方案及施工图深化，达到精细化设计的结果。设计中美的定义非常复杂，观点不一致，对美的判断不一样，通过 BIM 的可视化分析，可以实现多方案的比选，通过讨论与研究，以求在设计中追求最优。

4　BIM 应用的设计流程

4.1　本项目的设计流程

本项目 BIM 应用的设计流程为"二维图纸与三维模型并行"，也就是二维 CAD 图纸制作的同时，BIM 模型也在制作，过程中互相检核校对，CAD 图纸为 BIM 模型提供绘制基础，BIM 模型为 CAD 图纸提供校对优化依据，在不同的阶段，二维设计与三维设计的协同又各有不同。

（1）方案阶段的设计流程为"二维三维、多软件并行"：

使用 CAD 软件勾画大致的轮廓，用 Revit 和 SketchUp 软件搭建基础模型，鉴于 Revit 软件在造型上的软肋，复杂构件依靠 Rhino 等造型软件，出图时将 Revit 模型导入 3Dmax 并利用 Vray 渲染。

（2）初步设计及深化（报审版施工图）阶段的设计流程为"二维图纸为主，同时深化模型"：

因为项目报审的时间紧迫，而且审批部门主要接受二维 CAD 图纸，所以此过程主要以绘制二维图纸，满足相关规范为主，同时相应地深化 BIM 模型。

（3）施工版施工图的设计流程为"借助 BIM 技术深化二维图纸"：

通过报审后的二维图纸，满足了规范强条要求，借助 BIM 模型，检查错漏碰缺，增强细部设计，协调各专业，最终生成高质量的施工版施工图。

4.2　采用"二维、三维并行"设计流程的原因分析

（1）原因一：三维软件目前有一定限制，且没有软件可以"包打天下"。

Revit 的瓶颈在于自动生成全套施工图存在一定困难，3Dmax、SketchUp 与工程图衔接有难度，CAD 软件基本功能在于工程出图，所以在设计过程中必须通过"二维、三维并行"的方式来解决软件的软肋问题。

（2）原因二：工程系统内的法律文件是二维图纸 。

无论是规划报建、单体报建、消防审批、施工图审批，法律文件均为二维的图纸，所以无论 BIM 技术形成的任何文件，都必须通过二维软件将其转换成二维图纸。

（3）原因三：国内工程实践的要求——快。

国内的工程实践特别是商业工程，特别关注工程速度导致的资金成本问题，所以要求必须快速设计。传统的工作流程，在设计阶段"快"了，许多应该解决的问题却没有在设计阶段解决，最终留到了施工服务阶段，施工服务阶段"慢"下来了。本项目利用 BIM 技术，采用"二维、三维并行"的工作流程，设计阶段增加人力成本约 30％、增加时间约 1～2 个月，但施工服务阶段的人力成本与时间成本却大大降低。因此是采用 BIM 技术不仅能更快，而且能更好！

5　结　论

采用 BIM 技术，虽然投入相对大，应用于设计阶段的效益仅就"设计"阶段而言速度提升有限，甚至更"慢"，但就设计服务全过程而言，BIM 技术可以帮助设计企业提升设计品质，降低设计成本，是设计企业不可忽视的现代设计技术。同时，BIM 技术的应用"越是全过程全专业应用，效益越明显"，设计阶段的 BIM 应用可以为施工及运维阶段的 BIM 应用打下良好基础！设计企业采用 BIM 技术，需要综合考虑工程项目的实际情况，采用相对灵活的应用流程，最终实现将设计做对、做好、做美的目的！

参 考 文 献

［1］　郑国勤，邱奎宁 . BIM 国内外标准综述［J］. 土木建筑工程信息技术，2012，1.
［2］　赵昂 . BIM 技术在计算机辅助建筑设计中的应用初探［D］. 重庆大学，2006.

基于 BIM 建筑智能运营维护管理系统（一期）关键技术研究和软件实现方法介绍

邱奎宁[1]，曾　涛[1]，邹宇亮[1]，何　波[2]

（1. 中国建筑股份有限公司技术中心，北京 101300；

2. 广州优比建筑咨询有限公司，广东　广州 510630）

【摘　要】建筑运营维护是大型商业和公共建筑物物业管理中一个重要环节。基于 BIM 技术以及结合建筑智能相关技术，可以有效获取建筑智能信息、掌握建筑物健康、能耗等状态，以便辅助维护保养，特别是降低维修人员理解复杂机电管线系统的难度，避免查找大量图纸和相关文档，提高日常维保和应急抢修的准确性和效率。本文重点介绍基于 BIM 的建筑运营维护管理关键技术及其软件实现方法，供相关科技和工程人员参考。

【关键词】BIM；RFID；建筑信息模型；应急；运维

中国建筑林河研发基地项目是遵照中建总公司"一最两跨"的战略目标，紧密围绕"中国建筑"科技发展的总体规划，以科研体系建设与创新、高端技术研究与实验、科技成果推广与应用为工作重点，以建设"绿色中建"、"数字中建"为发展方向，全面提升技术中心的科技水平，倾力推进中建科技的品牌建设，将中国建筑研发基地建设成为"国际一流，行业排头"的企业试验研发中心和高水平绿色建筑示范工程。项目在"规划-设计-施工-运维"全生命期中实现了 BIM 的综合应用[1,2]，并在后期的运维阶段结合管理需求、强化 BIM 的深度应用，逐步探索、实践提升试验楼整体运维管理水平、降低运营维护成本的实施途径及方法。

本论文以建设过程的 BIM 模型为基础，通过构建机电设备上下游逻辑关系，并建立 BIM 模型与实际现场机电设备对应关系为重点，介绍建设过程 BIM 模型在交付和运维阶段信息的补充、创建，以及利用 RFID 技术，在目前性能较优异、技术成熟的 Autodesk Navisworks 软件为 BIM 模型引擎上，完成本运维系统的开发（图 1）。

图 1　中国建筑林河研究发基地试验楼

【作者简介】邱奎宁（1973-），男，副研究员/副所长。主要研究方向为 BIM 应用标准及规范、应用推广。E-mail：2273513393@qq.com

曾涛（1972-），男，研究室主任。主要研究方向为 BIM 工程应用、建筑大数据。E-mail：783772328@qq.com

邹宇亮（1972-），男，一级建造师/运维主管。主要研究方向为基于 BIM 的运维管理。E-mail：2273513393@qq.com

何波（1963-），男，技术总监。主要研究方向为 BIM 技术推广、应用和软件开发。E-mail：bo@u-bim.com

1　系统架构

本项目选择 Autodesk Navisworks 作为 BIM 图形平台，后台数据库采用 Microsoft SQL Sever，利用 Microsoft . NET Framework 进行开发，系统架构图如图 2 所示。

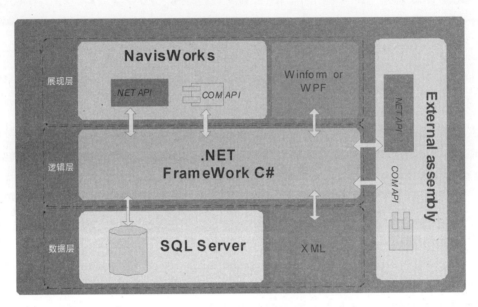

图 2　系统架构图

系统架构设计基于三层架构原则，三维 BIM 模型显示前端借助 Navisworks 的 3D 可视化仿真功能，再通过其自身提供的 API（Application Programming Interface，应用程序编程接口）与逻辑层的逻辑接口相连接，对其进行各类的图形显示控制和图形数据读取。在此基础上，与后台关系数据库进行有规则的数据交互，结合不同环境的需求，定制出各种逻辑业务控制、数据安全校验、数据存取、可视化数据交互效果等等，从而实现高效快捷的 BIM 数据操作。

Autodesk Navisworks 提供了三种 API 方式[4,5]：

● Plug-ins API

● Automation API

● Controls API

Plug-ins API 是相当便捷的一种插件架构，方便开发插件模块与 Navisworks 相连接，此接口连接 Navisworks 模块边界，由 Navisworks 管理模块的性能，模块连接后，生命周期受 Navisworks 影响，在 Navisworks 运行情况下，程序可以进行自身资源释放，也可交由 Navisworks 管理，在 Navisworks 成功加载完成后，插件接口开始调用各类模块，从而实现功能扩展。

Automation API 提供了一系列的自动化处理方法，程序在此接口上连接，可以获取 Navisworks 在文档处理上的一些具体方法，我们借助此接口进行文档加载和移除，此处不但有许多文档加载的方法，还有一些指引，帮助程序调试和检测模型，模型有许多种类，接口只能支持一部分，我们在这里进行了一系列的约束，帮助程序顺利加载我们所创建的模型，使模型准确显示在接口上。

Controls API，Navisworks 图形驱动接口，负责三维图像绘制和显示，保留了用户与程序交互的操作模式。借助此接口，可以在程序自身的窗体上，进行 Navisworks 文档的三维显示，功能需要重新组合，方便开发三维仿真程序，接口自由度由 Navisworks 内部管理，程序调用需要通知 Navisworks 核心，而显示范围可以在程序上进行规定。

SQL Server 数据库引擎是用于存储、处理和保护数据的核心服务。利用数据库引擎可控制访问权限并快速处理事务，从而满足需要处理大量数据的应用需要。

2 功能模块实现

2.1 机电设备应急管理系统基本功能（图 3）

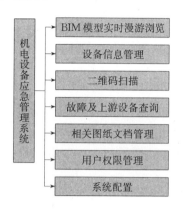

图 3 机电设备应急管理系统基本功能

由于篇幅所限，以下就几个关键功能模块的实现方法进行说明。

2.2 BIM 模型实时漫游浏览

BIM 模型可以实现比较高的仿真度，利于物业管理和维修保养人员在虚拟世界中身临其境、直观方便地观察相应设施。但由于同时要显示三维模型和相关信息，通常的单屏幕显示（图 4）用户体验不理想，为此我们开发了可以支持双屏幕输出方式（图 5），扩展了工作界面宽度，更宽更广的显示效果，不但能容纳更多内容，而且还能提升操作体验。

图 4 单屏幕显示

图 5 双屏幕显示

2.3 机电设备信息管理

运维管理的 BIM 模型理想状态是竣工的 BIM 模型，但也可以继承设计或施工的模型，然后通过模型整理达到运维的要求。不论是何种方式，最终在本系统都需要显示 BIM 模型的属性，利用以下几个主要的 Navisworks API[3,4]访问模型：

- Autodesk. Navisworks. Api. Application
- Autodesk. Navisworks. Api. Document
- Autodesk. Navisworks. Api. Model
- Autodesk. Navisworks. Api. ModelItem

访问 BIM 模型的对象属性，可利用如下的 API：

- Autodesk. Navisworks. Api. PropertyCategory
- Autodesk. Navisworks. Api. DataProperty

其关系如图 6 所示。

图 6　对象属性对应的 API

每个对象构件的 ID 是与后台数据库关联的唯一标识，所以上述获取对象 ID 的方法尤为关键，对于使用 Autodesk Revit 建立的模型，可以通过 PropertyCategories. FindCategoryByName 访问对应的 Category（类别）。通过 Properties. FindPropertyByName 访问对应的 DataProperty 及其值。

2.4　二维码扫描

二维码，又称二维条码，它是用特定的几何图形按一定规律在平面（二维方向）上分布的黑白相间的图形，可实现的应用十分广泛，如今智能手机扫一扫功能的应用使得二维码更加普遍。

在日常的机电设备维护过程里，在机电设备上贴上带有设备编号的标签，再按此编号进行查询，可更快捷地得到相应的信息。

本项目开发了一套能在智能手机和移动设备获取二维码信息的软件，维护人员无需手工记录设备编号，只要让手机对设备标签进行扫描（图 7），通过无线网络，USB 接口等方式，把设备编号传送给系统，系统即可返回设备相应信息。

以下是智能手机和移动设备扫描二维码的软件实现方法[5,6]：

```
CodeScancs ＝new CodeScan();//启动拍摄
Camera ca ＝cs. Camera. Init();//初始化摄像头
ca. Action();//启动摄像头
Decode de ＝new Decode();//分析二维码
String result ＝de. GetResultBy(ca. CurrentPicture); //获取结果
```

2.5　故障及上游设备查询

一条完整的管道系统被看作为有向链表，设备则是链表的节点，为一个设备添加直属上下级，就是在链表中添加节点，而关系则是链表方向，

图 7　二维码扫描获取设备 ID

利用链表算法，就可以快速查找节点的子孙节点或者祖先节点。如一个设备需要更换，则可通过链表算法查找出受影响的其他设备。上下游关系原则如下：

- 一个设备不能添加自身为任何关系；
- 两个设备之间只能存在一种关系；
- A 设备是 B 设备的子孙，则 A 设备不能是 B 的祖先，反之亦是；
- 一个设备可以有多个上级或者下级设备。

该系统基于上述的逻辑关系原则，利用 BIM 模型和 BIM 数据库技术建立机电设备之间的逻辑关系，利用链表算法，递归出该设备所有子孙设备，从而得到受影响设备列表（图 8）。

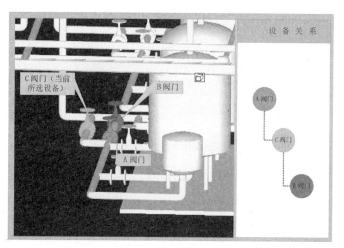

图 8　机电设备上下游关系（当前设备与上游控制设备的逻辑关系）

譬如发现某消防栓箱出现故障，通过 RFID 移动设备或二维码扫描，获取设备 ID，可在 BIM 模型中快速定位相对应的故障设备模型（图 9），系统通过上述的算法，找出控制故障设备的上游设备列表（图 9）。

图 9　故障设备与上游设备的直观显示

3　小　结

基于 BIM 的机电设备应急管理系统从软件实现的角度，在目前软硬件条件下，其中比较关键的是大型复杂项目三维 BIM 模型的图形显示技术和机电设备管线上下游逻辑关系建立和检索两项技术，由于要处理的 BIM 模型信息量巨大，而目前软硬件的性能有限，我们选择了目前技术比较成熟的 Autodesk Navisworks 作为 BIM 图形平台，在大型 BIM 模型显示、实时漫游浏览的性能方面达到了较好的性能。在处理机电设备管线上下游逻辑关系的关键技术上，自定义了机电设备管线零件的逻辑关系数据格式，并独立于 BIM 模型映射到 Microsoft SQL Sever 数据库中，实现高效的上下游检索，通过映射关系实现 BIM 模型与数据库关联，较好地解决了 BIM 模型数据与机电设备应急管理数据的融合，尝试了基于 BIM 的机电设备应急管理系统实现的其中一种途径。

参 考 文 献

[1]　张正等. BIM 应用案例及分析［M］. 北京：中国建筑工业出版社，2016.

[2]　李久林等. 智慧建造理论与实践［M］. 北京：中国建筑工业出版社，2015.

[3]　Autodesk Navisworks 2013. NET API Reference Guide.

[4]　秦洪现，崔惠岚. Autodesk 系统产品开发培训教程［M］. 北京：化学工业出版社，2008.

[5]　Reto Meier. Professional Android 2 Application Development，2010.

[6]　Wallace B. McClure，Nathan Blevins. Professional Android Programming with Mono for Android and. NET/C＃［J］. 移动与嵌入式开发技术，2013.

基于 IFC 标准的 BIM 构件库建设方案研究

周洪波，施平望，邓雪原

（上海交通大学土木工程系，上海 200240）

【摘　要】BIM 技术已逐渐成为国内外建设领域发展的热点方向，国际上有多种支持 BIM 技术的三维信息化软件，但不同软件采用不同的数据格式，导致建筑 BIM 项目的构件数据不能在软件之间有效的共享与交换。因此，迫切需要规范并统一 BIM 构件的数据标准。本文通过对 IFC 标准的研究，提出 BIM 构件库的建设方案，并研究得到生成符合 IFC 标准的 BIM 构件的方法。最后，通过实例验证了基于 IFC 标准的 BIM 构件库建设方案的可行性。

【关键词】建筑信息模型（BIM）；IFC 标准；BIM 构件库；构件生成

建筑信息模型（Building information modeling，BIM）以三维数字化技术为基础，集成工程项目规划、设计、施工、运维各阶段信息[1]。它的出现，正改变建筑人员的工作习惯与传统项目参与方的协作模式，并有利于消除"信息孤岛"，解决工程项目生命周期中的信息丢失与信息断层等问题[2]。

BIM 技术的目标是协同，核心是信息共享与交换，基础是数据标准[3]。IFC（Industry Foundation Classes）标准是国际上得到广泛认可的 BIM 数据标准。目前，通过 IFC 标准认证的国内外 BIM 软件有 30 多家[4]，但是 Pazlar，T. 等人在对几款 BIM 软件进行 IFC 文件的输入输出测试过程中，发现建筑信息出现错误及信息缺失现象[5]。Ghang Lee 通过测试 IFC 文件在不同 BIM 软件之间的输入输出，发现总有一些数据不能交换，数据交换具有方向性[6]。主要原因是 BIM 软件没有建立完全符合 IFC 标准的数据接口，另外，IFC 标准对信息的描述存在多种方式的表达。因此，迫切需要规范 IFC 标准对建筑信息的表达，建立统一标准的构件资源库。目前，国内外已经在建的构件资源库有新西兰的 Product Spec[7]，产品包含 Autodesk Revit、ArchiCAD、Vectorworks、SketchUp 和 AutoCAD 等软件的构件模型；英国的 National BIM Library[8] 支持如 Autodesk Revit、ArchiCAD、Vectorworks、Tekla、Bentley 等软件构件模型；中国的住房和城乡建设产品大型数据库[9] 支持 Revit、Inventor、SolidWorks、CATIA 等软件构件模型。这些构件库的产品囊括了主流 BIM 软件的构件模型，但主要针对专属软件的数据格式，缺乏通用性、开放性和统一性。构建基于 IFC 标准的 BIM 构件库，有利于解决构件产品数据标准不统一的问题，同时有利于实现项目生命周期的数据可持续管理。

1　基于 IFC 标准的建筑信息模型表达

1.1　IFC 标准架构

IFC 标准使用 EXPRESS 语言定义，涉及的领域众多，包括建筑控制领域、消防管道领域、结构单元领域、结构分析领域、供热通风领域、电气领域、结构领域、施工管理领域等。最新版本的 IFC 2x4 包含大量的类定义，有 775 个实体，418 个属性集，390 个数据类型。从下往上由 4 层组成，资源层、核心层、共享层、领域层。资源层定义了 21 类可重复引用的实体与类型，如几何资源、拓扑资源、材质资源等。核心层定义了 4 类 IFC 模型的基本结构、通用概念和基础关系。共享层提供 5 类通用对象，如建筑元素、

【基金项目】上海市科委科研计划项目（15DZ1203400）
【作者简介】周洪波（1987-），男，硕士研究生。主要研究方向为基于 IFC 标准的 BIM 构件库。E-mail：workensx@sjtu.edu.cn
【通讯作者】邓雪原（1973-），男，博士，副教授。主要研究方向为建筑 CAD 协同设计与集成、基于 BIM 技术的建筑协同平台。E-mail：dengxy@sjtu.edu.cn

管理元素、设备元素等。领域层定义了特定的 8 类专业领域，如建筑领域、结构分析领域、电气领域等。在 IFC 标准中，只允许上层资源引用下层资源，而下层资源不能引用上层资源，有利于保证拓展领域层时，下层资源不受影响，有利于 IFC 架构的拓展与稳定。

1.2　基于 IFC 标准的建筑项目表达框架

基于 IFC 标准的建筑信息表达不同于传统的二维图纸表达，传统的表达方式是基于点、线、面、文字的二维平面图表达方式，而 IFC 文件能够包含完整的项目信息，如场址信息、几何信息、材料信息、相互关联信息、空间位置信息等，构建一个可视化、信息化的三维模型。采用支持 IFC 标准的软件，可读取和提取所需的建筑信息。

一个完整的 IFC 项目文件，首先需要表达一个项目信息（IfcProject），然后表达与之相关的场地信息（IfcSite），与场地相关的建筑信息（IfcBuilding），其中，建筑由多个楼层组成（IfcBuildingStorey），每一个楼层又由很多建筑构件组成（IfcBuildingElement），如梁（IfcBeam）、板（IfcSlab）、柱（IfcColumn）等。通过继承关系和关联关系，将各实体对象组合成一个完整的项目模型，不同的建筑构件是项目的基本单元。因此，通过研究基于 IFC 标准的 BIM 构件库，任何支持 IFC 标准的软件能够采用标准形式的构件创建形成三维信息模型，有利于与其他应用软件进行数据共享与交换。

2　基于 IFC 标准的 BIM 构件库建设研究

2.1　基于 IFC 标准的 BIM 构件库建设流程

1）构件资源库规划：根据不同专业的特点，研究分析不同专业所需的构件资源，选择相应的数据标准、LOD（Level of Detail）标准。

2）构件分类：构件的合理分类是构件检索和使用的基础，是 BIM 构件库建设的重要内容。

3）构件制作审核与入库：构件的制作过程中，根据需求编制统一的属性模板，采用 IFC 数据标准表达构件的几何信息与非几何信息，通过专业人员加载到实际的项目环境中进行测试，通过测试的构件存入构件库。

4）构件库管理：BIM 构件库的管理措施，包括构件的存储、版本更新、权限分配、检索、显示等。制造商或用户通过构件库授权账号登录构件库，搜索并下载需要的构件模板，填写相应的属性信息与几何定义，提交管理员审核，管理员反馈审核意见，制造商或用户根据反馈内容作出相应的修改与调整。当构件通过审核，管理员将新构件添加至构件库，并做好记录。构件库的管理流程如图 1 所示。

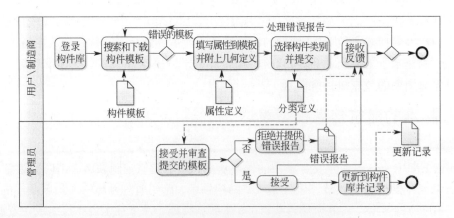

图 1　基于 IFC 标准的 BIM 构件库管理流程

2.2　构件的分类原则

在 BIM 构件库中，建筑构件的分类是快速存储和检索构件的基础。Omniclass[10] 是 ICIS（International Construction Information Society）分会和 ISO 工作组从 20 世纪 90 年代开始制定的分类标准，包括 15 项分类表，其中，Table 23 定义了建筑工程的构件分类。本文借鉴 Omniclass 标准中 Table 23 的分类方法，将 BIM 构件库的构件分为 4 个层级，分别为专业层级、类型层级、类别层级和材料/尺寸层级，如

图 2 所示。

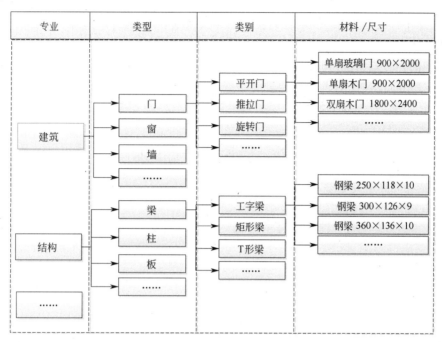

图 2　BIM 构件的分类

2.3　构件信息模板的编制

建筑信息模型与普通三维模型的区别在于建筑信息模型包含建筑生命周期的完整信息。在 BIM 构件的生成阶段，可以预先添加基本属性信息，包括制造商、制造时间、管理员、规格尺寸、材料等信息，如表 1 所示。由于 IFC 标准暂不支持中文字符，该标准提供一种转换机制，支持中文字符转换成字符编码，如 Unicode 编码，其中，"\X2\" 是起始符号，"\X0\" 是终止符号。随着项目开展，构件信息将不断丰富，如设计单位、建设单位、安装单位、运营维护单位、采购单位、出厂价格等信息将根据项目需求增加至构件信息模板。

构件信息模板　　表 1

基本属性	数据类型	Unicode 码	可选性	备注
制造商	文本型	\X2\523690205546\X0\	R	
制造时间	日期型	\X2\5236902065F695F4\X0\	R	
管理员	文本型	\X2\7BA174065458\X0\	R	
规格尺寸	浮点型	\X2\89C4683C5C3A5BF8\X0\	R	
材料信息	文本型	\X2\675065994FE1606F\X0\	R	
颜色信息	浮点型	\X2\989C82724FE1606F\X0\	R	
技术规格书	字符串	\X2\6280672F89C4683C4E66\X0\	O	
操作手册	字符串	\X2\64CD4F5C624B518C\X0\	O	

3　基于 IFC 标准的 BIM 构件生成方法

BIM 构件是构件库的基本单元，应包括几何尺寸信息、空间位置信息、属性信息、相互关联信息等。同时，构件库应提供属性扩展接口，方便属性信息随着项目开展不断丰富。可见，如何生成一个符合 IFC 标准的构件是 BIM 构件库建设的关键问题。下面通过一个标准的 IFC 梁构件为例，介绍基于 IFC2x4 标准的构件主要信息生成方法。

3.1 建立笛卡尔局部坐标系

IFC 标准的坐标表达方式与一般的三维坐标表达不同，它由多层的嵌套坐标系组成。最基础的坐标系是 IfcProject 的坐标，相当于项目的绝对坐标系，基于 IfcProject 的相对坐标系依次为 IfcSite、IfcBuilding、IfcBuildingStorey，最后是构件自身的坐标，如 IfcBeam。IfcBeam 的坐标通过 IfcLocalPlacement 实体表达，其第一个属性通过导出属性 PlacementRelTo 指向参照的 IfcBuildingStorey 坐标系，第二个属性通过实体 IfcAxis2Placement3D 表示构件的局部坐标系。局部坐标系通过原点 IfcCartesianPoint，以及 Z 轴方向 IfcDirection、X 轴方向 IfcDirection 表达，其中 Y 轴方向通过右手螺旋法则确定，如图 3 所示。

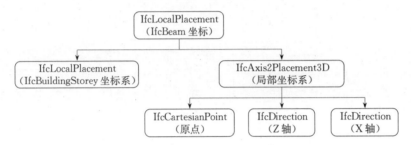

图 3　基于 IFC 标准的坐标系表达关系图

3.2 创建构件几何实体模型

在 IFC 标准中，梁的几何实体信息通过属性 Representation 描述，它指向实体 IfcProductDefinitionShape，该实体描述了构件的几何信息，其中 IfcShapeRepresentation 描述实体的几何形状，常用的几何形状实体如 IfcExtrudedAreaSolid、IfcFacetedBrep。对于沿长度方向截面相同的梁构件，可通过拉伸实体 IfcExtrudedAreaSolid 表达，即给定一个二维截面形状（IfcProfileDef），通过给定拉伸的方向与长度形成三维实体。二维截面形状的表达有多种标准实体，如 IfcRectangleProfileDef（矩形）、IfcIShapeProfileDef（工字形）、IfcUShapeProfileDef（U 形）、IfcLShapeProfileDef（L 形）等。图 4 展示了采用 IfcIShapeProfileDef 表达工字形梁的表达方式。

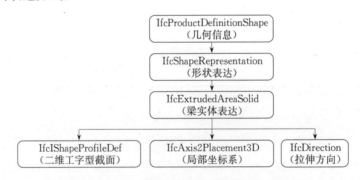

图 4　基于 IFC 标准的梁几何实体表达方式

3.3 赋予构件属性信息

属性信息是构件的重要信息，建筑信息模型区别于传统的模型是因为其具有丰富的信息，并且随着项目开展不断扩展信息。构件属性信息的表达主要有以下三种方式：

1）构件基本信息可通过多个属性集（IfcPropertySet）表达，每个属性集可以包含多个属性（IfcPropertySingleValue），IfcPropertySingleValue 通过第一个属性 Name 表达构件属性名称，通过第三个属性 NominalValue 表达构件属性值，如 IfcPropertySingleValue（'maker', \$, IFCLABEL（'ZHB'）, \$）中，属性名称为"maker"，属性值为"ZHB"。

2）构件的材料信息有三种表达方式 IfcMaterialUsageDefinition、IfcMaterialDefinition、IfcMarterialList，最后都引用一个或多个 IfcMaterial 表示材料信息，如 IfcMaterial（'STEEL/Q345/'）表示 Q345 的

钢材。

3）构件颜色信息通过实体 IfcStyledItem 表达，其有两个导出属性，第一个导出属性 Item 指向梁实体 IfcExtrudedAreaSolid，第二个导出属性指向 IfcStyleAssignment，IfcStyleAssignment 作用是选择表面样式 IfcSurfaceStyle，表面样式通过表面渲染实体 IfcSufaceStyleRendering 表达，渲染实体的颜色信息通过其属性 SurfaceColour 指向 IfcColourRgb，其颜色采用红绿蓝 0.0～1.0 数值共同表达，如图 5 所示。

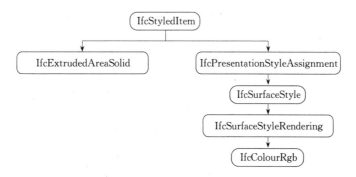

图 5　基于 IFC 标准的构件颜色表达方式

3.4　关联构件与属性

属性信息只有与构件关联才能表达构件的属性，IFC 标准对于关联关系通过关联实体表达，材料的关联关系通过实体 IfcRelAssociateMaterial 表达，该实体的属性 RelatedObjects 指向被关联的实体，属性 RelatingMaterial 指向材料信息。构件的基本属性信息通过 IfcRelDefinesByProperties 关联，该实体的属性 RelatedObjects 指向一个或者多个被关联的对象，RelatingPropertyDefinition 指向属性集。关联关系如图 6 所示。

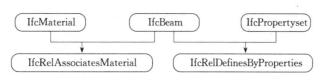

图 6　基于 IFC 标准的关联表达方式

4　实例验证

目前的 BIM 软件仅支持完整的 IFC 项目文件的操作与显示，不支持只有构件信息的 IFC 文件。因此，需将基于 IFC 标准的构件插入到项目中，才能操作与显示。一个完整的 IFC 项目文件以"ISO-10303-21;"开始，然后以"END-ISO-10303-21;"结束。中间包含两部分：头文件部分和数据部分。其中，头文件以"HEADER;"开头，以"ENDSEC;"结束。头文件主要描述文件名、文件创建日期、文件版本信息、创建者等信息。文件的核心部分是数据部分，该部分文件以"DATA;"开始，以"END-SEC;"结束。数据部分包括项目信息、场地信息、建筑信息、楼层信息、嵌套坐标系信息、空间关联关系信息、构件信息等内容。

通过本文研究的 BIM 构件库建设方案，可创建多种基于 IFC 标准的 BIM 构件，经审核后存入基于 IFC 标准的 BIM 构件库，然后将选定的 BIM 构件插入到 IFC 项目物理文件。下文展示了一根梁的 IFC 表达，其中，#45（IfcBeam）描述 IFC 构件整体情况，#36（IfcIShapeProfileDef）描述截面信息，#53（IfcMaterial）、#54（IfcRelAssociatesMaterial）分别描述材料信息与关联关系，#55（IfcPropertySingleValue）、#56（IfcPropertySingleValue）、#57（IfcPropertySet）、#58（IfcRelDefinesByProperties）描述构件基本属性信息与关联关系。将生成的 IFC 项目文件导入本团队前期研发的 SJTUBIM 平台中，如图 7 所示。

ISO-10303-21;

```
HEADER;
FILE_DESCRIPTION(('"'),'"'); FILE_NAME('BEAM'); FILE_SCHEMA(('IFC2X4'));
ENDSEC;
DATA;
…
#35=IFCAXIS2PLACEMENT2D(#34,#33);
#36=IFCISHAPEPROFILEDEF(.AREA.,'HW100x100',#35,100.,100.,6,8.,8.);
…
#41=IFCEXTRUDEDAREASOLID(#36,#40,#9,6000.);
…
#45=IFCBEAM('1MPd4c0000234qD3arDJGo',#5,'BEAM','HW100x100','HW100x100',#28,#44,'
\X2\94A267500051003300340035\X0\');
…
#53=IFCMATERIAL('STEEL/Q345/');
#54=IFCRELASSOCIATESMATERIAL('2o_lhVmjnC_uYpXQvCp9Bg',#5,$,$,(#45),#53);
#55=IFCPROPERTYSINGLEVALUE('maker',$,IFCLABEL('ZHB'),$);
#56=IFCPROPERTYSINGLEVALUE('time',$,IFCLABEL('May 8th'),$);
#57=IFCPROPERTYSET('1O6L70GD1CtOm5bELi1Hjd',#5,'"','"',(#55,#56));
#58=IFCRELDEFINESBYPROPERTIES('3SyLDhiwP6$unJa_tYKdGA',#5,$,$,(#45),#57);
ENDSEC;
END-ISO-10303-21;
```

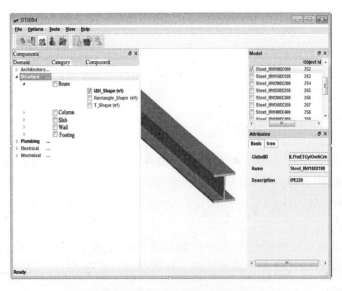

图 7　基于 IFC 标准梁构件的显示

5　结　语

本文通过对 IFC 标准的研究，提出基于 IFC 标准的 BIM 构件库建设方案，对构件的分类、属性信息设计、管理等提出具体可行的方法。然后提出基于 IFC 标准的 BIM 构件的生成方法，最后通过实例验证其可行性。为实现基于 IFC 标准的 BIM 构件库功能，在本文的研究基础上，需进一步开展以下工作：

1）搭建 BIM 数据库，存储符合 IFC 标准的 BIM 构件。

2）研发 BIM 构件库的数据接口，第三方 BIM 软件可通过该接口搜索并使用符合条件的 BIM 构件，并插入其项目模型。

参 考 文 献

［1］ National Institute of Building Science. National building information modeling standard verionl-Part1：Overview，princi-ples and methodologies［EB/OL］. (2011-09-10)［2016-06-14］. http：//www. wbdg. org/pdfs/NBIMSvl _ pl. Pdf.

［2］ Eastman C，Teicholz P，Sacks R，Liston K. BIM Handbook［M］. New Jersey，USA：John Wiley & Sons，Inc. ，2011：147-148.

［3］ 上海交通大学 BIM 研究中心，上海交通大学 BIM 研究中心官网［EB/OL］. (2010-11-11)［2016-06-14］. http：//bim. sjtu. edu. cn.

［4］ BuildingSMART. The buildingSMART data model［EB/OL］. (2016-04-11)　［2016-06-14］. http：//buildingsmart. org/compliance/certified-software/.

［5］ Pazlar T.，Turk Z. Analysis of the Geometric Data Exchange Using IFC［C］// Proceedings of the fourth European Conference on product and Process Modelling，Valencia，Spain，2006：13-15.

［6］ Ghang Lee，Ph. D. What Information Can or Cannot Be Exchange?［J］. J. Comput. Civ. Eng. 2011，25：1-9.

［7］ Productspec Ltd.，PRODUCTSPEC［EB/OL］. (2016-05-30)［2016-06-14］ https：//productspec. net/.

［8］ UK，NBS National BIM Library［EB/OL］. (2016-04-25)［2016-06-14］ http：//www. nationalbimlibrary. com/.

［9］ 住房和城乡建设部科技与产业化发展中心，住房和城乡建设产品 BIM 大型数据库［EB/OL］. (2016-4-11)［2016-06-14］ http：//www. bim99. org/home/.

［10］ Omniclass™. A Strategy for Classifying the Built Environment［EB/OL］. (2006-03-28)［2016-06-14］ http：//www. omniclass. org/tables/OmniClass _ Main _ Intro _ 2006-03-28. pdf.

BIM 在国内预制构件设计中的应用研究

谢　俊，胡友斌，张友三

（中民筑友科技集团，湖南　长沙 410000）

【摘　要】文章简述为何要采用 BIM 进行预制构件设计及现阶段各类 BIM 设计软件的基本情况。结合 BIM 软件在中民筑友科技集团设计信息化中的应用，提出完整的预制构件设计 BIM 应用方案，并详细论述 BIM 软件在构件设计和生成生产数据两方面所要实现的功能。为装配式建筑企业进行预制构件设计软件选型及 BIM 应用方案提供参考。

【关键词】BIM；预制构件；装配式建筑；设计信息化

1　前　言

在国家有关推进产业化建设政策的激励下，越来越多的企业开始进军装配式建筑。相比传统建筑物的设计，装配式建筑需在建筑、结构、机电施工图设计上增加预制构件设计（工艺设计），根据所选装配式建筑结构体系，将整栋建筑物按建筑构造和结构要求，拆分成一个个预制构件，并设计每个预制构件的材料、外形轮廓、钢筋、预埋件等。预制构件设计时还需在满足建筑和结构设计的基础上充分考虑制造和安装的需求，能预见实现过程中可能遇到的问题，并将其在设计阶段解决。这些对设计提出了很高的要求，一些企业因此尝试应用 BIM 软件来进行预制构件设计[1]。当然对于一个综合性企业来说，设计往往只是其中的一个环节，企业需要的也不是简单的 BIM 模型，而是设计、模型、生产经营数据的集成解决方案，实现设计信息化、模型信息建筑产业化全过程应用的目标，通过 BIM 技术给企业带来质的提升。

因此，采用 BIM 软件来进行预制构件设计，一方面是要解决构件设计精准度和设计效率问题；另一方面是要利用设计好的 BIM 模型为计划、采购、制造、物流、装配等各环节提供所需的数据，充分发挥 BIM 模型的价值。

2　BIM 设计软件

国内已有不少企业开始从事预制构件设计，但是专业的预制构件设计 BIM 软件很少[2]。

作为国内主流的 BIM 软件，Revit 的功能很强大，在国内企业摸索装配式建筑设计的初期就尝试用 Revit 来进行预制构件设计。Revit 有强大的族库功能，可通过建立参数化的构件族来快速生成各种预制构件，Revit 也支持对构件进行制造模拟、施工安装模拟和进行碰撞检测，但是 Revit 的优势在于可视化和可持续性设计，在预制构件设计的专业性、便捷性和功能的完整性上存在较多的问题，同时缺少与工业生产对接的模块，暂时还不能满足预制构件设计的需求[3]。

为了适应装配式建筑的设计，国内的结构设计软件 PKPM 和盈建科都已开始研发装配式建筑设计软件。2015 年 6 月 PKPM 发布了装配式结构设计软件的试用版，其包含的功能只有装配式建筑整体分析中的设计工作，离真正实现完整的装配式建筑设计还需较长的研发时间[4]。盈建科软件于 2015 年 9 月发布了装配式结构设计软件 YJK-AMCS。YJK-AMCS 是在 YJK 的建模和结构计算功能的基础上，扩充钢筋混凝土预制构件的指定、预制构件的相关计算、预制构件的布置图和大样详图绘制等工作。该软件中很

【作者简介】谢俊（1982-），男，高级建筑师，注册建造师，博士研究生。主要研究方向为装配式建筑设计。E-mail：56865080@QQ.com

多细节处的设计问题不能解决，也还需要一段时间的改进。

也有一些企业尝试用 CATIA、Rhino、SolidWorks、Tekla 来进行预制构件的设计，这些软件都操作便捷、功能强大，只是毕竟属于机械设计和钢结构设计软件，应用于预制构件的设计还有很多专业性的问题待解决。

由奥地利内梅切克公司开发的预制构件设计软件"Allplan Precast"（以下简称 Allplan）已在全球多个国家应用多年，是目前市场上最成熟的预制构件设计软件，其包含的功能主要有：建筑设计、结构分析、预制构件设计、生成生产数据。因建筑设计、结构分析国内均已有成熟的软件，国内企业引入该软件主要是使用它的预制构件设计和生成生产数据两项功能，进行参数化的 PC 构件拆分，及生成各种图、表、数据与工业化生产、ERP 管理、工程管理进行对接，帮助企业实现信息化与工业化的融合。当然，Allplan 作为国外的预制构件专业设计软件，其存在的不足之处也很明显，主要包括：本土化程度不够，某些地方需进行定制开发；操作便捷性需提高；价格昂贵。

3 预制构件设计

中民筑友科技集团研发有三套装配式建筑体系：框架体系（框架、框剪）、剪力墙体系、墙板体系，将所有预制构件分为以下类型：内隔墙、外隔墙、内隔墙梁、外隔墙梁、预制剪力墙内墙、预制剪力墙外墙、外挂墙、叠合梁、预应力叠合梁、叠合板、预应力空心板、预应力叠合板、框架柱、楼梯、阳台、空调板、飘窗。公司采用的 BIM 平台是 Allplan＋MagiCAD，其中 Allplan 用于预制构件设计，将各种预制构件分为三大类：墙、板、异形件，部分预制构件模型见图 1。

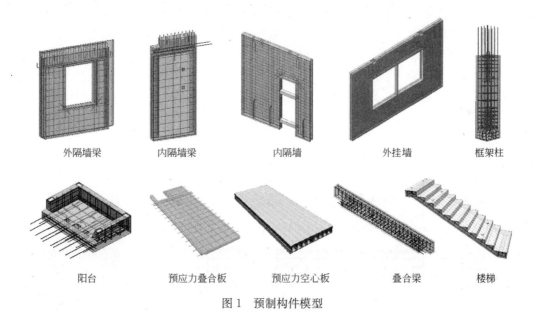

外隔墙梁　　内隔墙梁　　内隔墙　　外挂墙　　框架柱

阳台　　预应力叠合板　　预应力空心板　　叠合梁　　楼梯

图 1　预制构件模型

所有预制构件的设计思路都是：先设计轮廓、然后布置钢筋、随后放置预埋件、最后检查碰撞。BIM 软件中设计出模型并不难，难点在于复杂构件的快速建模，提高设计效率；及模型的准确性，为后端提供真实的物料信息。中民筑友科技集团经过一年多的 BIM 应用研究已摸索出一套快速、准确的建模方法。

3.1 轮廓设计

使用 BIM 软件做轮廓设计时需重点考虑的是预制构件的类型、材料组成、上下左右的连接节点、特殊构造的处理。

墙：国内应用主要是三类：夹心墙、混凝土墙、双层墙。其中带外饰面的夹心墙最为复杂，见图 2，至少有三层：饰面层、保温层（四周包有防火岩棉）、混凝土层，一些企业为了确保外饰面的连接强度，会在外饰面层和保温层之间加一层连接混凝土，在混凝土层中局部添加减重材料 XPS，这样在建模时就需考虑建五层。设计轮廓时的难点是对于各层用什么样的生成方式，能与其材料统计的方式相一致。外饰面物料一般是按面积统计或是标准外饰面板的块数来统计；混凝土是按体积来统计；保温材料一般是按体积来统计，但需注意的是在保温材料端部放置的防火岩棉，混凝土层内放置的减重材料，可分别按长度和面积来统计，这样与工厂的实际生产更符。

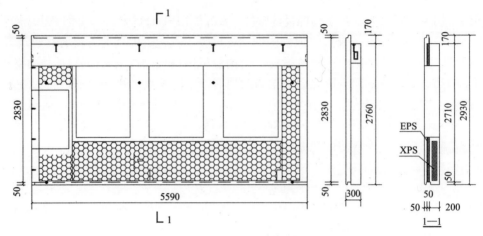

图 2　带梁外隔墙轮廓图

　　墙体上下与梁/楼板/墙连接，左右与柱/墙连接，连接节点样式多；如果是外墙，构造防水也是必不可少的，因此、往往墙体上、下、左、右处的饰面层、保温层、混凝土层会不平齐。在门窗、洞口处，需考虑热桥效应来对保温层进行编辑，另外就是建立必要的防水构造。在轮廓设计时的难点是在建模前考虑好如何快速、准确地得到所需要的轮廓。对于通用型的连接节点、构造，我们可以将其参数化的建立在预制构件内；对于特有的外形轮廓，可以建立一些辅助轮廓块，需要的时候，添加到预制构件内即可。

　　板：国内应用的主要是两类：叠合板和空心板，其轮廓都比较简单，材料也都只有一种。

　　异形件：梁、柱、楼梯、沉箱等，形状都比较方正，由混凝土直接浇筑而成，在轮廓设计上不存在困难。

3.2　钢筋布置

　　对于板、异形件，钢筋的规格、型号、数量、形状都不算多，且分布有规则，做几个参数化的智能构件就能实现快速生成钢筋。但对于复杂构件，如带梁外隔墙，其钢筋的处理就比较麻烦，见图 3。

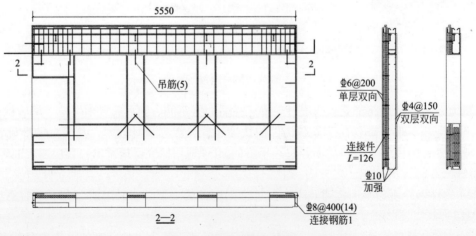

图 3　带梁外隔墙内钢筋

　　对带梁外隔墙的钢筋可分三大类来处理：第一类是墙体基础加固钢筋（钢筋网），可采用参数化设置，定义好钢筋网类型，如 C6@200 和 C4@150，定义钢筋网在墙体上下左右处是否需要伸出、缩入以及搭接样式。在实际生产中，钢筋网的生成方式有两种，一种是采用切割好的纵横钢筋搭接而成，另外一种是采用标准尺寸的成品钢筋网片。采用不同生成方式的钢筋网，在进行钢筋布置时需进行不同的处理。这是因为在实际生产时，门窗、洞口处不布置钢筋网，如果使用纵横钢筋搭接而成的钢筋网，模型中钢筋量可用于指导生产；但是如果采用成品钢筋网片，则构件的最大轮廓尺寸即是钢筋网片的尺寸，模型中钢筋量会比实际生产所需量少。所以当工厂采用成品钢筋网片来进行墙体基础加固时，需按构件最大轮廓来放置钢筋；当构件尺寸大，超过标准钢筋网片的尺寸，需要拼接时还要考虑拼接长度。

第二类是梁内钢筋，可按普通梁内钢筋的方法来处理。做参数化的智能构件，在布置墙带梁中的梁内钢筋时，根据梁内钢筋设置好智能构件内的钢筋参数，然后将该智能构件定位到墙不可见面上部（梁）即完成梁内钢筋的布置。

第三类是附加钢筋（加强钢筋），对于洞口、墙体外轮廓处的加强钢筋，可以采用按轮廓自动生成；对于吊筋、拉结筋则需要手动添加。

3.3　预埋件设置

预制构件的预埋件可归为三类：连接预埋件、水电预埋件、生产用预埋件。连接预埋件又分为构件自身连接用的预埋件（如墙体连接件）和用于与其他构件进行连接的预埋件（如普通套筒）；水电预埋件包括各种电气元件、水电管道、管等；生产用预埋件则包括用于脱模、翻转、起吊的各类吊具及一些用于生产时起固定、支撑作用的部件。

BIM 软件中可将预埋件分四大类来处理：符号预埋件、线性预埋件、面预埋件和预埋件组，以便于后期的物料统计。按个数统计的如：吊钉、弯头、JDG86 盒等定义为符号预埋件；按长度来统计的如：JDG20 线管、门窗副框、防水橡胶条等定义为线性预埋件；按面积来统计的如：100mm 厚 XPS、免拆模、外挂饰面板等定义为面预埋件；为了便于放置、简化操作，可将预埋件与预埋件、预埋件与 3D 实体、预埋件与钢筋做一个预埋件组，实现多个元素同时放置，并会分开统计。如将单眼吊钉与抗拔钢筋做成一个预埋件组，则可以省略在放置单眼吊钉后要为每个单眼吊钉添加抗拔钢筋的工作，且在统计物料时单眼吊钉会按符号预埋件来统计个数，而抗拔钢筋会按钢筋等级和直径来统计重量，即节省了操作时间又不影响材料统计。

在传统预制构件设计中，先由工艺设计师完成初步工艺模型（预制构件的轮廓设计、钢筋布置以及连接预埋件、生产用预埋件的设置），然后交由机电设计师来设置水电预埋件。为了精准布置水电预埋件，机电设计师需根据水电施工图和预制构件布局图，将所有的水电预埋件分解到各个预制构件的具体空间位置。这项工作非常繁琐，并且水电预埋件经常会与钢筋以及连接预埋件、生产用预埋件发生冲突，需要专业间协商调整的次数很多，预制构件设计周期拉得也比较长。

为解决这一难题，根据所选 BIM 软件的特点，CMDT 以合作开发和自主研发相结合的方式，在所选BIM 软件上新添一些专属功能及开发辅助设计插件，并以此确定了预制构件设计新流程：工艺设计师根据建筑、结构施工图在预制构件设计软件（Allplan）内先做好拆分模型，并将此模型以 DWG 格式输出，然后机电设计师在机电设计软件（MagiCAD）内附着此模型作为设计参照，并在此模型上进行 MEP 模型协同设计，包括：管线综合布局，开槽开孔，水电预埋设计。MEP 模型完成后，输出为 IFC 格式文件，并将其导入 Allplan，使用特定的插件，在工艺拆分模型/初步工艺模型上根据 IFC 机电模型进行自动开槽开孔、放置水电预埋件，提前完成水电预埋工作。整个设计方法和设计流程发生了改变，初步工艺设计与水电预埋由原来的前后工作变为并行工作，见图 4，可有效缩短预制构件设计周期。

3.4　碰撞检测

碰撞检测是 BIM 设计相比传统二维设计的重大优势，可有效找到模型中存在的错漏碰缺。预制构件设计中的碰撞检测与传统 BIM 模型的检测有一定的区别，一方面需要对预制构件之间进行轮廓碰撞检查；另一方面还需对预制构件进行内部碰撞检测，检测构件内钢筋与钢筋之间以及预埋件与钢筋之间是否冲突和碰撞。根据碰撞检测的结果，调整和修改构件的设计，保证构件在制造和安装时都不存在问题，可有效缩短后期图纸审核时间。

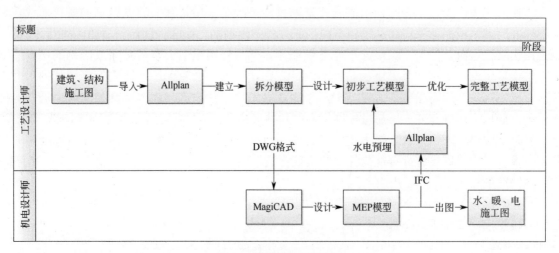

图 4　预制构件设计流程

4　生成生产数据

　　BIM 软件设计的模型需能生成各种生产数据，应用于工厂、施工现场，及各类管理软件，为企业信息化平台提供数据源[5]。

4.1　导出模型

　　BIM 模型需能导出各种格式，如：DWG、IFC、PDF（2D/3D）、3DMAX、SketchUP、CPI 等，以便于将设计好的预制构件模型导入项目管理软件、用于 3D 展示、动画制作等工作。

　　预制构件设计完后形成的 BIM 模型深度非常高，而企业经营活动中各环节所需的深度是不一致的，因此可将模型输出为两种：精细模型、轮廓模型。精细模型，包含预制构件的所有信息；轮廓模型，则只包含构件的轮廓及相关属性，不包括钢筋、预埋件。精细模型，用于采购、生产和物流，提供准确物料信息和轮廓尺寸；轮廓模型，用于计划、项目管理、现场安装，提供构件基本轮廓和构件属性。

4.2　出生产图

　　预制构件的出图分为构件生产图和构件安装图。构件安装图各种 BIM 软件都能出，构件生产图则比较复杂，大部分 BIM 软件都需要手动一步步去生成，是制约 BIM 设计效率的关键所在。如何高效、高质的生成生产图纸，是各预制构件 BIM 设计软件需要重点解决的另一大难题。

　　各种预制构件要将信息在图纸上表达清楚所需的图纸数量是不同的。像板、异形件，一般一张 A3 图就足够；但带梁外隔墙设计复杂，出图也复杂，至少需两张 A3 图纸，每张图纸根据想表达的信息定义视图、表格、图例、图签。墙板生产线上，先支模确定轮廓，再布置钢筋，然后放置预埋件，这三项工作属于不同的工种，因此可将墙体生产所需信息分四块区域在两张 A3 图纸中进行表达：第一张图纸中包含技术说明和构件轮廓两块，第二张图纸中包含钢筋和预埋件两块。

　　Allplan 中有个功能叫一键出图，是先根据构件的特点来定义各种出图布局（如上所述），设计好的预制构件套用合适的出图布局，即可一键生成该构件的生产图，包括有各种立面、剖面、尺寸标注、标签、大样图、统计表、图签。当然自动生成的图纸不一定完全符合要求，特别是复杂的预制构件，需要对一些尺寸、标注等进行手工调整和增减，但这项功能还是能减少出图时约一半的排版工作，当适度牺牲图面质量时，出图效率就更高了。

4.3　出物料信息

　　预制构件的材料，可以分为三大类，第一类为主体材料，包括：混凝土、保温材料、减重材料、外饰面材料；第二类为钢筋，包括：钢筋条、钢筋网和钢绞线；第三类为预埋件，包括：符号预埋件、线性预埋件、面预埋件。

　　BIM 模型导出的物料文件需包含每个构件的详细物料信息，并且统计单位与采购单位一致，与 ERP

系统对接，用于项目物料管理。物料文件还需包含：项目名称、合同编号、楼栋号、楼层号、构件物料编码、名称、轮廓尺寸、重量等基本信息，用于包装和运输环节。

4.4　出加工数据[6]

BIM 模型＋工业化生产线，可实现预制构件的数字化和自动化制造。从预制构件模型中输出的机器加工数据包括两类：钢筋加工数据、自动化生产数据。

钢筋生产：BIM 模型中的钢筋信息输出为钢筋数据文件（如 BVBS），将此文件导入钢筋加工数控机床即可自动加工某个构件所需要的钢筋。

自动化生产：BIM 模型输出 PXML/Unitechnik 格式数据，将此数据导入工业控制软件，可进行生产管理，与自动化的预制件生产设备对接，则能实现构件的全自动化生成。

5　总　结

现阶段各类预制构件 BIM 设计软件都不是很成熟，首先要解决的是设计问题：快速、准确的建模和快速、高质的出图；其次是要打通 BIM 软件与生产、经营管理软件的数据接口，实行 BIM 模型价值的提升。

中民筑友科技集团经过一年多的 BIM 应用研究，提出完整的预制构件设计 BIM 应用方案，在预制构件设计和生成生产数据两方面取得了不错的成果：BIM 设计预制构件比传统 CAD 设计效率提高近 80%，并通过 BIM 数据将设计、采购、生产、物流、施工、装修和管理等过程串联起来，整合建筑全产业链，实现全过程、全方位的信息化集成。可为装配式建筑企业进行预制构件设计软件选型及 BIM 应用方案提供参考。

参 考 文 献

[1] 本书编委会. 中国建筑施工行业信息化发展报告（2015）：BIM 深度应用与发展 [M]. 北京：中国城市出版社，2015.

[2] 王静，马荣全，王桂玲，等. 预制构件的三维建模系统及三维建模方法：CN，CN103578137 A [P]. 2014.

[3] 孙长征，高强，赵唯坚，等. 基于 BIM 技术在预制装配式建筑中的设计研究 [J]. 城市建设理论研究：电子版，2013.

[4] 中国 BIM 门户. PKPM 装配式结构设计软件使用技术条件解读 [EB/OL]. http://www.chinabim.com/news/domestic/2015-07-01/12853.html，2015-07-02.

[5] Dianrie Davis. LEAN, Green and Seen (The Issues of Societal Needs, Business Drivers and Converging Technologies Are Making BIM An Inevitable Method of Delivery and Management of the Built Environment) [J] Journal of Building Information Modeling (JBIM)，Fall 2007.

[6] 谢俊，蒋涤非，胡友斌. BIM 技术与建筑产业化的结合研究 [J]. 工业 B，2015（15）：78-80.

BIM 技术在市政道路设计中全过程应用

侯兆军

（悉地（苏州）勘察设计顾问有限公司，江苏　苏州　215000）

【摘　要】 BIM 技术以可视化、参数化、构件关联性和协同设计为核心理念[1]，是在现有二维设计基础上发展起来的多维度建筑信息模型集成管理技术。BIM 技术在市政工程方案设计、投标、初步设计、施工图设计、施工和运营等工程阶段为决策者提供准确的判断，提高项目规划、设计、施工和运营的管理水平。本文以实际 BIM 项目案例为基础，探究 BIM 技术在市政道路设计中的全过程应用，为 BIM 技术在市政基础设施领域中推广提供技术参考。

【关键词】 BIM 技术；三维设计；方案优化；软件交互；全过程应用

1　前　言

BIM 技术是一种应用于工程设计建造管理的数据化工具，通过参数模型整合各种项目的相关信息，在项目策划、运行和维护的全生命周期过程中进行共享和传递[1]，使工程技术人员对各种建筑信息作出正确理解和高效应对，为设计团队以及包括建筑运营单位在内的各方建设主体提供协同工作的基础，在提高生产效率、节约成本和缩短工期方面发挥重要作用。

目前，虽然一些国外主流 BIM 设计软件（Autodesk Revit 系列、Bentley Building 系列，以及 Graphsoft 的 ArchiCAD 和 Dassault 的 CATIA 等）已进入我国市场[2]，但还不能很好地解决市政多专业交织的问题。国内市政建设行业在原有设计软件基础上自主研发了专业 BIM 软件，并已经解决与 Revit 等国外 BIM 软件之间信息交互性问题。BIM 技术不是指某个软件，而是通过不同软件实现的一种理念，本文以鸿业 BIM 软件路立德（roadleader）为例，探究 BIM 软件对市政道路设计的作用（表 1）。

软件类型			表 1
	Autodesk	Bentley	鸿业 BIM 系列软件[3]
核心建模软件	Civil3D＋Revit	Powercivil	路立德 管立德 综合管廊设计软件

2　BIM 技术在道路设计中的应用

2.1　模型搭建

（1）场地模拟

在地形数据基础上建立道路模型，地形数据包括建筑信息和地形信息，地形数据的准确性直接影响道路的纵断面设计、工程量计算及建筑物拆迁等，因此建模之前需对地形数据分析和检查。

通过 BIM 软件列出地形曲面中的全部高程点，显示各高程点的编号、坐标和高程，可以检查发现并删除陡坡可疑数据。通过高程彩色三维面对高程进行分析，不同颜色反应地形曲面起伏情况（图 1）。

【作者简介】 侯兆军（1989-），男，工程师。主要研究方向为市政 BIM 技术及三维设计。E-mail：819277989@qq.com

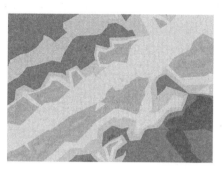

图1　高程分析

场地具有现状建筑物信息属性，将现状居民建筑、工业建筑和商业建筑形状、地理位置和层高等数据转为三维模型，为设计人员提供直观的现状地形、地物情况，提高设计方案的真实性和准确性（图2）。

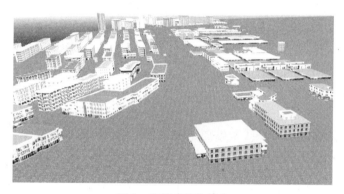

图2　现状建筑物信息

（2）路线设计

通过导线法、曲线法和单元接线法（基本线元法、扩展线元法）对道路路线进行设计。赋予每条路线基本属性，包括路线名称、起始桩号、断链、等级和类型（各级公路、城市道路、匝道等）、自然条件（高原、冰冻严寒、干旱少雨）、设计时速、标注样式等数据信息。标注样式可以设置标注内容和字高、颜色，包括桩号、断链、特征点、长度、曲率半径、A值。

（3）横断面装配

不同路段选择不同路幅形式，例如三块板路幅，包括机动车道、非机动车道、人行道、绿化带和分隔带。对车行道、人行道路面结构的材料类型、厚度、结构层宽度及坡度等属性进行定义，对平侧石规格、道牙高度、路拱、坡度类型等属性进行定义。

针对设计要求对上述参数进行精确定义，可对道路横断面进行准确装配（图3）。

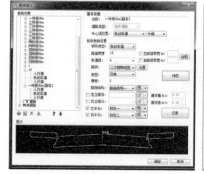

图3　结构层及缘石属性定义

（4）纵断面设计

可通过 BIM 软件提取道路设计线所在地形中的自然标高，设置路线和地形曲面关联，路线改动或地形曲面变化后自然纵断数据自动更新。同时对每条路线的自然纵断和设计纵段赋予名称和分段信息，并定义路线的地质概况信息。最后按照市政道路标准拉坡，完成纵断面设计。自然纵断数据和设计纵断数据也可直接通过 txt、bgz 等数据文件导入（图4）。

图 4　自然纵断及地质概况定义

2.2　分析和优化

（1）视距分析

市政道路设计过程中，需要对平纵线型可能影响行车视距路段进行视距分析验算。BIM 软件可以根据视距、坡差、视线高（凸竖曲线视距计算，或凹竖曲线跨线桥下视距要求计算）、车前灯高（用于满足夜间行车前灯照射距离要求计算）、前灯光束扩散角度、桥下净空、障碍物高等参数，计算出最小竖曲线半径和最小竖曲线长度（图5）。

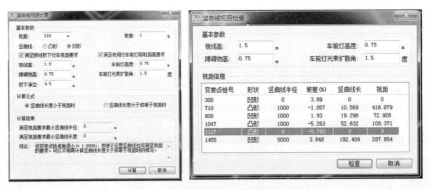

图 5　竖曲线视距计算及视距检查

BIM 软件可根据已定义的路线数据自动计算视距并对视距进行检查。

（2）车辆行驶轨迹模拟

市政道路具有路况复杂、沿线开口多等特点，特别是一些厂区、搅拌站等有特殊车辆出入的地块，对道路交叉口或沿线开口半径有特殊要求。可以对 BIM 技术对道路交叉口或地块开口进行建模，通过对特殊车辆行驶轨迹进行模拟，确定合适转弯半径。

以某地块开口为例，某工厂内有总长 24.84m、宽 2.6m 罕见实际车辆，现有的开口半径和侧分带端头位置可能会影响该车辆进出。通过 BIM 技术，对该车辆行驶轨迹进行模拟，分析结果：该车辆可以由快车道正常驶入，但车辆驶出至慢车道受半径大小影响，对开口半径提出合理变更意见（图6）。

（3）拆迁分析

新建及改扩建工程可能会遇到建筑物拆迁情况，统计复杂情况下的建筑物拆迁是一项比较繁琐的工作。通过 BIM 技术对场地进行三维模型搭建，在模型平面上指定拆迁区域或默认道路范围为拆迁区域，

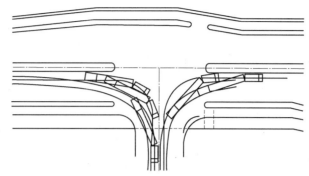

图 6　行驶轨迹模拟

定义拆迁范围后，根据拆迁范围从当前实际建筑模型中查找拆迁建筑物，并自动统计拆迁建筑物面积、基层面积等数据，提高设计人员的工作效率。

（4）交通分析

在市政道路 BIM 模型基础上，建立交通标志标线模型，并在交叉口设置红绿灯。为使车辆在交通路线上得到相应的红绿灯信号控制，需要把交通路线与指定的交通信号灯相关联。当车辆行驶到交通路线上某个关联信号灯的停止线时，将按照当前的交通信号决定通行或等待。通过 BIM 技术，可以分析路段和交叉口交通组织方式和红绿灯设置的合理性，对道路断面、交通组织等设计方案提供更合理的建议（图 7）。

（5）反坡分析

市政道路设计过程中，会遇到道路横坡变化段落，对于直线段和固定坡度的路段，可以通过线性内插法推算横坡过渡段每个桩号的坡度，而对于平曲线或竖曲线这种非线性变化的路段，推算过渡段坡度有一定误差，通过 BIM

图 7　三维交通仿真

软件对坡度过渡段进行分析，可以为施工方提供更加准确的放样数据。

（6）方案优化

市政道路特别是桥梁、高架、立交、隧道、涵洞、挡土墙、地下过街通道、人行天桥等市政基础设施设计方案的确定需要多方面论证，而一些空间关系比较复杂的项目，如果只通过二维图纸进行设计或做出决策，难免会影响设计人员对方案的准确定位。

可以通过 BIM 技术解决这一空间问题，通过对不同设计方案建立 BIM 三维模型，清晰展示周边地块、高压铁塔等现状地物对建设项目的影响，为设计人员合理调整设计方案提供准确方案信息。

2.3　BIM 成果输出

（1）方案展示

利用 BIM 技术可加强项目参与方的协作与信息交流的有效性，使决策有准确依据并提高决策效率。BIM 技术所输出的可视化成果可分为视频、三维效果图和类似 roadleader 场景发布三种方式，三种输出方式相辅相成，均可为业主提供直观、真实的决策平台，使设计方案更加人性化、合理化。

通过 roadleaderBIM 建模软件搭建模型，通过 fbx 格式导出模型、材质、动作和摄影机等信息，通过辅助建模软件对模型进行部分修复、材质区分等操作，再通过 fbx 格式导入虚拟场景建模软件，经过虚拟场景建模，进行视频、BIM 效果图渲染，可在方案汇报、投标等重要复杂项目中发挥重要作用（图 8）。

（2）工程量计算

市政道路工程量是在断面基础上对各项内容进行的估算，会导致设计方提供的土方工程、路面工程、

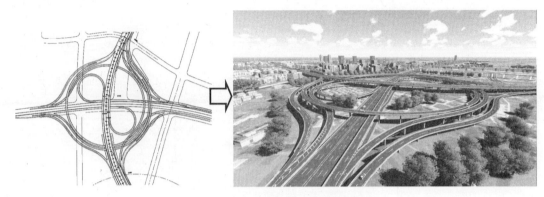

图 8　苏州市某涡轮型立交 BIM 模型

路基工程等工程量与施工实际产生的工程量有出入，而且工程量计算往往会占用设计人员很多时间和精力。利用 BIM 对市政道路的精准建模技术，能准确计算工程所产生的土方量、路面材料、平侧石等所有模型装配中的工程量，并输出路面工程数量、土方工程量、边坡和护坡工程量、交通标线工程量、占地面积等工程数量表，可对设计人员计算的工程量进行复核，也可直接用于工程预算（图 9）。

起讫桩号	序号	分类	项目	单位	数量	备注
K0+0.000～K1+281.375	1	机动车道	细粒式沥青混凝土	平米	19220.619	
	2		中粒式沥青混凝土	平米	19220.619	
	3		稀浆封层	平米	19220.619	
	4		水泥稳定碎砾石	平米	25543.156	
	5		石灰土	平米	34035.990	
	6	人行道	混凝土方砖	平米	11532.371	
	7		水泥沙浆	平米	11532.371	
	8		级配碎砾石	平米	17231.505	
	9	立缘石	侧石二	米	2562.749	
	10		侧石一	米	2562.749	
	11	平缘石	平石	米	2562.749	

图 9　路面工程数量计算

2.4　多软件功能交互

市政工程涉及专业类型多，需要一系列软件支撑，除了 BIM 核心建模软件之外，BIM 技术的实现还需要其他软件的协调与帮助[4]。本文选用的核心建模软件为市政 BIM 软件 roadleader，并借助辅助建模软件的模型处理能力进行材质区分、部分修复等操作，最终将模型导入虚拟场景建模软件，软件之间用强大的 fbx、dae 等作为模型、材质等信息数据交互的格式文件，增强不同软件之间的交互功能。

3　结　语

BIM 技术是以三维图形和数据库信息集成技术为基础，集成基础设施在规划、设计、施工、项目管理、运营管理及智慧城市应用的全生命周期的数据模型[1]。由于 VR（虚拟现实）技术可提高 BIM 建模渲染真实度、提高 BIM 虚拟场景的动作捕捉精度和显示分辨率，BIM 技术和 VR 技术的组合将加速 BIM 技术在市政投标、营销、施工、运营等领域的应用用效果并加速其推广应用。此外，国家智慧城市、工业 4.0 战略倡导的大数据、云计算以及 3D 打印等先进技术，以及综合管廊、海绵城市、发展立体城市空间等先进的城市设计理念，也将共同推动 BIM 技术在市政领域加速发展。

推进 BIM 技术应用对市政行业技术的发展有着不可估量的作用，对现行的工程方案设计、投标、初步设计、施工图设计、施工阶段和运营管理模式具有革命性的影响。随着上海、济南、重庆等地方政府对推广市政 BIM 技术陆续制定时间表，BIM 技术将在未来五年内逐渐从推荐性技术变成强制性标准，这是一场市政领域的信息革命。

参 考 文 献

[1]　中国市政设计行业 BIM 实施指南（2015 版本）[R].中国勘察设计协会市政工程设计分会、信息管理工作委员会，2015：30-32.

[2]　印明.市政工程设计中 BIM 技术的发展前景 [J].城市道桥与防洪，2012，29（7）：381-383，388.

[3]　高书克.BIM 技术在市政道路设计中的应用 [C].第十七届全国工程建设计算机应用大会论文集.北京：中国土木工程学会计算机应用分会、中国建筑学会建筑结构分会计算机应用专业委员会，2014.

[4]　王珺.BIM 理念及 BIM 软件在建设项目中的应用研究 [D]（硕士论文）.成都：西南交通大学，2011.

城市安居保障房项目 BIM 应用实例

朱　骏

（广州市第一建筑工程有限公司，广东　广州 510000）

【摘　要】通过一个城市安居保障房项目 BIM 的应用实例，详细列举了应用 BIM 技术解决施工中的图纸问题、机电管线碰撞、机电管线预留预埋、支模体系及精装修精细化建模的各种技术问题，同时展现了基于 BIM 的工程协作平台在工程管理中发挥的各种作用。

【关键词】图纸复核与优化；机电管线碰撞和优化；支模体系模拟；基于 BIM 的工程协作平台

1　项目介绍

1.1　项目简介

增城经济技术开发区拆迁安置保障房项目（以下简称"增城项目"）系广州市政府的大型城市安居保障房项目，建设地点位于增城经济技术开发区永宁大道南侧、新惠路西侧，南临雅瑶河。项目总用地约为 16 万 m²，建筑面积约 54 万 m²。其中：地下室：2 层、安置房：共 29 栋、祠堂/商业及配套：12 栋、小学及幼儿园：各 1 栋。项目效果图见图 1。

图1　增城拆迁安置保障房项目效果图

1.2　使用 BIM 的原因

增城项目作为 EPC 工程总承包项目，项目参与方多、体量庞大、工期短、协同要求高，导致总承包对现场的项目管理存在各种各样的难点。

（1）本工程采用设计施工总承包（EPC）模式，前期设计方案和产品选择工作量大。

（2）工程规格大，土方开挖外运 77 万 m³，钢筋总量约 3.25 万 t，混凝土总量约 25 万 t，结构施工工期约 230d，平均每天加工 141.3t 钢筋、浇筑 1087t 混凝土。场地布置、道路协调难度大，工序搭接紧凑。

【作者简介】朱骏（1983-），男，技术中心副主任/高级工程师。主要研究方向为 BIM 在项目中应用。E-mail：584373273@qq.com

（3）场地面积大，施工机械多，机械管理任务重。其中大型机械有塔吊 13 台、施工电梯 19 台、物料提升机 7 台。

（4）高层建筑多，外排栅搭设数量大，同时采用悬挑和落地式搭设。

（5）超高支模区域多，其中南商场 5 处、北商场 4 处、祠堂 1 处、小学 6 处、地下室人防区柱帽等。最高支模高度为 21.6m。

综上所述，项目采用 BIM 技术及基于 BIM 的工程协作平台，能最大限度地实现本项目信息资源共享、资源整合、优化和控制，解决施工技术中的重难点，控制工程施工质量、促进项目内部横向、纵向业务的协同管理，提高项目管理人员的工作效率、降低项目成本、提升管理水平，从根本上改变建筑施工这个传统行业的管理模式。本项目采用 Autodesk 系列的 Revit（2015 版）完成技术管理中 BIM 的所有应用点。

2　技术管理中 BIM 的应用

2.1　图纸复核与优化

依据设计图纸建立精细化模型，在建模过程中又对各专业图纸进行复核，把图纸中存在的错漏问题及时反映给设计单位，召开图纸会审专项会议，完善设计图纸，将相关问题解决在实体施工之前。

利用 BIM 的模型虚拟施工技术，直观、精确地反映各个建筑部位的施工工序流程，对复杂节点各专业间的相互空间关系进行优化，将优化结果反馈给设计单位，加快并深化设计图纸使其在短时间内相对稳定。

图 2 可清晰可见设计平面图与 BIM 模型图之间的比对。快速查找及发现设计问题，提高图纸沟通效率。

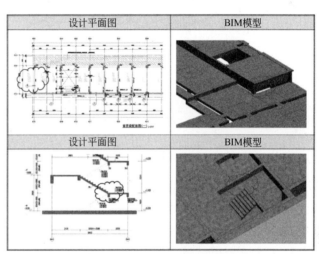

图 2　设计平面图与 BIM 模型对比图

2.2　机电管线碰撞和优化

按照以往施工经历，地下室机电工程施工中经常会遇到无法满足安装净空要求的问题。采用三维实体模型的方式，对地下室机电管线及复杂节点进行仿真模拟，以设计图纸为依据建立地下室结构、建筑、机电及设备模型，运用 BIM 软件检测碰撞，在三维模型中优化机电管线。从而得出直观、精确地碰撞检测定位并生成报告，以及提供相关的优化建议。如表 1 所示，为机电管线碰撞调整建议表。

机电管线碰撞调整建议表　　　　　　　　　　　　　　　　　　表 1

问题内容	调整建议
《地下二层通风及防排烟平面图》风管尺寸为 3000mm×500mm，与地下一层集水井碰撞	建议风管安装于井下，则风管底标高为 3050mm（法兰与角铁支架底为 3000mm）

2.3　支模体系模拟

对于支模体系，利用 BIM 技术对于地下室的支模体系进行优化及模拟，减少了钢管及门架等材料浪费使用、节省劳动力，并进行技术交底等，辅助安全文明施工。图 3 中 BIM 模型显示支模体系的纵横立杆间距、水平剪刀撑和垂直剪刀撑的位置，更方便有效地指导现场施工，并落实技术交底内容。

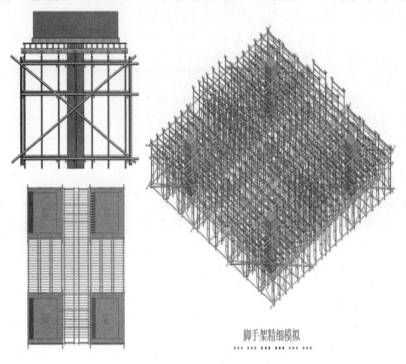

图 3　支模体系模拟

2.4　机电管线预留模拟

对于预留预埋问题，BIM 模型为每个预埋位置进行模拟。由于安装和土建是相互配合、相互穿插进行的工序，任何一方未能及时完成施工都会造成工期的延长。如图 4 所示利用 BIM 技术对机电管线预留预埋进行模拟，能有效避免常规的施工过程中图纸不直观、不清晰等情况。提前对各专业管线的排布进行有效管理，保证现场施工时无错漏的现象发生。

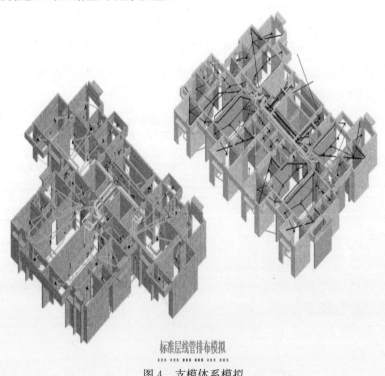

图 4　支模体系模拟

2.5　精装修精细建模

由于装饰工程工序复杂，施工与其他专业交叉作业多，经常发生赶工期导致工程质量等问题。应用 BIM 技术成为解决这些问题的重要途径。利用 BIM 的精细建模，模拟地砖、墙砖和 GRC 的铺设，真实的反映现场材料实际情况，包括颜色及排布，协助解决定版问题；也能复核铺设的方式方法，减少现场裁砖，优化排布，解决施工铺设问题；同时各材料通过明细表统计功能导出所需工程量，还能满足工程量统计需求。

3　工程管理中基于 BIM 的工程协作平台

3.1　工程协作平台概述

基于 BIM 的项目管理系统是近年来出现的新型的项目管理系统[1]。其主要特征是：将各个专业设计的 BIM 模型导入系统并进行集成，关联进度、合同、成本、工艺、图纸等相关业务信息，然后利用该模型的直观性及可计算性等特性，为项目的进度管理、现场协调、成本管理、材料管理等关键过程及时提供准确的基础数据。同时，可为项目管理提供直观的展示手段，形象地展示项目进度和相关预算情况。本项目具体目标：根据项目实际需求构建 BIM 项目管理系统，深化 BIM 的应用，提升项目管理支撑能力，培养具有 BIM 能力的项目管理人才，并完善企业 BIM 标准[2]。本项目中基于 BIM 的协作平台是我公司与某公司共同开发的项目管理平台。

3.2　工程协作平台特点

基于 BIM 的工程协作平台是集成项目的组织、合同等关键信息，基于 BIM 的信息共享和可视化能力，实现项目建设各单位的协同工作。项目具有以下几个创新点：

（1）工程项目多方协同技术

以工程项目为中心，基于 BIM 信息平台，建立各参与方的协同规则，集成工程项目各参与方的信息系统，实现各参与方的协同工作。

（2）工程多专业 BIM 信息集成技术

基于正在编制的中国 BIM 国家标准，结合项目应用实践，建立多专业 BIM 软件信息集成标准，并实现主流 BIM 软件的信息集成，满足工程项目各参与方协同的信息集成需求，为打通建筑行业无障碍的信息流打下坚实的基础。

（3）可视化的 5D 项目管理技术

能通过交互的方式将建筑物及施工现场 3D 模型与施工进度相链接，如图 5 中显示能与施工资源和场地布置信息集成一体，根据模型中各构件的工程量和清单信息，自动计算各构件所需的资源及其成本，并汇总计算工程造价，建立 5D 可视化信息模型[3]。实现建筑工程施工资源的动态管理和成本实时监控，可以对相对施工进度对工程量及资源、成本进行查询和统计分析，有助于把握工程的实施和进展，减少工程预算，保障资源供给[4]。

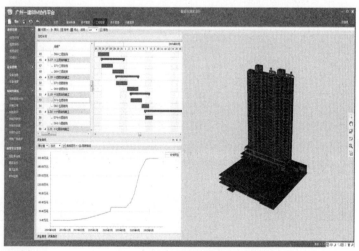

图 5　5D 曲线模拟

（4）基坑监测管理

以项目的基坑监测平面布置图为准，在平台中设置基坑 BIM 模型上每一个监测点的类型、报警值及绝对值等。如图 6 基坑监测模拟显示，并将第三方监测单位每期的基坑监测数据以 EXCEL 表形式导入平台[5]，平台则自动辨别每一个监测点的监测结论。导入数据后可实行查询任意监测点类型的监测数据，或者按日期查询该时间段下的所有监测点数据，目标能让各个相关的部门管理人员清晰了解基坑的监测数据。

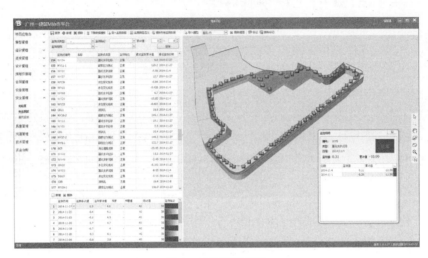

图 6　基坑监测模拟

4　项目总结

在专业建模方面，我们设计单位提供的二维图纸应用 BIM 技术重新建模，输入增城项目建筑实体的空间位置、尺寸及布局等一系列的信息，将实体建筑物通过数字技术建立模型，避免了重复操作，减轻了绘制负担。当存在设计错误需要进行设计变更时，我们只需利用 BIM 软件进行相关结构的参数修改，与之相关的其他结构会自动更新。而且，利用 BIM 软件，可以很方便得到虚拟建筑的平、立、剖面等相关视图，进一步优化、完善施工图纸；把图纸问题解决在实体施工前。

建立基于 BIM 信息平台，建立各参与方的协同规则，集成工程项目各参与方的信息系统，实现各参与方的协同工作。把建筑专业、结构专业、机电专业以及其他专业共同协同在建筑信息模型上工作，由各专业模型组合成完整的 BIM 模型，并将一个专业的修改立刻反映给其他相关专业，实现信息的实时交互及时反馈。

通过本项目 BIM 的应用，实现减少沟通协调时间 20% 以上。实现减少错、漏、碰 50% 以上，节约项目成本 5% 以上。通过示范项目的应用，推广应用到我公司的其他工程项目，实现项目成本的降低及管理成本的大幅减少。

参 考 文 献

[1] 张锐，丁烈云．地铁工程项目协同总控平台的开发和应用 [J]．现代城市轨道交通，2006 (6)：52-54.
[2] 曹成，钟建国，严达，等．BIM 云协同平台在工程中的五大应用 [J]．聚焦信息化，2016，34 (4)：81-85.
[3] 李锦华、秦国兰．基于 BIM-5D 的工程项目造价控制信息系统研究 [J]．项目管理技术，2014，12 (5)．
[4] 胡琪．基于 BIM 技术的建筑项目进度总控方法研究 [D]．广东工业大学，2015.
[5] 韩国伟，张帅，宋佳明．BIM5D 技术在超高层项目中的研究与应用 [J]．引文版：工程技术，2015 (36)：286-286.

BIM 从试验性应用走向生产性应用

何关培

（广州优比建筑咨询有限公司，广东　广州 510630）

【摘　要】BIM 从试验性应用到生产性应用的转变需要从能力、工具、资源和制度等方面做好准备，其中最为关键的是人员 BIM 应用能力和可以使用的 BIM 软件两项。

【关键词】BIM；试验性应用；生产性应用

1　从使用图形到使用模型完成工程任务是 BIM 应用将带来的生产方式转变

近几年从国内建筑业企业听到最多的一个词是转型升级，不同企业对升级的理解比较趋同，对转型的理解却非常有意思，传统房建业务为主的中建等企业的主要转型方向之一是从房屋建筑转向基础设施，而传统基础设施项目为主的中铁、中冶、中交等企业的主要转型方向之一是从基础设施转向房屋建筑。此外，不同企业转型所采取的措施和投入的资源可能不尽相同，但却无一例外地都把 BIM 作为主要手段之一。

2016 年初英国国家建筑标准组织（National Building Specification，简称 NBS，网址：https：//www.thenbs.com/）发布的《International BIM Report 2016（全球 BIM 报告 2016）》[1]显示（图 1），英国、加拿大、丹麦、捷克、日本等国家建筑业最少有 49%（捷克）、最多有 78%（日本）对什么是 BIM 还没有足够清晰的认识，国内的情况虽然没有看到过类似的统计数据，但根据作者的了解，不会比这个数据更乐观。很难想象行业在连什么是 BIM 都还没有清晰认识的前提下能够应用 BIM 助力行业转型升级。

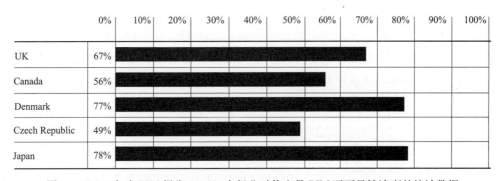

The industry is not yet clear enough on what BIM is

图 1　NBS《全球 BIM 报告 2016》中行业对什么是 BIM 还不足够清晰的统计数据

无论市场上对 BIM 的外延和内涵有多少种不同的解释和演绎，归根到底 BIM 是一种基于模型的建筑业信息技术，而目前普遍使用的 CAD 是一种基于图形的建筑业信息技术。企业进行项目建设和运维的核心技术由 CAD 向 BIM 升级对企业来说意味着模型在项目建设和运维过程中的作用将不断增加，企业员工使用模型完成管理和专业技术任务的比重将不断增加，实现从目前主要使用图形完成项目任务到未来同时使用模型和图形完成项目任务的生产方式转变，并最终实现企业技术水平、盈利能力和核心竞争力的提升。当然，这里所谓的模型是指信息模型即 BIM 模型，其中模型所包含信息的丰富和可利用程度决定

【作者简介】何关培（1963- ），男，CEO/高工。主要研究方向为 BIM 应用与企业 BIM 生产力建设。E-mail：heguanpei@hotmail.com

模型的利用价值。

　　从主要依靠图形完成工程任务到同时依靠模型和图形完成任务的生产方式转变示意如图 2，请特别注意图中大大的加号不是可有可无的，即 BIM 首先不是替代，而是补充和融合。

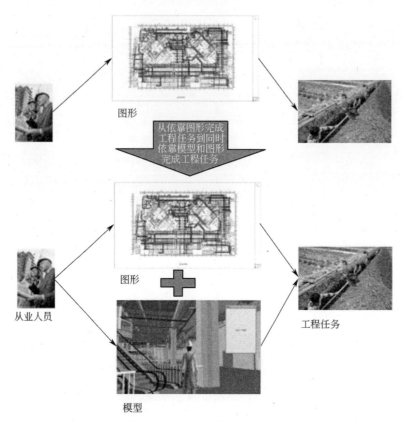

图 2　从主要依靠图形完成工程任务到同时依靠模型和图形完成工程任务的生产方式转变

2　不同层次的 BIM 应用无法一步到位

　　从模型信息利用水平的角度分析，BIM 应用可以分为模型创建和单项应用、模型管理和数据集成以及基于集成数据的综合应用三个层面，其中前一个层面的应用是后一个层面应用的基础，目前三个层面应用的成熟度差距还比较大，对大部分企业而言，三个层面实际应用效益的实现在未来相当长时间内还无法一步到位，需要分步实施。图 3 是 BIM 三个层面应用和对应部分常用软件的示意图。

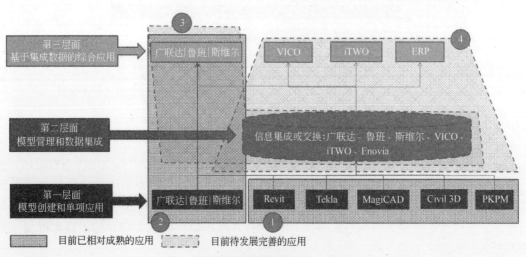

图 3　BIM 三个层面应用无法一步到位

目前应用相对成熟的是编号为①和②的两个实线框，①号实线框属于 BIM 应用的第一个层面即模型创建和单项应用，如 Revit 创建建筑、结构、机电模型进行建筑、结构、机电设计，Tekla 创建钢构模型进行钢构设计，MagiCAD 创建机电模型进行机电设计，Civil 3D 创建场地模型进行场地设计，PKPM 创建结构分析模型进行结构设计等。

②号实线框同时包括了第一个层面和第三个层面应用，但没有第二个层面应用，也就是说，目前已经市场化的广联达、鲁班、斯维尔软件除了建模完成算量、计价等单项应用外，也提供了一些基于集成数据的项目和企业层面的综合应用，需要注意的是，这些综合应用需要以各自软件创建的模型为基础，并不具备对其他软件模型进行数据集成的功能，因此从数据集成的角度上来分析事实上和①号实线框的软件没有太大区别。

③号和④号虚线框是目前不少软件正在努力研发但还不够成熟、离市场化销售和普及还有一定距离的 BIM 应用。③号虚线框表示的是广联达、鲁班、斯维尔等不以自有建模软件创建的商务模型为基础而是集成其他常用建模软件创建的技术模型为基础的综合应用，因为前端使用哪些建模软件是项目不同专业和岗位从业人员的选择，没有任何企业和个人可以做出硬性规定。这种应用模式已经具备了一定的项目实践，但存在的问题也还不少，离成熟的市场化应用还需要更多的研发和应用积累。

④号虚线框和③号虚线框类似，包括 iTWO、VICO 等软件以及各种 ERP 等企业管理系统等，期望通过管理和集成前端各专业设计建模软件创建的模型作为项目基础数据支持项目和企业管理层面的综合应用。

之所以在本节一开头说图 3 所示的三个层面应用无法一步到位，是因为这三个层面应用本身有递进关系，即有了第一层面的模型创建才会有第二层面的数据集成，有了第二层面的数据集成才有第三层面的综合应用。虽然上述四类应用模式之间自己跟自己互相比较有成熟和不成熟之分，但从整个行业的角度来看 BIM 应用总体还处于小范围试验性应用阶段，也就是说，如果连模型都还没有，谈模型数据集成和基于集成数据的综合应用如何会有太大的实际效益层面上的意义呢？

3　BIM 平台软件的定位及其部署时机和方法

一般而言企业 BIM 应用到一定程度，有的企业甚至在决定开展 BIM 应用的同时，就有部署 BIM 平台软件的计划。

从理智上有一个事实全体从业人员应该是非常清楚的，即想用一个软件解决所有工程问题的期望无论从理论还是实践都是不可行的，就如同我们都非常清楚从来就没有什么救世主的道理一样。而在实际生活和 BIM 应用中，有两件事情的潜意识也同样惊人地相似，日常生活中很多时候大家都希望有那么一个"救世主"出现来解决我们遇到的所有困难；企业在"BIM 平台"选择和决策这个问题上，也时常不经意地出现希望 BIM 平台是那个能解决所有问题软件的幻想。因此在企业 BIM 应用决策过程中，有关人员任何时候都不能忘了前面说的这个基本事实，也就是说，市场上不存在能解决工程项目建设和使用所有问题的软件，因此 BIM 平台软件自然也不是那个能解决所有问题的软件。

根据有关资料介绍[2,3]，平台泛指为进行某项工作所需的环境或条件，计算机平台是指计算机硬件或软件的操作环境，可以包括硬件架构、操作系统、运行库等不同层面。随着 BIM 应用的陆续普及和深入，关于是否需要建立 BIM 平台以及应该建立什么样的 BIM 平台这个问题逐渐摆到企业 BIM 应用决策人员的面前，尤其这一两年关心这个问题的企业数量有陡然增长的趋势。

但对于什么是 BIM 平台这个问题目前并没有统一的定义或认识，在不同企业、不同人员或不同语境下大家所说的 BIM 平台未必是指同一个东西。例如有些时候会把 Revit、ArchiCAD、AECOSim、CATIA 等软件叫作 BIM 平台，而另一些时候可能把前述这些软件称为 BIM 工具软件，而把 ProjectWise、Vault、iTWO 等称为平台。因此在回答企业 BIM 应用决策关于 BIM 平台的这个问题以前首先要把我们这里讨论的 BIM 平台的定义明确起来。

对 BIM 应用软件进行分类可以有多种口径，例如按专业分为建筑、结构、机电软件，按项目阶段分为设计、施工、运维软件，按项目任务类型分为技术、商务、管理软件等，此外就是前面提到的工具软件和平台软件分类方法，但这种分类方法并没有确切定义，同一个软件有的时候叫工具软件，另外一种场合可能又被叫作平台软件。这里我们根据软件使用以后的受益路径对这两类软件进行一个区分，把使用软件的一线作业层直接受益的软件定义为工具软件，把一线作业层使用以后不直接受益而只能间接受益的软件定义为平台软件，如图 4 所示，图中实线箭头表示直接受益，虚线剪头表示间接受益。

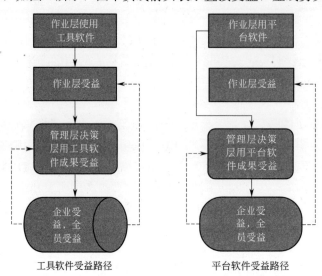

图 4　使用工具软件和平台软件的受益路径

　　从软件受益路径分析再对照按项目任务类型的技术、商务和管理软件分类，我们可以得出这样一个结论，平台软件一定是管理类软件，但管理类软件不一定是平台软件。事实上这个结论跟绝大多数情况下企业 BIM 应用决策过程讨论的"BIM 平台软件"定义是一致的，前文的澄清有利于避免在决策过程中的混淆和模糊不清。

　　在弄清楚什么是 BIM 平台软件，以及 BIM 平台软件不是解决所有问题的软件而只是企业需要使用到的 BIM 软件之一两个基本概念以后，企业 BIM 应用决策人员不难理解 BIM 平台软件应用效益的实现至少要取决于 BIM 工具软件应用以及基于 BIM 的生产管理方式两个基础，图 5 是我们建议的 BIM 平台软件部署和应用路线。

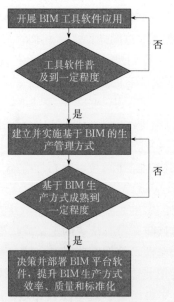

企业 BIM 平台软件部署和应用路线图

图 5　BIM 平台软件部署和应用路线图

对企业 BIM 应用决策过程来说，比选择具备什么功能的 BIM 平台软件更重要的是掌控好企业部署 BIM 平台软件的时机，这跟 BIM 和 ERP 集成的问题非常类似，关键不是要不要集成，而是什么时候去实施这个集成效果会好，具体内容不再展开，需要进一步了解可以参考作者 BIM 博文第 264 篇《现阶段企业该如何看待 BIM 和 ERP 的信息共享问题?》，BIM 平台软件与 BIM 和 ERP 集成类似，在决策部署生产性 BIM 平台软件并能实现预期目标以前，对若干有意向选择的 BIM 平台软件进行一定程度和范围的探索性或科研性应用不可或缺。

4　BIM 从试验性应用到生产性应用

全球著名市场研究公司 Gartner 每年发布一份新兴技术发展周期曲线（Hype Cycle，下文简称周期曲线)[4]，图 6 是该公司 2015 年发布的研究成果，其中的三处 BIM 及编号、中文阶段划分以及若干技术上面的高亮显示为作者所加，周期曲线本身并没有 BIM 这项技术的预测。

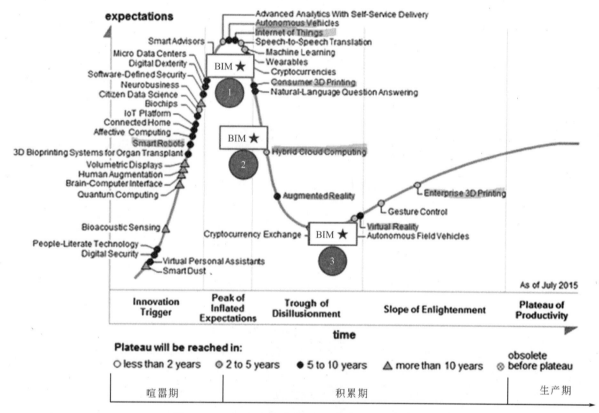

图 6　Gartner 新兴技术发展周期曲线（Hype Cycle）

周期曲线把新兴技术从发生到进入生产性应用分为触发和上升、快速发展、下降、爬坡和稳定应用五个阶段，为方便讨论可进一步简化为喧嚣、积累和生产三个阶段。此外，周期曲线还给出了从 2015 年开始每一项技术到达生产期所需要的时间，其中高亮部分是跟工程建设行业和 BIM 应用关系比较密切的几种技术，该曲线的预测结果分别为：企业三维打印 2～5 年，虚拟现实 5～10 年，混合云计算 2～5 年，消费三维打印 5～10 年，物联网 5～10 年，自动驾驶汽车 5～10 年，智能机器人 5～10 年。

参照周期曲线的预测方法，就 BIM 而言，到底处在①、②、③的哪一个位置可能不同的人会有不同的看法，但如果说总体上 BIM 处在积累期我想行业应该是可以达成一致意见的，这是从 BIM 技术本身的发展周期角度进行的分析。那么如何判断 BIM 进入生产期了呢? 图 7 提供了一个简单实用的方法。

图中的"十"字把 BIM 应用状态分成了四个象限，横轴从左到右代表 BIM 从试验性应用到生产性应用，纵轴从下到上代表 BIM 应用的技术应用水平从低到高。左边的①号虚线框代表试验性应用，其特点是 BIM 应用是一份专职的工作，企业或项目内少数专人应用 BIM 解决问题，更多地表现为技术应用；右

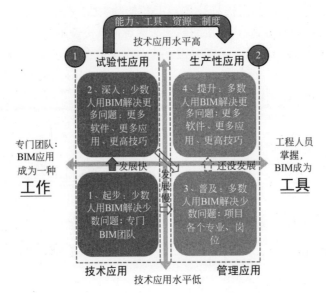

图 7　从 BIM 技术应用到 BIM 管理应用，从 BIM 试验性应用到 BIM 生产性应用

边的②号虚线框待变生产性应用，其特点是 BIM 成为工程技术和管理人员的工具，企业或项目内工作跟 BIM 相关的人都能融合应用 BIM 提高其完成本职工作的效率和质量，更多地表现为管理和生产应用。

目前的情况，技术应用的发展比较快，管理应用的发展比较慢，而 BIM 要完成从试验性应用到生产性应用的转变，至少需要做好人员能力、工具选择、资源积累和制度配套等几个方面的准备工作。

5　BIM 应用的两个支柱是人员 BIM 能力和可以使用的 BIM 软件

影响 BIM 应用效益实现和 BIM 成为企业生产力的因素很多，但其中不可或缺的支柱性因素只有两个，一个是从业人员的 BIM 应用能力，另外一个是能够找到以及可以使用的 BIM 软件。如果没有可以使用的软件，一切跟 BIM 应用有关的目标和想法都只能停留在理论上，无法在实际工程中实现；如果没有具备 BIM 应用能力的从业人员，即使有再好的软件、标准、资源也不过是一句空话，更何况，除软件外，这些好的标准、流程、资源都只能来自于具备 BIM 应用能力从业人员的研究和实践。如图 8 所示。

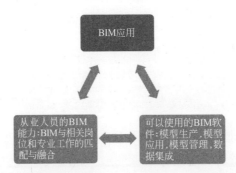

图 8　BIM 应用和 BIM 成为企业生产力的决定因素

从业人员的 BIM 应用能力本质上是指各类专业技术和管理人员在现有技术和方法基础上融合或集成利用 BIM 提高完成本职工作效率和质量的能力，例如建筑师、结构工程师、水暖电工程师通过把 BIM 融入设计工作以提高设计效率和质量，土建、机电、钢构、幕墙施工人员通过使用 BIM 提高各自的施工效率和质量，造价管理人员应用 BIM 提高造价管理效率和质量等。

对于绝大多数业内企业而言，在使用什么 BIM 软件上能做的工作只能是在市场上寻找和选择适合自己的软件，这些软件包括模型生产或创建、模型应用、模型管理、数据集成等方面的软件。软件选择既要考虑功能、性能、数据共享等技术因素，也要考虑客户要求、相关方配合、企业人员能力等非技术因素。

之所以把从业人员的 BIM 能力和可以使用的 BIM 软件称为企业 BIM 应用和企业 BIM 生产力建设的两个支柱，是因为这两者缺任何一项 BIM 应用就无法实现，就更谈不上把 BIM 转化为企业生产力了，这两者决定 BIM 应用的有无问题，而 BIM 标准、流程、资源等因素只决定 BIM 应用的快慢和好坏问题。

参 考 文 献

［1］　National Building Specification，International BIM Report 2016［R/OL］．https：//www. thenbs. com/.

［2］　维基百科"Computing Platform"［DB/OL］．https：//en. wikipedia. org/wiki/Computing＿platform.

［3］　百度百科"平台"［DB/OL］．http：//baike. baidu. com/subview/58664/58664. htm.

［4］　Gartner Inc.，2015 Hype Cycle for Emerging Technologies［R/OL］．http：//www. gartner. com/newsroom/id/3114217.

关于 BIM 技术在电力工程应用落地的思考

高来先，张永炘，张建宁，黄伟文，张　帆，李佳祺

（广东创成建设监理咨询有限公司，广东　广州 510075）

【摘　要】本文通过列举 BIM 技术在电力工程的应用点，梳理电力工程建设单位对于 BIM 技术应用的关注点，分析目前 BIM 技术在电力工程中应用的困局，提出了 BIM 技术在电力工程的应用落地的设想。建议开发以单个项目应用 BIM 技术的小型平台，在工程建设过程中参建单位共同使用，工程竣工后移交数据包，以达到将工程建设过程中的信息无损传递给运行维护单位的目的。

【关键词】BIM 技术；电力工程；应用

2016 年中国建设行业年度峰会让笔者见识了中国建设行业对 BIM 技术的热情和期望，BIM 发展创新论坛的专家们介绍了大体量工程 BIM 技术的应用，项目高大上，BIM 技术的应用也很炫目，可是有几人一生中能碰到这样的项目可以去表演、展示？

笔者一直从事电力工程的监理工作，所碰到的工程基本上是电力专业方面的经典工程，特别是电网工程，其设计已经基本上是典型设计。笔者及团队也已经将 BIM 技术应用于电力工程建设过程，而且通过和建设单位协商，由笔者及团队以项目管理单位的身份主导 BIM 技术的应用工作，取得了一定的效益和效果，但也沮丧地发现，我们找不到大体量工程 BIM 技术应用的存在感、成就感，其所炫目的价值在电力工程所得到的体现不是很多，而且找不到特别显著的效益点。特别是应用初期，笔者及团队在向建设单位讲述 BIM 技术，请他们考虑应用的时候，所能列举的 BIM 的价值和理由也不是特别有底气。

经过一年多的摸索和实践，经过给建设单位、运行单位展示房屋建筑工程及电力工程的应用情况，宣传国家对 BIM 技术应用的要求，情况有所改观，基本上有了一些共识，认为基于民众对电力系统供电可靠性的要求（每年只容许停电几个小时，到 2020 年，首都核心区供电比肩世界先进水平，可靠率要达到 99.999%），如果有一个数据包能将工程建设过程的信息无损传递给运维单位，特别是设备、管线安装过程中形成的信息，直观地用三维展现，在分析需要修理、改造、更换的设备、部件及管线时更加方便，对电力系统的运行维护会起到极大的帮助，也会提高运行维护的效率和效果，从而提高供电可靠性。经过和众多建设单位的交流，均认为 BIM 技术是一种可以实现绿色建设、绿色运维的技术，基于电力设备的复杂性、多样性、密集型，BIM 技术在电力工程是有强大的生命力的。同时也认为，BIM 技术的生命力在一般项目，在普罗大众的项目。在 2016 年中国建设行业年度峰会上，有识之士也提出来 BIM 技术的轻量化应用，笔者认为，如果不转换思想、改变思路、攻克软件难关，要做到还有很长一段路要走，不是最后一公里，而是还有五公里，甚至十公里[1]。

1　BIM 技术在电力工程中的应用点

BIM 技术作为一种引领建筑行业开展信息革命的技术，在国内建筑行业的应用正如火如荼地开展，笔者及团队对 BIM 技术在电力工程的应用进行了一定的研究，也在变电站工程中主导进行了应用实践，通过优化设计、减少碰撞，减少了返工造成的资源浪费和工期损失；通过施工方案模拟降低施工风险；通过进度模拟合理资源调配；通过手机端实现的安全、质量管控，沟通更加顺畅。

1.1　优化设计

基本上所有应用 BIM 技术的电力工程都进行了这项应用，使用 Revit 软件建模，在建模过程中和通

【作者简介】高来先（1964-），男，高级工程师。主要研究方向为电力工程项目管理。E-mail：gaolx333@21cn.com

过 Navisworks 等软件的碰撞检查功能，检查设计图纸"错漏碰缺"问题，导出碰撞检查问题报告，组织参建单位进行图纸会审，在施工前期预先将图纸的问题解决，避免了因设计问题返工处理所造成的资源浪费，既带来了经济效益，也减少了返工的工期损失[2]。

1.2　复杂工序模拟及交底

1.2.1　高支模搭设

应用 PKPM 软件对变电站工程 GIS 室层（高 10m）支架搭设进行受力分析，得出搭设排布方案，再利用 BIM 技术对高支模搭设的过程进行了施工动画模拟。在施工前通过动画进行安全技术交底，可以清晰交代施工过程中的关键控制点和安全隐患[2]。

1.2.2　坡屋面三维模型

某变电站的主控通信楼、380V 中央配电室等建筑屋顶采用坡屋面设计，工艺要求较高。为确保每道工序合理展开，结合工程技术规范与图集，利用 BIM 建模软件建立坡屋面局部模型，在对应的坡屋面面层模型标注其相应的工序步骤、检验方法、注意事项等重要信息，对施工作业人员进行三维可视化交底，准确理解设计意图[3]。

1.3　复杂施工方案验证及交底

1.3.1　GIS 吊装

GIS 是变电站最为重要的设备之一，吊装过程安全风险管控是重中之重。BIM 工程师制作了 GIS 母线筒吊装模拟动画，从吊装前行车设备的检查、设备的试吊，吊运过程中对指挥信号的严格遵循、速度的控制、开关的使用，提升技术安全交底效果[2]。

1.3.2　构支架吊装

500kV 配电装置场地构支架钢构件较多，重量较大，吊装过程必须做好安全风险管控，控制好吊装顺序。BIM 工程师根据吊装施工方案制作了模拟动画，验证施工单位制定的施工方案，在吊装前结合模拟动画给作业班组进行吊装交底[3]。

1.4　地质状况模拟

针对某变电站溶洞较多的情况，以地质勘察报告为基础，利用 Revit 体量建模功能建立对应剖面，形成地质模型。根据桩位和设计深度，建立灌注桩基础模型。通过地质模型与桩基模型合模，把各岩层的地质体和构造形态展现出来，检查桩基是否有接近溶洞或者陷入溶洞的情况，确保每一根灌注桩进入至持力层的过程中避免遇上溶洞，减少了施工风险[4]。

1.5　进度管理

按照输变电工程质量验收与评定标准利用 Project 进行 WBS 工作分解，将 WBS 导入 BIM5D 平台，在平台上将 WBS 和模型关联，当录入实际进度开始和结束时间后，可以进行实际进度与计划进度对比，自动找出滞后工序，模型以不同的颜色显示，一目了然[3]。

1.6　质量安全管理

现场管理人员使用 BIM5D 移动版手机 APP 在施工现场第一时间通过拍照、语音、文字相结合的方式对现场发现的质量、安全问题进行记录，精确"按图钉"定位到 BIM 模型，形成任务列表，并落实到对应责任人。责任人处理完毕后附照片回复，发单人收到回复再确认关闭。这种方式使现场问题的沟通更加顺畅，提高了质安问题处理的灵活性[3]。

1.7　人员管理

施工现场将门禁系统接入 BIM 平台，门禁系统通过 VPN 内网把进出现场门禁的人员数据传输至系统数据库，同时实时把进出现场的人员信息反馈至 BIM 平台，BIM 平台进行分析统计，汇总施工人员进出记录、出勤情况等，既对于进入施工现场的人员进行了管控，也实现基于统计数据下的人员管控延伸至利用 BIM 平台进行进度管控[4]。

1.8　物资管理

建立设备材料 BIM 模型，并把设备材料的到货计划、基本属性等信息录入模型，模型导入 BIM5D 平台，应用 BIM 平台对模型中的设备材料生成二维码信息，打印成二维码图片，设备材料出厂前由供应商粘贴在上面，在其出厂、入库、出库、安装时分别进行扫码，实现甲供设备材料的数字化管理，形成可追溯管理体系。各参建方通过 BIM 应用平台可快速查找设备材料信息，随时跟踪设备材料的动态[4]。

2　电力工程建设单位对于 BIM 技术应用的关注点

BIM 技术在电力工程建设应用过程中，建设单位最关注的是如何利用 BIM 技术提高工程管理水平，如何利用 BIM 技术提高经济效益，如何利用 BIM 技术降低各种资源消耗。围绕这三大关键点，BIM 技术要做到在工程设计、施工及运维各个阶段为建设单位带来比较明显的效益，而且不要费太多的时间和费用。

2.1　工程设计阶段的关注点

工程设计阶段，建设单位关注的是设计图纸所出现的不合理之处可能会导致日后大量的返工，造成资源浪费和延误工期。基于 BIM 技术创建的工程模型，可实现全专业的"错、漏、碰、缺"问题检查，电力工程管线较为复杂，且数量庞大，通过 BIM 技术直观展现排布情况，既能提前发现设计不合理问题，又能达到精准算量。利用 BIM 模型对综合管线和电力电缆所需预留的孔洞进行直观指导施工，可提前检测预留孔洞位置的正确性，确保施工过程不会出现二次开孔，影响工程质量和美感。

2.2　工程施工阶段的关注点

在施工阶段，建设单位总希望能随时把控全场情况，确保工程顺利进行，因此，如何提高施工阶段关于质量、安全、物资、进度、变更的管理水平为建设单位最为关心的问题。

2.2.1　质量、安全管理

利用 BIM 平台手机端、PC 端与云端相结合的方式，现场管理人员对发现的质量、安全问题进行管理，随时记录问题、反馈问题，及时完成质安问题记录和闭环，比传统的整改表单流转过程更为快捷，高效。通过 BIM 平台搭接施工现场的门禁系统，对进出施工现场的人员进行管控，同时进出现场的人员数据统计为后期工程分析提供基础。

2.2.2　物资管理

通过 BIM 技术使对应的物资生成二维码，在其出厂、入库、出库、安装时分别进行扫码跟踪，现场管理人员随时了解物资的情况，真正实现数字化管理，形成物资追溯管理体系。

2.2.3　进度管理

建设单位利用 BIM 模型进度模拟情况，实时分析现场进度与计划对比，对滞后计划进行分析并及时提出调整方案，BIM 模型进度分析比传统的表格分析更为直观，更为高效。

2.2.4　变更管理

变更管理涉及工程资源的分配，基于 BIM 的工程变更管理，可使用 BIM 模型对变更方案进行模拟，预测变更方案的可行性，根据模型提取工程量，对比分析变更前后造价的变化，为变更决策提供依据。

2.3　工程运维阶段的关注点

工程运维阶段如何提高运维管理水平和创造社会效益、经济效益是建设单位最关心的部分。BIM 技术通过把运维阶段前期的所有工程信息积累和收集，可以形成一个移交运维的工程信息数据包，数据包内主要包含的信息分为四大类：

（1）设备材料的基本属性，包括其对应的 KKS 码，设备安装验收记录设备安装和维护手册、设备大样图、设备参数，维保手册、检验报告以及一般检修操作视频等资料，运维人员不需再携带大量纸质文档到现场实现对设备材料模型信息的快速检索。

（2）隐蔽工程验收情况以及暗装管线的布置图，方便管线维护能及时进行精准定位。

（3）施工过程的实体质量记录情况，譬如管线打压记录，设备真空记录，建筑层防水记录等，有助于运维阶段出现质量问题时，追溯根源，制定解决方案。

（4）设计变更记录，施工过程中存在因为特殊原因导致功能性区域发生变更的情况，可能会为运维阶段，通过查找变更记录，有助于运维人员更好理解系统运作。

3　BIM 技术在电力工程中的应用困局

从以上应用点可以看到，这些 BIM 技术的应用都基本上是点的应用、碎片化的应用，真正成功系统性的应用案例并不多，工程管理人员并没有在 BIM 的使用中体验到太多的实惠，虽然有一些应用的效果和成果，但是远没有达到各参建单位的心理预期，没有达到电力工程建设单位对 BIM 技术应用关注点的深度，也没有达到 BIM 宣称价值中所有参建单位共用一个平台，参建单位都向平台贡献和提取信息，避免信息孤岛的现象。而且软件种类之多、之复杂，并非普通人员一朝一夕能够掌握；对于人员的要求高，需经过比较长时间的专业培训，而且需要长期有项目去应用、实践、锻炼；开展应用所花费的时间之长、费用之高，也让各参建单位望而却步。

BIM 英文名称 Building Information Modeling，其中最关键的在于"I"，模型只是载体，信息才是灵魂，工程建设中起到指导作用、最具价值的还在于信息。BIM 平台作为信息集成的工具，显然在 BIM 信息化路程上起着至关重要的作用。平台对信息智能关联、互相提取调用的便捷程度，直接影响到用户体验的好坏。目前施工人员、材料、进度等之间的信息关联还不能满足人们的应用需求，储存在模型中的信息不能按照参建的人员意愿便捷提取。市场上的 BIM 平台大都还只能做到简单的协调应用，模型虽然承载了信息，却没有将信息集成化应用，没有达到信息化的目的或目标。

BIM 作为一种新技术，技术尚未成熟，能达到智能信息化的平台少之又少，不同行业、不同企业对 BIM 技术应用需求各有差异，功能限定下个性化的需求无法满足。而现在市场上流行的做法是针对企业量身定制平台，其高额的平台开发费又让许多中小企业失去信心。

应用 BIM 技术的企业，有些不能结合自己企业的管理模式和管理体系应用，导致与企业管理脱钩；未能发现需求、定义需求、分析需求、解决需求，导致与需求脱钩，最终企业的 BIM 技术应用也就无法落地。

BIM 技术宣称的全生命周期的各阶段、多参与方、各专业间的信息共享、协同工作和精细管理，BIM 技术支持环境、经济、耗能、安全等多方面的分析、模拟，实现项目生命期全方位的预测和控制，目前在电力工程中还只是一个传说。各参建方既懂 BIM 技术又懂专业的人较少，纵使知道 BIM 技术有一定的价值，但把 BIM 技术应用起来时却变成了一种负担。

4　BIM 技术在电力工程中的应用设想

笔者从事电力工程建设多年，着力于电力工程 BIM 应用研究也有一段时间，深刻体会到现在平台难以满足电力工程建设的需求，只有定制化开发 BIM 应用平台才能发挥 BIM 技术在项目管理上的最大威力，只有 BIM 技术应用在一般的电力工程，才显现 BIM 技术强大的生命力。根据本文第二节电力工程建设单位对 BIM 技术应用的关注点，开发以单个项目应用 BIM 技术的小型平台，在工程建设过程中参建单位共同使用平台，工程竣工后移交数据包，以达到将工程建设过程中的信息无损传递给运行维护单位的目的的，这就是笔者及团队对 BIM 技术在电力工程中的应用设想。

电力工程的特殊性在于电气设备复杂以及电线电缆较多，BIM 建模的过程耗时长，工作量大。项目管理单位组织建立 BIM 模型，导入定制化开发的 BIM 应用平台，建立各参建单位共同使用的规则，就可以实现 BIM 技术应用的效果最优化。

在电气设备的运维管理方面，可以要求电气设备供货商提供电气设备对应的 BIM 模型，并且在模型录入其相关信息，包括安装和维护手册、设备大样图、设备参数、维保手册等，这就具备了设备管理的初始条件；在现场安装调试过程中，施工管理人员录入该设备对应的安装记录等，从而该电气设备从出厂到安装调试完成的所有信息都保存于模型当中。通过 BIM 平台形成数据包，移交至运维人员，运维人员可以通过数据包的信息来设置平台自动提醒功能，包括检修时间、检修操作说明、安全操作规程等，定时通过 BIM 平台推送至检修人员的手机端或其他移动端设备，运维人员接收信息后，通过平台查看电气设备 BIM 模型的构造以及带电风险点，全面直观了解该电气设备，使其可以高效、安全完成检修任务。

在电缆管理方面，运维人员可以通过 BIM 平台查看现场的一次电缆和二次电缆所连接的电气设备，在出现电气故障时，快速排查问题，并且在平台可以快速获取电缆内外层信息，方便运维人员更换同型号的线缆。通过平台可以自动生成线缆布线图，对出现故障的线路，运维人员可以及时查清楚所牵涉的网路并进行处理。

定制化 BIM 平台作为一个科学管理辅助手段，必须要实现操作简易、便利的效果。传统的电力工程建设过程，纸质文件流转较多，信息量庞大，因此可以用电子化流程取代传统的纸质文件流转，在 BIM 平台固化典型工程表式，通过平台完成各种审核和验收流程，为各参建单位减少工作量，简化工作流程，实现绿色施工和数字化移交。所有参与到项目中的人员都可以通过计算机客户端、网页端和移动终端三个端口了解该工程的信息，人员被赋予对应的权限，浏览、上传、下载、修改对应的项目资料文件。

目前市面上推广较多的 BIM 平台主要针对房建工程，无法满足电力工程建设的需求。电力工程有自成体系的管理模式，如要求利用定制化 BIM 平台对电力工程建设过程中的 WHS 点进行提前预设，和施工进度计划相对应，在 BIM 平台进行模拟建设过程中，对应到相应的见证点、停工待检点、旁站点，平台可以自动提示，合理安排计划和资源调配。

通过 BIM 平台的定制化开发，融合固有公司办公、项目管理、项目运维等系统，解决各类 BIM 软件之间的接口问题，实现 BIM 平台对工程各个阶段的信息化集成。在施工阶段，将 BIM 技术与物联网等先进技术结合，实现精细化的施工管理。工程竣工后，将累积施工阶段工程信息的虚拟 BIM 竣工模型交付建设单位，供后期运维管理所使用。通过使用 BIM 技术完成工程信息的数字化移交，做到 BIM 技术由施工阶段向运维阶段的平滑过渡，最终实现 BIM 技术在项目全生命周期的应用。

5　结语

BIM 技术要真正落地并普及使用，必须是建模软件操作简化、文件兼容提高、应用平台功能完善、硬件配置门槛降低。BIM 技术要真正满足项目管理的需求，必须开发以单个项目应用 BIM 技术的小型平台，在工程建设过程中参建单位共同使用。而这些才是 BIM 技术体现生命力的所在。工程竣工后移交数据包，信息无损传递给运行维护单位，才是 BIM 技术的真正目标和目的。这样 BIM 技术才成为工程管理的必需品。

参 考 文 献

[1] 中国建筑施工行业信息化发展报告（2015）BIM 深度应用与发展 [R]．北京：中国城市出版社，2015．
[2] 李永忠，高来先，余林昌，等．BIM 技术在变电站施工过程中的应用 [J]．中国建设监理与咨询，2016（08）．
[3] 高来先，张永炘，黄伟文，等．基于 BIM 技术的变电站工程项目管理应用实践 [J]．中国建设监理与咨询，2016．
[4] 李永忠，高来先．基于 BIM 技术的变电站工程建设过程精细化管理 [A]．中国电力企业协会电力建设专委会学术会议论文集 [C]．广州，2016．

应用离散傅里叶变换的 BIM 监测数据智能分析和展示

彭　阳，胡振中

（清华大学土木工程系，北京 100084）

【摘　要】绿色建筑和智能建筑中都安装有大量建筑性能数据的监测器，这些监测数据一般在长期的时间跨度存在周期规律。本研究以 BIM 为基础数据源和可视化平台，通过离散傅里叶变换这一数学工具，对集成至 BIM 的建筑监测数据进行了时间多尺度和空间多尺度的分析，最后运用多种方式展示分析结果。在 MATLAB 中进行了监测数据的离散傅里叶分析。应用 BIM 和 MATLAB 实现了监测数据可视化。然后定制开发了 BIMStar 中的对应功能模块，应用于实际的工程，为建筑运维管理提供了应用平台。

【关键词】BIM；监测；离散傅里叶变换；MATLAB

1　背　景

建筑信息模型（building information model，BIM）的概念由 Eastman 等[1]于 19 世纪 70 年代首次提出，之后便被广泛应用于土木建筑行业，正改变着整个行业的面貌。BIM 技术可以用于电子设备上一个或多个准确的虚拟建筑模型的建立，支持建筑设计、结构分析和文档操作，能调和建筑全生命期的各种功能需求[2]。绿色建筑和智能建筑中都安装有大量建筑性能数据的监测器，典型的监测数据如用电功率、水流量、房间室内温度等。引入 BIM 技术可以大大方便建筑物的监测管理。

由于建筑使用者的行为在长期看来是有迹可循的，所以这些监测数据一般在长期的时间跨度存在周期规律。例如较短的以天为单位，更长的可能是一周或者一个月。但是监测数据在小范围内是没有规律的，楼中用户的非规律性行为导致一小段时间内的数据有较大的波动。需要一种方法分析长程规律和短程无规律的数据，以找到起主导作用的规律。若能在分析的基础上，进一步提供 BIM 监测数据的智能化展示和预测功能，则具有工程应用价值。该问题具有以下特点：（1）监测数据的来源为基于 BIM 的运维管理平台；（2）监测数据是离散变量，存在短时间内的随机波动（高频率、低振幅的噪声），因此适用离散傅里叶变换；（3）大量用到虚数运算、矩阵表示、数据可视化，因此 MATLAB 是合适的工具。有限区间的离散傅里叶级数 DFS（Discrete Fourier Series）是一种离散数值序列的数学变换。文献报道采用 MATLAB 作傅里叶变换，应用于医学[3]和贸易学[4]，说明通过傅里叶变换可以识别大量数据中的规律性。

2　研究内容和技术

本研究主要运用笔者开发完成的 BIM 平台，其全称为基于 BIM 的机电设备智能管理系统（BIM-FIM）[5]。该软件系统综合应用 BIM 技术、虚拟现实技术、人工智能技术、工程数据库、移动网络技术、物联网技术以及计算机软件集成技术，并引入 IFC 标准建立机电设备信息模型（MEP-BIM），通过一个面向机电设备的全信息数据库，实现信息的综合管理和应用。

本研究主要目的是以 BIM 为基础数据源和可视化平台，通过离散傅里叶变换这一数学工具，对集成

【基金项目】国家高技术研究发展计划项目（"863"计划，2013AA041307）；国家自然科学基金资助项目（51478249）；清华大学-广联达 BIM 联合研究中心研究基金

【作者简介】彭阳（1993-），男，硕士研究生。主要研究方向为建筑信息模型。E-mail：pengy15@mails.tsinghua.edu.cn

至 BIM 的建筑监测数据进行分析，最后运用多种方式展示分析结果。具体工作可以分为四个部分：（1）监测数据与 BIM 的集成；（2）监测数据智能分析；（3）分析结果的可视化展示；（4）运维期的应用。涉及的关键技术分述如下。

2.1　应用离散傅里叶变换的数据处理

离散傅里叶变换的基本公式如下：

$$\widetilde{X}(k)=DFS\big[\widetilde{x}(n)\big]=\sum_{n=0}^{N-1}\widetilde{x}(n)e^{-f\frac{2\pi}{N}nk}=\sum_{n=0}^{N-1}\widetilde{x}(n)W_N^{nk}$$

$$\widetilde{x}(n)=IDFS\big[\widetilde{X}(k)\big]=\frac{1}{N}\sum_{k=0}^{N-1}\widetilde{X}(k)e^{-f\frac{2\pi}{N}nk}=\frac{1}{N}\sum_{k=0}^{N-1}\widetilde{X}(k)W_N^{-nk}$$

其中的符号的意义是，X 为频率域序列，x 为时空域序列，N 为离散序列的维数（对于输入向量即其长度），j 是虚数单位。应用于监测数据序列的分析过程可分为三步：（1）监测数据序列经过 DFS（傅里叶正变换），得到频率表示；（2）过滤掉幅值较低的频率，只保留前 $ntol$ 个幅值大的频率。在算法上的处理是将过滤的频率的幅值全部设为 0；（3）经过 IDFS（逆变换）得到输出序列。鉴于引言部分论述的问题特点，本研究采用 MATLAB 编写算法源码，并调用 C＋＋编译器打包为独立应用程序 coreDFS. exe，其中算法部分的代码给出如下：

算法 1（离散傅里叶正变换）

```
function Xk＝dfs(xn)
N＝length(xn);
n＝0:N-1;
k＝n;
nk＝n'＊k;
Xk＝xn＊exp(-1i＊2＊pi/N).^nk;
```

算法 2（离散傅里叶逆变换）

```
function xn＝idfs(Xk)
N＝length(Xk);
n＝0:N-1;
k＝n;
nk＝n'＊k;
xn＝Xk＊exp(-j＊2＊pi/N).^(-nk)/N;
```

2.2　基于 BIM 和 MATLAB 的监测数据可视化

BIMFIM 的新版更名为 BIMStar，仍是一基于 BIM 的运维管理平台。首先在平台中实现了监测数据与 BIM 集成，然后采用数据库技术调用后台数据库接口，实现图形平台的显示。MATLAB 的功能是通过在用户界面调用已分发的 app 的方法完成。在 MATLAB 中，使用自带的图形窗口和图形控制的 API 进行显示。在显示的图形中自带传统的 MATLAB 风格的菜单，可以直接使用 MATLAB 的内置功能。

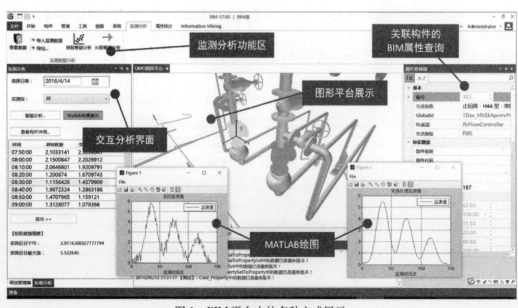

图 1　BIM 平台中的多种方式展示

2.3　运维期的应用

分析结果自动返回 BIM 平台，以多种方式展示给用户。如图 1 所示，首先系统自动计算经处理后的监测数据平均值、最大值和最小值。然后，在关联构件上通过判断监测值的相对大小，进行不同颜色的着色。如耗电量接近 0 时显示绿色，较大时显示蓝色和橙色等，若监测值明显大于分析平均值，或者接近同时段的最大值，则显示红色。管理人员还可以调用 MATLAB 绘图模块，查看监测数据走向图，进一步了解监测数据的情况。

在 BIM 平台，构件的查询和定位方便，结合监测数据的分析显示，可以辅助建筑的运营维护决策等。数据的平滑效果可应用于监测的动态展示，平滑显示的作用。

3　系统设计

3.1　开发平台

本研究采用 MATLAB 与 BIMStar 的混合编程。采用新版更名后的 BIMStar 为主要的开发平台。该新平台具有全新界面，全新开发框架，带来全新的编程体验。采用 MATLAB 的矩阵和虚数运算功能开发核心分析程序和绘图模块。MATLAB 是美国 MathWorks 公司出品的商业数学软件，用于算法开发、数据可视化、数据分析以及数值计算的高级技术计算语言和交互式环境。

3.2　数据流设计

BIMStar 和 MATLAB 的数据通信采用了一种数据流的设计形式。如图 2 所示，数据首先由 BIM 数据库流入 BIM 平台的监测分析模块。然后由用户设置分析条件，交互输出一个分析文件，该文件向 MATLAB 应用程序提供数据。由核心算法作分析后，输出结果数据至一个结果文件。该结果文件可以反向提供数据给 MATLAB 程序的图形界面，也可以流向 BIM 平台，在模型中可视化展示结果数据。

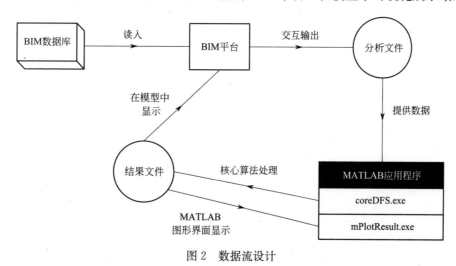

图 2　数据流设计

3.3　实现的功能

本系统实现了四个主要功能，分述如下：

（1）导入数据和关联模型构件：以监测数据的聚合汇总，并且关联至监测组中的构件。

（2）原始数据查询：随时以交互界面查看 BIM 数据库中的监测数据。

（3）监测组管理：主要功能之一。在这里可以创建各监测组，提供信息录入、更改和删除功能。然后将相关的机电构件添加至对应的组，在图形平台可查看各监测组包含的构件。实现了空间多尺度管理。监测组管理的主界面见图 3。

（4）短程智能分析：主要功能之一。分析的元素是天，细度达到时、分、秒，实现了时间多尺度管理。

（5）长程智能分析：主要功能之一。分析的元素是长时间跨度，细度达到天，也实现了时间多尺度管理。（3）和（4）的运行效果见第 4 节图。

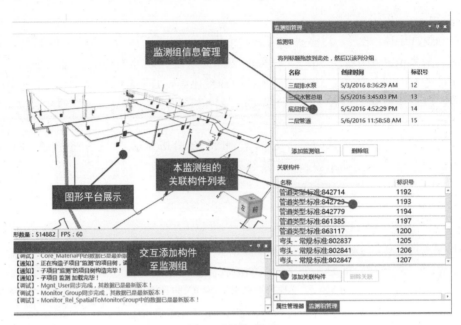

图 3　监测组管理

4　实例研究

研发的系统功能运用于广州地铁六号线一德路车站，BIM 运维模型是地下三层的供水模型。在系统中导入 2016 年 4 月监测数据，每隔 10 分钟采集一组，总计 8600 多条。

导入监测数据并查看无误后，首先进行短程分析，见图 4 左图。分析的监测组为底层中部区域的两个排水泵。系统中可查看 4 月 13 日当天各时间点的原始数据和变换数据，还可得知日平均流量为 $2.00m^3/$ s，变换后的最大流量为 $5.37m^3/s$。分析结果反映在图 1 的 "MATLAB 绘图" 区域，可以看到当天的流量有三个峰值和两个低谷值，对应于一天的用水高峰和用水低谷时间。此外，观察可以看到图线变得光滑，去除了小范围内的波动。更有利于管理人员进行识别。

然后进行长程分析，见图 4 右图。分析的监测组为第二楼层中所有的管道的集合。系统中可查看 4 月每天的数据概要。例如 4 月 22 日总平均流量为 $22.44m^3/s$，变换后的最大流量为 $57.09m^3/s$。由图 5 可清楚看到全部管道的流量呈现有规律的峰值低谷值，对应于工作日的三峰状态和双休日的无峰状态。图 6 是 BIM 图形平台的展示效果，由于 4 月 22 日的总流量很大，所以本组对应的构件都显示了红色，而其他监测组的构件也显示了对应的颜色。

图 4　短程和长程分析结果窗口

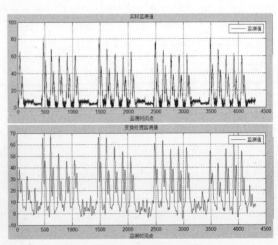

图 5　长程分析的 MATLAB 展示

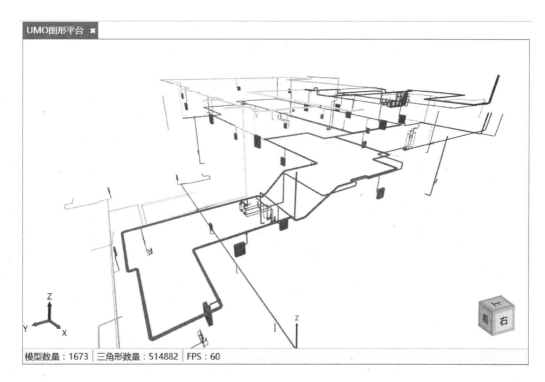

图 6　图形平台的展示

BIM 中大量监测数据的分析有相当的时间和空间开销。表 1 对比了短程和长程分析的运算性能。可以看到监测数据的分析和展示的运行时间尚可接受。即使对整个月份的数据进行分析，所用时间仍不足 1 分钟，满足实际的使用需求。

两种分析方法的性能　　　　　　　　　　　　　　　　　　　　表 1

方法	分析单位	分析细度	数据量	分析耗时	展示耗时
短程分析	1 天	10 分钟	144	7s	不足 1s
长程分析	月（30 天）	1 天	4320	39s	4s

5　总结和讨论

本研究的主要成果总结为三方面：

（1）以 MATLAB 为计算内核，进行了监测数据的离散傅里叶分析。经过分析后的监测数据去除了短时间内的无规律波动，突出了长期规律。分析结果可与 BIM 平台即时对接。

（2）实现了应用 BIM 和 MATLAB 的监测数据可视化。

（3）定制开发了 BIMStar 中的对应功能模块。主要提供了监测组管理、短程智能分析和长程智能分析的功能，为建筑运维管理提供了应用平台。

本研究结合了 .NET（C♯编程语言）和 MATLAB 的应用程序开发，做到了优势互补。具体来说，.NET 语言的编程灵活、简便，界面表现力强，而 MATLAB 数学函数丰富、虚数和矩阵运算性能已进行了针对性的优化。本研究探索了"app＋数据流"的跨软件平台混合编程方法，是实现计算机辅助工程（computer aided engineering，CAE）跨平台的初步尝试。从研究过程可以看到，CAE 软件的跨平台很有用，可以实现较为复杂的功能。但仍存在软件之间协作机制不完善的问题，仍有一些开发工作较困难。但不可否认这项技术将会有发展，并在未来成为一种重要的工程解决方案。

参 考 文 献

［1］ Eastman C，Teicholz P，Sacks R. BIM handbook：a guide to building information modeling for owners，managers，de-signers，engineers and contractors［M］. New Jersey：John Wiley & Sons，Inc.，2011：1-30.

［2］ 胡振中，彭阳，田佩龙. 基于 BIM 的运维管理研究与应用综述［J］. 图学学报，2015（5）：802-810.

［3］ Szabó V，Halász G，Gondos T. Detecting hypovolemia in postoperative patients using a discrete Fourier transform［J］. Computers in Biology & Medicine，2015，59：30-34.

［4］ Samadder S，Ghosh K，Basu T. Search for the periodicity of the prime Indian and American stock exchange indices using date-compensated discrete Fourier transform［J］. Chaos Solitons & Fractals，2015，77：149-157.

［5］ 胡振中，陈祥祥，王亮，等. 基于 BIM 的机电设备智能管理系统. 土木建筑工程信息技术. 2013，5（1）：17-21.

基于 IFC 的工程项目信息交付方法研究

徐　照，陈　茜，李启明

（东南大学土木工程学院，江苏 南京　210096）

【摘　要】现有的 IFC 标准体系并不能满足众多参与方不同专业间的庞大数据需求，信息交付过程中面临信息丢失、信息错误等难题。针对这个问题的一个解决方案，就是将实际的工作流程和所需交互的信息定义清晰，对现有的 IFC 标准缺失部分进行扩展。本文选取 BIM 中的信息交付过程为研究对象，介绍了 IFC 与 IDM-MVD 之间的信息交付过程，着眼于工程项目各参与方的数据需求，用标准的方法对 IDM-MVD 的数据定义标准进行了详细阐述，并进行相应的 IFC 扩展及实例分析。

【关键词】信息交付需求 Exchange Requirements；模型视图定义（MVD）；信息交付手册（IDM）；IFC 扩展

1　引　言

BIM（Building Information Modeling）技术正深刻影响着建筑行业，为行业带来一次新的变革[1]。BIM 是建筑工程与信息技术的结合，促进 AEC（Architecture/Engineering/Construction）项目中不同专业间的协同工作是 BIM 的焦点之一[2]。而协同的基础在于标准，IFC（Industry Foundation Class）标准架构是最为全面的面向对象的数据模型[3]，涵盖了工程设计领域各个阶段满足全部商业需求的数据定义，已成为建筑业数据交换与整合的国际性标准[4]。IFC 标准自提出以来经过了多种版本的变革，2014 年实施的 IFC4 是其最终版本，可以说，对于 IFC 数据定义的理论研究已经全面完善了。而信息交互是发出和接收信息的过程，这个过程要求具有完整性、准确性和高效性，光有数据定义是不够的，支持 IFC 标准的信息分享工具需要能够安全可靠地交互数据信息。

近几年关于 BIM 数据交换的问题已经从准确的翻译转移到过滤确切的信息需求和保证信息质量。BIM 应用的基础，不仅需要 IFC 来支持，更需要制定一套标准体系，针对不同的项目阶段，定义出不同的项目角色和软件之间特定的信息需求，将实际的工作流程和所需交互的信息定义清。现阶段 IFC 标准体系主要由数据存储 IFC 标准、流程与交付标准 IDM（Information Delivery Manual）标准和数据信息模型视图 MVD（Model View Definition）三大标准构成。IDM-MVD 可以将 IFC 中的数据信息和软件中可实现的数据交换对应起来，保证交互数据的完整性与协调性，使得不同厂家的不同软件之间可以进行数据交互。

IDM-MVD 是不同软件实现之间兼容性的保障，其标准的制定，将使 IFC 标准真正得到落实，并使得交互性能够实现并创造价值。而此时交互性的价值将不仅是自动交换，更大的优势在于完善工作流程。IDM-MVD 的研究经历了从理论探索到正式标准制定以及推广，再到现在的应用指导三个阶段。国际上，Hietanen 最早对 MVD 的框架进行系统的研究，并对 MVD 的组成要素和创建过程进行了详细阐述[1]。BuildingSMART 公司颁布了完整的 IDM 和 MVD 定义文件，包括 IDM 和 MVD 各自的组成部件、制定流程和实施指导[7]。See 等人从 IFC 数据交换框架的角度系统地阐述了从 IFC 到 IDM，再到 MVD 的整个数据交付流程，系统的给出了 BIM 运用中软件之间数据交付的理论基础[6]。国内，IDM-MVD 的研究着重于相关概念的整合，但是并没有给出具体的要素和创建流程[8]。如对于 MVD 子模型定义概念进行的系统阐述，但是在实际运用方面还处于探索阶段[9]。相比于 IFC 标准，IDM-MVD 标准还处于发展的初级阶

【基金项目】国家自然科学基金青年基金项目资助（71302138）

【作者简介】徐照（1982），男，讲师。主要研究方向为 BIM，建筑信息化技术。E-mail：bernardos@163.com

段，相关的理论与方法不断涌现，而且一般重在信息的集成与整合，对于 IDM-MVD 的多主体、多对象的标准应用领域缺少针对性研究。

本文以工程项目信息交付方法为研究对象，通过分析 IFC 标准框架下的信息提取与集成过程，对 IDM-MVD 的数据定义标准（包括流程图、需求定义表格和商业规则）进行了详细阐述，最后，从工程项目参与方的角度进行实例分析，选取了建筑专业为模型创建方，以建设方、设计方、施工方和运营方为模型接收方，拟定了 IDM 业务流程图和需求定义表格，进行 BIM 建模，并演示了模型交付过程中的 IFC 扩展过程，显示出 IFC 标准体系下工程项目信息交付的完整性、准确性和高效性。

2　基于 IFC 的信息交付方法

信息交付是发出和接收信息的过程，通常由信息源，信息，信息传递的通道，接收者，反馈和噪声六部分组成。在基于 IFC 的工程项目信息交付体系中，信息源是完整的 BIM 模型，所传递的信息为 IFC 数据，信息通过 IDM-MVD 系统进行传递，需要根据软件的专业需求来将信息从一个软件传递到另一个软件，在信息的传递中要尽量避免"噪声"即可能影响信息传递准确性、完整性和高效性的因素。IFC 标准体系、需求定义和数据交付三者共同构成了完整的信息交付过程。

2.1　IFC 体系组织架构

IFC 支持了项目全生命周期各个阶段全部的商业需求，由资源层 Resource Layer、核心层 Core Layer、共享层 Shared Layer 与领域层 Domain Layer 四部分构成，在横向上支持各应用系统之间的数据交换，在纵向上解决了建筑全生命周期过程中的数据管理[10]。IDM-MVD 是 IFC 架构的子集，加入了一些额外的规则，描述特定情景下的数据交换内容，用以满足 AEC 行业信息交换需求[11,12]，其定义可分为两个主要的步骤：第一步是依据叙述性文档指定的对象、属性与关系，定义交换模型视图的内容，这就是 IDM[13] 所定义的内容，它是 BIM 的通用流程标准，用以描述信息交换的内容；第二步则基于 IDM，生成特定 MVD 作为数据模型，包括几何图形、属性、关系和规则，以满足特定的应用[14]。国际字典框架 IFD（International Framework for Dictionaries）用 BIM 创建和管理信息，通过 IFC 和 IDM 实现信息在不同项目成员和不同软件产品之间的交换，解决 BIM 在应用中面临的国别与语言问题[15]。

IFC 体系的组织架构如图 1 所示。根据 IFC 标准体系的组织架构，BIM 中的参与者可以分为：标准制定者、软件开发者以及软件使用者三方[16]。标准制定者制定出整个 IFC 标准体系的基础：IFC 模型架构；IDM 是面向软件开发者设计的，目的是为了方便软件开发者更好的定义信息存储流程与用户需求，然后借助 IFD 从 IFC 中提取正确的、有限的实体；MVD 则是软件使用者与开发者的沟通桥梁，软件使用者可以把自己的需求反馈给软件开发者，促进软件的不断完善。

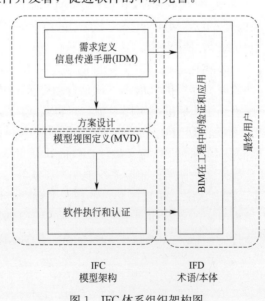

图 1　IFC 体系组织架构图

2.2 需求交付流程

基于 IFC 体系的信息需求交付流程以 IDM 标准为核心，软件间通过专门的 MVD 视图进行数据传递。IDM 标准对建筑全生命周期过程中的各个工程阶段进行了明确的划分，同时详细定义了每个工程节点各专业人员所需的交换信息。IDM 与公开的数据标准（IFC）映射，对 IFC 进行筛选和组合，形成 BIM 子模型集。MVD 按照工程信息流程和需求对 IDM 进行整合，使得针对全生命周期某一特定阶段的信息需求标准化，并将需求提供给软件商。

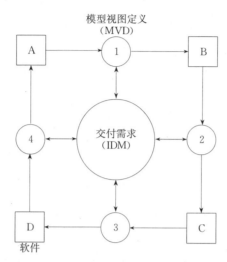

图 2 基于 IDM-MVD 的软件信息交付示意图

如图 2 所示是一个简单的软件交付流程示意图，以软件 A 的信息交付到软件 B 为例，首先，通过 MVD 视图定义来确定软件 B 的交付需求，然后，再通过 MVD 与 IDM 间的信息交互来提取 IFC 数据，这样就对信息进行了筛选，减少了信息交付的冗余，提升了交付效率。整个软件交付过程中以交付需求为中心，辐射开来，每一次信息交付都要与完整的 IDM 子模型进行辐射与集成，这样就避免了信息在软件间交付过程中的丢失，增加了信息交付的可靠性。

基于 IFC 的工程项目需求交付流程基础是制定信息交付标准，即定义 IDM。IDM 的完整技术架构由流程图 Process Map、交付需求 Exchange Requirement、功能部件 Functional Part、商业规则 Business Rules 和有效性测试 Verification Tests 五部分组成，其核心组件是流程图、交付需求和商业规则，本文将对这三个部分进行详细描述。

2.2.1 流程图描述

IDM 中的流程图绘制采用的是业务流程建模标记方法（Business Process Modeling Notation，BPMN）[5]。BPMN 过程模型的主要组成部分包括：（1）泳池（Swimming Pool），代表所要描述的流程；（2）泳道（Swimming Lane），一个泳池可以划分为多个泳道，泳道用于将不同功能性目标的任务归类，一般可以以角色活动来划分泳道，另外，信息模型作为单独的角色类型拥有专属的泳道，而交换需求作为数据对象放置于信息模型泳道；（3）流对象，包含任务（Tasks），BPMN 中的基本单位，用于描述需要完成的工作类型，一个任务可能包含多个子任务，用"＋"加以标记，另外任务有可能是需要重复进行的过程，添加循环符号，事件（Events）用于区别不同的起始事情或者结果，网关（Gateways）用于做决策；（4）连接对象，包含顺序流和消息流。

2.2.2 交付需求定义表格

传统的设计模式以二维设计图纸表达设计内容，在特定的阶段通过不同内容深度的图纸提交和传递设计信息。在基于 BIM 的设计模式下，共享的参数化模型将是信息的集合，所需要表达的内容更加复杂。模型的内容将包含对象的视图与附属的属性。对象与属性在不同的专业不同的项目参与方有不同的需求，因此需要专门的交付需求定义明确每个专业对特定的项目参与方需要交付的模型内容，同时保证接收方能够得到完整所需的信息。

交付需求定义表格模板			表 1
对象	属性信息	模型创建方 专业码_ER. 序号	模型接收方 专业码-参与方_ER. 序号
		R(需要)	
			R(需要)
		O(可选)	

如表 1 所示，交付需求定义表格以专业进行分类，以工程项目参与方为交付对象，每张表格主要包括自身专业所创建的模型内容以及模型接收方对该模型的需求。表格首先覆盖每个专业所应包括的 BIM 模型对象。每个对象都是实际建筑构件的数字表达。同时添加对象附属的属性信息反映其物理和功能特性。对于一组对象与属性，共有三个选项，其中针对接收方确定不需要的属性为空白，"需要 Require"（R）针对必须项，"可选 Option"（O）针对可有可无的属性。

最后，在模型创建的基础上，不同的模型接收方对于同一模型有不同的需求。仍然通过不同编码加以识别，同样它可以与各专业流程图相联系。其定义的方式与模型创建需求定义一致，通过"R/O/不填"确定需要的对象与属性。

2.2.3　商业规则

信息的详略程度以及精确度则需要通过商业规则来控制。商业规则是用来描述特定过程或者活动中交换的数据、属性的限制条件。这种限制条件可以基于一个项目，也可以基于当地的标准。通过商业规则，可以改变使用信息模型的结果而无需对信息模型本身作出改变[18]。这使得 IDM 在使用中更加灵活，同时也为 MVD 的定义提供了参考。

每个 IDM 标准都需附加对其进行简单描述的文字信息。为了 IDM 标准制定的规范化，需要事先定制描述模板，模板中罗列一份标准定义所需包含的全部信息，使用者只需填入相应的内容即可。

商业规则包括标题和规则描述表格两部分。标题部分提供了相关商业规则的管理信息，用于介绍 IDM 标准所属的专业（模型创建方）和模型接收方（项目参与方），以及适用范围，同时包含标准编号、作者信息、版本号信息以及更改日志，以便进行修订与管理（如表 2 所示）。规则描述部分则提供了所应用业务规则的具体细节，包括适用范围和创建目的，每个规则都被赋予一个标识符，规则内容以文字表达，应包含信息说明和指导，用以帮助用户向提供商寻求有关数据或协议的指导（如表 3 所示）。

商业规则标题			表 2
名称		编号	
专业	建筑/结构/给排水/暖通/电气	属性	通用
模型创建方		扩展	
作者		版本	IFC2X3
更改日志		1. 时间 2. 创建/修改 3. 联系方式	

商业规则描述表格					表 3
规则 ID	名称	约束	目的	适用范围	备注

本文对 IDM 的核心组件：流程图、交付需求和商业规则三部分进行了详细的描述，这样，在标准的方法和体系下，用户就能够着手制定 IDM 标准。

2.3　数据交付流程

软件交付的过程就是数据的传递，将需求交付流程中的需求转化成信息的过程，这个过程相较于前者比较复杂，如图 3 所示，IFC 标准体系中数据的交付流程主要经过以下三个步骤：首先，由专家在充分研究的基础上对 IDM 标准进行定义，该定义要经过反复的验证才能确定；然后，在实际应用中，IFC 实体与最终的 IDM 标准进行映射，形成信息子模型，最终，根据软件交付的需求进行模型视图定义，生成 MVD，对信息子模型进行集成，建立 BIM 模型，并对模型进行验证。在数据交付的过程中，IDM 详细定义了建筑全生命周期过程中的每个工程节点各专业人员所需的交流信息，节点划分的越精细，信息交付的准确度越高，但是相对的，对 MVD 的要求也越高。因此，IFC 标准体系中信息的交付过程可分为：IDM 的定义，面向 IFC 的 IDM 数据提取和 IDM 到 MVD 的数据集成三部分。

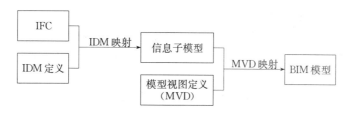

图 3　IFC、IDM、MVD 数据交付流程图

2.3.1　IDM 的定义流程

IDM 的定义流程分为六个主要步骤：

（1）确定数据交付需求。数据接收者根据应用软件的输入确定信息交换需求，这些交换需求以自然语言描述。

（2）查询并定义主体实体。根据信息交换需求确定主体实体，可以按照领域信息和关键字检索主体实体，然后为实体设定过滤条件，并为显示属性设定读写方式。

（3）查询并定义辅助实体。辅助实体包括类型实体、属性集实体以及关系实体等。

（4）查询并定义预定义属性集。

（5）查询并定义 IFD 属性集。

（6）根据信息交换需求选择其中的部分或全部参与子模型的信息交付。

2.3.2　面向 IFC 的 IDM 数据提取流程

IDM 定义完成后，IFC 对其进行映射，将映射结果提取生成信息子模型，如图 4 所示。首先初始化 IDM 并读取，生成实体类型列表。然后对实体列表中的每一个类型进行遍历，并根据实体类型在数据库中查询对应的数据库记录。对数据库记录集进行遍历，每一条记录对应一个实体实例，并由一个标识符作为主键。由于 IFC 模型的复杂引用关系，当前的实体可能在之前的过程中已经建立。因此根据标识符在实体字典中查询实体是否存在，若存在则处理下一条记录，若不存在则应用上节中的方法提取实体，并将成功提取的实体添加到数据库中。数据的提取过程不删除数据库中的记录，在提取的同时为相应的数据记录标记实体的访问方式。

2.3.3　IDM 到 MVD 的数据集成

信息子模型数据的集成流程如图 5 所示。首先，读取信息子模型，子模型视图中记录着实体属性的访问方式。然后，建立可独立交换的实体实例列表，对该列表中的实体实例进行遍历并执行实体提交过程。

2.4　IFC 扩展

2.4.1　IFC 标准的扩展机制

虽然 IFC 标准经过近些年发展已经日臻成熟，但是 IFC 的模型体系提供的实体类型和属性仍无法满足现实的信息交换的需求，使用人员可以按照 IFC 标准的模型架构对 IFC 的数据模型进行扩展。作为开放的标准体系，IFC 标准对模型的扩展主要提供以下三种扩展机制[19]：基于 IfcProxy 实体的扩展、通过增加实体定义的扩展和基于属性集的扩展。

（1）基于 IfcProxy 实体的扩展

基于 IfeProxy 实体的扩展方式是利用 IfeProxy 实体对原模型体系中未定义的信息进行实体扩展，如图 6 所示。IfeProxy 实体是一个可实例化的抽象实体类型。通过实例化该实体，并通过其属性 ProxyType 和 Tag 对新定义的实体信息进行描述。其中，ProxyType 为 IfcObjectTypeEnum 枚举类型数据，可以定义几何、过程、控制、资源、项目等类型的实体；Tag 属性描述新定义实体的属性值。

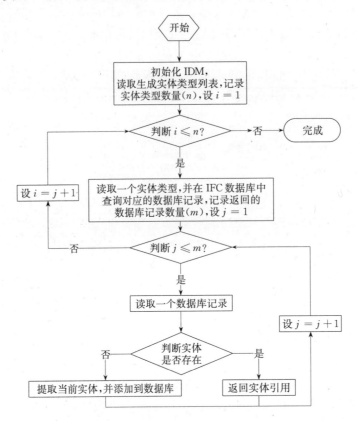

图 4　IFC 映射到 IDM 的流程示意图

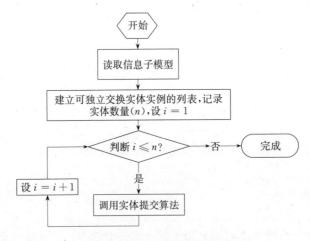

图 5　MVD 集成流程示意图

（2）基于增加实体类型的扩展

通过增加实体类型的扩展方式已经超出了原有 IFC 标准的模型框架，是对 IFC 模型本身定义的扩充和更新，一般地 IFC 标准的每一次版本升级更多地采用增加实体类型方法。例如在 IFC2x3 中定义了实体类型数据 653 个，而在 IFC2x4RC 中实体类型数据已经增加到 812 个。通过增加实体类型的方式扩展 IFC 标准需要注意的问题是：新扩展实体需要建立与有实体的派生和关联关系，避免新增实体引起模型体系的歧义和冲突。此外，通过增加实体的扩展需要按照 IAI 组合值的相关规定和程序进行[20]。

具体扩展模型的描述方法为：首先采用 EXPRESS 语言进行实体模型的定义，然后对于新增的实体，同时提供 EXPRESS 文本定义和 EXPRESS-G 图描述。

（3）基于属性集的扩展

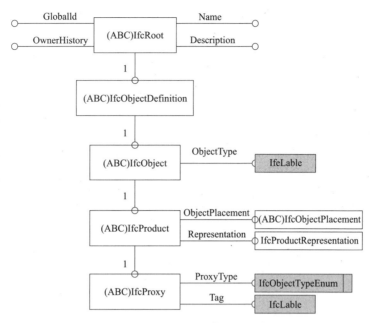

图 6　基于 IfcProxy 实体的扩展模型

基于属性集的扩展方式是 IFC 标准提供的又一种模型扩展方式。属性集可以理解成属性的集合，通过属性集里的属性可以实现对信息的描述。作为构成属性集的基本单元，IFC 标准中的属性可以分成复杂属性和简单属性两类，简单属性又可以细分为简单值、枚举、列表、引用等类型。

按照属性集来源的不同，IFC 的属性集分为预定义属性集和自定义属性集。预定义属性集是 IFC 标准中已经定义的属性集，随着 IFC 标准的发展，预定义属性集的数量也在不断增加，在 IFC2x3 中包含了预定义属性集 312 个。自定义属性集为用户根据自身的需要扩展 IFC 模型提供了途径。

2.4.2　选择扩展机制

上述的三种各具特点，适用于不同的应用需求。基于 IfcProxy 实体的扩展方式灵活、简便，主要适用于一般用户在不破坏 IFC 标准模型结构的基础上进行 IFC 的扩展应用；通过增加实体类型的扩展方式已经超出了原有 IFC 标准的模型体系，是对 IFC 标准模型的扩充，一般在 IFC 标准的版本升级中大量采用；而基于属性集的扩展方式则介于两者之间，自定义属性集可用于一般用户的模型扩展需求，预定义属性集可实现对 IFC 标准的更新。

3　实例分析

不同的需求要求的信息交付 IDM-MVD 定义不同，本文以某写字楼项目为案例，从工程项目的参与方角度出发，分析 BIM 在工程项目中的信息交付方法。

3.1　信息交付需求定义

本文选取建筑专业为模型创建方，为了进行建筑专业模型信息向不同项目参与方的信息交付，需要制定该工程建筑专业信息交付 IDM 标准，即绘制数据流程图和编制交付需求定义表格。

1. 数据流程图

采用 BPMN 方法，绘制建筑专业流程图（包含其余项目各参与方的信息交付需求），如图 7 所示。

2. 交付需求定义表格

选取建筑专业为模型创建方，以建设方、设计方、施工方和运营方为模型接收方，结合 Revit 中的建筑明细表，对其所需交付的模型内容加以整合，绘制建筑专业信息交付定义表格，如表 4 所示。每个交流模型涵盖一系列必需或可选的专业对象及几何、位置、材料等属性信息，并附加关于属性值的文字性说明对其进行完整阐述。

IDM 制定好之后，就是对 BIM 模型进行信息交付，该信息交付过程要具有完整性、准确性和高效

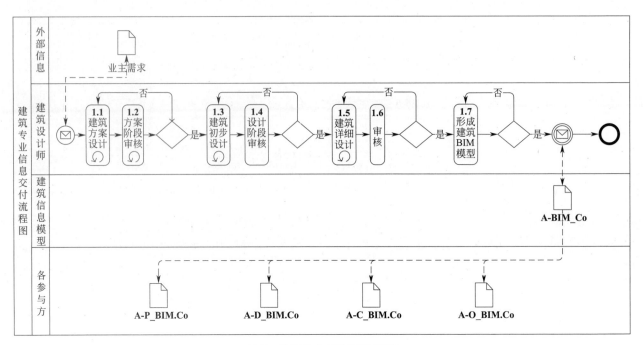

图 7　建筑专业 BPMN 流程图

性，支持 IFC 标准的信息分享工具需要能够安全可靠地交互数据信息。该 BIM 模型包含了建筑信息、空间信息、建筑构件信息以及建筑附属构建信息等，通过 BIM 建模软件可以进一步直接读取 IFC 文件信息，获得工程项目的 3D 模型（如图 8 所示）。

根据 IDM 标准，以建筑专业为模型创建方，施工方为信息接收方，按照信息交付需求定义表格对该 BIM 模型进行编辑，得到施工方接收的 BIM 模型，根据各项目参与方的信息交付标准，便可将建筑专业的 BIM 模型交付到施工方，施工方接收到的 BIM 模型得到精简，提高了信息交付效率，同时需求表格可以保证施工方需要的信息还可以完整的展示出来，并没有发生信息丢失、错误的现象。但是由于 IFC 的模型体系提供的实体类型和属性仍无法满足现实的信息交换的需求，以上需求表格中成本属性便是其中之一，需要按照 IFC 标准的模型架构对 IFC 的数据模型进行扩展，本文将以模型中的矩形柱为实例对 IFC进行成本属性的扩展。

建筑专业信息交付定义表格　　　　　　　　　　　　　　　　　　　　　　　表 4

对象	属性信息	模型创建方	模型接收方			
		建筑	建设	设计	施工	运营
		A-BIM. CO	A-P_BIM. CO	A-D_BIM. CO	A-C_BIM. CO	A-O_BIM. CO
项目信息						
项目		R	R	R	R	R
	编号	R	R	R	R	R
	名称	R	R	R	R	R
	人员信息	R	R	R	R	R
	专业代码	R	R	R	R	R
场地		R	R	R	R	R
	编号	R	R	R	R	R
	坐标	R	R	R	R	R
	几何信息	R	R	R	R	R
	材质	R	R	R	R	R

对象	属性信息	模型创建方	模型接收方			
		建筑	建设	设计	施工	运营
		A-BIM. CO	A-P_BIM. CO	A-D_BIM. CO	A-C_BIM. CO	A-O_BIM. CO
项目信息						
建筑整体		R	R	R	R	R
	编号	R	R	R	R	R
	名称	R	R	R	R	R
	建筑类型	R	R	R	R	R
	几何信息	R	R	R	R	R
空间信息						
建筑分层		R	R	R	R	R
	编号	R	R	R	R	R
	轴网	R	R	R	R	R
	标高	R	R	R	R	R
	层高	R	R	R	R	R
	几何信息	R	R	R	R	R
	全面积、净面积	R	R	R	R	R
房间		R	R	R	R	R
	房间编号与类型	R	R	R	R	R
	几何信息	R	R	R	R	R
	室内或室外空间	R	R	R	R	R
建筑构件信息						
墙、柱、板（楼板/屋顶/坡道）、楼梯、门窗		R	R	R	R	R
	编号	R	R	R	R	R
	类型	R	R	R	R	R
	位置坐标	R	R	R	R	R
	几何信息	R	R	R	R	R
	关联属性	R	R	R	R	R
	材质	R	O	R	R	R
	成本	R	R	R	R	R
建筑附属信息						
家具、卫生洁具		R	O			O
	编号	R	O			O
	位置坐标	R	O			O
	几何信息	R	O			O
	材质	R	O			O
	成本	R	O			O

3.2　进行 IFC 扩展

　　族（Family）是构成 Revit 项目的基本元素。Revit Architecture 中的族有两种形式：系统族和可载入

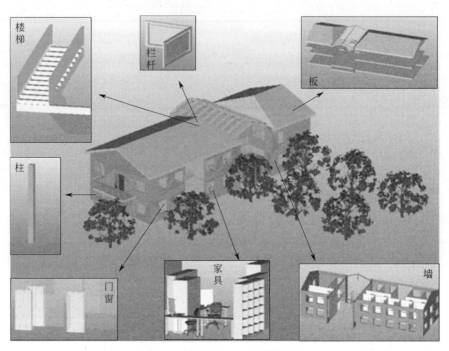

图 8　某写字楼 3D 建筑模型图

族。系统族已在 Revit Architecture 中预定义且保存在样板和项目中，用于创建项目的基本图元，如墙、楼板、天花板、楼梯等。系统族还包含项目和系统设置，这些设置会影响项目环境，如标高、轴网、图纸和视图等。可载入族为由用户自行定义创建的独立保存为 .rfa 格式的族文件。Revit Architecture 不允许用户创建、复制、修改或删除系统族，但可以复制和修改系统族中的类型，以便创建自定义系统族类型。由于可载入族的高度灵活的自定义特性，因此在使用 Revit Architecture 进行设计时最常创建和修改的族为可载入族。Revit Architecture 提供了族编辑器，允许用户自定义任何类别、任何形式的可载入族，允许用户在族中自定义任何需要的参数[21]。

成本属性在 Revit 中已经预定义，只是还没有完善，需要补充与其有关的属性集，因此进行 IFC 成本属性扩展需采用第三种，即基于属性集的 IFC 扩展方法。本文的研究中主要采用创建属性集的方式在 IFC 大纲模型的基础上对 IFC 模型进行扩展，扩展流程见图 9。

首先，对成本属性集的特点进行分析。成本预算直接需要的信息包括工程量信息、资源信息以及价格信息。工程量信息基于建筑产品信息和分部分项信息并依据规范计算得到。资源信息即建筑工程所消耗的材料、需用的人工和机械数量的信息，一般通过套用定额并利用工程量信息获得。价格信息主要来源于市场，有些地方定额中已经包含了价格数据，可直接用于计价过程。然后，明确需要创建的属性集，分析并阐述其属性定义、组成要素，见表 5 和表 6。最后，根据 IFC 标准的特性，需给出成本要素与 IFC 中已有实体的关联关系，本文中成本的关联参数为：单价、工程量、可见光透过率和日光得热系数。

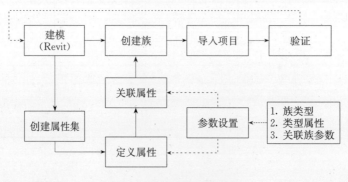

图 9　IFC 模型扩展的流程

属性集定义 表5

属性集名称	成本
适用实体	通用
定义	用货币计量的所耗费资源的经济价值
属性类型	标识数据
参数类型	货币
组成要素	工程量、单价、资源
数据类型	IFC2X3 扩展

设置成本属性集中组成要素属性 表6

名称	属性类型	参数类型
工程量	分析结果	体积
单价	分析结果	货币
资源	材质和装饰	类型

4 结 论

建筑工程项目是一项复杂的、综合性强的工程活动，涉及规划、设计、施工、运营维护等多个阶段，勘测、建筑、结构、给排水、电气、暖通、施工等多个专业，以及建设方、设计方、施工方、运营方等多个参与方，工程数据量巨大，应以追求多专业、多参与方的协同工作为提升工程效率与质量的主要手段。BIM 协同工作的实现将会对行业产生变革性的影响，数据交换的问题从准确的翻译转移到过滤确切的信息需求和保证信息质量，保证交互数据的完整性与协调性是使 BIM 协同工作得以实现的基础。

本文主要是针对 BIM 的基础 IFC 标准体系进行探讨，从信息交付的角度阐述 BIM 应用技术。BIM 技术是建筑工程与信息技术的紧密结合。BIM 的目标是建筑全生命周期过程中的协同工作，BIM 技术的基础是建筑全生命周期过程中的 IFC 标准，其核心是建筑全生命周期过程中的信息共享与转换，BIM 中信息交互的过程具有完整性、准确性和高效性。IFC 标准为实现全生命周期不同专业间的数据共享与交换奠定了基础。但在实际应用中，基于特定阶段，特定目的开发的软件在执行 IFC 标准时因缺少针对性的信息需求定义而无法保证数据的完备与协调性。因此需要 IDM-MVD 标准对过程以及信息需求进行清晰的定义。

本文阐述了 IFC 标准体系的组织架构，并对软件交付以及数据交付流程进行了具体分析，确立了以 IFC 标准为基础的 BIM 数据存储与集成管理的数据标准体系；然后采用 IDM 中的标准方法绘制了设计阶段的 BPMN 流程图，明确了各专业与各参与方之间的信息共享与交互的关系，并在此基础上，创建了需求定义表格，定义了建筑专业的 BIM 模型向各参与方所需交付的模型对象与属性信息以及各参与方对于交付模型的不同需求。由此建立了工程项目参与方的建筑专业 IDM 标准，为国家 BIM 标准内容的制定的确定提供了基础与参考；最后通过对某写字楼的案例分析，以建筑专业为模型创建方，施工单位为模型接受方，进行信息交付和 IFC 扩展模拟，做出了初步成果，对 BIM 软件的开发和有效应用具有指导意义。

参 考 文 献

[1] Hietanen J，Final S. IFC model view definition format [J]. International Alliance for Interoperability，2006.
[2] Aram S，Eastman C，Sacks R，et al. Introducing a new methodology to develop the information delivery manual for AEC projects [C] //Proceedings of the CIB W78 2010：27th International Conference-Cairo，Egypt，2010：49-59.
[3] Froese T，Fischer M，Grobler F，et al. Industry foundation classes for project management-a trial implementation [J]. ITcon，1999（4）：17-37.
[4] 李云贵. 基于国际标准 IFC 的工程建设信息共享 [C] //第九届建筑业企业信息化应用发展研讨会论文集. 北京：中国建筑工业出版社，2005：39-46.

［5］　周成. 基于 IDM 的建筑工程数据交付标准研究［D］. 上海交通大学，2013.

［6］　Richard See，Co-Chair，et al. An Integrated Process for Delivering IFC Based Data Exchange［J］. buildingSMART International and The BLIS Consortium，2009.

［7］　Eastman C M，Sacks R，Panushev I，et al. Precast concrete bim standard documents：Model view definitions for precast concrete［J］. PCI-Charles Pankow Foundation. http：//dcom. arch. gatech. edu/pcibim/documents/Precast _ MVDs_v2. 1_Volume_I. pdf (last accessed on 6/20/2010)，2010.

［8］　清华大学 BIM 课题组. 中国建筑信息模型标注框架研究［M］. 北京：中国建筑工业出版社，2011：45-52.

［9］　张洋. 基于 BIM 的建筑工程信息集成与管理研究［D］. 北京：清华大学，2009.

［10］　AECBytes Feature. The IFC Building Model：A Look under the Hood［EB/OL］. 2006. http：//www. aecbytes. com/ feature/IFCmodel. htm.

［11］　Model View Definition. http：//www. buildingsmart-tech. org/specifications/mvd-overview/mvd-overview-summary.

［12］　Venugopal M，Eastman C，Sacks R，et al. Semantics of model views for information exchanges using the industry foundation class schema［J］. Advanced Engineering Informatics，2012，26（2）：411-428.

［13］　Information Delivery Manual. http：//buildingsmart. com/standards/idm/proccess-information-delivery-manual-idm.

［14］　林良帆. BIM 数据存储与集成管理研究［D］. 上海交通大学，2013.

［15］　何关培. 那个叫 BIM 的东西究竟是什么［M］. 北京：中国建筑工业出版社，2012.

［16］　See R，Karlshoej J，Davis D. An Integrated Process for Delivering IFC Based Data Exchange［J］. BuildingSMART，Publication，2011：1-44.

［17］　李犁. 基于 BIM 技术建筑协同平台的初步研究［D］. 上海：上海交通大学，2012.

［18］　Wix J，Karlshoej J. Information delivery manual：guide to components and development methods［J］. BuildingSMART International，2010.

［19］　Jeffrey Wix. IFC2x EXTENSION MODELLING GUIDE［2010-1-26］，http：//www. buildingsmart. com. cn/Model/ documentation/Ifc2x_EMG/EMG-Base. htm.

［20］　王勇，张建平，胡振中. 建筑施工 IFC 数据描述标准的研究［J］. 土木建筑工程信息技术，2012（04）：9-15.

［21］　柏慕进业. Autodesk Revit Architecture 2015 官方标准教程［M］. 电子工业，2015.

一种基于 BIM 的可视化协同设计新方法

杨骐麟[1]，文志彬[1]，杨万理[1,2]，吴龙旺[1]，王　宁[1]，王广俊[1]

(1. 西南交通大学土木工程学院，四川 成都 610031；

2. 抗震工程技术四川省重点实验室，四川 成都 610031)

【摘　要】为了深化 BIM 技术在工程项目设计阶段的应用，选用 Revit 软件进行协同平台的搭建，针对国内 BIM 可视化应用误区提出了一种新的可视化协同设计的方法，并将该方法应用于成都地铁 4 号线二期东三环站实际工程项目的设计阶段。论文提出的新型可视化协同设计方法有助于设计阶段更加快速、精确地进行，以达到缩短设计周期，减少返工节约成本的目的，为地铁站的可视化协同设计提供了参考。

【关键词】BIM；可视化设计；协同设计；Revit；Fuzor；Civil 3D；Infraworks

1　前　言

新兴的 BIM 技术，贯穿工程项目的设计、建造、运营和管理等生命周期阶段，是一种螺旋式的智能化设计过程[1]，同时 BIM 技术所需要的各类软件，可以为建筑各阶段的不同专业搭建三维协同可视化平台，成为建筑全生命周期中的枢纽。Golparvar-Fard，Mani 等学者，将 BIM 技术和影像技术相结合，将三维可视化模拟的最优成果作为实际施工的指导依据[2]。Lapierre. A、Cote. P 等学者提出了数字化城市的构想，认为实现数字化城市的关键在于能否将 BIM 技术与地理信息系统 GIS（Geographic Information System）相结合[3]。Brian Gilligan，John Kunz 等学者在研究建筑虚拟设计建造技术在欧洲领域市场的应用时，发现工程项目在实施中，技术组织上还存在一定的问题[4]。BIM 技术的出现打破了传统、拖拉的模式，它所推崇的协同设计是指：项目开展初期由各参与方共同搭建信息共享平台，不同人员对于平台内的相关信息有着对应的权限，可以对项目进行合理的修改和变更。通过软件的协作功能，不同专业的设计人员及时交流沟通，达成共识，不断完善设计以达到最终设计目标[5]。但目前国内各大设计、施工单位对于 BIM 可视化技术的应用普遍还是局限于后期成果的三维动画展示，而忽略了 BIM 技术在可视化设计方面的优势。本文针对国内 BIM 可视化应用的误区，提出了一种新颖的可视化协同设计方法，并以成都地铁 4 号线东三环站为例，论述其在实际工程中的具体运用方法。

2　国内 BIM 应用现状

目前，国内很多大型设计院、工程单位着力于开展 BIM 技术的研究与应用：中国建筑西南设计研究院、四川省建筑设计研究院、CCDI 等先后成立了 BIM 设计小组；中铁二局建筑公司成立了 BIM 高层建筑应用中心；中建三局在机电施工安装阶段大力采用 BIM 技术；上海建工集团、华润建筑有限公司等也在施工中阶段性的应用 BIM；成都市建筑设计研究院与成都建工组成联合体采用 EPC 项目总承包模式承接工程项目，BIM 涵盖在 EPC 的各个阶段。中铁二院工程集团有限公司在西部某高速铁路的设计阶段采

【基金项目】中央高校基本科研业务费专项资金资助项目（2682014CX080）；西南交通大学本科教育教学研究与改革项目（1504126）

【作者简介】杨骐麟（1990-），男，硕士研究生。主要研究方向为 BIM 应用。E-mail：627016733@qq.com

文志彬（1991-），男，硕士研究生。主要研究方向为 BIM 应用。E-mail：q475832547@163.com

吴龙旺（1991-），男，硕士研究生。主要研究方向为 BIM 应用。E-mail：1309536552@qq.com

王宁（1976-），女，硕士，讲师。主要研究方向为 BIM 应用。E-mail：71367970@qq.com

王广俊（1964-），男，教授，主任。主要研究方向为 BIM 应用。E-mail：wgj@home.swjtu.edu.cn

【通讯作者】杨万理（1979-），男，博士，副教授。主要研究方向为 BIM，墩-水相互作用。E-mail：68360903@qq.com

用 BIM-GIS 的结合应用,在铁路桥梁选线方向取得了极大的进展。相关的 BIM 咨询公司也相继成立,优比咨询和柏慕咨询均对 BIM 技术进行了研究与使用,并不断推出介绍各类新的观点和方案;北京橄榄山软件公司开发的橄榄山快模可以极快地将 CAD 图纸翻模成 BIM 三维模型,为各大单位将已有图纸转化为 BIM 模型进行研究应用提供了便利。可见,我国 BIM 的发展正如火如荼地进行着。

虽然 BIM 在我国引入较早,并已逐步地被接受认识,且在诸多著名建筑设计中有所应用,但我国 BIM 技术应用水平依然不高,存在着各方面的不足:

(1) 政府及相关单位并未出台有关 BIM 技术的完整法律法规;

(2) 基于 IFC 的数据共享的使用情况还未达到理想状态,仍需政府部门和相关法规的大力推动;

(3) BIM 技术所需的软件几乎都是从国外引入,本土化程度低,建筑从业人员对 BIM 的理解并不深刻,缺乏系统的培训。

(4) "真三维,假 BIM" 的观念,注重成果方面的三维动画展示而忽略了 BIM 技术在建筑全生命周期中的真正优势。

3　可视化协同设计的新方法

3.1　概述

目前国内各大设计、施工单位对于 BIM 可视化技术的应用依然偏重于动画展示,主要内容包括工程 BIM 模型的深化渲染、项目成果可视化虚拟展示、施工步骤模拟演示等,往往利用 3D Max 及 Lumion 的动画制作、渲染功能即可完成。看似华丽的动画背后却忽视了可视化功能在设计阶段的真正优势,鉴于国内 BIM 可视化应用的误区以及日益复杂的工程问题,利用一个软件进行设计愈发困难,一系列软件结合多专业的可视化协同设计将成为未来发展的趋势,本文创新性的采用 Civil 3D、Infarworks、Revit、Fuzor 四款软件联合使用的新方法进行工程项目的 BIM 设计研究,其应用思路如图 1 所示。

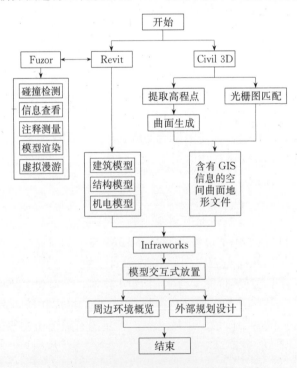

图 1　实现可视化协同设计的方法

3.2　Revit 与 Fuzor 的内部可视化协同设计

与仅有动画制作、渲染功能的 3D Max、Lumion 不同,Fuzor 能够与本文核心建模软件 Revit 双向实时互通,在工程内部虚拟漫游的同时,完成细部构件信息查看及构件碰撞检测,在设计阶段真正运用可视化协同功能的优势,解决错、漏、碰、缺的问题,提高设计效率,逐步深化模型。

3.3　Civil 3D 与 Infraworks 的外部可视化协同设计

应用 Revit、Civil 3D 与 Infraworks 间的格式转换功能，将 BIM 模型信息传递至 Infraworks 中，这种做法的优点在于：

（1）三款软件基于 IFC 标准的数据格式转换可以将模型信息无损耗的传递，解决了传统设计信息丢失的问题；

（2）利用 Civil 3D 可以对项目进行精确定位，生成含有 GIS 信息的空间曲面；

（3）配合 Infraworks 方案设计、规划功能，进行工程外部的可视化协同设计。

4　可视化协同设计的新方法应用于实际工程

4.1　工程概况

成都地铁 4 号线二期工程分东、西延伸线两部分，全长 17.337km，全线共设车站 11 座，其中有 4 座换乘站。西延线起于温江大学城站，出站后沿南熏大道和光华大道，由西向东敷设至一期工程起点公平站，长 10.673km，设 8 座车站，自西向东依次为大学城站、杨柳河站、凤溪站、南熏大道站、光华公园站、西部新城西站、凤凰大街站、西部新城站。东延线起于一期工程终点沙河站，向东北下穿沙河进入成洛路，沿成洛路继续向东敷设至终点十陵站，长 6.664km，设 3 座车站，自西向东依次为万年场站、东三环站、十陵站（以上站名均为暂定工程名）[6]。

本站为东三环站，为二期工程的第十座车站，属非中心站（一般站），与规划 9 号线换乘。本站区间接口条件为车站东端、西端接盾构隧道，盾构在车站东西两端始发。根据行车资料，车站西端设置双存车线。

4.2　BIM 核心模型建立

要实现基于 Revit 平台下的多专业协同设计，建立工作集是项目准备阶段的重要工作。在工作集中，可以根据不同专业，如建筑、结构、机电进行设计工作的划分，也可以根据需求进一步划分同专业的不同部分，如结构设计中的柱、梁、板。要建立工作集首先需要建立一个中心文件夹，用以储存设计文件，如图 2 所示。

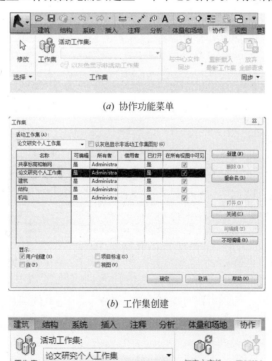

(a) 协作功能菜单

(b) 工作集创建

(c) 中心文件夹建立成功

图 2　协同设计工作集创建

各专业设计师在各自的工作集中进行设计，通过点击同步按钮即时向中心文件同步设计成果，记录设计进度。实际工作中，各专业的设计至少由一人承担，协同设计参与人数越多，其效率越高。

在Revit中进行建筑、结构、机电三维模型的建立，如图3所示。

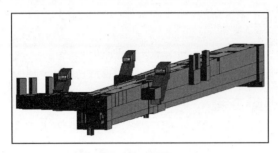
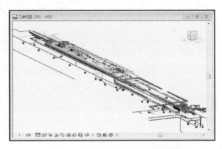

(a) 东三环站三维模型　　　　　　　　(b) 东三环站MEP管线综合模型

图3　Revit模型

4.3　工程项目基于BIM的内部可视化设计

Fuzor环境下，在Revit点选模型中的任一部分，然后对其进行更改，切换至Fuzor界面后会发现同一部位也出现了更改，双向即时同步使得模型的可视化协同变得轻而易举，真正的"所见即所得"。跳出了以往可视化设计只基于核心建模软件的旧模式，利用Fuzor强大的可视化功能实时同步，在渲染过的模型中行走，给人以一种玩游戏的感觉，让设计师"Use BIM"升级为"Play BIM"，如图4所示。

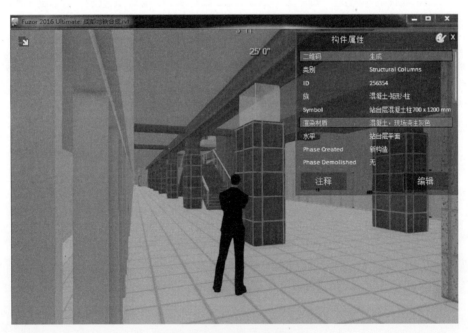

图4　构件信息实时查看

各专业设计师可以同时参与Fuzor漫游，在模型内部先通过视觉观察出布置不合理的地方加以修改；再通过碰撞检测功能，运行测试，如图5所示。

通过对碰撞部位的查看，可以根据更改管道路径，降低管道标高等方式对管线碰撞进行修改，对于建筑结构碰撞，在保证承载力要求的前提下，采取以建筑为先，结构次之的原则修改，以免违背了建筑设计师最初的设计意图与理念。如此，待碰撞区域修改完毕后，再次运行碰撞检测，反复进行，直到无碰撞产生时方可停止操作。

4.4　工程项目基于BIM的外部可视化设计

(1) Civil 3D创建三维数字化地形

为实现工程项目周边场地查看及可视化规划设计，首先需要利用测绘单位所提供的高程点数据，创

(a) 排风管与送风管冲突　　　　　　　　　　(b) 梁与消防水管弯头处碰撞

图 5　冲突碰撞位置三维图像

建地形。

　　利用 Civil 3D 的文本点转化工具提出 CAD 图中高程点数据，并以字母"g"表示高程点。利用曲面建立工具，创建曲面并命名为"地形"，将提取出的"g"组点添加至曲面中，即可显示出等高线，如图 6 所示。

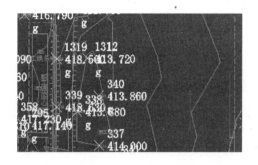

图 6　自动生成地形曲面等高线　　　　　　　　图 7　三维数字地形

　　利用曲面对象查看器，可以查看完整的三维数字地形，如图 7 所示。此时，通过"输出"命令，导出 IMX 文件，可以生成 Infraworks 能够识别的地形数据文件，为之后的规划设计做好准备。

　　（2）Raster Design 匹配卫星图像

　　根据工程的具体位置，用相应的谷歌高清卫星地图与地形表面进行大致对比，截取三维地形周边地图作为光栅图像。在 Raster Design 中将截取的卫星地图插入 Civil 3D 中，将图片与地形匹配重合，如图 8 所示。

　　随后，利用导出菜单中的"export World files"选项，便可生成一个"jgw"文件，该文件不能直接打开，但是有了该格式文件便可在 Infraworks 中插入匹配好的地表光栅图像，否则将无法显示，造成错误。

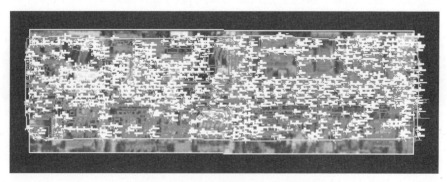

图 8　匹配光栅图后的地表图像

（3）Autodesk Infraworks 可视化设计

在 Infraworks 中新建一个名为"成都地铁项目可视化设计"的项目文件，通过数据源导入上述所建立的三维数字地形，再通点击"Raster"，将"地表光栅图 .jgw"文件打开，同样以上述坐标配置并刷新，地形表面将会覆盖之前截取的卫星图像，如图 9 所示。

图 9　附有卫星光栅图像的三维数字化地形

在 Revit 软件中，将 BIM 模型切换到三维模式，点击导出 FBX 文件，此时在 Infraworks 数据源中点击"3D Model"，配置选项中将类型调整为"建筑"，点击"交互式放置"后 BIM 模型将呈现在操作界面中，移动地铁站主体至地面以下，在地面以上仅保留出入口及风亭，如图 10 所示。

图 10　车站 BIM 模型导入定位后三维视图

图 11　自定义周边环境规划

从图中可以清晰地看到地铁出入口的具体位置，同时可以较为清楚观察到周边环境，基于 Infraworks 可视化界面，能够对周边道路、地块、植被进行一定的规划，BIM 模型与环境关系被直观地展现出来。

利用 Infraworks 自带规划设计模块，以卫星图作为参考，对项目周边环境进行初步的可视化设计，如图 11 所示。

在进行可视化规划设计时，为了达到最佳、最为真实的场景模拟效果，往往通过外业高清拍摄获取某些建筑的外观图像，利用 Photoshop 系列软件对图像进行美化后作为虚拟场景中建筑外观的纹理贴图，城市规划所需的模型可以利用 Revit 内建族自建，路灯、管网、交通指示牌等常见设施同样可以通过不同专业设计师的建立导入进来。

如果仅仅利用 Infraworks 进行所有房屋、草木的制作工程量会十分庞大，同时软件中道路，河流的对象库较为单一，可以利用 Civil 3D 在规划图的基础上提前对周边道路进行设计再导入 Infraworks 中效果会更佳。

5　结　论

（1）本文以 Revit 为核心建模软件的基础上，提出了 Civil 3D、Infraworks、Revit、Fuzor 联合使用进行可视化协同设计的新方法：①在 Fuzor 中以虚拟漫游的形式进行工程内部构件信息查看及碰撞检测，与 Revit 双向实时互通对模型进行修改，完成了工程内部可视化协同设计，提高设计效率。②利用 Civil 3D 高程点数据提取功能，创建出项目所谓位置的三围数字化地形，对项目进行精确定位。将模型信息导入 Infraworks 中配合其规划设计功能完成了工程外部可视化协同设计。

（2）以成都地铁 4 号线二期东三环站主体工程为实例，实现了 Revit→Fuzor→Civil 3D→Infraworks 的新颖可视化协同设计方法，使得设计人员可以更加快速、精确地完成设计及后期优化，缩短设计周期，减少返工节约成本。

（3）本文聚焦于可视化协同设计的研究，实际案例主要围绕着前期建模、规划展开，基于 BIM 的可视化施工、造价控制还有待研究。

参 考 文 献

［1］ Deke Smith. An Introduction to Building Information Modeling（BIM）. Journal of Building Information Modeling（JBIM），Fall 2007.

［2］ Golparvar-Fard，Mani，Savarese，Silvio. Automated model-based recognition of progress using daily construction photographs and IFC-based 4D models［A］. Banff，AB，Canada. 2010：51-60.

［3］ Lapierre，A.，Cote，P. Using open web services for urban data management：A testbed resulting from an OGC initiative for offering standard CAD/GIS/BIM services［A］. Stuttgart，Germany. 2008：381-393.

［4］ Brian Gilligan，John Kunz. VDC Use in 2007：Significant Value，Dramatic Growth，and Apparent Business Opportunity. Center for Integrated Facility Engineering（CIFF）. 2007.

［5］ 龙文志. 建筑业应尽快推行建筑信息模型（BIM）［J］. 建筑技术，2011，1（1）：9-13.

［6］ 四川在线：地铁 4 号线工程，http://sichuan. scol. com. cn/fffy/content/2013-11/14/content_6400815. html.

BIM 技术在施工管理中的落地实施

姚建文，王璇一，王　闹，王轶峰

(郑州市第一建筑工程集团有限公司，河南 郑州 450000)

【摘　要】 施工阶段在建设项目生命周期中至关重要，BIM 技术在施工管理中的应用研究尤为重要。在工程的施工管理中，我们主要面临着 BIM 技术应用和现场管理的配套难、图纸问题和工程设计变更多、进度跟踪难、场地管理难、质量安全问题跟踪难和成本管理难等一系列的挑战，采用 BIM 技术进行施工管理中有效地解决了施工管理中的问题。

【关键字】 BIM；施工管理；进度管理；质量安全；成本

1　引　言

近年来，在建筑行业 BIM 的理念不断地被认知和认可，其作用也在建筑领域内日益显现。目前，以 Revit 软件为基础建模软件的建筑、结构、机电等 BIM 设计发展迅速，BIM 模型在施工中落地应用，是现阶段 BIM 发展的攻坚型研究课题。本文以利丰国际大厦项目为工程背景进行了 BIM 技术在施工管理中的应用研究，分析了 BIM 技术在施工管理中应用面临的挑战和利用 BIM 技术解决施工管理中的挑战，并对 BIM 技术在项目中落地面临的问题进行结论性分析。

2　施工管理面临的挑战

2.1　BIM 技术应用和现场管理的配套难

项目中现场质量、安全、成本、进度等管理采用传统的项目管理模式，现场管理人员缺少时间和耐心探索 BIM 技术应用，尤其一些经验丰富的管理人员更不愿意改变现状，BIM 技术在施工管理中遇冷，现有的管理模式和 BIM 技术很难配套实施，所以 BIM 技术应用的落地不仅需要信息技术的支持更需要改进现有的工作流程和管理制度。

2.2　图纸问题和工程设计变更多

传统的二维设计图纸使用平、立、剖 等三视图的方式表达和展现自己的设计成果数据之间不具备关联性，设计工期紧、工作量大的情况下很容易出错，各不同专业间的数据不具有关联性。传统上设计企业主要由建筑或者机电专业牵头，将所有图纸打印成硫酸图，然后将各专业图纸叠在一起进行管线综合，由于二维图纸的信息缺失以及缺失直观的交流平台，导致管线综合的问题繁多。二维的图纸不能让业主直观地查看设计成品，导致部分设计不能满足业主需求，增加设计变更。

2.3　进度计划的编制、进度跟踪难

该研究项目建筑面积 63474.92m²，地下 3 层、地上 25 层的高层建筑，合同工期是 570 天，工期紧，任务重，如何合理的编制施工进度计划并保证施工任务的按期完成是对现场管理人员的专业技能也是对 BIM 技术应用的一项重要挑战。

2.4　动态场地布置管理难

以往的现场管理中，场地布置只有在开工前设计完成，施工过程中施工现场的布置合理性分析和管

【作者简介】 姚建文 (1977-)，男，高级工程师。主要研究方向为建筑工程在施工阶段的 BIM 技术应用，及利用 BIM 技术进行建筑工程全生命周期的应用。E-mail：visiwen@qq.com

理，该项目场地面积小，建筑面积大，合理布置动态的施工现场尤为重要，场地实时动态跟踪管理也是 BIM 管理一大挑战。

2.5　质量安全问题跟踪难

在传统的质量安全问题管理上往往不能及时有效地进行记录，靠人脑或者现场携带笔记本进行记录，难免存在疏漏，管理人员之间难以实现共享，导致质量管理的监督整改困难，没有数据支撑质量安全问题的普遍性分析，不能达到质量安全问题提前预防的目的。

2.6　成本管理难

在以往的项目管理中，成本管理只是事后的成本核算与成本分析，由于数据量的庞大，事前和事中很难达到有效的控制。

2.7　要求使用创新技术

项目上积极组织多种形式的讨论及学习会议，确定工程拟推广应用住建部发布的《建筑业十项新技术（2010）》中的 9 个大项，24 个子项。工程拟开展 QC 活动 4 项，工法 1 项，专利 1 项，并在施工中实施开展各项创新创优活动，要求 BIM 技术配合使用。

3　利用 BIM 技术解决项目动态施工管理的挑战

3.1　结合现场管理进行 BIM 技术应用的前期策划

为了 BIM 技术的落地实施，在 BIM 技术应用的前期，结合传统项目管理方法及现有 BIM 软件能够达到的技术条件，建立了基于 BIM 应用的施工管理模式和协同工作机制。针对本项目 BIM 技术应用进行详尽的策划，着重于软硬件配备、组织架构、人员职责、协同工作流程、管理和保障制度、成果提交内容和成果交付标准、工作开展计划等应用策划。开展 BIM 应用示范，根据示范经验，逐步实现施工阶段的 BIM 集成应用（图 1）。

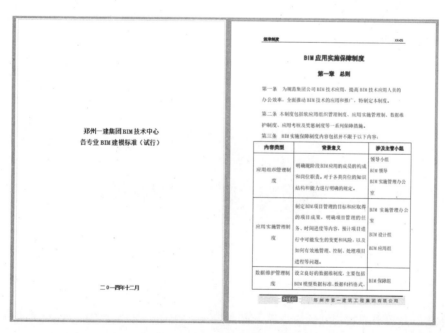

图 1　建模标准和保障制度的制定

3.2　BIM 技术在图纸审查和设计变更中的应用

在研究中使用 Autodesk Revit 和广联达两个建模平台，对土建专业进行建模（图 2、图 3）；同时，利用 Autodesk Revit MEP 进行机电建模；利用广联云检查功能提高了模型查错能力；各专业模型在 BIM 审图/Navisworks 中进行管线综合、碰撞检查；提高图纸的审查效率和准确性，虚拟建造过程过程中发现图纸设计问题 131 处，将问题提前给设计单位进行了反馈。业主要求设计单位针对各责任主体单位和蓝图审查单位提出的图纸问题进行修改，以保障在实际的施工中不出现图纸设计错误的而引起的返工现象。

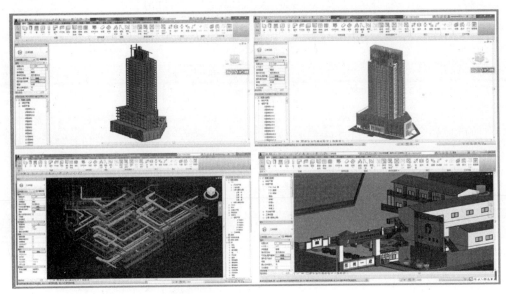

图 2　Revit 各专业模型搭建

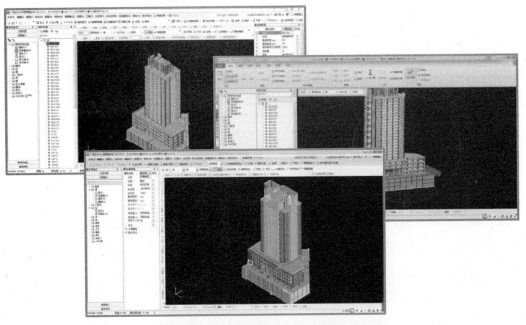

图 3　广联达各专业模型搭建

　　在目前的施工中，业主的设计需求日益多变，采用 BIM 技术建造模型，业主能提前的发现模型中不满足需求的设计，并提前要求设计院更改，减少事后发现问题而发生返工。

　　机电工程在施工过程中通过碰撞检查（图 4）、管线综合排布、标高控制、净空检查、维修空间检查、设备参数深化等 BIM 技术手段进行三维深化设计，并出具 PDF 三维管线综合排布图，按三维图纸施工，提高施工质量的可控性，减少设计变更和二次返工，节约设计和施工成本。

3.3　BIM 技术在进度管理的应用

　　项目采用广联达的 BIM5D 平台作为 BIM 集成平台，平台中进度和按流水划分区域模型相关联、模型和清单相关联形成 5D 模型，进行进度动画模拟和数据分析；对施工进度、人力、材料、机械设备等信息进行动态跟踪提取、分析和管理；根据平台使用功能和项目进度管理的现状，制定基于 BIM5D 的进度管理流程，规定相应的成果资料文档，保障了施工进度计划的顺利实施（图 5）。

序号	碰撞点	解决方案	是否变更	备注
1	11 轴线交 E~D 轴线处，管道与 1750 的梁交叉。	风管下翻避开梁，给排水管道，消防管道预留套管。	否	

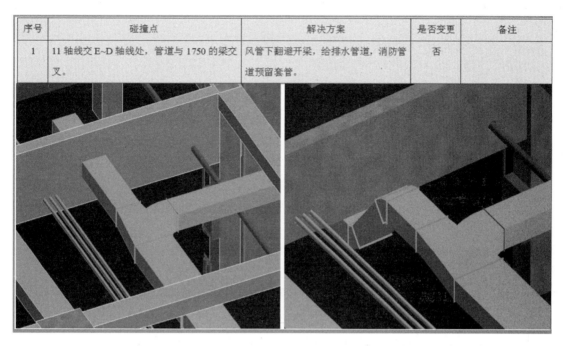

图 4　碰撞检查

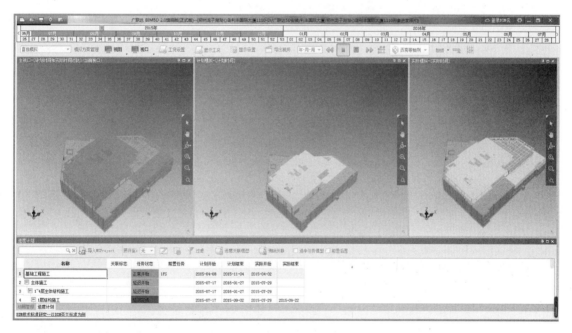

图 5　进度模拟

3.4　BIM 技术解决动态场地管理的方案

BIM 技术人员在进场前建立 Revit 场地模型，对施工场地进行可视化漫游模拟，不断优化施工场地布置方案，合理布局。按时间节点载入广联达 BIM5D 中，并在一定的时间点，移除或者增加场地构件和机械设备，来实现场地的动态管理，提高施工效率，减少二次搬运等不必要措施项（图 6）。

3.5　BIM 技术解决质量安全问题跟踪

采用广联达 BIM5D 手机端，现场管理人员用随身携带的手机随时对质量安全问题拍照、对问题进行描述、对专业和问题分类、将责任人和任务状态进行修改上传至云端，提高质量安全问题跟踪的效率，做到问题的随时记录、任务共享、不遗漏；在云端进行数据的整理和分析协助质量安全例会的开展，统计分析多发问题，并做好防范（图7）。

图6　基坑施工阶段场地管理

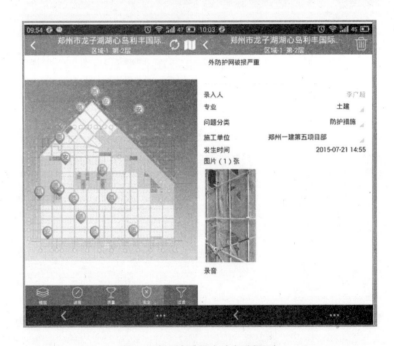

图7　手机端质量安全问题跟踪

3.6　BIM 技术在成本管理上的应用

在施工中采用广联达 BIM 算量模型，精确高效计算工程量，辅助编制工程预算。在广联达 BIM5D 平台中集成土建算量、钢筋算量和 Revit MEP 机电等多专业模型，并将进度、清单、模型相关联，形成资金曲线和资源曲线，对现场的作业工人和物料进行实时跟踪、精确计算和分析，并将 BIM5D 中月进度的清单工程量提取配合项目平台的使用完成项目的成本分析，提高管理人员的工作效率和项目过程成本控制的能力。在施工过程中，对工程动态成本进行实时、精确的分析和计算，提高对项目成本和工程造价的管理能力（图8）。

3.7　BIM 技术在技术管理中的应用

BIM 技术配合新技术和施工方案技术交底的三维展示、制作动画、漫游视频、工序模拟和方案优化等，实现建筑的虚拟建造。如：利丰国际大厦高低跨钢筋节点绑扎、汽车坡道方案前期优化、砌体结构的自动排砖、爬升式脚手架的三维方案、模板及其支撑体系三维方案等。可视化展示减少了沟通障碍避免二次返工，提高施工效率及质量；方案策划的模型信息为施工过程的资源调配提供合理有效的依据（图9）。

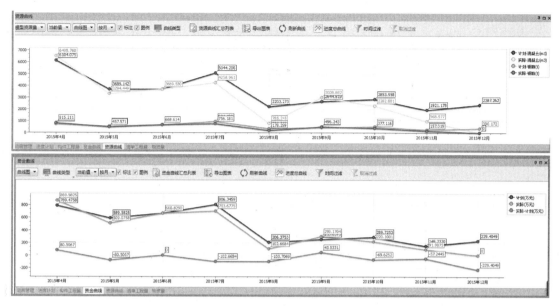

图 8　BIM5D 资源资金曲线

图 9　脚手架方案策划

4　结论分析

通过 BIM 技术在施工管理的应用研究，我们得出以下结论：BIM 技术的主要作用仍在于其可视化、协调性、模拟性、优化性和可出图性五大特性，该五大特性对项目的精细化管理起到极大的推动作用；BIM 技术的应用的落地实施需要改进原有的工作流程和项目管理方式，去粗放化为精细化管理，加强 BIM 技术人员的培养、提高现场管理人员的素质；新的管理方式需要与之相对应的完善的信息化管理工具和成熟的互联网技术来实现 BIM 数据的集成和协同；BIM 技术在建筑行业有其科学性、先进性和优越性，BIM+互联网技术的推广应用是大势所趋，大量数据处理工作由电脑来完成，极大降低了人的劳动强度和工作难度，工作效率得到提高；海量数据的形成、分析和应用为企业做出正确决策提供了有效的数据支撑，同时保证了决策的科学性，其经济效益的落实依赖于精细化的项目管理。

参 考 文 献

[1]　丁烈云 . BIM 应用·施工 [M] . 上海：同济大学出版社，2015：206-237.

[2]　张建平 . BIM 技术研究与应用 [J] . 施工技术，2011 (1)：15-18.

[3]　赵雪锋，姚爱军，刘东明，等 . BIM 技术在中国尊基础工程中的应用 [J] . 施工技术，2015，44 (6)：49-53.

基于 BIM 的剧场地板座椅送风口定位
优化施工技术

蒋养辉

（青建国际集团有限公司，山东 青岛 266071）

【摘　要】剧场观演类建筑的空调系统设计中，地板座椅下送风方式施工中受各种原因影响，在结构成型后再定位开孔，导致部分位置无法开孔，直接影响设计风口送风量及送风均匀性，且后开孔导致部分结构钢筋被打断，也影响结构强度及安全，本文结合工程实例对剧场地板座椅下送风风口在施工前进行 BIM 建模和优化设计，合理确定风口位置，对风口安装位置进行合理优化，确保在机构施工时同步预留孔洞，从而提高了工程施工质量和效率，对剧场地板座椅送风施工具有参考价值。

【关键词】BIM；座椅送风口；定位优化

在剧院、体育馆等大空间观演类建筑的空调系统设计中，由于下送风方式具有适应性和节能性等优点，被越来越多的工程所采用。在座椅下送风空调系统中，较常采用由建筑结构形成的空间作为静压箱来实现均匀送风，但在静压箱结构施工过中，大多座椅下送风采用座椅送风柱送风，见图1，施工中受座椅、结构复杂等因素影响导致无法准确定位，如座椅形式及规格尺寸、装修设计风格等因素，往往在结构成型后才能定位开孔，导致复杂大尺度静压箱有较多梁、柱等结构构件位置重叠无法开孔，直接影响设计风口送风量，在一定程度上影响到静压箱内压力分布的均匀性，无法保证空调风量平衡，从而影响到观众区的气流组织、热舒适性和室内空气品质[1]；且后开孔结构钢筋部分被打断，也影响结构强度及安全。笔者结合工程青岛大剧院工程实例对剧场地板座椅下送风风口在施工前进行 BIM 建模和优化设计，对风口安装位置进行合理优化，施工前确定风口位置，确保在结构施工时同步预留孔洞，从而提高了工程施工质量和效率，消除了后开孔对结构质量对剧场地板座影响，椅送风施工具有参考价值。

1　青岛大剧院工程及大剧场空调设计

1.1　工程简介

青岛大剧院项目（图1），总建筑面积 87401m²，由 1600 座大剧场、1200 座音乐厅、400 座多功能厅、客房接待中心和演员艺术交流中心组成，属特大型剧院，是青岛文化设施建设成果的里程碑和文化地标建筑。

1.2　大剧场空调设计

大剧场采用座椅送风口方式，大剧场的一层池座部分共 1052 个座位，部分座椅下方没有开设出风口，实际有效出风口 843 个。

该工程的大剧场通风空调系统采用座椅送风方式，底部设置静压箱。池座部分的座椅及风口布置图如图2所示。

池座部分下方的静压箱面积约 1000m²，体积约 2260m³。其平面图和剖面图如图3和图4所示。

图 1　大剧场实景图

【作者简介】蒋养辉（1973-），男，副总工程师/高级工程师。主要研究方向为工程施工管理技术研究。E-mail: jyh0825@163.com

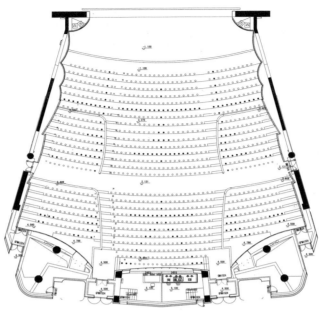

图 2　大剧场池座部分座椅及风口布置图

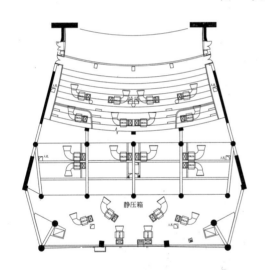

图 3　静压箱及内部送风口

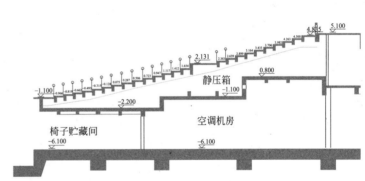

图 4　静压箱剖面图

2　风口定位优化设计

在通常地板送风设计中，看台静压箱大部分为钢筋混凝土结构（其中也有部分为钢结构），座椅下送风基本以座椅送风柱送风为主（见图 5、图 6），当然可包括地板散流器和座椅分离形式（见图 7、图 8），由于地板座椅送风柱送风风口与座椅一体，要求定位更为准确，因此本文按照混凝土结构座椅送风柱送风考虑进行叙述。

2.1　技术准备

（1）收集设计电子版图纸，如看台建筑及结构图、风口位置图、桌椅定位图等；

（2）收集已确定座椅形式相关尺寸图纸；往往在结构施工阶段，座椅由于需满足整个剧场精装修效果等要求，精装修方案图纸不能及时确定，导致座椅也很难及时确定，是造成地板送风口难以在静压箱结构施工阶段直接预埋的主要原因；了解座椅送风柱安装方式及定位尺寸。

2.2　现场复测

根据设计图纸，复测现场看台各排相关尺寸是否满足设计要求，如存在偏差应进行修正，如各排的宽度、长度、高度、每排的水平度等。

图 6　座椅（带送风柱）

图 7　座椅送风柱（称重式、非称重式）

图 7　普通座椅

图 8　地板散流器

2.3　风口定位设计优化

（1）静压箱结构较为简单时，可以将几张 CAD 电子版图纸按照位置进行重叠，复核座椅位置及结构梁、柱等构件是否有位置重合，如发生重合，此位置开孔经无法预留，需提出解决方案。

（2）通常情况下，剧院、体育馆等大空间观演类建筑剧场为追求剧场的标新立异，设计的看台静压箱结构都较为复杂，简单使用电子版重叠的方式，很难全部发现问题；这样需借助 BIM 技术，对看台结构进行三维模拟，在三维模型上进行开孔模拟，根据模拟发现开孔与结构构件位置重合部位，提出解决方案。下面以青岛大剧院工程为例，该工程池座部分座椅风口开孔 824 处。

①静压箱模型建立：采用三维建模软件（Revit）进行结构三维模拟，结构对称的可以完成一半模型，减少三维建模和检查工作量，如图 9、图 10 所示。

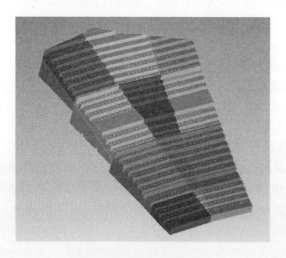

图 9　剧场看台模型渲染图

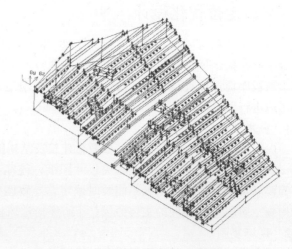

图 10　剧场看台模型图

② 利用检查软件（广联达审图软件）对开孔位置与梁柱等构件进行碰撞检查，经过碰撞检查发现重合部位 54 处，如图 11 所示。

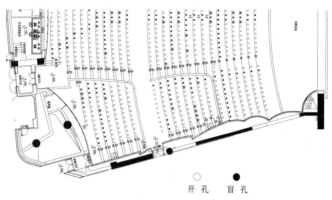

○　●
开孔　盲孔

图 11　风口重合部位图

（3）开孔位置重合部位处理

将发现位置重合部位进行统计分析和编号，提交设计院结构工程师和暖通工程师进行分析处理：

① 结构构件调整

重合部位结构能调整的部位，结构工程师根据设计验算进行分析，提出处理意见，调整结构图纸，部分重合部位可得到解决，大剧院项目大剧场调整结构解决 28 处。

② 局部风口移位

根据结构工程师意见，不能调整部分，将风口位置从座椅立柱位置移位，移到立柱外，直接安装地板散流器解决；大剧院项目大剧场风口移位解决 20 处。

③ 局部风口取消

在重合部位处构件比较密集，以上两种方式均无法解决情况下，取消部分送风口，其他送风口数量如能满足设计风量要求，征求设计师意见，将该处空调送风口取消。大剧院项目大剧场风口取消 6 处（取消风口数量小于 1％），经设计师确认，取消风口数量不影响设计风量要求。

3　施工流程及要点

3.1　施工流程

施工准备→现场测量→设计优化→风口套管预制→定位放线→配合静压箱预埋套管→养护→套管拆除→风阀及座椅立柱固定→系统调试。

3.2　风口套管预制与预埋

根据选型座椅送风柱直径，确定套管直径，要求套管直径比送风柱立柱大 4～6mm，且在预埋时确保套管与观众席地面垂直，送风柱能插入预留孔中；套管材质可采用钢套管或塑料套管。

3.3　定位放线

根据座椅排布图纸以及局部调整图，绘制风口开孔图，现场进行定位放线，考虑到剧场左右对称，放线可从中间对称线开始，向两侧进行，先确定中间对称线位置，剧场每排为弧形，确定弧形线位置，从中间交点开始，按照座椅间距，根据孔位定位图在模板上每排逐个确定孔位圆心，根据圆心画出套管轮廓线，确定套管安装位置。

3.4　配合静压箱施工套管预埋：

钢筋绑扎中将套管与钢筋网固定，在浇筑混凝土时做好旁站和调整，避免在浇筑砼时移位，保证套管与模板垂直，其他预埋要求与水暖工程预留孔洞套管相同，这里不再赘述。

3.5　养护及套管拆除

混凝土达到强度后，及时拆除套管，拆除时避免孔洞损伤，造成二次修复。

3.6　风阀及座椅立柱固定

地面完成自流平后，铺设木地板，注意木地板留孔应和预留套管一致；安装调节阀，固定送风柱，送风柱在与地面固定式装设橡胶垫密封，在固定送风柱时应按照座椅安装图纸安装，注意顶部固定座椅螺栓方向，确保座椅安装方向正确[2]，见图 12、图 13。

图 12　风量调节阀　　　　　　　　　　　　图 13　送风柱

3.7　系统调试

采用风速仪测量风口处风速，根据计算风口面积计算送风量，将送风量与设计风量进行对比，偏差小于 15% 为合格[3]，对不合格点调整风阀开启度，进行复测，直至满足设计风量要求。

4　经济效益分析

按照青岛大剧院项目 1600 座大剧场为例，开孔数量 843 个，地板送风按照现场与结构施工同步预留及后期结构开孔两个方案考虑对比分析：

方案一：现场与结构同步埋埋预留

静压箱看台按照分 8 段分区浇筑施工；预制塑料套管数量 150 个考虑周转使用和破损；考虑套管按照 PVC dn200，套管长度按照 200mm 考虑，配合人工 4 人，工期 24 天。

方案二：后期开孔方式

现场开孔采用水钻施工，考虑数量较多采用 8 台水钻钻机同时施工，每台钻平均每天钻孔 6 个考虑，考虑混凝土内有钢筋因素，按照 18 天计算，开工后静压箱内垃圾及混凝土块清理，开孔中需不断核实该处能否开孔，需打断部分钢筋影响结构安全。

两种施工方式费用对比见表 1。

不同施工方式费用对比分析　　　　　　　　　　表 1

序号	施工方式	数量	综合单价（元）			合价（元）
一	预埋预留方式		综合单价	人工及机械费	主材费	
1	套管制作费（按照塑料套管）	150 个	30	6	24	4500
2	套管安装拆除费	96 工日	300	300	0	28800
3	扎丝	100kg	3.5	0	3.5	350
	合　计					33650
二	后期开孔方式					
1	水钻 DN200 开孔	843 个	200	140	60	168600
2	垃圾清运费	1 项	500	500		500
3	混凝土浪费	6.7m³	450	100	350	3015
4	合　计					172115
三	费用节约额					138465

经对比分析，1600 座大剧场提前预埋预留孔洞方式比后开孔方式可节约费用 13465 元，另外，音乐

厅是 1200 座，按照同比考虑节约费用在 103848 元，总节约费用 242313 元，成本节约率可达 75.7%，从经济性来看效果明显，还不包括开孔作业工期 18 天的隐形成本。

5　结束语

常规的剧场座椅送风口施工大多为结构施工后开孔，本文通过施工前对风口位置进行三维建模优化设计定位，在静压箱结构施工中做到提前预埋套管，确保了设计要求开孔数量，从而保证了空调设计风量；避免了后期开孔造成结构破坏、混凝土浪费及粉尘、污水等环境污染，缩短了工期，降低了成本，社会效益明显，同时符合和谐社会节能减排低碳生活要求。对剧场等观演类建筑地板下送风风口施工具有参考价值。

参 考 文 献

[1]　GB 50736—2012 民用建筑供暖通风与空气调节设计规范 [S]. 北京：中国建筑工业出版社，2012.
[2]　GB 50738—2011 通风与空调工程施工规范 [S]. 北京：中国建筑工业出版社，2011.
[3]　GB 50243—2002 通风与空调工程施工质量验收规范 [S]. 北京：中国计划出版社，2002.

预制构件生产与装配一体化跟踪方法研究

杨之恬¹，马智亮²，张友三²

（1. 清华大学土木工程系，北京 100084；

2. 中民筑友科技集团，湖南 长沙 410201）

【摘　要】本研究旨在建立基于建筑信息模型（Building Information Modeling，以下简称 BIM）技术及射频识别（Radio Frequency Identification，以下简称 RFID）技术的预制构件跟踪方法，实现预制构件生产与装配过程一体化跟踪管理，以解决当前装配式建筑生产与施工进度难以协调的问题。首先，本研究对预制构件生产装配过程进行归纳及分析。然后，以此为基础，建立预制构件生产与装配过程一体化跟踪机制。最后，依据该机制，进行子系统的设计，以将其集成在本课题组前期研发的预制构件生产管理系统中。

【关键词】BIM；RFID；预制构件；跟踪管理

1　引　言

建筑工程装配式建造将预制构件的生产与装配分离，使得工厂化的生产与管理方式得以运用，进而实现缩短项目周期、提高建设质量的目的。其中，预制构件生产是建筑工程装配式建造项目中的关键环节。

为缩短工期，装配式建筑建造的预制构件的生产环节和施工环节是并行开展的。实际项目中，往往先遵循施工顺序，将预制构件划分为由早到晚的多个交付批，并以流水的形式组织其生产及装配过程。即完成前一个交付批预制生产之后，运至工地现场进行装配，与此同时，开始下一个交付批预制生产。

为保证上述过程顺畅进行，预制构件生产进度与施工装配进度的协调最为关键。如若生产进度相对滞后，将造成预制构件供应不及时，耽误施工；如若生产进度相应超前，将造成预制构件存储维护费用激增，甚至无处堆放。

实际装配式建筑项目中，预制构件生产进度及施工装配进度往往是由生产方和施工方分别负责和管理的，两者之间的进度协调依赖每周组织的进度协调会或双方电话通信，不仅效率低下，而且存在问题反映不及时、描述不具体等问题。

由于生产进度信息的实质是各生产任务当前状态信息的集合，故解决预制构件生产与装配进度协调问题的关键在于建立有效的预制构件生产施工一体化跟踪方法，以实现进度信息双向透明。近几年国内外相关学者已对相关问题进行了研究。例如，基于射频识别（Radio Frequency Identification，以下简称 RFID）技术，Čuš-Babič 等提出利用企业资源计划（Enterprise Resource Planning，以下简称 ERP）系统进行生产跟踪管理，利用基于 BIM 的项目管理系统进行施工跟踪过程，并绑定两系统中对应构件，实现生产与施工跟踪管理[1]。Irizarry 等利用 RFID 技术对预制构件等物料唯一标识，并与项目建筑信息模型（Building Information Modeling，以下简称 BIM）中对应构件信息唯一关联，实现物料供应跟踪管理，并通过引入地理信息系统（Geographic Information System，以下简称 GIS）技术及 BIM 技术实现供应过程

【基金项目】国家高技术研究发展计划资助（2013AA041307）

【作者简介】马智亮（1963-），男，内蒙古，教授。主要研究方向为土木工程信息技术。E-mail：mazl@mails.tsinghua.edu.cn

可视化[2]。然而，上述研究均以提前对生产中预制构件与 BIM 模型中构件实体相绑定为基础，提前区分了同型号预制构件，为生产管理添加了额外限制条件，将带来诸多不便，如交付及装配时必须在所有相同构件中找到指定构件[3]。应用于市政项目等标准化程度较高的项目时，该问题尤为明显。为解决此问题，Čuš-Babič 等在其前期研究基础上进行了改进，建立了 ERP 系统中构件信息与基于 BIM 的项目管理系统中构件信息弱映射方法，以取代直接绑定[3]。该方法能有效解决单项目生产及施工进度协调问题，但由于其映射方法存在不足，难以应用于多项目混合生产的实际情况。

本研究旨在建立基于 BIM 及 RFID 技术的预制构件生产与装配过程一体化跟踪管理方法，以解决当前装配式建筑多项目混合生产与施工进度难以协调的问题，并进行子系统的设计，将其集成在本课题组前期研发的预制构件生产管理系统中[4]。本文首先基于文献与实地调研，对预制构件生产装配过程进行归纳和分析。其次，建立预制构件生产与装配一体化跟踪机制。最后，建立相应子系统架构。

2　预制构件生产与装配过程分析

依据我国《装配式混凝土结构技术规程》JGJ 1—2014，结合相关文献及实地调研结果，本研究将预制构件生产到装配的过程划分为以下 5 个主要环节，即深化设计、构件生产、构件存储、构件交付及构件装配。

（1）深化设计。依据相关规范，结合生产、运输与施工实际条件，对设计结果进行补充完善，最终形成各型号预制构件生产加工图。

（2）构件生产。考虑生产工艺、经济指标等因素及施工单位的要求，编制生产计划，并据此组织生产。

（3）构件存储。将已产出的预制构件在厂内临时存放。

（4）构件交付。依据交付计划，将预制构件组成交付批，并运输至各工地交付。

（5）构件装配。施工方依据施工进度安排，装配预制构件。由于各项目管理水平的差异，预制构件在装配前还可能经历短暂的存储过程。

表 1 对上述各环节特点进行了分析。其中，生产方主导的深化设计、构件生产、库存与交付环节中多个项目的预制构件会集中处理，因为一个预制生产车间往往同时承担该区域内多个项目的业务，而各个项目的构件装配往往由独立的施工团队完成。此外，在构件生产及库存与交付环节，同型号的标准构件依据标准化模式管理，不被区分，而构件装配环节，同型号构件因被安置于不同位置，而被区分。

预制构件生产与装配各环节特点分析表　表 1

	深化设计	构件生产	库存与交付	构件装配
业务主体是否同时处理多个项目	是	是	是	否
同型号构件是否会被区分	—	否	否	是

从信息处理的角度看，预制构件由生产到装配的过程实际是额外信息逐步附加的过程，也是逐步具体化的过程。当多个项目均向某预制厂采购相同型号预制构件时，在生产初期，各构件被分配到哪个项目、被装配到哪个位置均未确定，且可能随着计划调整发生变化；当预制构件装车之后，便唯一确定了其要分配的项目；而当预制构件进行装配时，才最终确定其装配的位置。生产中的构件不具备施工过程信息，而装配中的构件却具备生产过程信息。因此，生产方想要跟踪装配进度时，可直接获取施工方的装配记录；而施工方想要跟踪某个项目某个位置的预制构件当前的生产状态，需要预期构件的装配位置，再查询该构件当前生产状态。

3　预制构件生产与装配过程一体化跟踪方法

3.1　跟踪机制

基于上述预制构件生产与装配过程分析，本研究建立了预制构件生产与装配过程一体化跟踪机制，如图1所示。该机制主要分为业务环节、信息读取、信息管理三个层面。

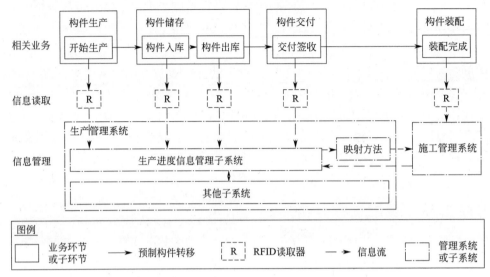

图1 预制构件生产与装配过程一体化跟踪机制图

基于协调生产施工进度的目的，本机制仅针对第二章中所述主要业务进行状态跟踪，而不跟踪业务细节。此外，考虑到两相邻业务之间，构件状态采集节点可以共用，故本机制在以下时间节点记录的预制构件状态，即，开始生产时、构件入库时、构件出库时、构件所在交付批签收时及装配完成时。相应地，预制构件状态包括未开始生产、正在生产、库存中、运输中、等待装配及装配完成。

本研究假设，每个预制构件将嵌入一个电子标签，用于保存预制构件型号，并唯一识别预制构件。由于到预制构件的生产过程易对标签造成污损，且其蒸养工序高温高湿，并且为保证扫描操作的方便，应避免贴近读写，因此作为电子标签，本研究选用 RFID 技术对各预制构件进行跟踪标识，并采用超高频（868～956MHz）RFID 读写设备及芯片。

考虑到预制构件生产与装配各环节均有不同特点，本机制中生产状态信息利用基于数据库的生产管理系统进行管理，而装配状态信息利用基于 BIM 的施工 4D 管理系统进行管理。如第 2 节所述，用生产管理系统可直接获取施工管理系统中进度信息；而用施工管理系统获取生产进度信息时，需首先将生产中预制构件向施工管理 BIM 模型映射，然后获取各构件当前生产状态。

3.2 映射方法

基于第 2 节对预制构件生产与装配过程的分析，本节建立生产过中的预制构件向施工管理 BIM 模型中对应构件实体的映射方法。

针对生产过程中的预制构件，在施工管理 BIM 模型中寻找其对应构件实体遵循图 2 所示流程。首先，依据当前生产进度，可确定该构件在产出序列中的排序。其次，由于先配送的交付批需要先装车，并结合装车计划，可以确定该构件对应的具体车辆。然后，依据该车的配送计划，可以确定该构件的配送项目。最后，依据现场装配方案，可以确定该构件对应的施工管理 BIM 模型中具体构件。此外，非生产中的预制构件，则跳过已完成的环节开始映射。

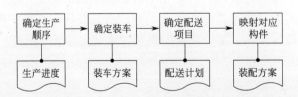

图2 预制构件生产状态信息向施工管理 BIM 模型映射流程

若同一批次交付的预制构件中有同型号构件，现场装配时往往随机选取。因此，上述映射过程的最后一步存在不准确的情况。但基于协调生产及装配进度的应用目的，此偏差在容许范围之内，可忽略不计。此外，当生产或装配计划发生变动时，可重复上述流程，更新映射关系。

例如，若 A、B、C 分别代表不同预制构件型号，且 A_1、A_2 代表 A 型构件的不同个体，相应构件的生产顺序依次为 B_1，B_2，A_1，C_1，C_2，A_2，装车方案及配送计划为 1 号车及 2 号车均装载 A、B、C 型构件各 1 个，分别配送至项目 1 和 2，其中 1 号车先发车，项目 1 的吊装顺序依次为位于 L_1 位置的 B 型构件，位于 L_2 位置的 C 型构件，位于 L_3 位置的 A 型构件。则当 RFID 感应器探测到 B_1 构件正进入生产状态时，要在施工 BIM 模型中表示其状态信息时，可按以下过程寻找其所对应 BIM 实体。首先，依据生产顺序及装车方案可确定 B_1 构件对应 1 号车，依据配送计划可知该构件将被送至项目 1，最后依据装配计划可知该构件对应于 BIM 模型上 L_1 位置的构件，如图 3 所示。

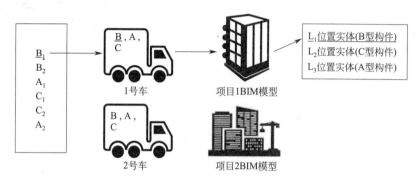

图 3　预制构件生产状态信息向施工管理 BIM 模型映射示例

4　子系统架构

基于上述预制构件跟踪机制和映射方法，将建立预制构件跟踪管理子系统，并将其集成到本研究前期研发的生产管理系统中，用于协调施工进度和精细化管理生产、库存、运输及交付过程管理[4]。考虑到对应业务过程涉及多个参与方，需要同时支持移动和固定平台使用，且总体计算量不大，因此本研究选择 B/S 结构实现该子系统，进而建立了子系统架构，如图 4 所示。

本子系统主要面向生产管理人员与施工管理人员，提供生产装配进度一体化跟踪对比服务，故分别设有相应用户界面。以图 1 中所示预制构件生产与装配过程一体化跟踪机制为基础，主要功能模块包括生产过程记录模块、进度信息跟踪模块和生产施工进度对比模块。其中，生产过程记录模块主要负责利用 RFID 设备记录生产过程，采集构件生产状态；进度信息管理跟踪模块主要负责基于 3.2 中所属映射算法，分别以表格及 BIM 模型的形式展现上一模块所采集到的生产及装配进度信息；生产施工进度对比模块主要负责分析进度信息跟踪模块中的进度数据，以便于用户决策。

本子系统主要数据应包含构件状态数据和各项目 BIM 模型数据。依据图 1 中机制，本子系统中所需的计划等其他信息取自生产管理系统其他子系统，装配进度信息取自施工管理系统，而生产进度信息的采集依赖 RFID 设备，因此分别留有相应接口。

5　结论

建筑工程预制构件生产及施工进度协调对生产和施工过程管理具有重要意义，而其关键在于开展效的预制构件生产施工一体化跟踪管理。通过对预制构件生产装配过程特点深入分析，本研究基于 BIM 及 RFID 技术建立了预制构件生产与装配过程一体化跟踪管理方法，并进行了系统设计，以作为本课题组前期研发的预制构件生产管理系统的子系统[4]。

应用本研究成果，可以在不带来额外管理负担的前提下实现预制构件生产施工一体化跟踪管理，可有效保障生产及施工进度的协调，有助于减少生产及施工库存，为实现装配式建筑精益化建造奠定了基础。

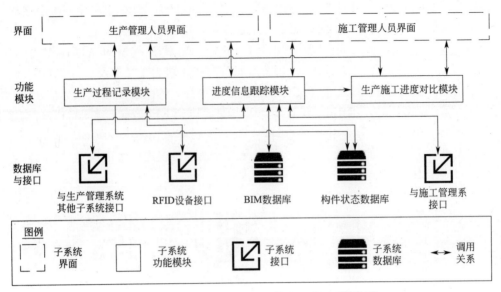

图 4　预制构件生产和装配一体化跟踪子系统架构

参 考 文 献

［1］　Babič N Č，Podbreznik P，Rebolj D. Integrating resource production and construction using BIM ［J］. Automation in Construction，2010，19（5）：539-543.

［2］　Irizarry J，Karan E P，Jalaei F. Integrating BIM and GIS to improve the visual monitoring of construction supply chain management ［J］. Automation in Construction，2013，31：241-254.

［3］　Čuš-Babič N，Rebolj D，Nekrep-Perc M，et al. Supply-chain transparency within industrialized construction projects ［J］. Computers in Industry，2014，65（2）：345-353.

［4］　马智亮，杨之恬. 基于 BIM 技术的智能化住宅部品生产作业计划与控制系统功能需求分析 ［J］. 土木建筑工程信息技术，2015，1：001.

基于 BIM 与 GIS 集成的
城市地下管线运维管理系统选型

马智亮[1]，任　远[1]，宋学峰[2]

（1. 清华大学，北京 100084；

2. 北京中宣智伟科技有限公司，北京 100076）

【摘　要】对城市地下管线运维进行信息化管理是当前趋势，为此需要开发管线运维信息系统。本文阐述了一种基于 BIM 与 GIS 集成的城市地下管线运维管理系统开发平台的选型过程。首先阐述选型方法，然后分析城市地下管线运维管理对开发平台的一般需求，对满足需求的四款软件进行综述，最后通过比较分析选出最合适的开发平台。该选型过程是后续系统研究的基础，对广大进行 GIS 系统开发的人员具有借鉴意义。

【关键词】Skyline；BIM；GIS；地下管线；运维

1　引　言

城市地下管线是城市重要的基础设施，被称作城市的"生命线"。为了提高城市地下管线的管理水平，减少地下管线事故的发生，很多城市都已开始对地下管线实施信息化管理。我国昆明、广州、南京等地已分别建立了城市地下管线信息系统[1-3]，用于向管线施工、运维提供信息。英国贸易产业部联合多家大学和企业发起 VISTA 项目（Visualising integrated information on buried assets to reduce streetworks），对英国地下管线进行探测后制成电子图纸，为各类道路作业提供了准确的管线信息[4]。

虽然目前已有很多信息系统可用于地下管线的运维管理，但这些系统基本都是基于 GIS 的，以二维平面形式表示管线，缺少管线的三维空间关系；系统中只是以符号替代管线，没有详细的管线及设施模型；地理要素没有属性信息，而是需要后期在系统中赋予等。这些不足限制了地下管线信息化的应用价值，亟需引入新的技术进行弥补。

将 BIM 用于运维管理是近年来的热点研究方向。在建筑运维管理中引入 BIM 技术可为各方提供一个便捷的平台，以实现设计、施工和运维的信息共享，提高信息的准确性，进而提高运维管理的效率[5]。BIM 在建筑运维中已有一些效果不错的案例，但在地下管线运维中还罕有应用，其应用模式和应用价值需要探索。考虑将 BIM 技术应用在城市地下管线的运维管理中，开发基于 BIM 与 GIS 集成的城市地下管线运维管理系统，结合 BIM 在三维可视化和 GIS 在大范围地理信息表达上的优势，提高管线智慧管理水平，同时探索 BIM 技术新的应用价值。

该系统的开发有两种思路，一种是从零开始自主开发，一种是基于已有软件进行开发。前者可以使得系统完全按照实际需求进行设计，并且获得完整知识产权，但是在投入成本上较大，还需要先行完成很多基础的工作。后者可在已有成熟系统的基础上扩展定制，省去了很多重复性的劳动，但是在成果的商业化推广上存在限制，同时也会受制于开发平台原有架构。本研究的目的是实现 BIM 与 GIS 在城市地下管线管理中的集成应用并进行验证，周期较短，综合考虑实际情况，决定采用第二种思路。本文首先就要解决开发平台的选型问题。

本文首先阐述选型思路和方法，然后分析城市地下管线运维管理对开发平台的一般需求，再对根据

【作者简介】马智亮（1963-），男，教授。主要研究方向为信息技术在土木工程中的应用研究。E-mail：mazl@tsinghua.edu.cn

需求要点调研主要相关系统开发平台并进行综述，最后依据选型原则确定最合适的开发平台。

2　选型思路和方法

系统选型是城市地下管线运维管理系统研究的关键步骤之一。选择合适的开发平台可以节省开发时间，使研究者将更多精力用在应用模式的创新上；选择了不合适的开发平台不仅可能无法满足用户的需求，甚至会无法实现原本的研究目标。所以，首先需要进行需求调研与分析，归纳城市地下管线运维管理对系统开发平台的一般需求。然后，根据这些需求要点在网络上对现有软件进行调研，找出满足要求的开发平台。在获取了这些开发平台之后，通过阅读功能说明书、亲自试用等方法了解它们的特点，对开发平台进行横向的对比。最后，根据相关原则选出最合适的开发平台，将其用于基于 BIM 与 GIS 集成的城市地下管线运维管理系统的开发。

3　城市地下管线运维管理对开发平台的需求分析

城市地下管线运维管理系统主要面向管线权属单位进行地下管线的运营和维护管理使用。根据行政法规规定和实际业务情况[7-9]，管线权属单位在地下管线运维管理中主要承担以下职责。

（1）运行状态评估

在管线各段设置安全技术防范设施，定期对管线进行运行状态的评估。

（2）管线巡护

负责建立地下管线巡护制度，开展日常巡护和定期维护，同时做好巡查和维护记录。

（3）危险源监测

对生产运送有毒有害、易燃易爆物料的地下管线所涉及区段进行重点监测，以保证管线及附属设施完好、安全、正常运行。

（4）安全预案管理

制定安全应急处置预案，定期开展应急演练。发生地下管线事故后，按照预案组织实施抢修，并向有关行政主管部门报告。

在实际操作中，系统将由权属单位的业务部门的管线巡护人员、信息部门的信息技术人员和管线运维主管使用，用于管线巡护、信息管理以及基于管线信息的综合决策。管线巡护人员要根据计划进行巡线，在系统中记录上报发现的管线问题，以及维修故障设施、更换寿命到期设备的情况；信息技术人员需要导入进行工程建模并导入系统，参照改造抢修结果更新模型，导入制定好的巡护计划和应急预案等；运维主管需要根据经验和工程实际制定应急预案，在突发事件发生时利用系统来辅助决策。

欲使信息系统支持以上情形的实现，系统应既支持导入电子地图、影像图、数字高程模型等 GIS 数据，也支持导入管道、管线设施等的三维模型，并将这些数据集成地显示在同一个三维模型场景中，提供给用户进行交互操作；同时，系统还需要支持用户根据管理需要自行对模型添加属性信息，并提供基本的查询与分析功能，支持用户的分析和决策需求。这些是城市地下管线运维管理对信息系统的一般性功能需求，这些功能应由拟选择的开发平台提供，对功能的详细描述如表 1 所示。

城市地下管线运维管理对信息系统的一般功能需求　　　　　　　　　　　　　　　　表 1

功能需求	需求描述
多源异质数据的导入	系统能够导入多种来源和格式的相关数据，具体包括矢量地图、栅格地图、遥感影像、数字高程模型、三维格式场景、三维模型等，并且导入的数据按类型分层有序组织
三维模型显示	能将各种模型、影像文件以统一比例尺和坐标系集成为一个三维场景并高效显示
三维模型交互	提供对三维场景的漫游、拾取、属性查看等基本交互操作
自定义添加属性信息	能够对导入系统的模型添加自定义扩展的属性信息
信息查询与分析	能对模型中的几何信息和属性信息进行查看、统计和分析

除以上功能需求之外，因为系统最终是面向用户，所拟选择的开发平台还应满足基本性能需求，包括在一般图形工作站上操作的流畅性、三维显示与渲染的真实性以及多视口显示模型时系统的稳定性等。

4　主要相关系统开发平台综述

将以上需求要点作为检索条件，在网络上对现有软件进行调研。经过调研，发现满足以上要求的主要有 ArcGIS、FZKViewer、SkylineGlobe、CityMaker 共 4 款软件可供选用。

4.1　ArcGIS

ArcGIS[10]是美国 Esri 公司开发的一套完整的 GIS 平台产品，具有强大的地图制作、空间数据管理、空间分析、空间信息整合、发布与共享的能力。ArcGIS 支持二次开发，并提供了 ArcGIS Runtime SDKs 和 ArcGIS Engine 用于开发时的辅助。除桌面版软件外，ArcGIS 也提供面向 Web 端的 ArcGIS Online、面向服务器端的 ArcGIS for Server 和移动端的 App。

4.2　FZKViewer

FZKViewer[11]是由德国卡尔斯鲁厄工业大学开发的一款支持 CityGML 和 IFC 数据文件的可视化浏览软件，支持 GIS 模型和 BIM 模型的集成显示、三维浏览与相互转换。并且在三维可视化之外，可以显示对象的属性和属性表信息。但由于 FZKViewer 属于研究性工具，所以未能找到详细的二次开发资料。

4.3　SkylineGlobe

SkylineGlobe[12]是由美国 Skyline 公司开发的三维空间仿真的三维数字地球场景和基于自身业务的可视化管理系统。主要包括用于浏览和分析的 TerraExplorer、用于三维建模和场景整合的 TerraBuilder、用于数据发布的 TerraGate。SkylineGlobe 支持通过二次开发扩展系统原有的功能，并提供 API 供自定义程序调用。SkylineGlobe 可以支持桌面、移动终端、多屏投影等显示终端运行。最新版本的 Skyline TerraExplorer 中，已经支持对 BIM 数据文件的导入和显示。

4.4　CityMaker

CityMaker[13]是清华规划院数字城市研究所和伟景行科技联合开发的 3DGIS 平台，包括用于三维地理信息生产的 CityMaker Builder、用于分析和浏览等服务的 CityMaker Server 和用于扩展开发的 CityMaker SDK。CityMaker 也提供桌面、移动终端等多种解决方案支持。CityMaker 通过两种途径支持对 BIM 数据文件的导入，一种是直接导入 IFC 文件，另一种是通过建立与其他 BIM 软件的接口来直接访问 BIM 数据[14]。

5　系统开发平台选型

以上四款软件产品满足了城市地下管线运维管理对于开发平台的一般需求，具体哪一款最适合用于本研究，需要基于研究内容的特殊性进行进一步的比较后确定。

5.1　选型原则

在选取已有软件作为二次开发平台时，软件对二次开发的支持程度是首要考虑的因素，理想的开发平台应提供完整易用的 SDK（Software Development Kit，软件开发工具包）给开发者进行开发。其次，因为研究拟进行 BIM 和 GIS 集成应用的探索，所以开发平台最好支持 BIM 数据文件的导入，如支持向已有三维场景中导入 .ifc、.rvt 格式的文件，这样可以节省一些文件接口上的开发工作。最后，应选取发布时间较近、并且始终在有规律地更新的软件作为系统开发平台，以防软件停止服务导致系统使用一段时间后失去支持。除以上原则外，软件最好在桌面、移动端和 Web 等多终端上都有相应版本，以方便系统在不同场合的使用。

5.2　开发平台对比

根据以上原则对 ArcGIS、FZKViewer、SkylineGlobe 和 CityMaker 四款候选软件进行横向比较，通

过对比找出最适合本研究的开发平台。对软件特性的了解来自于软件的功能说明书和亲自试用。四款开发平台的详细对比情况如表 2 所示。

四款候选开发平台的对比　　　　　　　　　　　　　　　　　　　　　　表 2

比较点	ArcGIS[10]	FZKViewer[11]	SkylineGlobe[12]	CityMaker[13][14]
支持二次开发，有充足开发资料	支持，提供 ArcGIS Runtime SDKs 用于多种终端的二次开发，并有丰富二次开发资料	不支持	支持，该系列软件中的 TerraExplorer 支提供 API 用于扩展开发，并由丰富二次开发资料	支持，提供 CityMaker SDK
支持导入 BIM 数据文件	不支持	支持，支持直接导入 .ifc 文件并显示	支持，可将 BIM 模型导出成 .fbx 格式再导入 TerraExplorer，该过程保留部分模型属性信息	支持，可直接导入 .ifc 文件或通过其他 BIM 软件如 AutoCAD、Microstation 的程序接口访问
软件较新，版本更新规律	满足，最新版 ArcGIS 10.3 于 2014 年底发布，基本每年更新一次	满足，最新版 FZKViewer 4.6 于 2016 年 4 月 28 日发布，基本保持半年发布一更新的频率	满足，主要使用的模型浏览器 TerraExplorer 最新版 Version 6.6.1 于 2015 年 11 月 9 日发布，基本每两年更新一次	不满足，最新版 CityMaker 7 已是 2012 年发布
多终端类型	支持，提供桌面版、移动版和 Web 版客户端	不支持	支持，提供桌面版、移动版和 Web 版客户端	支持，提供桌面版和移动版客户端

经过对比，发现 SkylineGlobe 满足所有条件，在四款软件中最符合选型要求，拟选取 SkylineGlobe 系列软件作为基于 BIM 与 GIS 集成的城市地下管线运维管理系统的开发平台。

6　结　语

本文阐述了基于 BIM 与 GIS 集成的城市地下管线运维管理系统开发平台选型过程，对选型采用的思路和方法及选型原则进行了详细分析，并且对 4 款主流的、可用于扩展开发的软件平台进行了综述和比较，最后选取了 SkylineGlobe 系列软件作为系统开发平台。本研究是后续基于 BIM 与 GIS 集成的城市地下管线运维管理系统的研究开发的基础，其过程和结论对有相似开发需求的研究者和软件开发人员有一定借鉴意义。

参 考 文 献

[1] 谢智强，王贵武. 城市地下管线信息化方法与实践 [M]. 北京：测绘出版社，2012.
[2] 张鹏程，丘广新，陈鹏，等. 广州市地下综合管线三维管理系统开发及应用 [J]. 测绘与空间地理信息，2015（10）：4-6.
[3] 肖姗. 三维展示让地下管线一目了然 [EB/OL]. （2015-11-12）[2016-01-11]. http://news.jstv.com/a/20151112/1447286073797.shtml.
[4] VISTA HOME[EB/OL]. [2016-01-11]. http://www.comp.leeds.ac.uk/mtu/vista.htm.
[5] 胡振中，彭阳，田佩龙. 基于 BIM 的运维管理研究与应用综述 [J]. 图学学报，2015（5）：802-810.
[6] 南京市规划局. 南京市城市地下管线管理办法[EB/OL]. （2012-01-18）[2016-06-13]. http://www.njghj.gov.cn/NGWeb/Page/Detail.aspx? InfoGuid=2ef3d612-373c-442f-8820-3513dc7761d2.
[7] 佛山市住房和城乡建设管理局. 佛山市城市地下管线管理办法（第二次征求意见稿）[EB/OL]. （2015-11-19）[2016-06-13]. http://www.fsjw.gov.cn/zmhd/yjzj/201512/W020151204403196863789.doc.
[8] 郑州市人民政府. 郑州市城市地下管线管理办法[EB/OL]. （2016-02-17）[2016-06-13]. http://www.henan.gov.cn/zwgk/system/2016/02/17/010620569.shtml.
[9] 昆山市人民政府. 昆山市城市地下管线管理办法[EB/OL]. （2014-10-1）[2016-06-13]. http://www.ksup.gov.cn/upload/201506/08/201506081533482362.pdf.
[10] ArcGIS[EB/OL]. [2016-06-13]. http://www.esrichina.com.cn/softwareproduct/ArcGIS/.

[11]　FZK Viewer[EB/OL].[2016-06-13].http://iai-typo3.iai.fzk.de/www-extern/index.php? id=1931&L=1.

[12]　　Products Overview[EB/OL].[2016-06-13].http://www.skylineglobe.com/SkylineGlobe/corporate/Products/Products_overview.aspx

[13]　CityMaker 官方网站[EB/OL].[2016-06-13].http://www.citymakeronline.com/.

[14]　CityMaker.BIM 专题‖BIM To GIS[EB/OL].(2015-09-23).[2016-06-13].http://www.wtoutiao.com/p/I96LSC.html.

一般 BIM 模型中招投标成本预算
所需判别信息的提取

刘　喆[1]，马智亮[1]，侯　杰[2]

(1. 清华大学土木工程系，北京 100084；

2. 广联达科技股份有限公司，北京 100086)

【摘　要】本文探讨从利用通用建模软件建立的设计结果 BIM 模型（以下称"一般 BIM 模型"）提取招投标成本预算所需判别信息的方法。不失一般性，作为例子，首先对相关规范的土建部分进行逐条比较分析，归纳出一般 BIM 模型需提供的招投标成本预算所需判别信息，然后利用三款主流的 BIM 通用建模软件分别进行某二层别墅建模，分析软件对这些信息的表达完整性及明确性，最后给出从一般 BIM 模型中提取招投标成本预算所需判别信息的方法。

【关键词】成本预算；BIM；信息提取

1　引　言

建设成本是建设工程各参与方最关心的问题之一，而招投标成本预算又是建设单位控制建设成本的关键一环。近年来，传统手算工程量并计价的成本预算方法已被各种三维翻模算量及造价软件取代，算量的效率及精度有了巨大的提升。但是采用当前的造价软件进行成本预算，仍需要花费大量时间及人力进行翻模，并且手动套用工程量清单及计价定额工作繁琐，容易出错。BIM（Building Information Model/Modeling，建筑信息模型/建模）技术的发展，为半自动化甚至全自动化进行招投标成本预算提供了可能性，可将成本预算周期从数周缩减为数天，大大减轻建设单位的融资压力。

现有的基于 BIM 的成本预算软件，尽管尚未成熟，但是已经可以省去翻模过程进行基本的自动算量工作，已有研究正在探索自动套用清单及定额的方法[1][2][3]。基于 BIM 模型进行成本预算可提高其效率，其中招投标成本预算所需判别信息的提取是基础。当前提取招投标成本预算所需判别信息的方法主要有两种，即，基于 BIM 通用建模软件（如 Revit，以下简称"通用建模软件"）进行二次开发[5,6]或基于从通用建模软件导出的 IFC（Industry Foundation Classes，工业基础类）数据[1-4]。在主流通用建模软件对 IFC 的支持较弱的前提下，二次开发是商用成本预算软件已采用的方法。但是二次开发方法受到通用建模软件开放接口的限制，并且需要随接口的升级变动而更新二次开发代码。若需支持多种通用建模软件，更需要开发多套插件，开发及维护成本较高。

随着软件版本升级，主流通用建模软件对于 IFC 的支持也越来越强，从导出的 IFC 文件中提取招投标成本预算所需判别信息也有一定的可行性。所以，大多数应用软件研究都是假设 IFC 可以无损导出，且 IFC 中有足够的信息[3,4]，而这一假设对于招投标成本预算难以成立。一方面，用于招投标成本预算的部分施工组织信息一般需由不同的投标施工企业根据自身的施工技术水平来补充，即，设计结果 BIM 模型中的招投标成本预算所需判别信息在理论上是不完整的。另一方面，通用建模软件预定义的信息属性，如构件类别、几何尺寸等，不仅较为有限，而且对于未预定义的信息，存在多种表达方式。如混凝土构件是现浇还是预制这一信息，若软件中未预定义，则建模人员往往会在构件名称，或混凝土材料名称中

【基金项目】国家自然科学基金资助项目（51278279）；清华大学研究基金（2011THZ03）；清华大学（土水学院）-广联达 BIM 研究中心基金

【作者简介】马智亮（1963-），男，教授。主要研究方向为土木工程信息化。E-mail：mazl@tsinghua.edu.cn

体现，或自定义属性。因此利用通用建模软件建立的设计结果 BIM 模型（以下称"一般 BIM 模型"）中的招投标成本预算所需判别信息在实践中存在不明确现象。当前，个别商业地产开发单位投入大量人力财力定制标准化构件库，构件库中的所有构件均赋予详细的信息，甚至包含施工工艺和对应的清单及定额编号。这种模式一旦成功执行，可实现自动化成本预算。然而这种模式主要应用于较为标准和成熟的项目中，且对建设单位及配合的各分包的数据积累、BIM 实施能力等有极高要求，尚不具有通用性。

本文探讨从一般 BIM 模型提取招投标成本预算所需判别信息的方法。首先针对房屋建筑的土建部分，对《建筑工程量清单计价规范》GB 50500—2008、《全国统一建筑工程基础定额》及《北京民用建筑信息模型设计标准》进行逐条比较分析，归纳出招投标成本预算所需信息，然后利用 Revit、ArchiCAD、TeklaStructures 三款主流的通用建模软件分别进行某二层别墅建模，从中分析一般 BIM 模中包含的、成本预算所需判别信息的完整性及明确性。最后，建立从一般 BIM 模型提取成本预算所需判别信息的方法。

2　招投标成本预算所需判别信息分析

2.1　招投标成本预算所需判别信息

招投标成本预算分为建设单位招标提供工程量清单及施工企业投标提供对应的综合单价及总价。建设单位将工程项目分解为建筑部件，并按一定的特征对这些建筑部件进行分类及汇总，形成清单项目，并分别计算各个清单项目下建筑部件的工程量之和，编制为工程量清单。施工企业基于建设单位提供的工程量清单，结合自身的工艺技术水平及施工组织计划，给出各项工程量清单考虑人工、材料、设备等费用后的综合单价。综合单价分别乘以工程量后再汇总，即为施工企业投标的总价，也是建设单位控制建设成本的重要指标。

工程量清单的编制需要遵循国家工程量清单规范，而综合单价的计算则需要参考地方定额及材料市场价格，少数企业在积累一定工程数据后可参考企业内部定额。以现浇混凝土梁为例，若设计中有一根梁的材料是混凝土，截面是矩形，现浇而成，且未注明特殊的结构功能，如圈梁或过梁，则对比清单规范，该梁符合清单项目"0101503002 现浇混凝构件 矩形梁"的描述。同理套用定额后，再按市场价格及施工企业工艺技术水平调整定额中人工、材料、机械费用并计算综合单价。

在套用工程量清单及定额的过程中，用于判断建筑部件是否符合特定清单项目或定额项目的信息，即为招投标成本预算所需判别信息。如上述例子中梁的材料、截面、浇筑方法等信息。为了进行半自动甚至全自动计价，需要设法提取招投标成本预算所需判别信息。针对房屋建筑的土建部分，作者研究团队曾通过逐条分析《建筑工程量清单计价规范》GB 50500—2008 及《全国统一建筑工程基础定额》，建立了招投标成本预算信息需求模型[1,2]，在此基础上归纳招投标成本预算所需判别信息，结果如表 1 所示。招投标成本预算所需判别信息分为类型信息、几何信息、材料信息、施工信息四大类，其中施工信息针对不同建筑部件和不同施工内容有不同的要求。

招投标成本预算所需判别信息　　　　　　　　　　　　　　　　　　　　　表 1

所需信息		取值说明
类型信息	类型大类*	土石方、基础、柱、梁、板、墙、楼梯、屋架、钢筋……
	类型子类	以梁为例，细分为普通梁、圈梁、过梁、吊车梁等
几何信息	几何参数（长、宽、高等）	数值
	横截面形状	矩形、异形、空心、拆线形、T 形、圆形……
	纵截面形状	普通、鱼腹……
	轴线形状	直形、弧形、拱形……
	整体形状	普通、带肋……
材料信息	材料大类*	混凝土、钢、木、砂石、土……
	材料子类	以混凝土为例，细分为清水混凝土、彩色混凝土等
	材料规格	以混凝土为例，取 C10、C15、C20、C25、C30、C35 等

续表

所需信息		取值说明
施工信息	土石方的回填方法	回填土人工松夯、回填土人工夯填、原土人工打夯……
	混凝土构件的浇筑方法	现浇、预制
	钢筋的连接方法	焊接、机械连接
	预应力钢丝束等的张拉方法	先张法、后张法
	……	……

注：* 类型大类、材料大类可分别通过类型子类、材料子类来间接获得。

2.2　设计结果BIM模型应有信息

由于BIM模型中信息的表达内容、表达信息有别于传统的二维CAD图纸，传统的设计文件编制深度规定不完全适用于设计结果BIM模型，因此，国家和地方还制定了BIM模型建模标准或导则，通过模型信息的深度等级来规范设计结果BIM模型中信息的表达。在北京市《民用建筑信息模型设计标准》中，模型信息深度等级按专业及是否几何信息划分，如表2、表3所示。在招投标阶段使用的设计结果BIM模型的建筑、结构专业的信息深度等级应在3.0～4.0之间。

北京《民用建筑信息模型设计标准》中结构专业几何信息深度等级表　　表2

序号	信息内容	深度等级				
		1.0	2.0	3.0	4.0	5.0
1	结构体系的初步模型，表达结构设缝，主要结构构件布置	√	√	√	√	√
2	结构层数，结构高度	√	√	√	√	√
3	主体结构构件：结构梁、结构板、结构柱、结构墙、水平及竖向支撑等的基本布置及截面		√	√	√	√
	……					

北京《民用建筑信息模型设计标准》中结构专业非几何信息深度等级表　　表3

序号	信息内容	深度等级				
		1.0	2.0	3.0	4.0	5.0
1	项目结构基本信息，如设计使用年限，抗震设防烈度，抗震等级，设计地震分组，场地类别，结构安全等级，结构体系等	√	√	√	√	√
2	构件材质信息，如混凝土强度等级，钢材强度等级	√	√	√	√	√
3	结构荷载信息，如风荷载、雪荷载、温度荷载、楼面恒活荷载等	√	√	√	√	√
4	构件的配筋信息钢筋构造要求信息，如钢筋锚固、截断要求等		√	√	√	√
	……					

2.3　招投标成本预算所需判别信息小结

针对房屋建筑的土建部分，通过逐条对比表1招投标成本预算所需判别信息及北京《民用建筑信息模型设计标准》中模型深度为3.0的设计信息要求，归纳出招投标成本预算所需判别信息如表4所示。其中，类型信息、几何信息、材料信息均应表示在模型深度为3.0的设计结果BIM模型中，而大多数的施工信息，如土石方的回填方法等，则不要求表示，或应由投标施工企业来补充。

招投标成本预算所需判别信息小结　　表4

信息类别	具体内容
类型信息	类型子类
几何信息	几何参数（长、宽、高等）；横截面形状；纵截面形状；轴线形状；整体形状
材料信息	材料子类、材料规格
施工信息	混凝土构件的浇筑方法；钢筋的连接方法；预应力钢丝束等的张拉方法；预应力钢丝束等的粘结工艺

3　通用建模软件对招投标成本预算所需判别信息表达的支持

3.1　通用建模软件及案例

标准中仅规定了模型中应该有第二章分析的信息，却未明确采用的建模软件及信息的表达方式。实际应用中，建模人员不同，建模软件不同，都可能导致相同的信息有不同的表达方式。为分析在一般 BIM 模型中招投标成本预算所需判别信息表达是否完整和明确，本文选用了 Autodesk 公司的 Revit 2014、Graphisoft 公司的 ArchiCAD 17 以及 Trimble 公司的 TeklaStructures 19 三款主流通用建模软件分别进行某二层别墅案例的建模，如图 1 所示。

图 1　某二层别墅 Revit 模型

3.2　通用建模软件对招投标成本预算所需判别信息表达的完整性及明确性

将模型数据与招投标成本预算所需判别信息进行对比，归纳各建模软件对招投标成本预算所需判别信息表达的完整性如表 5 所示。由于 3 款软件均支持自定义构件及属性，因此，除了 ArchiCAD 需要插件支持钢筋及其子类别、TeklaStructures 不支持土方及其子类别的建模外，其他类型信息、几何信息、材料信息、施工信息均可在其中以某种形式表达。

可见，尽管招投标成本预算所需判别信息可较为完整地表达，这些信息表达的形式却不统一：部分非常用构件需通过自定义构件进行扩展，材料规格也没有统一的表示方法，施工信息也需通过自定义属性进行描述，其在一般 BIM 模型中的表示的形式并不唯一。例如，ArchiCAD 中，材料子类及规格主要靠命名来区分，同样是 C30 的混凝土，可命名为"C30 砼"、"混凝土-C30"等，为成本预算软件提取材料规格信息带来困难。

为了解决这个问题，可以考虑两种方法：一种方法是，通过在建模标准中进行具体规定，约束非常用构件、材料命名方式及施工信息的定义属性，并在成本预算软件中进行对应于建模标准的配置，来提取招投标成本预算所需判别信息；另外一种方法是，在成本预算软件中考虑实际建模中各种可能情况，利用人工智能方法，提供自动解析功能，以提取相应的信息。

Revit、ArchiCAD、TeklaStructures 对招投标成本预算所需判别信息表达　　　　表 5

分类	具体内容	Revit	ArchiCAD	TeklaStructures
类型信息	梁、柱、墙、板等常规构件	√	√	√
	其他构件及其子类别	自定义构件	自定义构件	自定义构件
	钢筋及其子类别	√	需插件	√
	土方及其子类别	√	√	不支持
几何信息	几何参数(长、宽、高、各面面积、体积)；横截面形状；轴线形状；	√	√	√
	纵截面形状；整体形状	需根据几何模型数据分析或自定义属性		
材料信息	材料子类、材料规格	√	靠名称表示	√

续表

分类	具体内容	Revit	ArchiCAD	TeklaStructures
施工信息	混凝土构件的浇筑方法	√	自定义属性	√
	钢筋的连接方法	自定义属性	自定义属性	√
	预应力钢丝束等的张拉方法；预应力钢丝束等的粘结工艺	自定义属性	自定义属性	自定义属性

4　结　论

本文探讨从一般 BIM 模型提取招投标成本预算所需判别信息的方法。不失一般性，作为例子，首先针对房屋建筑的土建部分，对《建筑工程量清单计价规范》GB 50500—2008、《全国统一建筑工程基础定额》及《北京民用建筑信息模型设计标准》进行逐条比较分析，归纳出招投标成本预算所需判别信息，然后利用 Revit、ArchiCAD、TeklaStructures 三款主流的通用建模软件分别进行某二层别墅建模，从中分析一般 BIM 模中包含的、招投标成本预算所需判别信息的完整性及明确性。最后，给出了从一般 BIM 模型中提取招投标成本预算所需判别信息的方法。

参 考 文 献

[1]　娄喆．基于 BIM 技术的建筑成本预算软件系统模型研究［D］．北京：清华大学，2009．
[2]　魏振华．基于 BIM 和本体论技术的建筑工程半自动成本预算研究［D］．北京：清华大学，2013．
[3]　Lee，S. K. ，Kim，K. R. ＆ Yu，J. H. BIM and ontology-based approach for building cost estimation［J］．Automation in Construction，2014．
[4]　Lawrence，M. ，Pottinger，R. ，Staub-French，S. ＆ Nepal，M. ，P. Creating flexible mappings between building information models and cost information［J］．Automation in Construction，2014．
[5]　林韩涵．基于 BIM 设计软件的工程量计算实现方法研究［J］．建筑经济，2015．
[6]　阎瑶．基于 BIM 的工程预算管理研究［J］，华中科技大学，2015．

基于 BIM 的标准部品库管理系统

马智亮，蔡诗瑶

（清华大学土木工程系，北京 100084）

【摘　要】本文面向混凝土部品的生产过程和生产厂家，基于 BIM 技术，研制标准部品库管理系统。首先，分析当前生产阶段标准部品管理工作信息流，并对其进行优化；其次，根据优化后的工作信息流进行系统设计，建立系统架构，并利用开源的 IFC 工具实现系统；然后建立部品示例模型库，对系统的可用性和实际效果进行验证。结果表明，基于 BIM 的标准部品库管理系统可用于实现生产阶段标准部品信息的高效管理，提高深化设计效率，推动住宅部品的标准化、工业化发展。

【关键词】部品管理；建筑信息模型（BIM）；工业基础类（IFC）

1　研究背景

预制装配式建造一种是工业化的建造方式，需要在工厂进行预制部品的生产，并在现场进行组装，具有施工周期短、建设质量高、环境污染少等优势[1]。部品是构成建筑的功能单元，也是装配式建筑的基本组成部分。因此，部品生产是装配式建造过程的一个重要阶段，部品的标准化生产水平将对工程建设的整体效率和项目质量产生重大影响。

为了推动部品标准化、提高部品质量，许多国家从 20 世纪六七十年代起逐渐建立了各类部品库或部品目录制度，并处于不断发展之中，例如日本的优良住宅部品认证制度[2,3]、丹麦的通用部品目录等[4]。我国北京、上海等地也已建立了类似的部品库。这类部品库目前主要面向设计单位和建设单位，包含的部品信息仅限于文字和图片描述，而没有部品生产所需的大量参数，不适用于生产阶段。对于标准部品详细信息的管理，目前设计阶段通常采用标准图集、BIM 族库等方式，但这类方式存在一定的缺陷，例如，标准图集是纸质化或电子版的二维图纸，其中的信息难以直接提取利用；而 BIM 族库又往往局限于某个特定的 BIM 软件，难以用于项目其他阶段环节，不便与上下游进行信息交换。另外，由于部品生产信息与生产设备、工艺等多种因素密切相关，每个预制厂家在生产部品时具有自身的特点，且处于不断更新之中，单一、固定的标准信息难以满足生产阶段的需求。

目前部品生产阶段尚缺乏有效的标准部品信息管理模式，这导致深化设计周期长、部品信息传递效率低，且难以形成标准部品信息的统一和高效管理。

BIM 和数据库技术为解决上述问题提供了可能。其中，BIM 技术能为项目提供统一的信息模型，支持生产阶段与上下游阶段的信息交换和共享[5]，而数据库技术则能提供数据存储功能，使标准部品信息得到持续的积累，同时支持数据的网络化管理，有利于厂家内部与分厂间的标准化信息同步。将这两种技术整合应用于生产阶段标准部品信息的管理，将有助于实现信息的高效存取、传递与利用。

因此，本文基于 BIM 技术、利用数据库，研制标准部品库管理系统，通过形成系统化、网络化的信息管理模式，实现标准部品信息的统一、高效管理。本文首先对现有部品生产阶段标准部品管理的工作信息流进行分析和优化；然后在此基础上进行系统的设计与实现；接着，在数据库中添加了部品数据，并通过示范应用验证了系统的可用性；最后，对本文进行了总结。

【基金项目】国家高技术研究发展计划资助（2013AA041307）

【作者简介】马智亮（1963-），男，内蒙古人，教授，博士。主要研究方向为土木工程信息化。E-mail：mazl@tsinghua.edu.cn

2 生产阶段工作信息流分析与优化

本研究通过与相关人员的访谈，对目前混凝土部品生产的基本流程归纳如下：在预制混凝土部品的生产阶段，一般首先由设计单位完成构件拆分、节点连接等结构设计，预制厂的深化设计人员在此基础上结合业主、施工等各方的需求进行深化设计，生成实际可操作、可生产的图纸，并将深化设计图纸交给设计单位进一步审核，通过后方可进行生产。

本研究基于 BIM 技术，利用数据库，在预制部品的生产阶段引入了标准部品库管理系统，对工作信息流进行了优化，如图 1 所示。

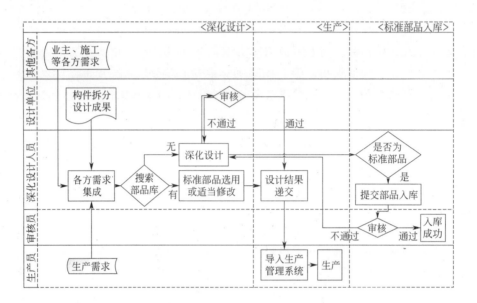

图 1 优化后的生产阶段工作信息流

深化设计人员整合了各方需求后，不直接进行深化设计，而是先在标准部品库中进行搜索，若已有的标准部品与所需设计的部品相同或相似，则可直接作为设计结果或适当修改后提交；若不存在符合条件的部品，则按原有路径进行深化设计。由于标准部品库中积累、整合了标准化的信息，重复性的深化设计大大减少，从而提高深化设计的效率。另一方面，如果部品库中不存在需要深化设计的部品，且该部品可作为标准部品，那么深化设计师先按原有路径深化并交由设计单位审核，然后将该部品提交到标准部品库中。经厂内审核人员进行入库审核并通过后，该部品就成为标准部品库中的可用部品。由此，标准部品信息得到集中管理，可供所有相关人员进行查看或使用。此外，标准部品库管理系统利用 BIM技术改变了部品信息记录与传递的形式，将深化设计的结果从原有的二维图纸改为"参数＋传统图纸＋BIM 模型（本研究采用 IFC 数据）"的形式进行存储和记录，方便计算机对相关数据进行提取、处理和传递；将工作信息流中的部分人工控制过程改为自动进行，例如深化设计结果中的相关参数可以从 IFC数据中获取，自动导入生产管理系统。

3 系统设计与实现

3.1 用户角色与功能设计

根据优化后的生产阶段工作信息流，本研究在进行标准部品库管理系统开发时，定义了以下用户角色：深化设计师，负责部品信息的提交、修改，并选用部品；技术负责人，负责部品入库审核；车间主任，可将部品导出到生产管理系统进行生产；系统管理员，负责系统管理和维护。

标准部品库管理系统的功能可分为用户管理和部品管理两个方面。其中，用户管理是指用户信息的录入与修改、用户记录的搜索与查看等，主要由系统管理员进行。部品管理功能支持 4 个关键工作过程：

部品入库、部品选用、部品导出和部品类型管理。其中，部品入库时，首先由深化设计人员将新建或修改后的部品信息提交到标准部品库管理系统，输入标准部品相关参数并上传部品模型和图纸，然后由技术负责人对提交的信息进行检查，确认通过后，该标准部品方可被使用。部品选用或部品导出时，用户首先查询和浏览部品信息，然后下载模型和图纸文档，车间生产人员还可将标准部品导出到生产管理系统。另外，考虑到部品生产阶段标准信息的更新很快，当标准部品库中内置的部品种类和参数类型不能满足厂家需求时，厂家需要自行增加部品的类型和参数，因此还需要部品类型管理功能。由此形成的系统功能如表 1 所示。

部品管理功能列表　　　　　　　　　　　　表 1

功能名称	功能说明	用户
部品上传	提交相关参数和文档，添加或修改标准部品记录	深化设计师
部品审核	审核部品信息是否符合入库条件	技术负责人
部品搜索	提交部品搜索的相关条件，系统根据条件进行筛选过滤，给出搜索结果	所有用户
部品查看	在部品列表中点击特定部品查看详细信息，并可在线预览三维模型	所有用户
文档下载	下载标准部品的模型和图纸	所有用户
部品信息导出	将标准部品信息导出到生产管理系统	车间主任
部品类型管理	新增、修改部品类型和参数	系统管理员

3.2　系统架构与开发情况

本系统采用 B/S 架构，如图 2 所示，系统自下而上可分为数据层、应用服务器层、应用功能层和用户界面层。数据层存储了标准部品管理系统所需的各类信息，主要包括部品文档信息、部品其他信息和用户信息等。应用服务器层主要负责对数据层提供的各类数据进行提取和处理，并实现 IFC 数据和三维图形数据的转化。其中，业务服务器采用 Java 和 JSP 编写，负责部品管理、用户管理等主要功能；BIM 服务器利用开源工具 xBIM 进行开发，所用语言为 C♯，负责解析 IFC 文件并显示部品的三维模型。二者相互独立，只进行参数传递。应用功能层利用服务器所提取和加工的各类信息，实现具体的部品和用户管理功能。用户界面层提供友好的人机交互界面，包括系统主要操作界面和三维模型视图界面。

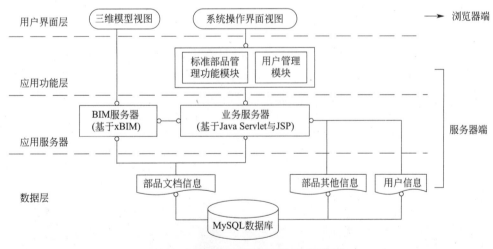

图 2　标准部品库管理系统的系统架构

目前，标准部品库管理系统已经实现了标准部品的存取、模型图纸的上传与下载、三维模型可视化展示、自定义部品类型等核心功能，并满足基本的搜索和查询要求，能较好地实现预制厂家标准部品信息的高效管理功能。

3.3　IFC 数据解析与三维图形显示

在图 2 中，标准部品库管理系统支持部品的 BIM 模型数据的管理，并通过 BIM 服务器支持对三维模型进行显示和交互操作，以便相关人员对标准部品信息进行直观的检查和管理。为了避免部品信息管理中对于特定 BIM 软件依赖性的问题，满足与其他软件之间相关数据的交换与共享，标准部品库管理系统的 BIM 数据采用了统一的 IFC 标准数据格式。IFC 数据需要经过解析才能用于 BIM 软件。目前已有一系列的开源工具实现了 IFC 数据处理和三维图形显示功能，本研究对 6 种常用的 IFC 开发工具进行了调研，包括 IFC TOOLS、BIMserver、xBIM、IFC engine DLL、IfcOpenShell 和 IFCsvr 等。

标准部品库管理系统中的三维模型来自深化设计结果的上传，不要求三维建模功能。另外，由于标准部品库中存储的是独立的部品，不必考虑部品间的关系，系统对解析速度、查询、遍历等功能的要求不高。因此，本研究选用了轻量级的 xBIM 进行系统 IFC 数据处理与图形显示功能的开发。xBIM 所用语言为 C♯，具有 IFC 数据的读取、创建和可视化功能[6]。将 xBIM 整合到标准部品库管理系统中后，只需传入 IFC 文件的地址参数，即可生成三维图形文件，并进行图形显示和交互操作。

4　系统的初步应用

本研究选取了常用的标准部品类型及相应部品导入系统，进行了初步应用。标准部品库中现有的部品类型包括叠合板、阳台板、内外墙板等共 11 种。每种类型下导入了相应的示例部品记录，这些部品来自现有标准图集和某师范学校宿舍楼项目工程。同时，利用 Tekla 建立了部品示例模型库，含各类部品模型超过 300 个。图 3 是叠合板模型的三维显示情况，用户可进行在线预览。系统支持三维模型的缩放、平移、旋转、切割、透明化等交互操作，方便用户直观而全面地获取部品信息。

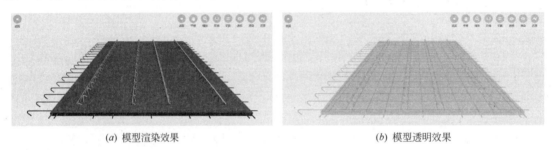

(a) 模型渲染效果　　　　　　　　　　　　　　　(b) 模型透明效果

图 3　叠合板三维模型

示范应用以部品入库、部品选用和部品类型管理这 3 个关键工作过程为例进行介绍。

在部品入库过程中，第一步是由深化设计师提交部品记录。在提交部品时，深化设计师首先在部品列表界面（图 4）点击"添加"，然后根据提示填写部品的详细信息，并上传相关的模型和图纸文件（图 5）。第二步是由技术负责人进行审核。技术负责人在页面上方导航条中点击"待审核"，在列表中找到需要审核的部品，点击"审核"，然后在审核页面选择是否通过，并填写审核意见。新的部品记录在通过审核之前，仅提交该部品的深化设计师和技术负责人可见，通过之后才能显示在其他用户的部品列表中，并可供使用。

图 4　部品管理列表界面

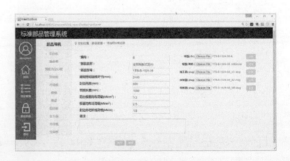

图 5　部品信息填写界面

当标准部品库中已存在一定数量的部品时，深化设计师可进行搜索和选用。如图 4 所示，深化设计师可以在导航条右侧选择"部品名称"或"型号"进行快速搜索，也可点击"高级搜索"，在弹出的高级搜索框中填写更为详细的条件进行搜索。在部品列表中点击"详情"，系统将跳转到部品详情页面。该页面显示了部品的关键信息，并提供在线的三维模型预览功能及模型、图纸下载功能。根据页面显示的参数和模型，深化设计师能基本确定该部品是否可用，如可用，则下载符合要求部品的模型和图纸，作为深化设计结果提交，不必重新设计。车间主任可按相同的方法进行搜索，点击列表中的"导出"，即可将部品导出到生产管理系统，从而避免人工输入。

随着项目变化和生产工艺改进，系统内置的部品类型可能无法满足厂家的生产需求，此时系统管理员可新建或修改部品类型。新建类型时，可选择一种现有类型作为参照。在设置参数时，可选择最关键的参数显示在主列表中，方便用户在部品列表界面进行快速筛选，而无需进入详情页面。

在上述应用情景中，系统为用户提供简洁的操作方法，实现标准部品信息的快速存储和使用，使标准化信息得到积累，并简化深化设计和参数传递的过程。同时，部品类型自定义功能增加了系统的灵活性，最大限度地满足客制化的要求。

5　结　论

本研究基于 BIM 技术，利用数据库，研究并实现了标准部品库管理系统，为混凝土部品预制厂家提供了减少重复设计、高效利用标准信息的新模式。该系统能进行标准部品信息的存取和导出，减少重复设计和人工输入，提高预制生产的整体工作效率；能利用互联网对标准部品信息进行统一管理，实现各部门或分厂间的信息同步；能适应标准部品种类和关键参数的更新，满足不同厂家的多样化需求。另外，本研究建立了示例部品 BIM 模型库，可供一般住宅建设项目使用。

参 考 文 献

[1]　刘康. 预制装配式混凝土建筑在住宅产业化中的发展及前景 [J]. 建筑技术开发，2015，42（1）.
[2]　周晓红，叶红. 中日住宅部品认定制度 [J]. 住宅产业，2009（Z1）.
[3]　Center for Better Living. BL 部品製品紹介 [EB/OL] [2016-06-06]. http：//www. cbl. or. jp/shoukai/.
[4]　白文志. 中国住宅产业化进程中部品体系研究 [D] [D]. 武汉理工大学，2011.
[5]　Eastman C, Eastman C M, Teicholz P, et al. BIM handbook：A guide to building information modeling for owners, managers, designers, engineers and contractors [M]. John Wiley & Sons, 2011.
[6]　xBIMTeam. The xBIMTeam [EB/OL] [2016-06-06]. https：//github. com/xBimTeam.

Revit mep 和 Navisworks 在天津大悦城 B3 区管网综合设计中的应用

于培民，冯领香，史宏丽，李　娜，陈　瑶

(天津财经大学商学院，天津 300222)

【摘　要】 建筑市场越来越大，对建筑物的功能要求也越来越高，现代建筑机电设备系统越来越复杂，使得建筑物内管线趋于复杂化，传统 CAD 软件已经不能很好地解决复杂的管线综合设计，Revit mep 和 Navisworks 软件为解决这一瓶颈提供了很好的工具。本文从 CAD 入手，经过 Revit mep 三维建模完成管线综合，进一步应用 Navisworks 实现漫游，很好地实现了多专业机电管网综合设计。

【关键词】 管网综合；BIM；Revit mep；Navisworks

2015 年，我国建筑业总产值达到 180757 亿元，全国建筑业房屋施工面积为 124.3 亿平方米。市场在不断地扩大，对建筑体的质量和功能要求也在不断地提高，同时建筑物内机电设备类别和体量不断增大，管线越来越密集、复杂。在建筑物建设过程中，安装工程大约占总体造价 30%，仅机、电、水和消防就占约 20%。传统的 CAD 设计软件已难以很好地满足设计需求。BIM 系列软件工具为解决这一难题提供了很好的帮助[1,2]。

1　BIM 在管线综合设计中的应用

Revit mep 为解决机电管线综合提供了有力的工具。目前工程项目管线设计中 Revit mep 和 Navisworks 的应用，多数仅应用于某个专业，例如给排水设计中的应用[3-5]，暖通设计中的运用[6]，电气设计中的应用[7-10]。而多专业管线综合设计仅在个别项目中得到应用，例如 Revit mep 在深圳证券营运中心工程中的应用[11]；BIM 技术在济南 A-2 地块综合楼管线综合设计中的应用[12]；基于 revit 的机电管线综合设计[13]；基于 BIM 技术的地铁车站管线综合安装碰撞分析研究[14]等。

CAD 软件可以完成管线综合设计，但是其二维的表示方法，对于复杂的机电管线系统设计尚存在不足。机、电、水和消防涉及复杂的管线，具体是给排水、暖通、强弱电及消防，施工图涉及水施、暖施和电施，在设计院也是分专业进行设计。到了施工阶段，各专业经常出现管路、线路冲突，只能通过现场项目经理会协调，变更设计交底完成施工。这不仅影响了工期，还造成施工阶段人力资源、建筑材料的浪费，甚至导致工程质量的下降[15]。Revit mep 通过三维深化设计和可视化功能，改善了设计人员之间的沟通，也方便了设计人员和客户的沟通[16-19]。Navisworks 对管线综合提供了进一步的查看和浏览，通过漫游和渲染，使用户对完整的设计模型进行协调和审查，并生成漫游动画。

本文为天津大悦城 B3 区实际工程项目，设计内容包括给排水、风机盘管主机配电、控制及送风管道、排烟排风管道、强弱电系统、消防喷淋和消防栓。实现了管线综合模型设计、碰撞检查和漫游浏览。

2　BIM 技术研究与应用情况

2.1　工程概况

天津大悦城 B3 区超级工厂，面积约 2700m²，内设 11 个商铺，层高 6m，梁 0.6m 高、0.4m 宽，具

【作者简介】 于培民 (1963-)，男，副教授，博士。主要研究方向为工程管理、建筑设备工程。E-mail：ypm218@sina.com

有面积小、专业多、管线复杂等特点。根据国家有关标准和甲方提供的图纸包括给排水、暖通、电气、消防和精装施工图，完成了 B3 区的水暖、照明和电力、消防、各专业桥架、水管、风管综合排布，管线分部在梁下和地面上 4m 范围内综合设计。

2.2 Revit mep 多专业管线综合深化设计

传统的 CAD 二维设计中，如果各专业的管线单独出图，无法体现管线之间的关系，如果各专业管线合并出图，图纸将无法分辨，如图 1 所示。

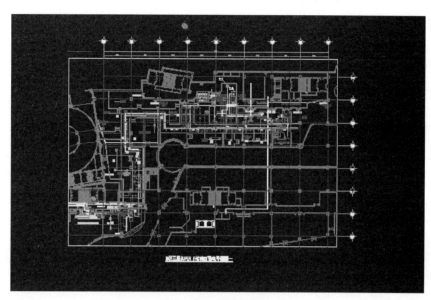

图 1 CAD 管线综合图

为了利用 BIM 技术对图纸进行了深化设计，首先在 CAD 二维平面进行了综合分部。之后，在 CAD 二维图纸的基础上应用 Revit mep 进行三维建模设计。在设计过程中采用先分工、后合并、再碰撞检查、最后深化碰撞部分设计的步骤，碰撞检查利用 Navisworks 软件完成。多名设计人员根据分工，分别负责给排水管路、强弱电桥架、各种风管和穿线管、暖通、消防的建模，各专业管线合并综合时遵守如下原则：

设备优先；小管避让大管；压力管道避让重力自流管道；金属管避让非金属管；给水管避让排水管；空气管避让水管；附件少的管道避让附件多的管道。

各种管线在同一处布置时，还尽可能做到呈直线、互相平行、不交错，预留施工安装、维修更换的操作空间、设置支柱、吊架的空间以及热膨胀补偿的余地等。

经过碰撞检查和多次设计调整，实现了 B3 区的综合管线设计，如图 2~图 4 所示。

由于设计对象包括一些非标准附件，团队成员设计了相应的族，例如风机盘管、灯管、吊灯、风扇、摄像头等。

2.3 Navisworks 动画漫游

在 Revit mep 设计的基础上应用 Navisworks 软件进行了渲染和漫游设计，制作了 5 分钟漫游演示，并导出视频提供给客户，完成管线综合可视化，促进了设计方与客户的沟通。如图 5~图 7 所示。

3 结论与展望

本文针对管网综合设计中 CAD 二维设计存在的不足，以及复杂设备系统三维深化设计的需求，介绍了天津大悦城 B3 区超级工厂管网综合设计解决方案中 Revit mep 和 Navisworks 的应用案例。该方案从甲方提供的给排水、暖通、电气、消防和精装施工等 CAD 图纸入手，经过 Revit mep 三维建模，完成了给排水、暖通、照明、电力、消防、各专业桥架、水管、风管综合排布，之后进一步应用 Navisworks 实现了动画漫游与演示。

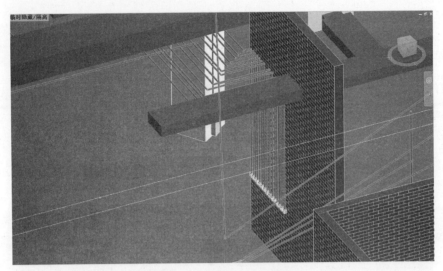

图 2 Revit mep 管线综合图局部（1）

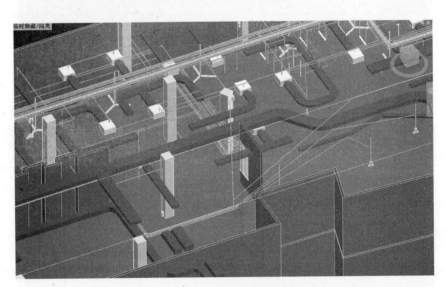

图 3 Revit mep 管线综合图局部（2）

图 4 Revit mep 管线综合图局部（3）

图 5　Navisworks 漫游截图（1）

图 6　Navisworks 漫游截图（2）

图 7　Navisworks 漫游截图（3）

Revit mep 和 Navisworks 为多专业管线综合设计提供了强有力的工具，本文所完成内容仅为这两个工具强大功能的一部分，作者还将根据项目要求，进一步进行动态施工模拟、工程量提取、参数分析等工作。

参 考 文 献

[1] 吕小彪，肖本林，邹贻权，等．基于 BIM 技术的 MEP 综合管线二次优化设计［J］．智能建筑与城市信息，2014，04：102-104.

[2] 张耀冬，杨民，龚海宁．浅析上海迪士尼奇幻童话城堡 BIM 技术的应用［J］．给水排水，2014，07：62-66.

[3] 顾海玲，归谈纯．BIM 技术在上海中心大厦建筑给排水设计中的应用［J］．给水排水，2012，11：92-97.

[4] 王希鹏．三维仿真技术在建筑给排水管道工程中的应用研究［D］．青岛理工大学，2013.

[5] 刘忠生．BIM 技术在乌海 A8 商业楼给排水设计中的应用［J］．给水排水，2015，02：72-76.

[6] 陈桢毅．Revit MEP 在暖通设计中的运用研究［J］．住宅与房地产，2016，15：230.

[7] 贺琳，何穆．BIM 在某办公楼电气设计中的应用［J］．建筑电气，2014，08：53-57.

[8] 刘京涛．长沙北辰新河三角洲 A1 地块城市综合体项目电气设计［D］．北京建筑大学，2014.

[9] 刘航，宋新启．BIM 在铁路客站电气设计中的应用［J］．建筑电气，2015，10：48-52.

[10] 来侃，马小军，朱亮．电气设备族在 BIM 照明设计中的应用［J］．电气应用，2015，02：30-34.

[11] 刘业炳，裴以军，黄立鹏．Autodesk Revit MEP 软件在深圳证券营运中心工程中的应用［J］．安装，2010，12：54-56.

[12] 徐文博，赵妍研，栗峰．BIM 技术在济南 A-2 地块综合楼管线综合设计中的应用［J］．绿色科技，2015，11：238-240.

[13] 贺琳，张恩茂．基于 Revit 的机电管线综合设计［J］．智能建筑电气技术，2015，01：36-41.

[14] 刘卡丁，张永成，陈丽娟．基于 BIM 技术的地铁车站管线综合安装碰撞分析研究［J］．土木工程与管理学报，2015，01：53-58.

[15] 潘霞，黄立鹏．三维技术在大型建筑综合管线施工中的应用［J］．施工技术，2010，S2：416-417.

[16] 高攀祥，赵妍妍．Revit MEP 软件在地下车库管线综合设计中的应用［J］．现代建筑电气，2014，07：29-32.

[17] 杨科，康登泽，徐鹏，等．基于 BIM 的 MEP 设计技术［J］．施工技术，2014，03：88-90.

[18] 秦山虎，唐香君，翟云龙，等．BIM 软件在宜兴文化中心项目的应用概述［J］．电子技术与软件工程，2013，23：121.

[19] 杨松明，安孟栓，王海斌，等．BIM 软件在宜兴文化中心管线综合布置中的应用［J］．电子技术与软件工程，2013，23：122.

施工过程智能化模拟主体及基础活动研究

郭红领，任琦鹏

（清华大学建设管理系，北京 100084）

【摘　要】 为了提高施工过程模拟的成效，本文在已有施工模拟方法研究基础上探索施工过程智能化模拟机理与方法，特别聚焦于施工过程模拟的主体及其基础模拟活动。本文首先对施工模拟的数据需求进行分析和整理，确定模拟主体（即建筑构件和施工资源），分析模拟主体信息模型，并研究其可视化表达方法，即将建筑物构件、施工机械等模拟主要元素映射到虚拟环境中，并将不同类型的数据通过 IFC 标准进行转换，从中提取主要的属性信息存储到数据库中。然后，结合智能化模拟的需要，对施工现场的作业活动进行抽象、总结，提取施工过程中的核心基础活动，包括构件模拟基础活动和机械操作模拟基础活动。本研究可为施工过程智能化模拟实现提供基础支持。

【关键词】 施工过程；智能化模拟；模拟主体；基础活动

1　引　言

智慧建造正逐渐成为全球建筑业发展的新趋势，智能化的建造过程可以节省人力、提高效率，通过精确的控制降低安全事故的发生。而实现智能建造需要通过先进的智能设备、技术手段和理念来对传统的建造施工过程进行改造和提升。目前我国的建筑业施工过程仍然是劳动密集型、事故频发型和智能化程度落后的一个行业。由于工程项目的建设周期较长、唯一性和不可逆性等特点，使得建筑施工业的效率较低，智能化程度不高。反观制造业，随着德国工业4.0研究项目的提出，制造业的发展在数字化、智能化的道路上稳步前进[1]，迈向了一个新的时代。

建筑工程项目的唯一性和综合性，使得施工经验不具有完全的复制性，施工的环境总处在不断变化的状态下，同时人员、机械、材料等资源的消耗也在动态地变化。这给施工管理带来了挑战。BIM（Building Information Modeling）和 4D（Four-Dimensional）技术的应用可以动态地管控、展示施工的过程并实时地统计资源消耗[2]，辅助解决施工阶段的规划和资源利用问题，能够给施工方提供更为完善和严谨的指导方案[3]。Eric 和 Martin 提出了 4D 的概念，既将三维建筑模型和施工进度计划相结合进行展示[4]，辅助设计和施工，同时还可以辅助解决大型、复杂工程施工中的问题。Zhou 等通过分布式实时协作来优化 4D 施工模拟方案，由多方交互协作制定的模拟方案更具有指导性和实用性[5]。Sheryl 和 Anul 提出了 3D（Three-Dimensional）模型到 4D 模拟的多套应用方案，并通过多个实际项目验证了 3D 和 4D 技术的应用有效地提高了生产率，减少了变更和返工，降低了成本，缩短了工期[6]。张建平等将 BIM 和 4D 技术相结合用于分析施工过程中进度、资源等冲突和结构安全，进而减少施工中存在的问题，提高施工效率和建筑的安全性[7,8]。斯坦福大学的综合设施工程（Center for Integrated Facility Engineering，CIFE）研究中心提出了实现全生命周期管控的虚拟设计与施工（Virtual Design and Construction，VDC）理论框架[9]。

为了进一步全面、动态地模拟真实的施工现场，其他维度的因素也逐渐被集成到施工过程中（即 nD，n-Dimensional）。除了成本、资源、结构安全等之外，多方的协作交流[10]、安全因素的识别[11]、工人沉

【基金项目】 国家自然科学基金资助项目（51208282，51578318）；清华大学（土水学院）—广联达 BIM 联合研究中心资助项目

【作者简介】 郭红领（1978-），男，副教授，博士。主要研究方向为建筑信息模型、虚拟施工、施工安全管理等。E-mail：hlguo@tsinghua.edu.cn

浸式体验与安全培训[12]、预制件的加工[13]、机械运作协调[14]、场地动态规划和管控[15,16]甚至是绿色能耗的考量[17]等都可以集成。随着 VR（Virtual Reality）技术在建筑业中应用的深入，更加突出了 nD 技术对施工过程模拟的全面性、协同性和交互性[18]，而 nD 技术广义上也是虚拟施工[19]表现的形式之一。VR 技术和 BIM 技术的结合可以推动施工管理技术的发展和变革，使工程参与方中的业主、设计方、施工方甚至是供应商和运营方之间的交流协作变得快捷和高效，通过施工前的推演和施工中的管控减少变更、返工，间接地降低了成本、减少了资源的浪费。

　　然而，现有研究较少对施工过程实现较为完善的智能化模拟。大多只是关注施工过程中的局部元素，如构件的碰撞检测、4D 模拟、造价等局部领域[20-22]，重点关注的是建筑物的模拟，而对人员、机械和材料综合的模拟较少。尽管一些研究在施工模拟中对其他维度的因素有所考虑，但是智能化模拟程度不高。为了实现施工过程的智能化模拟，本文结合 BIM 技术和 VR 技术，对施工过程模拟中的数据需求进行分析，以构建施工过程模拟必要的信息模型，并建立满足智能化模拟需要的基础模拟活动，为施工过程的智能化模拟提供基础的、必要的支持。本文将首先对基础模型数据进行整理、分析，基础模型数据包括各专业模型和资源模型，这些是模拟的重要元素，也是模拟的对象。同时提取模型的约束条件作用于施工模拟。之后提取模拟过程中与构件及资源相关的基础活动，从而辅助用户更加全面地进行智能化施工模拟。

2　模拟主体分析及虚拟表达

　　建筑构件和施工资源是施工过程模拟的主体元素。建筑构件涉及建筑、结构、机电等构件，而施工资源涉及施工机械、作业人员等。本文将对相关模拟主体的信息需求及表达方法进行研究。

2.1　建筑构件信息模型及表达方法

　　构件是构成建筑的基本元素，如何将现实中的构件映射到虚拟环境中，就需要对构件进行分析。首先需要将现实环境中的建筑物进行抽象，通过三维建模软件绘制现实中的建筑物，并将需要的信息添加到模型中，这样就形成了 BIM 模型。但由于不同的建模软件可能形成不同格式的模型文件，不利于数据的交换和传输，因此本文将建模软件所建立的 BIM 模型转换成一种通用的数据格式，也就是工业基础类（Industry Foundation Class，IFC）模型。然后将 IFC 模型的属性进行分离，主要包括几何属性和其他属性，利用几何属性可以将 IFC 模型在虚拟引擎中绘制出来，其他属性则可以根据需要进行提取使用。图 1 展示了建筑物虚拟化的过程。建筑构件的所有信息可以通过属性进行描述、表达，如图 2 展示了 IfcBuilding 的部分属性。

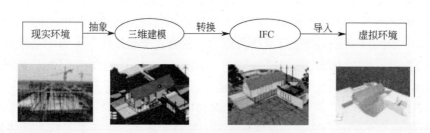

图 1　建筑物虚拟化流程

　　将数据转换为 IFC 模型后，将其导入到虚拟平台中，以便于对模型的解析和模型属性的利用。从 IFC 文件中提取必要的属性信息进行计算，从而辅助进行虚拟状态下的施工模拟。可以将 IFC 模型的属性分为两部分，一是几何和位置属性，通过几何属性完成模型在虚拟平台中的表达，而通过位置坐标生成构件的位置和待建位置；二是非几何信息，可以根据需要进行实时调用。几何信息和非几何信息之间通过构件 ID 或者唯一标识进行关联，然后将解析分离好的信息存储在数据库中。在虚拟平台中模拟时，首先调用几何信息完成建筑构件的模型表达，之后根据模拟的需要再调用属性信息，进而完成施工模拟。图 3 展示了 IFC 模型在虚拟平台中的表达过程。

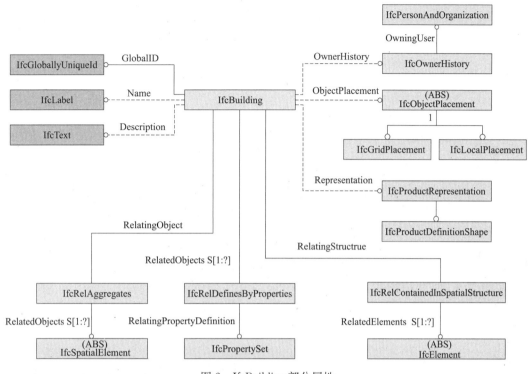

图 2　IfcBuilding 部分属性

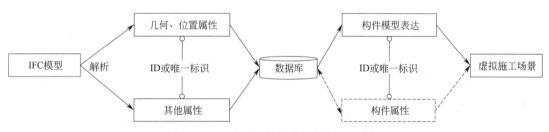

图 3　IFC 模型在虚拟平台中的表达过程

2.2　施工资源信息模型及表达方法

2.2.1　施工机械信息分析及表达方法

施工模拟需要通过参数来识别和控制机械的作业行为并进行分析。本文通过对现实中机械的分析获取机械的尺寸，以辅助构建机械模型。同时通过识别机械的运动规律和主要操作，提取施工机械的属性，以对机械模型进行控制。为了更加真实地模拟机械作业过程，需要了解机械在施工现场的约束条件，即需要考虑机械在作业过程中不同操作状态下所占用施工现场空间，这将有助于根据施工环境来调整施工机械的状态，从而指导制定高效、安全的施工方案。

本文将机械设备的属性分为：位置属性、整车属性、和工作属性。

位置属性确定施工机械在施工模拟过程中的坐标位置。机械的坐标位置在虚拟施工中至关重要，是机械的运动、操作等一系列分析的基础，同时对模拟计算结果有着直接的影响。位置属性主要体现机械所处环境的空间位置，在虚拟环境中即是在三维坐标系中的位置。为了更好地计算机械的行为参数，

图 4　汽车吊整车属性描述❶

---

❶　模型来源：http://www.3d66.com/

部分功能复杂的机械会有自身坐标系，所以机械的坐标需要在不同的坐标系之间进行转化。对于有相对坐标系的机械，存在一个自身坐标系的原点 $A=(0,0,0)$，其他组成部分的坐标换算成绝对坐标系的坐标可以表示为 $^A P=(x_1,y_1,z_1)$。

整车属性是指机械非工作状态下的外形尺寸和物理描述。主要包括施工机械的质量，非工作状态下的整车尺寸，机械主要组成部分的尺寸描述等。其中尺寸一般包括长、宽和高，必要时对于机械的主要组成部分进行进一步的细分描述，以对机械工作状态下的分析更为详细和准确。例如，吊车在非工作状态下只有整车属性是不够的，还需要根据机械的外形进行适当地细分描述，如图 4 所示，其整车属性的具体参数，如表 1 所示。

汽车吊整车属性　　　　　　　　　　　　　　　　　　　表 1

参数	分项	约束条件	参数值	单位
机械名称			汽车起重机	
品牌				
型号				
整车尺寸	长			mm
	宽			mm
	高			mm
机械重量				kg
支腿	纵向			m
	横向			m
基本臂				m
最长主臂				m
最长主臂＋副臂				m

工作属性是在工作状态下对机械外形变化的描述。在工作状态下，机械一些零部件会进行伸展，即所机械的外形尺寸会发生较大变化。工作属性包含的主要是机械在工作状态下引起占用空间发生变化的属性值。例如，汽车吊在工作状态下伸缩臂会根据需要进行调整，支腿会进行收缩等。因此机械的工作属性可能是实时变化的。工作属性也是表征机械工作效率或者效果的参数。例如，对于汽车吊而言，性能属性包括行驶速度、转弯半径、起重量和吊装工作速度等。这些工作属性在施工模拟过程中更多表现为隐形的约束条件。表 2 展示了汽车吊的工作属性。

汽车吊工作属性　　　　　　　　　　　　　　　　　　　表 2

参数	分项	约束条件	参数值	单位
行驶速度				km/h
转弯半径				m
转台尾部回转半径				mm
起重量				t
起重臂伸缩时间	全伸			s
支腿收放	同时放			s
	同时收			s
起升高度				m
回转速度				r/min
起升速度				m/min

机械设备的属性值通常都有取值区间，这些都是机械设备的约束条件。设备的约束条件使得机械运

动模拟更加真实，机械设备的约束条件在模拟过程中限定了机械运动所占用的空间，运动的角度、幅度、速度等。这些条件共同作用使得机械在不同自由度下的控制变得复杂。施工设备除了自身的约束条件外，还有环境空间的约束条件，如表 3 所示。

约束条件可以通过一个函数来表达：

$$P = \bigcap_{x \in X} P(x) \tag{1}$$

其中：P——满足所有约束条件下的可行操作范围；

　　　　x——表示不同的参数；

　　　　X——每个机械参数的集合；

　　$P(x)$——参数 x 满足约束条件下的可行操作范围。

满足这些约束条件下的运动就是机械在自身约束条件下的可行运动。

汽车吊约束条件　　　　　　　　　　　　　　　　　　　表 3

参数	分项	约束条件	参数值	单位
最高行驶速度				km/h
最低稳定行驶速度				km/h
转弯最小转弯直径				m
最大爬坡度				%
制动距离				m
最大额定总起重量				t
最小额定幅度				m
最大起升高度	基本臂			m
	最长主臂			m
	最长主臂＋副臂			m
最大回转速度				r/min
主起升机构	满载			m/min
	空载			m/min

2.2.2　作业人员信息分析及表达方法

作业人员是施工模拟中另一个重要因素，施工过程中每个人都有具体的职能，这也确定了人员会有不同的行为。人的行为是复杂的，本文对人员的分析不考虑人员的心理状态和主观意识，只是对人员的工效和位置进行简单的分析，以辅助施工模拟。

通过对建筑业工种的整理，在施工模拟中主要关注技术工人的运动。主要工种有：机械工，木工，钢筋工，混凝土工，砌筑工，吊装指挥工。施工模拟中主要关注的属性主要包括人员基本属性和工作属性。人员基本属性主要有：ID，姓名，性别，外形尺寸等；工作属性主要有：工种，权限，经验程度，工效，工作时间，位置属性，运动速度等。

人员的主要约束条件来自于不同工种的权限，不同的权限限定了工人可操作的机械和可活动的范围。这一方面便于管理，另一个方面有利于安全控制。在施工模拟中对人员的模拟可以辅助施工安排和安全管理，同时结合工效可以协助完成工程量的统计等。

本文中对人的分析较为简单，根据不同人的体型利用包围盒进行分析。不对人的心理及肢体动作进行研究。

3　基础模拟活动构建

针对上述模拟主体，研究有效的智能化模拟方法，将有利于实现施工过程的智能化模拟。考虑到施工过程的唯一性和不可重复性，本文从基础模拟活动思想出发，建立相关模拟主体的基础活动，以实现其智能化模拟。

3.1　建筑构件基础活动分解

由于施工的不确定因素较大，施工工艺和施工方案的不同，不利于施工活动的标准化。为了实现施工过程的高效模拟，需要对实际施工过程中涉及的基本活动单元进行分析整理。本文以普通建筑物为基础，提取施工过程中的基础活动，作为施工模拟中的最小操作单元。对于一个建筑物，首先以层划分，在层内在划分流水段，每个流水段中都包含建筑、结构、机电工程等，不同工程中包含不同的施工内容，例如结构工程中有梁、板、柱和墙体工程。不同细分施工项中施工工序也不一样，例如墙基本包括五项基础施工活动，即绑钢筋、支模板、管线预埋、浇筑混凝土、养护和拆模板，每一个基础活动之间有一定的逻辑关系，如图 5 所示。

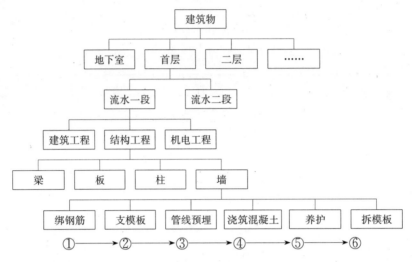

图 5　建筑物基础活动分解

对于每一个基础活动都会涉及相关资源。因此，对于每一个基础活动，都需要进行资源分配。例如，浇筑混凝土的基础活动，涉及的资源包括人、机、料等。人员主要有管理人员木工钢筋工以及机械操作人员。材料主要有模板、钢筋、混凝土、预埋的管材等。机械主要有塔吊、混凝土泵车等。

3.2　施工机械基础活动分解

不同的施工设备具有不同的功能，需要进行标准活动的分析分解。这些动作分解可以看作是机械作业最基础的活动。通过对机械基础活动的分析，可以简化机械模拟的难度，从而达到一个最优的模拟程度。

机械的动作主要分布在三个阶段，即第一个阶段的空载行进，第二阶段的工作准备，第三阶段的作业实施。

在空载行进阶段，机械外形几乎不会发生变化，这时候可以根据机械的整车属性对机械进行分析，将机械抽象成一个规则几何体或者几个几何体的组合，如图 6 所示，所涉及的机械自由度较少。

图 6　空载行进阶段

在工作准备阶段，根据机械作业内容进行机械运动规划，并按照进度计划进行作业行为计算。目的是让机械获取做什么、怎么做的指令信息。同时，机械的外形会有变化，为之后的工作阶段做准备。

在作业实施阶段，机械将依据运动学和动力学原理进行运动。这一阶段整体模型已经不能真实地表达机械的工作状态，需要将机械主要组成机构进行分解。不同的机械零部件根据指令进行响应，完成机械工作内容。汽车吊可以分解为：车头、底盘（包含支撑机构）、回转机构、变幅机构、起升机构、伸缩机构等（见图 7）。

在虚拟环境中，施工机械的行为可以简化为三个基本动作：移动、旋转和缩放。

移动操作体现了机械在空间中位置的变化，包含机械运动的大部分作为，如前进、后退、提升等。旋转操作体现了机械在空间中的角度变化，如转向、旋转、变幅等。旋转操作和移动操作组成了机械的动作序列。缩放操作体现了物体在空间中的形态变化以辅助移动和旋转操作完成机械的施工模拟，例如绳索运动的简化模拟可以通过缩放来实现。

在施工模拟过程中，通过移动和旋转可以衍生出靠近、抵达和离开三个可以观察到的机械常见行为。靠近是运动物体以一定的速度接近目标点；抵达是运动物体在接近目标点的过程中进行减速，从而最终缓慢抵达目标点；离开是运动物体以一定的速度背离目标点[23]。通过这几个基本动作可以进一步实现机械的寻径和避障，如图 8 所示。

图 7　汽车吊模型分解示意

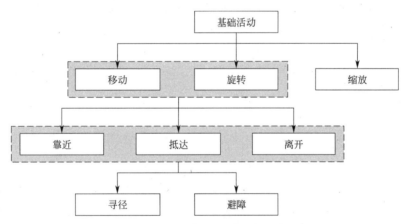

图 8　机械基础活动分解与组合

4　结　论

本文通过对施工过程智能化模拟主体（建筑构件和施工资源）信息的深入分析，建立了模拟主体在虚拟环境下的可视化表达方法，进而对模拟主体的主要基础活动进行了分析、分解和提取，并对基础活动进行了标准化的抽象，使其具有通用性，以最终支撑施工过程的智能化模拟实现。未来研究将结合这些模拟基础信息以及之前研究建立的 BIM 模型组织与优化方法[24]，在充分考虑施工进度计划自动化生成的前提下，实现施工过程的智能化模拟。

参 考 文 献

[1]　罗文. 德国工业 4.0 战略对我国推进工业转型升级的启示（节选）[J]. 可编程控制器与工厂自动化，2014，(09)：36-39.

[2]　张建平，王洪钧. 建筑施工 4D++模型与 4D 项目管理系统的研究 [J]. 土木工程学报，2003，(03)：70-78.

[3]　HEESOM David，MAHDJOUBI Lamine. Trends of 4D CAD applications for construction planning [J]. Construction Management and Economics，2004，22（2）：171-182.

［4］　ERIC Collier，MARTIN Fischer. Four-dimensional modeling in design and construction［D］. California：Stanford University，1995.

［5］　ZHOU Wei，HEESOM David，GEORGAKIS Panagiotis，et al. An interactive approach to collaborative 4D construction planning［M］. Journal of Information Technology in Construction. 2009.

［6］　SHERYL Staub-French，ANUL Khanzode. 3D and 4D modeling for design and construction coordination：issues and lessons learned［J］. Journal of Information Technology in Construction，2007，12：381-407.

［7］　ZHANG Jianping，HU Zhenzhong. BIM-and 4D-based integrated solution of analysis and management for conflicts and structural safety problems during construction：1. Principles and methodologies［J］. Automation in Construction，2011，20（2）：155-166.

［8］　HU Zhen zhong，ZHANG Jian ping. BIM-and 4D-based integrated solution of analysis and management for conflicts and structural safety problems during construction：2. Development and site trials［J］. Automation in Construction，2011，20（2）：167-180.

［9］　KUNZ John，FISCHER Martin. Virtual design and construction：themes，case studies and implementation suggestions （version 14）［J］. Center for Integrated Facility Engineering（CIFE），Stanford University，2012.

［10］　TEICHOLZ Paul，SACKS Rafael，LISTON Kathleen. BIM handbook：a guide to building information modeling for owners，managers，designers，engineers，and contractors［M］. Second Edition. Hoboken：Wiley，2011.

［11］　GUO Hongling，LI Heng，LI Vera. VP-based safety management in large-scale construction projects：A conceptual framework［J］. Automation in Construction，2013，34：16-24.

［12］　GOULDING Jack，NADIM Wafaa，PETRIDIS Panagiotis，et al. Construction industry offsite production：A virtual reality interactive training environment prototype［J］. Advanced Engineering Informatics，2012，26（1）：103-116.

［13］　LI Heng，GUO HongLing，SKITMORE Martin，et al. Rethinking prefabricated construction management using the VP-based IKEA model in Hong Kong［J］. Construction Management and Economics，2011，29（3）：233-245.

［14］　LIN Jacob Je-Chian，HUNG Wei-Han，KANG Shih-Chung. Motion Planning and Coordination for Mobile Construction Machinery［J］. Journal of Computing in Civil Engineering，2014.

［15］　SHAH Raj Kapur，DAWOOD NN，CASTRO Serafim. Automatic generation of progress profiles for earthwork operations using 4D visualisation model［J］. 2008.

［16］　AKINCI Burcu，TANTISEVI Kevin，ERGEN Esin. Assessment of the capabilities of a commercial 4D CAD system to visualize equipment space requirements on construction sites［C］// Assessment of the capabilities of a commercial 4D CAD system to visualize equipment space requirements on construction sites. Proceeding of Construction Research Congress.

［17］　DING Lie yun，ZHOU Ying，AKINCI Burcu. Building Information Modeling（BIM）application framework：The process of expanding from 3D to computable nD［J］. Automation in Construction，2014，46：82-93.

［18］　BOTON Conrad，KUBICKI Sylvain，HALIN Gilles. Collaborative 4D/nD Construction Simulation：What Is It?［M］.// Cooperative Design，Visualization，and Engineering. City：Springer，2013：161-168.

［19］　周勇，姜绍杰，郭红领. 建筑工程虚拟施工技术与实践［M］. 北京：中国建筑工业出版社，2013：4-37.

［20］　高远，邓雪原. 基于 BIM 的建筑 MEP 设计技术研究［J］. 土木建筑工程信息技术，2010，（02）：91-96.

［21］　张建平，范喆，王阳利，等. 基于 4D-BIM 的施工资源动态管理与成本实时监控［J］. 施工技术，2011，（04）：37-40.

［22］　赵彬，王友群，牛博生. 基于 BIM 的 4D 虚拟建造技术在工程项目进度管理中的应用［J］. 建筑经济，2011，（09）：93-95.

［23］　BUCKLAD Mat. 游戏人工智能编程案例精粹［M］. 罗岱-译 . 2 版 . 北京：人民邮电出版社，2012：68-90.

［24］　任琦鹏，郭红领. 面向虚拟施工的 BIM 模型组织与优化［J］. 图学学报，2015，36（2）：289-297.

基于 BIM 与物联网的钢构桥梁
跨平台物料管理方法研究

何田丰[1]，姚发海[2]，林佳瑞[1]，张建平[1]，陈　辉[3]

(1. 清华大学土木工程系，北京 100086；

2. 中铁大桥局集团有限公司，湖北 武汉 430050；

3. 北京九碧木信息技术有限公司，北京 100085)

【摘　要】钢构桥梁物料管理是桥梁综合管理的重点和难点之一。钢构桥梁构件数量庞大、类型众多，物料管理涉及多个参与方和部门，协同工作难度大。本文通过引入 BIM 技术，将桥梁信息模型与物料信息紧密挂接，打通了零构件与计划进度之间的关系，形成桥梁物料管理 4D 模型。同时结合物联网技术，提出了基于物联网的跨平台、多终端物料管理方法，解决了各参与方和部门间的"信息孤岛"，实现了物料的信息化管理。

【关键词】BIM；物联网；物料管理；钢构桥梁

1　前　言

钢构桥梁构件具有数量庞大、类型众多、生产加工安装环节多等特点，其物料管理过程包含生产、存储、安装等多个环节，涉及工程部、物机部、构件厂、项目总工等多个参与方或部门，这些参与方或部门往往分布于项目部、构件厂、拼装场等不同地点，使得钢构桥梁的物料管理存在着协同工作效率低、库存管理易出错、责任追踪不明确等问题。

建筑信息模型（Building Information Model，以下简称 BIM）作为建筑工程全生命期信息的数字化表达，其最大的价值在于信息的集成与共享。施工阶段 BIM 集成了三维模型、进度、资源、成本等信息，可以为桥梁物料管理提供强有力的数据支撑。同时，BIM 中信息之间结合紧密，有助于打通物料状态、构件、进度三者之间的互通关系，形成完整的桥梁物料管理 BIM。因此，本研究将 BIM 技术引入钢构桥梁物料管理中，辅助提高物料管理的信息化水平。

为解决多参与方的异地协同工作问题，本研究在 BIM 技术的基础上，引入物联网技术，实现了包含 CS 端、BS 端、MS 端等多个终端的跨平台物料管理，提高了 BIM 的信息传递与利用效率，改善了物料管理的质量和水平。

2　相关研究综述

目前，针对施工方的基于物联网的物料管理应用已经相对成熟。主流的应用方式是通过应用条形码、二维码和 RFID（Radio Frequency Identification，无线射频识别）等技术对构件进行标识，通过便携式手持电子设备进行扫码跟踪。Sardroud[1] 通过结合 RFID、GPS（Global Positioning System，全球定位系统）、GPRS（General Packet Radio Service，通用无线分组服务）等技术，实现了一种低成本、建议配置、易于应用的物料识别解决方案，用于自动定位和追踪物料的生产、运输和施工状态。Lee 等[2] 提出了针对物料管控的基于 RFID 的生命期信息管理（Information Lifecycle Management，简称 ILM）框架。所有物料在生产使被赋予识

【基金项目】国家自然科学基金（51278274）；清华大学—广联达 BIM 中心课题

【作者简介】何田丰（1990-），男，清华大学博士研究生。主要研究方向为 BIM 在桥梁施工管理、绿色住宅产业化规划设计。E-mail：homdyan@126.com

别标签，全生命期信息都基于上述标签实现信息集成。罗曙光[3]建立了一个基于 RFID 的钢构件施工监测系统，可以采集钢构件的施工进度实时数据，减少数据传递环节，提高钢构件进场验收效率。BIM 与物联网技术结合应用是当前的研究热点之一，但应用主要集中于大型公共建筑运维管理。陈兴海等[4]提出了包括工程信息共享平台、监测数据管理、三维模拟与漫游、健康诊断与安全评估和应急预警管理 5 大模块在内的城市生命线工程安全运维管控平台系统。胡振中等[5]通过引入 BIM 和二维码技术，研发了机电设备智能管理系统（BIM-FIM 2012），实现了机电设备工程的电子化集成交付。

尽管如此 BIM 与物联网的集成应用主要集中于运维管理，近年来，越来越多的学者开始研究基于 BIM 的物料管理技术。马智亮等[6]针对地铁工程施工现场物料管理的需求，综合应用 Android 开发、二维码等新技术，研发了基于移动终端和既有信息系统的地铁工程施工现场物料管理系统。王春红[7]在分析现有物流管理的理论和方法的基础上，引入 BIM 技术来解决施工过程中采购、仓储、信息管理等问题，通过 BIM 进行场地选择、运输优化等应用。

然而，BIM 与物联网钢构桥梁施工的集成应用刚刚起步，相关研究和应用较少。与上述其他建设领域的应用相比，钢构桥梁主体结构几乎全部采用预制构件组装而成，其体量更大、构件种类和数量更多。加之部分大型桥梁施工涉及多个构件厂、多个预拼装场地，且项目跨度大，通讯交通大多不便，协同管理显得尤为重要。因此，钢构桥梁亟需引入 BIM 与物联网相结合的跨平台物料管理。

3　桥梁物料管理 BIM

物料管理的核心是物料状态的追踪分析。对于钢构桥梁而言，在构件安装之前，物料应依次完成下料、生产、运输、进场、预拼装等步骤，才能按时吊装。施工 BIM 是桥梁物料管理的基础，而设计 BIM 是施工 BIM 的基础。在设计 BIM 的基础上，集成进度信息，形成桥梁 4D 模型。进度计划与模型可采用自动或半自动方式挂接，从而减轻进度录入的时间与成本。同时，由于构件、进度、属性信息三者相互融合，信息提取和集成都会大为简化。建立 4D 模型后，桥梁上的所有零构件均可索引其对应的安装进度，反之亦然。由此可以推演得到构件下料、生产、运输、进场、预拼装的时间控制节点，进而实现物料进度管控。

除此以外，桥梁模型的建模细度应与物料管理的细度相匹配。一般而言，大桥吊装以构件为单位，而下料生产以零件为单位。因此，设计 BIM 模型应尽量实现零件级建模。同时，也应包含零构件之间的组装关系。本研究建议在模型中集成施工设计中的零件级编码，同时对每个构件提供简化编码供物料追踪实际使用。

4　基于物联网的跨平台物料管理

构件从下料到安装涉及构件厂、物机部、工程部、项目总工等多个部门和负责人。同时也涉及构件厂、拼装场、项目部等不同地点。多参与方及其分散性布局为信息传输带来了一定困难。针对此应用难题，本研究提出了基于物联网和 BIM 的跨平台物料管理流程，如图 1 所示。

（1）数字化下料：物料管理 BIM 集成了进度信息与零构件编码，对于给定的进度计划或桥节节间，支持自动统计计算任意时间段内需要架设的物料编码及零件清单，用户可根据工程实际工期及现场库存情况自动下料，达到节省人工、减少错漏、提高物料生产与存储效率的目的。

（2）物料协同管理：由于桥梁物料管理涉及多参与方和多个场地，因此应将物料系统管理流程集成至系统中。系统可根据用户的部门，自动分配不同的职责权限。各部门负责人员通过浏览器即可登录 Web 端系统查看任务并执行操作。

（3）物料追踪：构件生产完成后，构件厂应打印二维码并张贴在构件上。构件发货、入库和安装前应分别进行扫码操作。扫码过程中应记录扫码人员 ID、操作时间和具体操作内容，同时应限制各扫码人员权限，避免错误扫码。例如，发货的构件既不能再次进行发货扫码，也不能提前进行安装扫码，而仅能进行入库扫码。扫码后相关信息应立即通过网络同步至中心服务器，并通过二维码中的唯一标识与构件相集成。

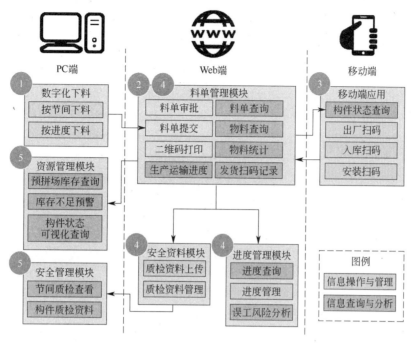

图 1　基于物联网的物料管理流程

（4）物料状态查询与分析（Web端）：扫码信息集成至服务器后，各客户端均可实时进行物料状态的查询和分析。Web端系统的特点是对客户端配置要求低，便于多参与方异地协同。因此，计算量少或以图表方式呈现的分析功能宜在 Web 端系统研发。例如物料状态统计、进度延误警报、库存不足预警等功能。

（5）物料状态查询与分析（PC端）：与 Web 端系统相比，PC 端系统计算和显示性能更强，适于与模型相关的各类复杂分析功能。例如可视化的物料状态展示和库存不足预警等功能。

5　项目应用

本研究对提出的基于 BIM 与物联网的跨平台物料管理流程进行了实际工程验证。本研究在清华大学 4D-BIM 施工管理平台上，研发了 CS 端的物料管理模块。另外，本研究还单独研发 Web 端和移动端的物料管理系统，并在数据库层面实现了各客户端系统的无缝数据集成。

本研究将上述系统应用于重庆渝黔铁路新白沙沱长江特大桥项目中进行验证。新白沙沱大桥位于重庆市江津区，是渝黔铁路的关键控制性工程。大桥全长 5.3km，是世界上首座双层六线铁路钢桁梁斜拉桥，也是世界上延米载荷最大的桥梁。大桥 2012 年 12 月 31 日开工，预计 2016 年 8 月 31 日建成。大桥设计模型由铁二院通过 CATIA 软件建模。设计 BIM 细度达到零件级，钢梁桥节模型包含 4512 个产品文件（.CATProduct），总计 71118 个零件文件（.CATPart）。设计 BIM 通过软件接口导入清华大学 4D-BIM 施工管理平台中，并与大桥进度计划向集成，形成桥梁 4D 施工模型（图 2）。

图 2　新白沙沱大桥设计 BIM

　　工程中实际应用的工程编码与设计中使用的不同：1）工程编码以构件为单位管理；2）工程编码应尽量简短；3）考虑同类构件重用，工程编码中不应包含桥节信息。因此，针对上述实际要求，数字化交付过程中，模型编码由铁二院设计编码自动转换为工程编码。工程编码采用3段定长式书写（如图和表所示），以便于生成二维码。每段编码不足则在该段末尾处补"＃"（最后一段编码不足在前方补"0"），编码示例如图3所示。

$$\underset{1}{\underline{BST\#\#}}\ \underset{3}{\underline{HL1\#\#\#\#}}\ \underset{3}{\underline{0010}}$$

图3　新白沙沱长江大桥物料管理编码示例

　　完成进度计划和模型编码的集成后，即可开始基于物联网的跨平台物料管理。PC端系统可根据进度计划或桥节节间自动统计计算任意时间段内需要架设的物料编码及零件清单并导出下料单，用户可根据工程实际工期及现场库存情况自动下料，如图4所示。

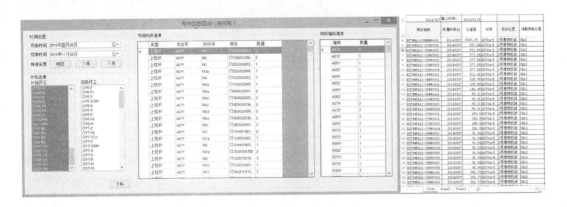

图4　按进度计划进行钢构件下料

　　Web端系统集成了物料协同管理流程，会根据用户的部门，自动分配不同的职责权限：物机部负责上传料单，项目总工负责料单审核，构件厂负责接收料单并开始物料生产。

　　构件厂生产并张贴二维码后，物料追踪即开始。物料追踪通过移动端二维码扫码实现，如图5所示。构件厂首先进行发货扫码，构件到达预拼场后物机部现场人员进行入库扫码，构件架设前工程部现场人员进行架设扫码。

图5　通过手持终端扫描二维码进行物料追踪

　　扫码后，物料信息变更立即同步至服务器中，PC端、Web端和移动端均可实时进行物料状态的查看与分析。本项目实现并应用了物料状态可视化查询、物料延误状态统计、库存不足预警等相关功能，如图6所示。

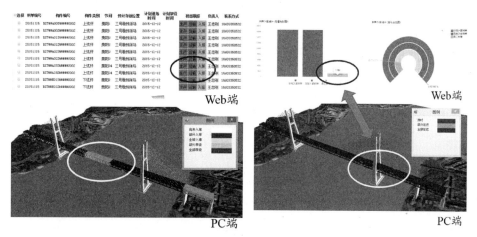

图 6　Web 端和 PC 端分别进行物料状态查询（左）和进度滞后预警（右）

6　结　论

本文通过引入 BIM 技术，将桥梁信息模型与物料信息紧密挂接，打通了零构件与计划进度之间的关系，形成桥梁物料管理 4D 模型。同时结合物联网技术，提出了基于物联网的多终端、跨平台物料管理，实现了物料的信息化管理，解决了各参与方和部门间的"信息孤岛"。在重庆新白沙沱长江特大桥项目中的实际验证表明，本研究提出的基于 BIM 的钢构桥梁跨平台物料管理方法可以辅助提高物料管理信息化水平、提高 BIM 的信息传递与利用效率、改善物料管理的质量和水平。

参 考 文 献

[1]　Sardroud Javad Majrouhi. Influence of RFID technology on automated management of construction materials and components [J]. Scientia Iranica，2012，19（3）：381-392.

[2]　Lee Ju Hyu, Jeong Hwa Song, Kun Soo Oh 等. Information lifecycle management with RFID for material control on construction sites [J]. Advanced Engineering Informatics，2013，27（1）：108-119.

[3]　罗曙光. 基于 RFID 的钢构件施工进度监测系统研究 [D]. 上海：同济大学，2008.

[4]　陈兴海，丁烈云. 基于物联网和 BIM 的城市生命线运维管理研究 [J]. 中国工程科学，2014，（10）：89-93.

[5]　胡振中，陈祥祥，王亮，等. 基于 BIM 的机电设备智能管理系统 [J]. 土木建筑工程信息技术，2013，（1）：17-21.

[6]　马智亮，张东东，青舟，等. 基于移动终端和既有信息系统的地铁工程施工现场物料管理系统 [J]. 施工技术，2012，（16）：5-9.

[7]　王红春. 基于 BIM 技术的建筑企业物流管理研究 [J]. 技术经济与管理研究，2014，（12）：55-58.

基于 BIM 的水电工程全生命期管理平台架构研究

张志伟[1]，文　桥[2]，张云翼[2]，冯　奕[1]，林佳瑞[2]，张建平[2]

(1. 中国电建集团成都勘测设计研究院有限公司，四川成都 610072；

2. 清华大学土木工程系，北京 100084)

【摘　要】本文借鉴建筑全生命期管理的概念，提出了水电工程全生命期管理的理念。通过文献和实地调研，将 BIM 技术、云技术和物联网技术与水电工程领域相结合，建立了一个基于 BIM 的水电工程全生命期管理平台架构。本架构充分考虑到水电工程特点，可用于其全生命各阶段，支持不同参与方、不同专业的信息共享，具有较强的适用性。

【关键词】水电工程；全生命期管理；BIM；平台架构

1　概　述

全生命期管理思想源于制造业的 CIM（Computer Integrated Manufacturing，计算机集成制造）理念[1]。在计算机集成制造系统逐渐推广的过程中，制造业发展出了 PLM（Product Lifecycle Management，产品全生命期管理）的思想[2]。20 世纪 90 年代，CIM 理念、PLM 思想以及 PDM（Product Data Management，产品数据管理）方法逐步进入建筑业，推动了 BIM 技术与建筑工程信息化的发展和变革。然而仅仅有 BIM 技术还不足以使行业发生根本的转变，BLM（Building Lifecycle Management，建筑全生命期管理）可使 BIM 发挥更大的作用，带来显著的效率提升，因而 BLM 的基本思想得到了广泛的承认[3]。

对于建筑全生命期管理，大多采用 Autodesk 给予的定义："贯穿于建设全过程，即从概念设计到拆除或再利用，通过数字化的方法创建、管理和共享所建造资产的信息。"[4]

水利水电工程作为建设工程的一大领域，虽然与建筑项目存在诸多不同，但基本思想是一致的。通过对建筑全生命期管理概念的分析，水电工程全生命期管理的主要内容可以概括为：通过对水电工程建设项目规划、设计、施工、运营等全生命期各阶段产生的各方面数字化信息进行集成管理、实时维护和充分共享，使得各专业、各参与方、各阶段之间能够随时互用所需信息，实现对工程项目进度、成本、质量、资源、风险等方面的可预测、可控制，以达到工程项目在整体上的最优。

在水电工程全生命期管理方法体系中，实现系统集成是重要手段。只有整合现有各种系统，形成有机、和谐的整体，才能使得各阶段、各参与方、各专业实现信息资源的有效组织与共享。然而就目前而言，水电工程全生命期管理的理念仍处于起步阶段，因此也鲜有对其全生命期管理平台的研究。水电工程规模大、周期长、专业多、影响范围广等特点，使得传统项目管理模式信息流失严重、信息共享程度低、信息反馈不及时等问题愈加突出。本研究通过将全生命期管理理论与水电工程的实际情况相结合，提出水电工程全生命期管理平台的逻辑架构、物理架构及其主要功能和实施模式，支持水电工程的全生命期管理。

【基金项目】国家十二五课题（2011BAB05B05-4）

【作者简介】张志伟（1981-），男，主任，高级工程师。主要研究方向为水电工程信息化及全生命周期管理技术。E-mail：zhangzhiwei @126.com

2 支撑技术

2.1 BIM 技术

近年来，建设行业通过引入和推广信息技术，大幅提高了行业的科技水平。21 世纪初出现的 BIM（Building Information Modeling，建筑信息模型）技术，就是为了实现各阶段、各参与方、各专业之间的信息共享，以解决"信息断层"、"信息孤岛"等问题[1]，从而提高产业效率和产品质量。根据美国国家 BIM 标准[5]，BIM 是指"对建筑项目的物理特性和功能特性的数字化表达"。BLM 的核心是对信息的管理[6]，而作为管理巨量数据的工具，BIM 技术的应用是必不可少的。

在水电行业中，BIM 等信息化的应用也在快速发展当中。例如成都勘测设计研究院与其他公司共同完成的"中国数字水电基础信息与分析平台"综合运用 BIM 等信息化技术，为主要流域地理环境、基础设施、自然资源、地质环境、生态环境等的综合统一管理提供了可视化管理和分析平台[7]。因此在水电工程领域应用 BIM 技术，已具有一定的政策基础和技术基础，可以逐步推广使用。

2.2 云技术

在《"十三五"信息化应用规划编制建议》[8]中，"云大物移智"等新兴 IT 技术的大规模应用已成为信息化应用的新常态。其中的"云"即指云计算技术。所谓云计算技术，是指在广域网或局域网内将硬件、软件、网络等系列资源统一起来，实现数据的计算、储存、处理和共享的一种托管技术[9]。它具有运算速度快、操作简单、虚拟化、可靠性高、兼容性强、扩展性高等特点[10]。

将云技术与 BIM 技术相结合，即可使之不但具有一般 BIM 软件的各种特点，而且使整个平台能够为分布于不同时间和空间的用户提供服务，各项目相关人员能在同一平台上工作，从而支持更大规模的信息协作与共享。这对于水电工程领域来说，可以针对其建设周期长、参与方分散而众多、专业细致繁多的特点，有效解决信息共享、信息协作和信息安全等问题，也可以实现大规模数据存储与分布式计算。

2.3 物联网技术

上文提到的"云大物移智"中的"物"即指物联网技术。物联网白皮书[11]认为，"物联网是通信网和互联网的拓展应用和网络延伸，它利用感知技术与智能装置对物理世界进行感知识别，通过网络传输互联，进行计算、处理和知识挖掘，实现人与物、物与物信息交互和无缝链接，达到对物理世界进行实时控制、精确管理和科学决策目的的。"

将物联网技术与 BIM 技术相结合，可以极大地增加 BIM 数据的来源，例如实时感知数据、视频监控数据、传感器数据等，避免人工收集数据的繁琐与错漏，确保信息的准确性与实时性，支持实时、前瞻的分析与决策。在水电工程项目中，体量巨大、施工条件复杂、安全隐患多，运用物联网技术作为 BIM 信息的支撑必不可少。

3 水电工程全生命期管理平台逻辑架构

水电工程全生命期管理系统的逻辑架构从下到上可划分为数据层、服务层、接口层、模型层和应用层共 5 层，支持其规划、设计、施工、运维各阶段不同参与方和专业的信息协作与共享，如图 1 所示。

（1）数据层：考虑到水电工程领域参与方众多、分布广而分散的特点，采用基于混合云架构的分布式存储方式为系统提供数据存储支持。即考虑数据的传输效率和私密性及安全性，将数据的存储分别布置在项目部、分公司和总公司内网中，搭建在云端服务器上，各节点分为模型数据库、非结构化文件系统。

（2）服务层：水电工程全生命期管理平台通过服务层的各项基础服务为各应用软件提供数据和计算的交互。服务层所包含的主要服务包括：①权限服务：包括数据读取控制、修改控制等；②模型服务：包括水电工程信息模型的存储、查询、提取、更新、对比、历史版本管理等，模型数据存储的节点位置和提取方式也由该类服务提供；③子模型服务：进行各阶段、各专业子模型的定义、解析、提取、集成等；④基础模型处理服务：包括三维可视化显示、模型面片化处理等；⑤基础分析服务：包括通用性能

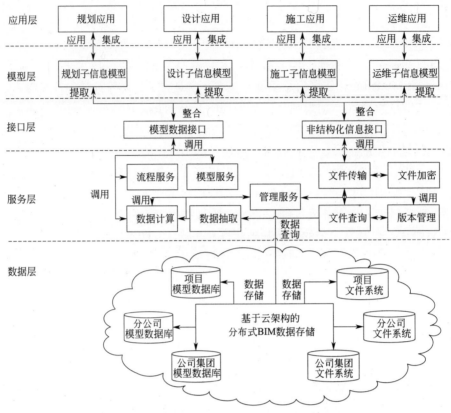

图 1　水电工程全生命期管理系统逻辑架构

分析、通用经济分析等。

（3）接口层：接口层为平台层各类服务提供了与数据库交互所需的数据解析、提取与集成技术，包括模型数据接口引擎和非结构化数据接口引擎。接口层针对各类数据源的具体特征，实现统一的数据接口，对平台层屏蔽了异构分布式数据源存取的技术细节，便于平台层服务的研发、维护与扩展。

（4）模型层：模型层提供支持应用层具体软件的信息模型，为具体应用点提供信息支撑。子信息模型是水电工程全生命期信息模型的子集，且能够一定程度上自治，根据应用点的具体需求定义。子模型宜通过 MVD（Model View Definition，子模型视图）标准和 IDM（InformationDelivery Manual，信息交付指南）标准定义，采用 IFC（Industry Foundation Class，工业基础类）中性文件的方式进行存储，以便于各软件之间的互用。

（5）应用层：水电工程全生命期管理系统架构最高层，具体表现为各类软件工具。各类软件工具按水电工程不同阶段划分为规划阶段应用软件、设计阶段应用软件、施工阶段应用软件、运维阶段应用软件等，也可针对不同参与方、不同专业继续细分。

4　水电工程全生命期管理平台物理架构

在水电工程领域中，参与方分散而众多，且不同参与方对数据的安全性有不同的要求。因此可采用私有云方式储存各参与方的私有数据，而将需要进行交换和共享的数据存储在公有云上，形成混合云部署模式。这样的模式可以兼顾敏感数据的安全性和多参与方的数据共享，适合用于水电工程领域，如图 2 所示。

对于施工项目节点，施工现场人员通过主要通过手机端、Web 端与项目中心服务器进行数据交互，项目管理人员主要通过局域网来访问和管理项目中心服务器，施工项目节点将项目数据信息上传至分公司节点进行统一管控。

对于分公司节点，主要管理所负责的各个项目节点，集成各个项目数据信息，本公司人员通过

Internet 或者局域网进行数据的访问和管理，并将分公司部分数据根据分公司与总公司协议，上传至总公司进行统一管控。

对于总公司节点，主要集成各分公司协议数据，对各分公司进行统一管控，集团管理人员通过 Internet 或局域网可访问和管理集团公司私有云，也可通过 Internet 与行业云进行交互。这样通过互联网和云平台实现各层级管控，为信息化管理打下基础。

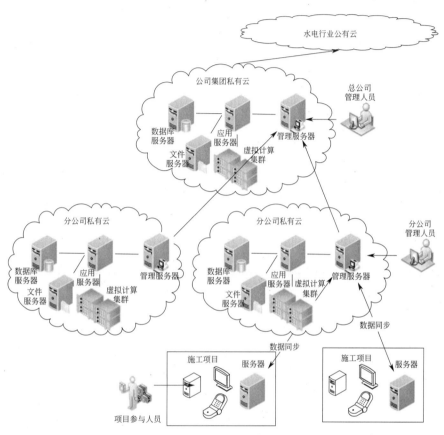

图 2　水电工程全生命期管理系统物理架构

5　应用实施方案

水电工程全生命期管理平台的应用无法一蹴而就，需要按照一定的步骤逐步推进。所涉及的主要步骤如图 3 所示。

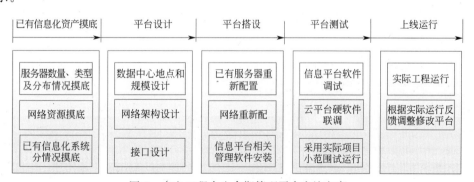

图 3　水电工程全生命期管理平台实施方案

（1）已有信息化资产摸底：管理平台的建设应充分利用已有信息资产，包括服务器等硬件条件、网络环境、信息化系统软件条件等。以便在开发时重用已有资源，减少开发工作量，易于使用者接受。

（2）平台设计与搭设：管理平台需在不同地点建立不同规模和功能的数据中心，需根据资产实际情况进行数据中心和网络连接情况的设计和部署，降低成本。

（3）平台测试与上线运行：考虑到全生命期管理对于水电工程领域仍是一个较新的理念，需要通过大量实际工程验证和完善平台系统。宜从单个项目综合应用为突破口，逐步拓展到分公司、总公司、全行业的互用，最终真正实现整个行业全生命期的管理理念。在此过程中需要不断收集现场需求，对平台功能进行追加或修改。

6 总 结

本文通过考察水电工程全生命期的管理特点和需求，结合 BIM 技术、云技术和物联网技术，建立了基于 BIM 的水电工程全生命期管理平台的逻辑结构和物理结构，并提出了实施推进方案。本架构充分考虑到水电工程周期长、参与方分散、专业众多、影响范围广等特点，可用于规划、设计、施工、运维等各阶段，并能支持分散于各地的不同参与方、不同专业的信息共享，具有较强的适用性。

参 考 文 献

[1]　张洋. 基于 BIM 的建筑工程信息集成与管理研究 [D]. 清华大学，2009.

[2]　陈训. 建设工程全寿命信息管理（BLM）思想和应用的研究 [D]. 同济大学，2006.

[3]　Phil. The Laiserin Letter. Autodesk on BIM [EB/OL].（2003-01-13）[2016-06-30].http：//www. laiserin. com/features/issue18/feature02. php.

[4]　Autodesk. Advances Lifecycle Management for Building，Infrastructure and Manufacturing Markets [EB/OL].（2014-02-17）[2016-06-30].http：//usa. autodesk. com/adsk/servlet/item? siteID＝123112&id＝3999905.

[5]　Science NOIB. United States National Building Information Modeling Standard Version 1 - Part 1：Overview，Principles，and Methodologies [S/OL] [M/OL].（2009）[2016-06-30].http：//www. wbdg. org/pdfs/NBIMSv1＿p1. pdf.

[6]　李永奎. 建设工程生命周期信息管理（BLM）的理论与实现方法研究 [D]. 同济大学，2007. http：//www. mohurd. gov. cn/zcfg/jsbwj＿0/jsbwjgczl/201105/P020110517580718435647. doc

[7]　"中国数字水电（一期）"通过验收 [J]. 水利水电工程造价，2014，04：8.

[8]　中国科学技术协会."十三五"信息化应用规划编制建议 [EB/OL].（2015-03-13）[2016-06-30] http：//www. cast. org. cn/n35081/n12288643/n15935146/16274002. html

[9]　埃尔. 云计算：概念、技术与架构 [M]. 北京：机械工业出版社，2014.

[10]　雷葆华. 云计算解码：技术架构和产业运营 [M]. 北京：电子工业出版社，2011.

[11]　物联网白皮书（2011）[J]. 中国公共安全（综合版），2012，Z1：138-143.

企业 BIM 平台架构研究与设计

林佳瑞[1]，杨　铭[2]，周　一[1]，张云翼[1]，张晓洋[1]，张建平[1]

(1. 清华大学土木系，北京 100084；

2. 中铁四局集团有限公司，安徽 合肥 230000)

【摘　要】随着 BIM 技术的不断发展与普及，采用 BIM 的工程项目日益增多，企业亟需一个平台统一跟踪、管控所有工程项目，实现数据沉淀、知识积累与科学决策。本文通过分析企业信息化建设现状与问题，总结形成了企业 BIM 平台应满足的基本功能要求，并以此为指导建立了企业 BIM 平台的逻辑架构与物理结构。同时，研究针对工程项目地域分散、环境复杂的特点，对平台数据分布存储策略进行了分析。有关研究为基于云的企业 BIM 平台设计、研发与实现奠定了基础。

【关键词】BIM；平台框架；企业；云计算

1　引　言

工程建设行业长期存在着应用系统割裂、数据碎片化存储等"信息孤岛"现象[1]，难以实现不同应用系统、参与方之间的信息集成与共享。建筑信息模型（Building Information Model，BIM）是"以三维数字技术为基础，集成了建筑项目各种相关信息的产品信息模型，是对工程项目设施实体与功能特性的数字化表达"[2]。BIM 技术可有效解决工程项目不同阶段的"信息断层"和"信息孤岛"问题，实现各阶段不同参与方、不同应用软件之间的信息共享、集成和管理，从而减少浪费，提高效率，提升管理水平，实现建设过程的增值[3]。

近年来，BIM 技术相关的研究与应用迅速发展，国际上形成了开放、中性的 BIM 数据标准 IFC[4]（Industry Foundation Classes），为 BIM 数据交换和共享奠定了基础。同时，一系列商业 BIM 软件也日渐成熟，各大企业均从不同侧面展开了深入的 BIM 应用。统计表明，2014 年我国六成以上企业认可 BIM 的应用价值，BIM 的应用范围覆盖了成本、进度、质量、物料、资料管理等方面[5]，部分大型企业已展开全面、深入的 BIM 应用。在可预见的未来，大多数工程建设企业将全面展开 BIM 技术的普及与应用。随着应用 BIM 技术的工程项目的不断增多，企业将面临此类项目统一跟踪、管理的需求，也将面临与其他既有信息化系统整合、集成的需求。因此，有必要对企业 BIM 平台的功能需求、平台特征及框架结构进行研究与探索，为企业未来全面展开 BIM 应用，积累工程大数据，实现基于数据的科学管理与决策奠定基础。

基于以上背景，本研究以我国工程建设行业的典型企业为研究对象，通过分析企业信息化现状，梳理总结企业 BIM 平台需求及架构特征，以此建立基于云技术的企业 BIM 平台架构，为企业构建 BIM 云平台奠定基础。

2　企业 BIM 平台需求分析

2.1　企业信息化建设现状及问题

本研究以中铁四局集团为主要调研对象，对大型工程建设企业信息化现状、BIM 应用现状、实际工程应用需求进行了深入调研与分析。调研结果表明当前企业 BIM 应用存在着如下问题：

【基金项目】国家 863 高技术项目（2013AA041307）；国家自然科学基金（51278274）；清华大学—广联达 BIM 中心（RCBIM）

【作者简介】林佳瑞（1987-），男，博士。主要研究方向为 BIM，建设领域信息化，云计算。E-mail：jiarui_lin@foxmail.com

（1）数据格式多样，异构数据整合难：数据来源广泛多样，包括成本、进度、安全质量、物资管理、ERP、预算管理等各专业信息化系统以及前端数据采集感知系统，大多数据目前仍存储于各类私有格式的文件中，种类繁多，因此对大量异构数据的整合和管理是突出难点。

（2）各系统割裂、分散：企业各信息化系统大多是相互独立的，各系统间无法直接进行数据交换。同时，由于企业负责的工程项目往往位于不同的地点，各参与人员也处在不同环境中，因此系统割裂、分散的问题亟待解决。

（3）数据冗余、重复、冲突：由于各系统之间的数据无法直接共享，项目人员在进行业务处理时，就不得不人工重复输入大量的冗余数据，这不仅增加了工作负担，造成冗余存储，也容易由于操作失误或数据并行修改导致数据冲突。

（4）信息化管理及决策水平低：尽管企业已经拥有若干信息化系统，但其应用范围仍以单个专业的应用为主，严重依赖现场人员的经验，项目和项目之间的共性需求难以发现，各项目间的共性知识和规律无法积累，难以有效积累工程知识、提高信息化管理和智能决策的水平。

2.2 企业 BIM 平台的关键需求

通过以上调研分析，研究认为，企业 BIM 平台应重点满足以下关键需求：

（1）信息共享：工程建设过程中信息来源广泛多样，存储位置也各异。BIM 平台应该能够支持灵活、便捷的信息共享，实现各类信息高度整合，形成面向工程建设全过程的信息模型，避免数据的冗余、重复和冲突问题。同时，平台应实现项目部、分公司以及集团公司之间的数据流动与集成共享，如公司层面应该能够获知项目的进度、质量、安全等信息，而项目也应可依托 BIM 平台获取企业通用的工法、作业指导等信息。

（2）系统集成：企业当前均已在项目、公司层面运用了若干信息化系统，实现了一定程度的信息化。为了减少人员工作负担，避免数据的重复录入，简化业务流程，保证数据的一致性，BIM 平台应该能够实现与既有信息化系统的业务整合，以及与前端数据采集感知系统的数据融合，实现不同信息来源和不同信息化系统的集成。从而，实现企业各部门跨区域的系统集成与信息共享，服务未来数据沉淀、知识积累与大数据挖掘等。

（3）数据资产管理：随着企业的不断发展，其自身积累了大量工程项目数据，以及不同项目通用的工程经验和知识，包括各类 BIM 族库、标准模型库、工序工法库、作业指导等，这些数据是企业成长、发展的重要资产，为企业完成和管理各类工程项目提供了有力的支撑。BIM 平台应具有此类数据资产的管理功能，实现工程项目数据的归档、沉淀，以及工程经验、知识的高效共享，为企业工程知识积累、工程数据资产管理提供基础支撑。

（4）基于大数据的管理与决策：随着物联网技术的普及应用，企业可积累愈加庞大的数据，BIM 平台通过不同信息系统的集成也为企业大数据积累提供了有力的支持。因此，未来企业将可获取众多工程建设的巨量数据，据此可以应用大数据技术，对隐藏在数据背后的规律进行挖掘，辅助科学决策。

2.3 企业 BIM 平台架构的基本特征

为适应企业子分公司不同组织结构的管理需求，以及企业不同工程项目协作模式、流程的差异，同时，考虑企业未来发展及业务拓展，企业 BIM 平台架构应满足以下特征：

（1）通用性：为不同类型工程项目管理模式以及子分公司不同组织结构管理流程，提供统一、文档的基础平台，为未来企业发展、业务拓展奠定坚实的平台基础。

（2）扩展性：平台可面向不同工程项目、子分公司特点，对平台功能、业务流程进行定制开发与功能扩展。平台扩展过程中应保证平台的稳定性和各模块的独立性，降低各模块的相互影响。

（3）灵活性：平台的数据管理应具有一定的灵活性，即可以根据企业不同分公司和项目的业务需要，对数据存储、数据权限进行方便的定制和调整；此外平台的接口、服务、流程配置等也应具有一定的灵活性，实现不同功能、业务流程的调整和定制，服务不同的管理需求及业务流程。

3 企业 BIM 平台架构设计

3.1 逻辑架构

基于上述需求及平台特征，研究综合应用云计算、面向服务架构等技术，提出如图1所示的企业 BIM 平台逻辑架构。该架构共分为数据层、服务层、接口层、应用层四层，各层的主要功能如下：

（1）数据层：数据层采用基于云的分布式数据库进行企业 BIM 数据存储，可整合各过程项目的数据，也可以面向企业及其子分公司，统一存储与管理既有系统及集团数据库信息。所有工程数据可分为结构化数据和非结构化数据两类。其中，前者是指系统业务数据、模型数据以及其他关联数据，包括轻量化后的模型集合信息、属性信息、关联的批注信息、进度信息、质量信息等，此类数据可关系型数据库储存，支持多用户的并发访问、大数据的处理分析以及数据备份和一致性校对等；后者主要指文档、图片、视频等，包括标准族文件、模型文件、图纸文档等，此类数据可通过文件系统进行存储和管理，支持文件的历史版本管理、修改查询权限控制以及加密等。

（2）服务层：主要面向企业不同应用和业务逻辑的共性需求，提供各类标准化的服务，支持各类前端程序的开发和运行，满足用户的实际功能需求服务。具体包括可注册配置的数据转换、数据分析、日志管理、接口管理、分析规则配置等服务模块，不同服务模块可分别部署于不同的虚拟计算集群或云计算节点。当前工程项目应用涉及的模型轻量化、模型格式转换、碰撞检测等功能均可视为不同的服务模块统一部署在服务层，便于不同子分公司和工程项目直接调用。

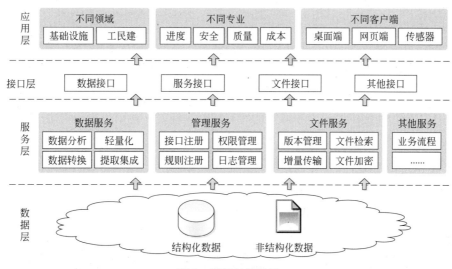

图1　逻辑结构设计

（3）接口层：接口层主要布置在云服务上的应用服务器中，以数据接口的形式为应用层调用服务层的服务提供标准化的调用策略。一方面支持各个应用的协作，同时也为与外部的既有业务系统提供数据、图形和业务支持。

（4）应用层：应用层体现基于云的企业 BIM 平台集成的各类实际功能需求，通过调用接口层中的各类接口，在前端为用户提供各类功能应用。应用层可从领域、专业、客户端类型上进行划分，领域方面可涵盖或支持铁路、公路、市政、住宅、公共场馆等不同领域和类型的应用；专业上则可针对质量、安全、进度、成本等管理需求的支持不同的应用软件和管理流程；客户端类型上则可涵盖桌面端软件、网页端应用、手机端应用，甚至传感器数据采集、感知等应用。从而，从不同角度、层面构建支持不同应用的统一 BIM 平台。

3.2 物理架构

基于上述逻辑架构，研究基于云技术构建了如图2所示平台物理架构。架构由企业层级、子分公司层级和项目部层级阶段通过互联网构成一个统一的云平台。需要说明的是，可根据不同层级所需功能不同，部署不同的数据存储节点和数据服务节点，并可根据网络特点将服务节点部署在不同的物理位置。

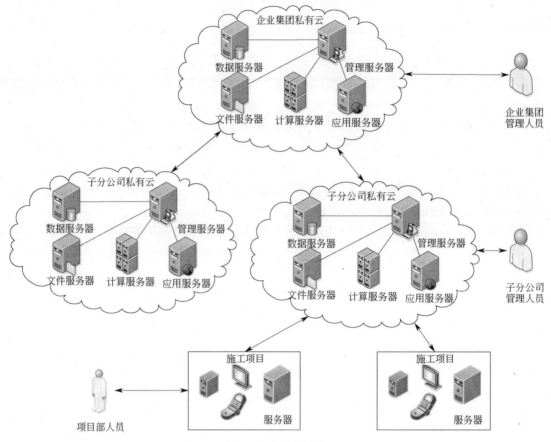

图 2　物理结构设计

（1）企业集团和子分公司可自行在虚拟计算机集群中搭建应用服务器、文件服务器和虚拟机计算集群，采用管理服务器统一调配部署在各地的应用服务器，对用户访问和数据存储、通信进行统一调配和管理。

（2）企业集团节点主要集成各子分公司数据，对各分公司进行统一管控，实现统一的数据集成、沉淀与大数据分析挖掘，为智能化决策管理奠定基础。

（3）子分公司可根据子分公司管理需求，建立子分公司节点，实现子分公司自有数据和上报企业集团数据的统一管控，从而既可保证在分公司对项目的统筹管理，也可以方便地控制数据访问权限，确保数据安全。

（4）施工项目节点可根据项目需求直接采用子分公司节点，还是建立项目级服务器，以保证每日现场模型变更、数据缓存分析等功能的实时快速响应。施工现场人员可通过手机端、Web 端等与项目务器交互，施工项目节点通过因特网与子分公司节点实现相互集成。

3.3　数据分布存储的影响因素

本研究 BIM 平台采用多层级云节点的物理结构，为保证数据安全和使用方便，需从以下方面对数据分布存储策略进行分析和考虑，结合实际需求选择相应的存储策略。

（1）数据量与传输效率：当项目部网络环境不佳，传输数据速度较慢时，若将工程数据全部存储于子分公司，由于网络传输效率限制，项目部可能无法及时获取数据，因而可能影响日常管理。

（2）数据安全：每个项目均有部分涉密数据，此类数据必须通过权限设置和加密的策略保证其数据安全。相对而言，项目部人员流动大，安全性差，因此易流失、保密要求高的数据宜存储于子分公司节点。

（3）数据访问频率：对实时采集、动态监测类的数据，其写频率非常高，且子分公司对其关注度较低，可存储在项目部节点，定期传输至子分公司。对各项目间的共性数据，若使用频率不高，则也没有必要在项目部保存副本，使用时向上级节点请求即可，而对项目部需高频访问的子分公司数据，则需在项目部保留副本。

4　总结与讨论

工程建设企业具有项目分部地域广、项目现场条件恶劣等特点，使得数据集成、共享困难，同时各企业均已建立和使用着大量的信息化系统，基于 BIM 与云计算技术实现企业各类信息系统的集成以及各子分公司及项目部的数据交换、共享，可为企业大数据积累、工程经验知识积累提供有力支撑，实现基于数据的科学管理和决策。本文通过分析典型工程建设企业的信息化建设现状及问题，总结归纳了企业 BIM 平台的基本需求和架构特征，并建立了企业 BIM 平台架构，为企业研发和建立基于云的 BIM 平台奠定了坚实基础。

参 考 文 献

[1] 张洋. 基于 BIM 的建筑工程信息集成与管理研究 [D]. 北京：清华大学，2009.

[2] National Institute Of Building Sciences. United States National Building Information Modeling Standard Version 1 - Part 1：Overview, Principles, and Methodologies [EB/OL]. [2013.10.17] http：//www.wbdg.org/pdfs/NBIMSv1 _ p1.pdf.

[3] 李永奎. 建设工程生命周期信息管理（BLM）的理论与实现方法研究 [D]. 上海：同济大学，2007.

[4] Laakso M, Kiviniemi A O. The IFC standard：A review of history, development, and standardization, information technology [J]. Journal of Information Technology in Construction, 2012, 17（9）：134-161.

[5] 赵昕，马智亮，张建平，等. 中国建筑施工行业信息化发展报告（2014）BIM 应用与发展 [M]. 北京：中国城市出版社，2014.

广州地铁篇

BIM 技术在城市轨道交通建设工程
质量与安全管理中的落地应用

陈　前[1]，张伟忠[2]，王　玮[3]

（1. 清华大学，北京 100084；

2. 广州轨道交通建设监理有限公司，广东 广州 510010；

3. 广州地铁建设事业总部，广东 广州 510060）

【摘　要】本文研究了 BIM 技术在轨道交通工程质量安全管理方面应用现状，通过将先进的 4D 施工管理理念引入到轨道交通工程建设中，结合广州地铁工程管理实际业务需求，定制开发了"轨道交通信息模型管理系统"，并应用于金峰站实际施工管理。该系统实现了 4D 施工过程模拟、BIM 平台合模后的碰撞检测，质量安全问题"按图钉"管理，以及以派工单为核心的质量安全管理体系。本系统的应用表明：该研究有助于实现项目参与方信息共享、多专业协同、缩短施工工期，降低运维成本，极大提高了地铁建设过程中施工效率以及质量安全管理水平。

【关键词】质量安全；碰撞检测；按图钉；派工单；BIM

1　前　言

随着经济社会的快速发展，城市公共交通的需求呈现指数级增长趋势，我国城市轨道交通已进入快速发展期，可以说建设规模和速度在国际上尚属首例，特别是 2010 年以来，城市轨道交通建设进一步加快。相关数据统计显示，截止到 2014 年年底，我国内地已有北京、上海、广州、深圳、武汉等 22 个城市开通城市轨道交通运营线路（含地铁、轻轨线路），总运营里程达到 3173km，运营车站总数超过 1800 座。在获批的 40 个城市中，计划到 2015 年前后规划建成 60 条段城市轨道交通线路，总里程超过 3600km，总投资额将达到 1.2 万亿元，预计到 2020 年，将有约 50 多个城市将发展轨道交通，总里程预计将达到约 8500km。城市轨道交通已经逐步成为特大城市公共交通体系的骨干，努力搞好城市轨道交通工程建设将对改善出行条件，缓解交通拥堵，提升城市功能，促进经济发展发挥更加重要的作用。

然而，城市轨道交通工程建设规模大、涉及专业多、建设周期长、技术要求高、施工环境复杂，质量安全管控难度大，各大城市地铁建设中质量安全事故时有发生，相关研究表明，近 10 年间，全国城市轨道交通共发生 115 起安全事故，造成 86 人死亡；在质量管控上，由于工期紧，造价低、施工管理与监督力量不足造成大量返工、翻修以及后期运维阶段维护维修困难的质量问题[1]。

为了提高轨道交通工程质量安全管理水平，实现质量合格、安全生产和文明施工的目标，建设行政主管部门等针对城市轨道交通质量安全管理方面开展大量的研究与实践工作。住建部加强了相关法规、标准的制定与质量安全监管力度，如颁布了《城市轨道交通工程安全质量管理暂行办法》与《城市轨道交通地下工程建设风险管理规范》等。各建设单位以及建筑企业分别结合各自工程建设特点进行了大量的质量安全管理模式的探索实践，例如，在国家部门相关标准基础上，编写了适用于地方工程建设的质量验收管理标准等。然而，随着轨道工程建设规模的扩大，轨道交通工程建设参与方众多、各部门间数据和信息沟通不及时、不顺畅而产生的信息孤岛；缺乏有效手段与管理者或非专业人士展示交流工程面貌，以及工程竣工移交的资料缺

【作者简介】陈前（1988-），男，研究助理。主要研究方向为建筑信息化、BIM。E-mail：cq1022@mail.tsinghua.edu.cn

乏有效关联集成，不能够在运维阶段被直接使用等问题逐渐突出，传统的质量安全管理手段已经很难满足大规模轨道交通工程建设的全生命期管理[2]，这也迫切需要我们寻找新的出路来切实提高轨道交通工程建设的质量安全管理水平，BIM 技术的出现为这一问题带来了新的解决思路。

2　国内外相关研究综述

2.1　国内外相关 BIM 技术研究综述

近年来，建筑信息模型（BIM）的发展和应用引起了工程建设业界的广泛关注，各方一致的观点是其引领建筑信息化未来的发展方向，必将引起整个建筑业及相关行业革命性的变化。建筑信息模型（Building Information Model，BIM）是对建筑全生命期各种工程信息的数字化表达[2]，旨在实现建筑业各阶段之间、各参与方之间的高效信息共享[3]，为面向建筑全生命期的性能分析和集成管理提供数据支持。近 10 多年来，BIM 技术在数据标准、配套应用软件等方面都有了较快的发展。国际上，BuildingSMART 发布了 BIM 数据存储标准 IFC，为 BIM 数据交换提供了开放的标准格式[4]。美国以及欧洲众多国家已经陆续研究并发布了适应各国建设行业的国家 BIM 应用标准[2]。相比较而言，国外研发的 BIM 软件众多，但大都集中在设计阶段的 BIM 设计软件，例如 Revit[5]，ArchiCAD[6]，目前国内在施工阶段应用的 BIM 软件数量不多，其中清华大学自主研发的 4D 施工管理系统 4D-GCPSU[7] 已在国家体育场、青岛海湾大桥等大型工程中应用，并取得了较好效果。

2.2　轨道交通工程质量与安全管理现状

近年来，各大城市地铁建设单位为了应对当前大规模增长的轨道交通建设管理需求，纷纷开展了工程信息化管理平台建设。例如，北京地铁开发了"施工安全风险监控系统[8]"与"隐患排查治理管理系统"，并从 2008 年开始陆续应用于北京地铁各条新线建设中；深圳地铁集团利用"远程监控管理系统"实现施工安全风险监测管理，借助该系统综合分析影响施工安全各种因素的基础，建立起一整套地铁施工安全风险监测、管理、应急预案指挥体系[9]；宁波地铁研究开发了"轨道交通信息的全生命周期管理系统（BIM）"，并应用于宁波轨道交通的协同设计、三维施工检测以及站点运营管理[10]，解决了施工过程中工程质量监测、机电设备安装等问题；广州地铁先后建立了"第三方监测数据管理系统"、"视频监控与门禁管理系统"以及"工程项目综合管理平台（一体化）[1]"等。

通过对这些系统的实际应用效果研究分析，我们发现虽然这些项目管理系统在一定程度上提高了工程项目的管理水平，促进了工程建设领域的信息化发展，但是还存在诸多问题无法解决，例如，缺乏统一的信息系统规划设计[1]，系统难以真正落地应用；信息孤岛导致无法实现数据共享；管理规范难以落实[11]、缺乏标准化和量化的客观的考核管理工具；管理信息的及时性、完整性和准确性难以把握；管理效率低，传统的以文件等形式的检查管理、数据记录和信息传输方式效率不高。

为了有效解决上述质量安全管理存在的问题，近年来，许多高校、企业开始实践应用 BIM 技术，开始思考如何有效地将 BIM 技术引入到传统的轨道交通工程的质量安全管理中。Ding[12] 采用 nD 模型技术开发一个用于多参与方的集成系统以方便业主进行项目决策与施工管理。蔡蔚[13] 以上海轨道交通 13 号线为例，从项目动态规划、资源管理、投资控制以及全生命期设备维护维修等 4 个方面详细分析了 BIM 在轨道交通行业的应用现状，并提出了要开展 BIM 应用标准研究。高继传[14] 以南京地铁三维管综设计成果为依据，论证了地铁行业中采用 BIM 技术开展三维管综设计产生的显著效益，并对地铁业主单位如何采用 BIM 技术开展三维管线综合设计给出了明确方案。

尽管国内外 BIM 的研究应用如此的受欢迎，但大多数建筑企业单位对 BIM 的应用仍然是单点的、表面的、孤立的以及非跨阶段的。随着 BIM 技术的研究成熟以及配套 BIM 软件的推广应用，我们将会进入 BIM 应用的深水区，BIM 应用将转变成多维度的、深入的、协同的以及跨阶段。

为实现"打造精品、精益求精"的目标，广州地铁集团公司与清华大学合作，针对广州地铁新建线路的施工管理和数字化移交需求，首次将先进的 4D-CAD 以及 4D 施工管理理念引入到轨道交通工程建设中，研究开发"轨道交通信息模型管理系统"。通过研究跨阶段建筑信息的组织结构，建立集成设计、施工信息的多尺度 BIM 模型，支持项目各参与方之间的信息共享，支撑地铁建设的多专业协同工作；通过研发跨平台的 BIM 施工管理与数字化移交平台，对施工进度、质量、资源、成本、安全和场地进行有效、动态、可视化的管控，实现地铁建设的集成管理；通过制定电子化集成交付标准，将设计、施工信息集成，用于交付运维。从而实现基于 BIM 的地铁建设全生命期管理[2]，提升管理与决策水平。

3　轨道交通信息模型管理系统概述

清华大学从 1991 年就开始致力于建筑施工计划三维可视化和动态管理方面的研究，其中在建筑工程 4D 信息模型及其信息集成方面的研究已取得了突破性的成果，提出了扩展 4D 施工管理模型[15]，在其基础上开发了"建筑工程 4D 施工管理系统"（4D-GCPSU）[7]，并成功应用于国家体育场（俗称"鸟巢"）、青岛海湾大桥、上海金融中心等大型工程项目，取得了较好的效果。

针对轨道交通工程特点，本研究在 4D-GCPSU 系统的基础上，从轨道交通机电工程的 3D 模型及其与 WBS 划分、施工进度计划与机电工程施工过程信息的相互关联等方面着手研究，基于广州地铁集团公司的机电设备材料构件编码体系，提出了相应的 WBS 划分标准模板，甲乙供设备材料清单规则等，以及扩展开发了 Web 端、移动端项目管理系统，从而将原有的建筑工程 4D-BIM 管理系统扩充为适用于轨道交通工程的"轨道交通工程信息模型管理系统"，并应用于广州地铁机电工程的施工管理全过程。轨道交通工程信息模型管理系统的系统结构如图 1 所示。

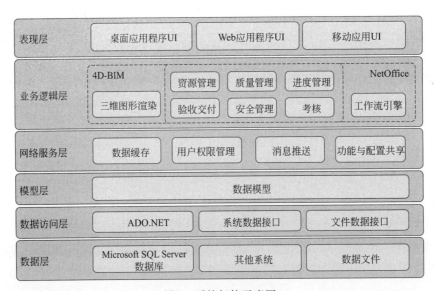

图 1　系统架构示意图

4　BIM 系统在质量安全管理上的工程实践

4.1　工程概况

本研究所开发的 BIM 系统目前已经应用于广州地铁新线的 13 座车站、6 号线二期合计 35.2km（左右线）区间、2 个变电所等工程管理中，其中包括鹤洞站、清布站及金峰站等。本文将以金峰站实际应用为例，分别从施工准备阶段、施工过程阶段、验收移交阶段以及运维初期阶段论述总体应用情况。其中金峰站位于开创大道和科翔路的交叉路口，车站为标准地下两层车站。车站西北方向为万科城，东北方向为保利林语山庄等高档住宅小区，东南方向为香雪制药厂房，西南方向为江苏扬子江药业厂房。车站总长 204.8m，标准段宽 18.8m，站台为 10m 有柱岛式站台，主体结构建筑面积为 8157.5m²，出入口及风道、风亭等建筑面积为 4139.3m²。总建筑面积 12296.8m²。车站共设 4 个出入口、1 个消防出入口和 2 组风亭。Ⅰ、Ⅱ号出入口分别设置于开创大道南侧路边；Ⅲ号、Ⅳ号出入口分别设置于开创大道北侧路边。

4.2　质量安全管理应用

4.2.1　施工准备阶段

（1）BIM 系统辅助三维图纸会审

图纸会审是工程施工前必不可少的一项技术工作，需要各参建单位针对二维图纸中存在的问题进行讨论，并提交设计单位进行处理的。但是传统的二维图纸数量众多，各图纸间联系复杂，甚至部分设计意图很难被施工人员理解，导致参建各方需要花费大量的时间进行沟通交流，影响了工程进展。为了提高二维图纸会审效率，金峰站施工单位提前将设计单位提交的二维图纸翻模成 3D 模型导入 BIM 系统，借助 3D 模型辅助二维图纸会审，通过 3D 模型的可视化特点，可以很直观地领会设计意图，大大提高图纸会审工作效率。

（2）BIM 系统合模后碰撞检测

由于轨道交通机电安装工程包含了 20 多种小专业，分别由多个承包单位及设备厂家进行各自工程范围内的 BIM 建模，各建模单位分别使用的建模软件包括 Revit、Bentley、Tekla、Catia 等，这些建模软件的合模与碰撞检测都是针对该软件厂商自己的数据格式，各厂商数据共享与兼容性还存在问题。因此，我们需要能够将多建模软件的模型在我们的 BIM 系统上进行合模，然后进行多专业间的碰撞检测。

BIM 系统已经实现了构件的碰撞检测，主要包括硬碰撞与软碰撞检测，如图 2 所示。能够针对结构设计和机电设计时可能发生的空间冲突情况，进行三维模型构件间的碰撞检测。该功能集成于 BIM 系统内部，为三维模型碰撞检测、机电工程多专业管线综合设计提供了强有力的支撑工具。通过 BIM 碰撞检测技术可以优化设计方案，减少了各专业之间的摩擦，避免了返工误工现象，减少了人力和材料的浪费，节省了大量的工程成本，经济效益明显。

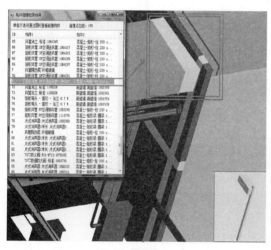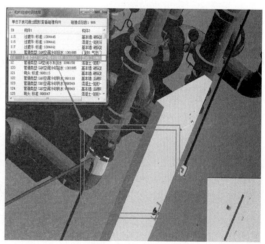

(*a*) 硬碰撞　　　　　　　　　　　　　　　(*b*) 软碰撞

图 2　BIM 系统合模后的碰撞检测

4.2.2　施工过程阶段

（1）4D 施工过程模拟

"轨道交通工程信息模型管理系统"中工程的进度计划和实际执行情况是以动态的三维模型展现出来，实现施工过程的 4D 动态模拟，如图 3 展示了 4D 模拟过程，包括以天、周或月为时间单位，按不同的时间间隔对施工进度进行顺序或者倒序模拟。三维视图中模型上的不同颜色，代表不同施工状态，同时已完成的构件以预先指定的 WBS 颜色显示。

通过 4D 施工过程模拟，现场管理人员可以直观地观察不同时间工程的施工进展和某一施工段或结构构件的详细施工状况，以及不同专业间是否存在前后置任务工序以及时间上的冲突、不同专业间是否存在施工作业空间交叉碰撞等问题。该功能对比较、检验多种施工方案的可实施性，优化施工计划以及施工方法提供决策支持。

初期阶段:　　　　　中期阶段:　　　　　完成阶段:

过程模拟(1)　　　　过程模拟(2)　　　　过程模拟(3)

图 3　4D 施工过程模拟

(2) 质量安全图钉

为了辅助监理的日常监理工作,系统需要提供旁站记录填报,对巡检中发现的施工质量问题进行"按图钉"标识,通过在模型上直接标识质量问题,系统自动激活质量问题整改通知单,推送给各施工单位进行整改,最后获取整改反馈信息实现质量安全问题闭环流程;另外,系统对已完工的部分可在模型中标识,对存在问题的部位可统计查询。在金峰站试点中,实现了现场问题按图钉标识,如图 4 所示为质量安全问题"按图钉"管理流程。通过将现场发现的质量安全问题直接关联到 BIM 模型上,通过模型浏览,让质量安全问题能在各个层面上实现高效流转。这种方式相比传统的文档记录,可以摆脱文字的抽象,促进质量安全问题现场协调工作的开展。

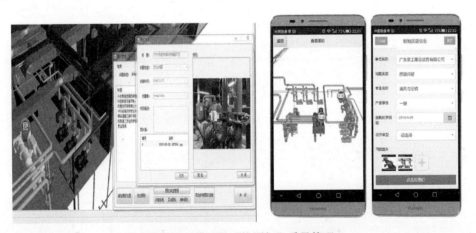

图 4　基于模型的"按图钉"质量管理

(3) 以派工单为核心的质量安全管理体系

派工单是指施工单位根据审批过的周计划创建派工单,将施工任务以工单的形式创建出来,工单中包含进入车站作业的人员、设备/材料,工序指引,安全隐患以及安全防范措施等。对于日常施工过程管理,系统以派工单运行为核心,为建设方、监理方和施工方提供施工过程信息跟踪控制功能。图 5 给出了系统中派工单运行的主要原理示意。首先,通过派工单指定施工任务、人员、所需设备材料等并提交监理审核,审核通过后开始施工;其次,派工单完成后需要在系统内提交相应的交付物,并可在模型中显示施工完成情况,对未及时完成施工任务及时预警;最后,系统从派工单中提取实际进度数据,并与计划进度比较,分析工期延误情况,同时定量分析任务完成的质量以及数量。此外,系统将根据每日派工单内容自动生成施工日志等档案资料。

本系统所研究开发的基于派工单的施工过程信息管理是属于质量安全管理模式的创新,与传统的工单有很大不同,主要体现在以下几点:

1) 派工单不仅规范施工单位的工作内容,对监理单位的日常行为也同时约束。我们以监理方主导基于 BIM 的施工管理是对传统质量安全管理模式的变革与创新。

2）派工单是连接 BIM 系统三维虚拟建造与现场实际施工的纽带，是精细化的质量安全管理的具体表现形式。

3）派工单是通过总体计划每周逐步更新细化后自动生成的，而总计划和周计划又是 BIM 系统对各专业进度计划采用 4D 施工过程模拟优化调整后的，是最合理的施工任务安排。通过 BIM 系统对施工方案以及工艺流程进行"彩排预演"，提前发现施工中可能存在的问题，将会从事前控制上保证工程质量安全，提高施工效益。

4）利用系统对于工单派出的前置条件自动检查、判断，包括施工人员上岗资质条件、设备材料到货状态等，例如没有受过三级安全教育的工人是无法被派工单选择的，这是从作业层的精细化管控保证施工人员、安装的设备材料都是合格的，从而保证工程质量和安全。

5）利用派工单的完工情况确认实现对于进度计划的闭环反馈管理，它是上一项工作的结果，也是下一个环节的入口。例如，系统对需要在工程实体完成后同时提交预归档验收资料的派工单发出提醒，规范施工和监理人员在施工过程中做到档案资料的预归档。这样从管理上约束和规范了工程档案资料的及时性、完整性与真实性，也为打造优质精品工程提供了借鉴参考。

6）将派工单与门禁系统关联，最大限度地实现施工人员准入安全管理。

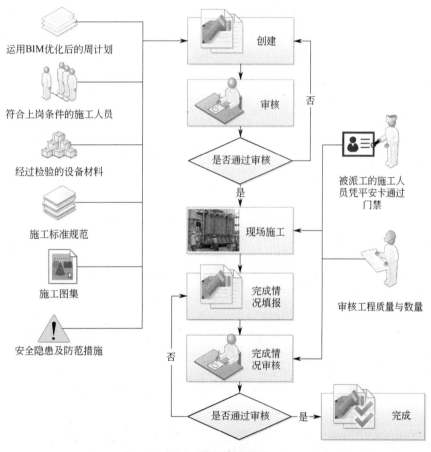

图 5　派工单原理图

在金峰站的应用试点过程中，截至 2015 年 9 月，金峰站派工单达到了 260 多张。通过派工单的精细化质量安全管理，金峰站按照派工单颗粒度要求编制了以"天"为单位的进度计划，"按部就班"有序推进。首先，每张派工单包含一天的计划工作任务量，通过 BIM 系统填报、审核，符合要求的计划才会被派工单选择，每张派工单包含了符合上岗条件的施工人员、经检验合格的设备材料，施工区域以及标准工序指引等内容。如果是被派工单选择的施工人员，其信息将被推送到门禁管理系统，可以通过车站的门禁系统进入作业区域施工。其次，每日的派工单任务完成情况需要填报反馈到 BIM 系统，对未及时完成施工任务发出预警；最后，系统从派工单中提取实际进度数据，并与计划进度比较，分析工期延误情况，同时定量分析任务完成的质量以及数量，建立了对工程质量安全的及时跟踪反馈制度。

（4）模型及图纸变更管理

施工过程中，不可避免实际完工情况与设计并不相符的情况。通过添加设计变更，可以有效保证 BIM 模型的正确性，从而有效避免模型信息落后导致的决策失误。系统中提供了设计变更的添加与查询功能，每次变更的 BIM 模型版本以及相关的设计文件都将与相应的模型构件挂接，形成历史信息以便回溯和查阅。

（5）安全隐患预警

施工计划中的每一项工序，都有对应的安全隐患信息，如某一项工序是否需要高空作业、是否需要大型设备的吊装、是否需要拆除孔洞的围蔽等，如果具有上述安全隐患，在施工模拟中将会特别标识出来，以便施工单位和监理单位预先做好安全防范措施。在金峰站应用中，施工单位利用 3D 模型进行临建场地规划以及安全风险源可视化管控，如图 6 所示。

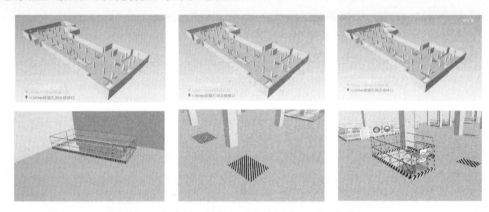

图 6　临建场地规划以及安全风险源可视化管控

4.2.3　验收移交阶段

工程档案资料数字化移交需要满足包括（但不限于）广州地铁集团公司建设项目、广州城市建设工程档案管理等要求。广州地铁的数字化移交内容包括设计阶段的由设计图纸形成的 3D 模型、竣工移交阶段的可视化设备清点、施工过程的建设数据所形成的基于 BIM 系统的工程数据库，该工程数据库将具有所有重要设备完整的工程信息、参数信息与编码信息，并可以根据广州地铁运维方指定的移交对象需求，定制数据接口，实现特定的数字化移交目标。

通过实现数字化移交，可以约束和规范工程档案资料的及时性、完整性与真实性，也从管理流程上保证了工程实体以及档案资料的质量。主要体现在以下几点：

1）集成了建筑的机电设备三维模型及其相关信息的工程数据库，可将其集成交付给运营方，为运营方的后续设备设施维护维修提供质量过程信息追溯查询。

2）提供运维知识库功能，包括操作规程、培训资料和模拟操作等运维知识，运维人员可根据自己的需要，在遇到运维难题时快速查找和学习，提高工作效率。

3）通过"派工单"双闭环条件等实现档案资料与 4D 模型数据的有效关联，解决传统档案资料之间孤立、重复、版本冲突等问题，实现档案资料基于数据库的电子化归档。保证了施工过程移交的数据资料能够在运维阶段直接使用。

4）由于将设计阶段信息集成到 4D 模型中，提供了基于关联的信息、表单、附件检索，也省去大量重复的找图纸、对图纸工作。

5　结　语

本研究是在清华大学 4D-BIM 平台的研究基础上，针对轨道交通机电安装与装修工程的施工方法、施工管理的特点，综述了 BIM 技术在轨道交通工程质量安全管理的现状，研究了将原有的建筑工程 4D-GCPSU 管理系统扩充为适用于轨道交通工程的"轨道交通工程信息模型管理系统"，并应用于广州地铁机电工程的施工管理全过程。所开发的"轨道交通信息模型管理系统"通过采用最先进的多平台客户端的网络应用模式（"CS＋BS＋MS"），共享同一套 BIM 模型，利用 BIM 技术完成了施工准备阶段的前期工作指引，实现了基于二维码的机电设备过程信息管理，质量安全问题"按图钉"管理以及基于派工单的施工过程信息管理体系。此外，为了给广州地铁运营方提供一个数字化地铁，我们研究并在广州地铁广佛线践行了工程建设资料数字化移交。在广州地铁金峰站等地铁站的实际应用表明：本研究及所开发的"轨道交通信息模型管理系统"能够适应轨道交通机电工程质量安全管理的实际需求，实现了项目参与方信息共享、多专业协同、减少施工阶段设计变更、缩短施工工期等预定目标，对于降低设备设施运营维护维修成本，提高了地铁建设过程中施工效率以及信息化管理水平，取得了显著效果，也为广州地铁今后的 10 条新线、100 多个车站大规模新线建设提供了新的信息化管理手段。

随着本研究的 BIM 技术在后续的 10 条新线中深入应用，大量的施工过程真实信息实时汇聚与处理形成了庞大的工程数据库，而且所有的过程信息都与 BIM 模型相链接集成，这也就为运营方积累更庞大的运维知识库，实现机电安装过程和运维阶段的信息共享，最后，利用 BIM 充足的数据，实现科学的预知预判功能，使分析预测更为科学有效，从而辅助决策。

参 考 文 献

[1] 冯国冠. 城市轨道交通工程质量安全管理信息化建设的方案设计［J］. 中国安全生产科学技术，2012，8（12）：74-79.

[2] NIBS. United States National Building Information Modeling Standard Version 1 - Part 1：Overview，Principles，and Methodologies［S/OL］［M/OL］.（2007-12-18）［2011-04-13］. http：//www. wbdg. org/pdfs/NBIMSv1 _ p1. pdf.

[3] 张洋. 基于 BIM 的建筑工程信息集成与管理研究［D］. 北京：清华大学，2009.

[4] Liebich T. IFC 2x Edition 2 Model Implementation Guide［M/OL］. International Alliance for Interoperability（IAI）. 2004.

[5] Autodesk Inc. 建筑信息模型［EB/OL］.［2016-02-24］. http：//www. autodesk. com. cn/products/revit-family/overview

[6] Graphisoft. ArchiCAD 14 概述［EB/OL］.［2016-02-24］. http：//www. graphisoft. cn/outline/

[7] 张建平，曹铭，张洋. 基于 IFC 标准和工程信息模型的建筑施工 4D 管理系统［J］. 工程力学，2005（S1）：220-227.

[8] 罗富荣. 北京地铁工程建设安全风险控制体系及监控系统研究［D］. 北京：北京交通大学，2011.

[9] 黄少群，龙红德，曾庆国. 深圳地铁 5 号线施工远程监控管理系统应用研究［J］. 铁道技术监督，2010 38（4）：39-42.

[10] 吴敦，马楠，徐宁. 轨道交通信息模型在宁波地铁建设中的应用研究［J］. 城市勘测，2014（2）：69-71.

[11] 张川，刘纯洁. 城市轨道交通建设现场管理信息系统研究及应用［J］. 城市轨道交通研究，2014（8）：1-4.

[12] L. Y. Ding，Y. Zhou，H. B. Luo，X. G. Wu. Using nD Technology to Develop an Integrated Construction Management System for City Rail Transit Construction［J］. Automation in Construction，2012，21：64 - 73.

[13] 蔡蔚. 建筑信息模型（BIM）技术在城市轨道交通项目管理中的应用与探索［J］. 城市轨道交通研究，2014，05：1-4.

[14] 高继传，江文化. 三维管线综合设计在南京地铁中的应用探讨［J］. 铁道标准设计. 2015，59（7）：134-137.

[15] Zhang J P，Liu L H，Coble R J. Hybrid Intelligence Utilization for Construction Site Layout［J］. Automation in Construction，2002，11（5）：511-519.

BIM 在地铁项目精细化施工管理中的应用案例研究

田佩龙[1]，胡振中[1]，王珩玮[1]，张建平[1]，邹　东[2]

(1. 清华大学土木工程系，北京 100084；

2. 广州市地下铁道总公司建设事业总部，广东 广州 510380)

【摘　要】 地铁项目各参与方在施工管理过程中，面临着工作协同和信息共享等方面的困难，同时，各参与方也有着不同的 BIM 管理需求。该研究首先对各参与方的需求进行了详细的调研，针对这些需求，提出了参数化模型整合方法，基于空间属性的 4D 模型建立方法，基于派工单的施工过程管控方法等一系列基于 BIM (Building Information Modeling) 的施工过程管理方法，实现地铁施工的精细化管理。面向业主方、监理方和施工方，开发了基于 BIM 的多平台施工管理系统，并在鹤洞地铁站项目施工管理过程中进行应用。应用结果表明，基于 BIM 的施工管理方法和系统能够促进施工过程中信息共享与交流，使得各参与方及时跟踪施工现场的最新动态，从而减少工程成本，缩短建设周期，保证施工安全。

【关键词】 施工管理；协作；BIM；地铁；案例研究

1 引　言

施工过程需要各参与方之间协同工作，其中，信息的交换和共享是协同过程中的重要内容[1]。但是，现在大部分的施工管理仍然采用纸质文档记录施工现场数据，这种方式效率低下，是导致工期延误和成本超支的主要原因之一[2]，同时，这种方式也不利于施工管理过程中数据的搜集和实时更新[3]。

有很多学者针对建筑领域协同方面的问题进行了研究，其中，BIM 技术是该领域的研究焦点，其通过建立建筑设施的数字化表达，在此基础上实现对建筑设施的全生命期管理[4]，例如，在施工阶段，通过在三维模型上附加工程进度计划（代表时间维度）进而可以得到 4D 模型，用于施工计划的优化和管理[5]。

Faghihi 等[6]人提出一种基于 BIM 的建筑管道设备安装计划制定方法，该方法从 BIM 模型中提取相关信息，优化安装流程。Moon 等[7]人提出了基于 BIM 的 4D 模型，用来进行施工模拟，减少工作面冲突。Chen 和 Luo 等[8]人将 4D BIM 用于施工质量管理过程中。但是目前的研究中，对基于 BIM 的施工现场生产管理系统的研究等方面还比较缺乏。

该研究选取鹤洞地铁站的施工管理过程进行案例研究，该地铁站位于中国广东省的省会城市广州市，属于广佛地铁线。在该研究中，利用 BIM 技术实现地铁施工过程的精细化管理，提高了施工效率和质量。

2 相关研究

相关研究表明 BIM 技术的应用能够显著提升施工管理效率。Zhang 和 Hu[9]基于 BIM 和 4D 技术，通过整合施工模拟、4D 施工管理和结构安全分析等方法，提出了动态的施工冲突分析和安全管理的方法。Giretti 等[10]人开发了能够为施工管理人员提供施工现场实时进度信息的自动化管理系统。Nader 等[11]人对利用移动互联网技术和 BIM 技术改善现有工作流程和提升管理效率的可行性进行了调研。Lin[12]开发了基于 BIM

【基金项目】 国家高技术研究发展计划（863 计划，2013AA041307）；国家自然科学基金资助（项目批准号：51478249，51278274）；清华大学（土木水利学院）－广联达股份有限公司 BIM 联合研究中心课题

【作者简介】 胡振中（1983-)，男，广东人，副教授。主要研究方向为土木工程信息技术、建筑信息模型（BIM）。E-mail：huzhenzhong@tsinghua.edu.cn

的施工工作面 Web 管理系统，便于现场工程师共享施工工作面信息，追踪施工现场动态。Goedert 和 Meadat[13] 在一个儿童发展中心的项目中，在 3D 模型上进行扩展，附加施工过程信息和施工过程文档，形成完整的竣工交付模型，以方便业主运维管理使用。Trebbe 等[14]人以荷兰某个大型高铁站改造工程为例进行案例研究，将 4D 模型技术应用于施工进度计划制定，并对其带来的改进效果进行了分析。

BIM 技术在地下或铁路工程中的应用也有相关研究。Le 和 Hsiung[15]基于 BIM 和移动网络技术，开发了移动网络信息管理系统，解决了临设结构的安全管理问题，并在城市地铁施工项目中进行了案例应用。Cho 等[16]人研发了基于 BIM 的施工信息集成管理系统，建立全尺度的三维模型和基于网络的 5D 系统模型，将其应用在高速铁路项目的安全管理、设备运行模拟、成本控制和施工管理中。Ding 等[17]人利用 nD 系统为业主提供及时的施工现场动态信息，辅助其进行决策。

现有研究的系统和工具大多针对施工管理过程，并针对施工管理人员开发。这些工具的主要功能是为工程管理人员的决策提供信息支持，不能用于施工现场工作的管控。随着 BIM 技术在基础设施建设领域的逐渐推广，对于施工管理系统提出了新的需求和挑战，即为包含业主方、施工方和监理方在内的各参与方之间进行实时的信息共享，并对整个施工过程进行精细的管理和控制。

3　鹤洞地铁站项目

本研究的案例项目为鹤洞地铁站项目，该站属于广州市广佛地铁线，占地 $9034m^2$，为地下两层岛式结构，长 109.7m，宽 29.5m。图 1 为鹤洞地铁站的位置示意及卫星图。

图 1　鹤洞站位置示意及卫星图

本研究针对地铁站的机电安装和装修施工过程进行案例研究。所涉及的三个参与方包括：业主方、施工方和监理方，其中，业主方和监理方为项目的实际投资者。各个参与方在施工过程中对于 BIM 都有着不同的管理需求。因此，该研究首先进行了详细的现场需求调研。该站的 BIM 应用始于 2014 年 6 月，从业主方、监理方和 BIM 实施方组建了一个 6 人的 BIM 小组，通过为期 2 个月的现场调研、专家咨询以及理论分析等，最终在 2014 年 8 月形成了需求分析和实施方案两份报告。其中各参与方的主要需求如下：

业主方（广州地铁总公司）负责广州地铁的建设、运营及相关管理。对于 BIM 系统的核心需求是信息的集成。基于 BIM 技术，本研究通过整合设计、施工和运维阶段信息，创建多尺度的 BIM 模型，支持项目各参与方之间的信息共享；此外，利用可视化手段，对进度、资源、成本、质量、安全等进行动态可视化管控，提升管理决策水平；传统竣工交付资料中将包含施工方在竣工阶段所整理的大量纸质文件和图纸信息，业主难以从大量文件中迅速获取所需信息，难以对竣工资料进行有效利用，本研究通过应用 BIM 信息数据库，创建 4D 竣工模型，并进行基于数据库的竣工信息模型集成交付，实现资产移交的信息化。

根据《建筑工程监理规范》，监理方（广州轨道交通建设监理有限公司）的主要职责是代表业主方，对施工过程进行严格的检查和有效的监管[18]。在鹤洞地铁站项目中，监理方的核心需求是通过对施工现场生产任务的实时跟踪和精细化管理，从而达到预期目标，包括对工期、成本、质量和安全等的有效控制。该研究结合 WBS 和 Project 进度计划，创建 4D-BIM 模型，实现进度管控的可视化和智能化；通过派工单监管施工过程，关联监管过程文档，实现现场质量管理的精细化和标准化；结合二维码，利用智能手机等移动终端，实现管理和验交的电子化和规范化。

除了总承包商，项目参与者还包含负责机电安装和装修工程的 4 个分包商。他们主要有三个主要的功能需求：一是基于 4D-BIM 模型，对人、材、机进行统一管理，实现对进度和资源使用的精确计划、跟踪与管控；二是通过整体线路及关键部位施工过程模拟、三维漫游等实现施工管控的可视化；三是基于集成交付标准跟踪收集施工过程的所有信息，最终形成完整的竣工 BIM 模型。为了满足这些需求，基于统一的 BIM 数据库，该研究搭建了多平台的施工管理系统，分别是基于本研究团队已有的 4D-GCPSU[9]扩展的桌面客户端（CS 端）、网页端（BS 端）以及移动端 App（MS 端）。该系统可以协助施工方在施工阶段实时上传更新已完成施工任务信息，对施工活动进行详细的记录和分析。

针对上述各种需求，该研究开发了基于 BIM 的多平台施工管理系统，系统于 2015 年 2 月开发完成并应用。

4　基于 BIM 的精细化施工管理技术

4.1　参数化模型整合方法

该项目中，各专业分包商负责建立 3D 模型，各方根据各自专业特点采用了不同的参数化建模工具，包括 Tekla，Microstation，MagiCAD，Tfas6 和 CATIA 等。基于 BIM 的施工管理系统需要整合各专业模型，以便于对各专业施工过程进行统一的管理。该研究首先为各专业制定了详细的 BIM 建模标准，对模型的精细程度、构件编码标准、命名规范和建模协作机制等进行了规定。然后开发了基于 IFC 的模型导入接口，实现不同建模软件模型成果的整合，图 2 展示了基于 IFC 的模型接口将不同建模软件建立的专业模型进行整合的结果。

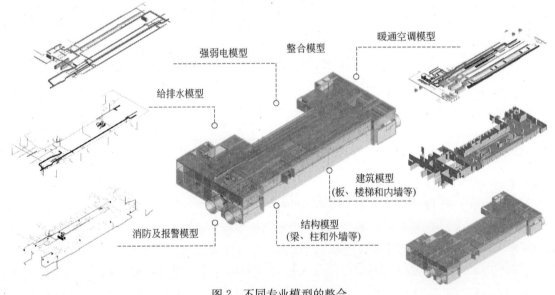

图 2　不同专业模型的整合

4.2　基于空间属性的 4D 模型建立方法

在引入 BIM 技术前，本项目进度计划的制定主要依靠二维图纸。该研究在综合考虑成本、资源和安全等因素的前提下，进行 4D 施工模拟，为总包和分包商制定施工计划提供了重要的参考和依据。

在完成专业建模和初步的施工计划后，下一步则是将三维构件与进度计划相关联。然而，该工作在 BIM 实施时会遇到比较大的困难，一方面因为其费时费力，另一方面三维构件的切分位置可能无法满足施工计划的要求。如图 3 所示，该研究提出了基于空间属性的 4D 模型建立方法，实现模型构件与进度计划的自动关联。首先建立轴网（X、Y）和标高（Z），然后分别选取两条 X、Y、Z 轴线，创建轴网空间，通过判断三维模型构件包围盒的中心是否位于选中空间内，从而判断该构件是否属于该空间。最后，在制定进度计划时为各施工任务赋予空间属性，从而实现进度计划与三维模型构件的自动关联，建立 4D 模型。

4.3　基于派工单的施工过程管控方法

为了实现工序级别的精细化施工管理，并将管理对象精确到实际的施工人员，该研究在 BIM 研究的

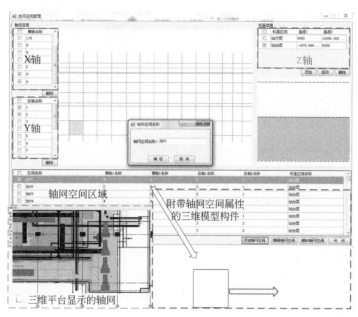

图 3　基于空间属性的 4D 模型建立方法

基础上提出了基于派工单的施工过程管控方法，如图 4 所示。派工单由系统根据施工计划从 4D 模型中自动生成，包含接下来一天应该完成的施工任务和相应的三维模型，并由施工管理人员填写施工材料、设备、人员等信息，其中，只有通过检验的施工材料、设备和通过审核的施工人员才能被填写到派工单中。同时，考虑到施工现场的安全管理需要，该研究实现了 BIM 系统与门禁系统的联动，只有包含在当天派工单中的施工人员才能通过门禁系统进入施工现场。

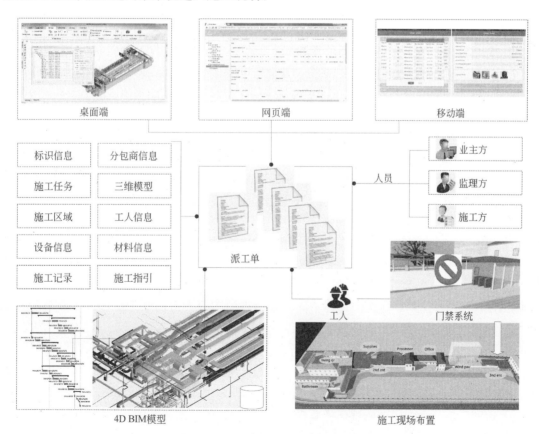

图 4　基于派工单的施工过程管控方法

在该方法中，派工单起到信息纽带的作用。首先它是由 BIM 系统根据 4D 模型中的施工计划和关联的资源约束信息自动生成，然后在监理方、承包商和施工人员之间按照一定的工作流程进行流转，收集施工过程信息和文档，例如监理日志、施工日志等，所有信息会被自动集成到 BIM 数据仓库中。为了便于各参与方使用，系统提供了电脑端、网页端和手机端三种不同的应用来对 BIM 数据仓库中的派工单数据进行管理。同时，派工单和门禁系统中的人员信息建立关联，达到禁止没有获取许可的人员进入施工现场的目的，只有在施工中的派工单关联的施工人员和管理人员才有通过门禁系统进入施工现场的权限。

派工单的作用在于将施工管理任务细化，便于各参与方实时追踪现场各施工任务的执行情况。随着现场承包商或分包商准备、执行和完成某项施工任务，对应的派工单的状态也会随之变化，如图 5 所示。

在施工任务的准备阶段，当所有前置施工条件都满足时，系统会自动生成该任务的派工单。然后承包商需要在系统中指定完成该施工任务所需的施工人员、材料和其他所需物资信息，这些信息会随着派工单被提交给监理审核确认，审核结果会返回给承包商。如果审核通过的话，承包商按照派工单

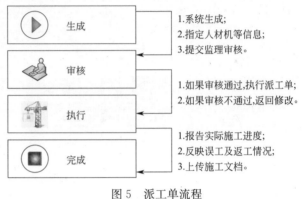

图 5　派工单流程

要求执行相应的施工任务，施工期间，承包商需要每天汇报该派工单任务的执行情况，例如：是否按计划完成、是否需要返工等。当派工单任务完成时，承包商和监理方的相关资料需要上传到系统中并集成到 BIM 数据仓库中，最终，在整个施工完成时，形成完整的竣工交付模型。

5　系统实现及案例应用

5.1　系统架构及设计原则

基于上述提出的方法和技术，该研究在清华大学张建平已有的研究成果 4D BIM 平台基础上[9]，设计和开发了基于 BIM 的多平台地铁施工管理系统，并进行了案例应用。系统包含 5 个逻辑组件：BIM 数据库、Web 服务端程序、桌面应用程序（CS）、浏览器程序（BS）和移动端程序（MS），如图 6 所示。

BIM 数据库负责存储和管理地铁项目的所有工程数据，包括三维模型几何数据、属性数据，施工过程数据等。在设计 BIM 数据库时，需要保证数据库内工程数据的一致性、准确性和连续性。数据库采用 Microsoft SQL Server 2008 软件实现。

Web 服务端程序运行在 Microsoft Windows Server 2008 操作系统上，利用 Internet Information Server（IIS）进行部署。Web 服务端程序提供 Web 服务，方便浏览器端和移动端程序从 BIM 数据库中获取所需数据。Web 服务利用简单对象访问协议（SOAP）技术实现，即通过将消息数据以可扩展标记语言（XML）的方式进行存储并封装成 SOAP 消息，利用超文本传输协议（HTTP）将数据请求消息从客户端发送到服务器端，服务器在接收到数据请求消息后，解析消息内容，并根据请求内容从 BIM 数据库中获取指定数据并以 SOAP 消息的方式发送给客户端。

为了施工现场、监理公司、业主公司等不同办公地点的工程人员能够了解到施工现场最新动态，该系统提供了三种不同的客户端程序。桌面端应用程序采用 Microsoft Visual C♯.NET 语言开发，运行在 Microsoft Windows 7 及以上的操作系统中，具有自主开发的三维平台[19]，桌面端应用程序侧重于 BIM 数据的管理和可视化，比如，具有 IFC 模型导入、施工模拟、进度分析等功能。浏览器端程序基于 ASP.NET、HTML、JavaScript 等技术开发，可利用 Microsoft Internet Explorer、Mozilla Firefox 等通用浏览器打开访问。移动端程序可运行在苹果和安卓两种操作系统上，其中，苹果支持 iOS 7 及以上的系统。浏览器端和移动端程序侧重于 BIM 数据的采集、施工现场管理等，比如，查看派工单信息、上传施工过程文档等。在这三种应用程序中，系统主要提供 6 个不同的功能模块来满足不同的管理需求，包括：

三维浏览及展示模块、进度管理模块、资源管理模块、质量控制模块、安全管理模块、施工评估模块和工作流程管理模块。

系统实现时内部采用了数据缓存、权限控制和服务器推送三种机制来保证系统正常运行。利用数据缓存机制可以将 BIM 数据，特别是模型的几何数据等较大且不经常变动的数据，以缓存文件的方式缓存在本地客户端内，不需要每次都从 BIM 服务器中获取这些数据，减少数据的网络传输时间。利用权限控制机制系统用户对每项 BIM 数据的读写权限，保障 BIM 数据安全。例如，派工单填报数据一经提交给监理后，分包商就无法更改，保障了派工单关联 BIM 数据的真实性。另外，利用推送机制将工作任务和任务关联 BIM 数据推送给相关的工程管理人员。

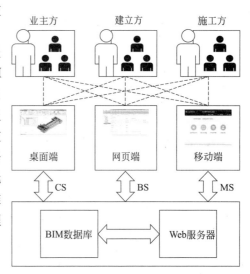

图 6　系统逻辑组件

5.2　应用案例

在该项目中，除了利用 BIM 技术搭建 4D 模型，进行施工模拟、进度管理和资源管理等，重点验证了利用派工单进行基于 BIM 的精细化施工管理的有效性，该方法改变传统基于纸质文档或电子表格的管理方式，使得监理方、承包商之间的协同工作更加简单、高效，信息交换更加方便，避免信息不一致带来的施工成本增加。同时，施工过程的实时数据也通过系统实时更新到 BIM 数据库中，利用实时动态的 BIM 信息可以进行准确及时的资源消耗分析，有利于承包商进行项目成本控制、质量控制和安全管控。另外，BIM 可视化的手段能够帮助管理人员快速了解施工状态，如图 7 所示，在三维模型上用不同颜色显示管理的派工单的完成情况，可以帮助分包商了解自己及其他专业分包商的施工进度，便于调整自己下一步的施工计划，合理利用现场，避免施工冲突。

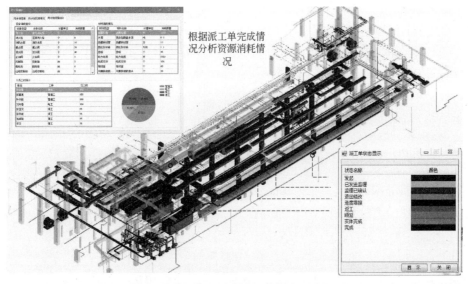

图 7　派工单完成情况及资源消耗分析

该系统应用在鹤洞地铁站的机电安装及内部装修施工过程中，其中，参与到其中的施工人员、承包商、监理和业主等多达 140 余人，期间为了便于相关人员熟悉系统使用，一共在施工现场进行了 4 次系统培训会。在系统应用过程中，根据管理需求，编制了建模标准、工程 BIM 技术应用工作指引、施工计划编制指引、交付标准、二维码编码规范等 BIM 应用的一系列指南和标准。在 2 个月内，系统一共生成了 206 张派工单，并在承包商、分包商和建立之间了流转，用于施工管理及信息采集。图 8 为地铁中某消火栓安装派工单的模型截图及安装后的现场审核照片。

图 8　某消火栓安装派工单的模型截图及安装后的现场审核照片

应用结果表明，该系统能够促进施工过程中信息共享与交流，方便各参与方及时跟踪施工现场的最新动态，从而缩短建设周期，减少工程成本。根据项目方反馈，相比同类项目，该项目提前至少 3 周完成，施工期间，利用该系统提前发现了 2000 余项施工冲突及隐患，共计节省施工成本 40 余万元。该系统对于施工过程管控，各专业之间的工作协调等起到了很好的效果。

6　结论及展望

该研究以鹤洞地铁站为例，研究 BIM 技术在地铁精细化施工管理过程中的应用，对 BIM 建模、进度计划制定和 4D 模型建立等应用流程进行研究，在 BIM 技术研究的基础上，提出基于派工单的施工过程管控方法，并开发基于 BIM 的多平台 4D 施工管理系统，实现统一 BIM 数据源下 3 种不同平台对 BIM 数据的查询和更新，达到了业主方、监理方、施工方等多方协同的地铁施工精细化管理的目的。应用结果表明，该研究提出的方法和系统能够实现施工过程中各参与方之间的信息交换和协作，使得各参与方能够及时获取施工现场的最新数据，进行决策，从而降低施工成本，保障施工质量和施工安全，满足业主方、监理方和施工方等的不同管理需求。

之后，系统将根据实际应用情况进行改进并应用到更多的地铁施工项目中。该研究今后将针对地铁项目竣工模型的建立及交付、运维阶段的 BIM 应用等方面进行研究。

参 考 文 献

[1] Soibelman L，Sacks R，Akinci B，et al. Preparing civil engineers for international collaboration in construction management [J]. Journal of Professional Issues in Engineering Education and Practice，2010，137 (3)：141-150.

[2] Tserng H P，Ho S P，Jan S H. Developing BIM-assisted as-built schedule management system for general contractors [J]. Journal of Civil Engineering and Management，2014，20 (1)：47-58.

[3] Young D A，Haas C T，Goodrum P，et al. Improving construction supply network visibility by using automated materials locating and tracking technology [J]. Journal of Construction Engineering and Management，2011，137 (11)：976-984.

[4] König M，Koch C，Habenicht，I，et al Intelligent BIM-based construction scheduling using discrete event simulation [C]. Proc. of the 2012 Winter Simulation Conference. Berlin，Germany，December 9th-12th 2012：1-12.

[5] Wang W C，Weng S W，Wang S H，et al. Integrating building information models with construction process simulations for project scheduling support [J]. Automation in Construction，2014，37：68-80.

[6] Faghihi V，Reinschmidt K F，Kang J H. Construction scheduling using genetic algorithm based on building information model [J]. Expert Systems with Applications，2014，41 (16)：7565-7578.

[7] Moon H，Dawood N，Kang L. Development of workspace conflict visualization system using 4D object of work schedule [J]. Advanced Engineering Informatics，2014，28 (1)：50-65.

[8] Chen L J，Luo H B. A BIM-based construction quality management model and its applications [J]. Automation in Construction，2014，46.64-73.

[9]　Zhang J P，Hu，Z Z. BIM and 4D-based integrated solution of analysis and management for conflicts and structural safe-ty problems during construction：1. Principles and methodologies ［J］. Automation in construction. 2011，20（2）：155-166.

[10]　Giretti A，Carbonari A，Vaccarini M，et al. Interoperable approach in support of semi-automated construction management ［C］. Proc. of the 28th International Symposium on Automation and Robotics in Construction. Seoul，Korea，June 29th-July 2nd 2011：267-272.

[11]　Nader S，Aziz Z，Mustapha M. Enhancing Construction Processes Using Building Information Modelling on Mobile De-vices ［J］. International Journal of 3-D Information Modeling，2013，2（3）：34-45.

[12]　Lin Y C. Use of BIM approach to enhance construction interface management：a case study ［J］. Journal of Civil Engi-neering and Management，2015，21（2）：201-217.

[13]　Goedert J D，Meadati P. Integrating construction process documentation into building information modeling ［J］. Journal of con-struction engineering and management. 2008，134（7）：509-516.

[14]　Trebbe M，Hartmann T，Dorée A. 4D CAD models to support the coordination of construction activities between contractors ［J］. Automation in construction. 2015，49（PA）：83-91.

[15]　Le H Q，Hsiung BCB. A novel mobile information system for risk management of adjacent buildings in urban under-ground construction ［J］. Geotechnical Engineering Journal of the SEAGS & AGSSEA. 2014，45（3）：52-63.

[16]　Cho H，Lee K H，Lee S H，et al. Introduction of Construction management integrated system using BIM in the Ho-nam High-speed railway lot No. 4-2 ［C］. Proc. of the 28th International Symposium on Automation and Robotics in Construction. Seoul，Korea，June 29th-July 2nd 2011：1300-1305.

[17]　Ding L Y，Zhou Y，Luo H B，et al. Using nD technology to develop an integrated construction management system for city rail transit construction ［J］. Automation in Construction. 2012，21（1）：64-73.

[18]　Tam C M，Zeng S X，Deng Z M. Identifying elements of poor construction safety management in China ［J］. Safety Science，2004，42（7）：569-586.

[19]　Zhang J P，Yu F Q，Li D et al. Development and Implementation of an Industry Foundation Classes-Based Graphic In-formation Model for Virtual Construction ［J］. Computer-Aided Civil and Infrastructure Engineering，2014，29（1）：60-74.

基于 BIM 的施工现场质量安全动态管理

王珩玮[1]，王洪东[2]，胡振中[1]，张建平[1]

(1 清华大学土木工程系，北京 100084；
2 广州轨道交通建设监理有限公司，广东 广州 510030)

【摘　要】 目前已有的施工现场质量安全管理的目的性较强，如风险发掘、事故预警以及质量监测等。并且绝大多数局限于施工阶段，成果应用并不面向全生命期。为了控制施工现场的质量与安全，基于信息定位的现场检查技术已经被应用于施工管理过程中。目前将位置信息与类似 BIM 的完备数据源进行关联主要通过人工录入这种低效与不可靠的方式进行，在对进度与成本有较高要求的施工管理中难以令人接受。本文针对施工现场质量与安全管理的需求，为了解决其中信息集成的问题，提出了现场检查 BIM 的概念。同时，提出了基于 BIM 的现场非固定信息采集方法与现场非固定问题管理框架。最终，该理论的原型系统被应用于广州地铁项目中，并且取得了值得肯定的成果。

【关键词】 施工现场；BIM；质量安全；现场定位

1　研究背景

施工现场安全与质量管理在建设阶段十分重要。为了保证施工安全，已有致力于风险探测与完全防护的算法和方法的相关研究。而由于目前缺乏事实行为监测的方法，因此安全数据采集也成了热门话题[1]。采用的技术包括全球定位系统（GPS）、超宽带（UWB）以及射频识别（RFID）等[2]。关于施工现场定位，基于无线局域网（WLAN）以及到达时间算法（ToA）的实时定位系统被认为更为合适[3]。同时，将图像处理和混沌逻辑纳入考虑也属于有效方法[4]。在这些数据采集技术的基础上，亦有关于数据处理、安全分析以及危险预警的相关研究，形成的施工安全管理系统被应用于众多实际项目[5,6]。

对于施工现场质量控制，质检数据的采集十分重要。传统的数据采集方式主要通过人工采集的方式实现，但操作流程的不可靠限制了结果的准确性，从而对后续的管理会产生较明显的影响。RFID 技术、卫星定位以及传感器在施工质量自动检查与管理中已经被广泛应用[7,8]。同时，思维网真技术也被应用于监控施工工序的质量[9]。研究认为，施工质量管理的目标应是考虑的是整个施工过程中的质量，而不仅仅是结果的质量[10]。

建筑信息建模（BIM）技术作为数据存储方式已被应用与施工现场安全与质量管理。例如，有研究使用无线传感器采集施工现场数据，同时与 BIM 数据集成，以监测预定义的安全问题的发生[11]。然而，大多数研究局限在必须再施工前进行计划[12-17]，少有研究关注通过施工现场信息与 BIM 的直接集成来充实项目全生命期的信息。

本研究中，提出了基于 IFC 的"现场检查 BIM"概念，以支持施工现场数据在项目施工阶段的数据积累。在此基础上，研究了基于动态位置的施工现场管理框架，以支持施工现场未知质量与安全问题的管理。研究的核心成果是一个基于增强现实（AR）、增强信号强度显示（RSSI）、机器学习和 BIM 的动态位置数据采集方法。

2　现场检查 BIM

2.1　动态位置现场数据

施工现场存在有众多有用信息。施工现场管理系统在现场获取有用信息，并通过对数据的处理提供

【通信作者】 张建平（1953-），女，教授，博士生导师。主要从事土木工程 CAD/CAE、4D-CAD、BIM、建设领域信息化、数字减灾及智能决策技术等方面的研究。E-mail：zhangjp@tsinghua.edu.cn

功能与服务。获取的数据分为三类：固定位置数据（如传感器数据和监控录像），动态位置数据（需应用实时定位）以及位置无关数据（例如管理流程中的数据）。

　　在安全与质量管理的研究中，大多使用非移动的数据采集设备，而收集的均为固定位置数据。这种方式难以获取未知的错误、违规、紧急事务，也难以覆盖全部施工现场。而在施工检查过程中所获取的动态位置数据可克服这些问题。

　　以往，人们使用纸以记录安全与质量问题。近些年，PDA 以及其他移动终端作为便捷的记录工具也逐渐被广泛应用。其中，问题的相关位置需要被标示以保证记录结果的完整性。某些信息可能不与位置之间相关，不过也应与建筑构件与空间元素相关。

2.2　建筑信息模型（BIM）

　　BIM 是基于建筑全生命期的概念，这意味着 BIM 数据应当在建筑全生命期的各阶段之间传递[18]。BIM 的价值在于其通过提供标准的以及相互关联的信息创建、修改、分享方式，为进度计划、分析以及其他的自动化需求提供了数据基础[14]。

　　BIM 应用程序应基于一个特殊的模型，该模型应从统一的 BIM 数据中获取必要信息并加以扩展，从而将扩充后的信息传递给下一阶段。因此，BIM 在工程建设各阶段均应支持数据分享[19]，从而数据交换标准是必要的。在所有数据交换标准中，IFC 是最权威的。本研究中，选择 IFC 作为原始信息模型格式。

2.3　现场检查 BIM

　　"现场检查 BIM"是一个建筑信息子模型，其附加了施工现场动态位置信息。IFC2X4 是该模型的基础框架。

　　包含动态位置数据的实体为称为 Thumbtack。在 IFC 中应属于 IfcProduct 一类。作为对 IFC 的扩展，可以新建一个 IfcProduct 类，但使用已有的 IfcProduct 类更为实际，如 IfcAnnotation。IfcAnnotation 被定义为一个对象的备注，同时包括有图形化的表现方式[20]。实际上，Thumbtack 与 IfcAnnotation 类似，可以被认为是不包括图形表达的特殊 IfcAnnotation，如图 1 所示。

　　Thumbtack 由 4 部分组成：基本信息、关联的建筑构件、内容以及位置。基本信息继承自 IfcRoot；继承自 IfcObjectDefinition 的 HasAssociations 属性是 IfcRelAssociates 类，指示了与其关联的建筑构件；属性 IsDefinedBy 所指示的 IfcPropertySet 类中可承载其内容；而 ObjectPlacement 中可定义 Thumbtack 的位置。同时，为了区别 Thumbtack 和传统 IfcAnnotation，需要增加一个特别标示属性。

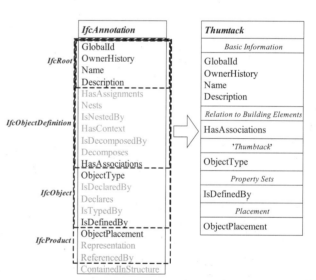

图 1　基于 IfcAnnotation 的 Thumbtack 定义

3　非固定信息采集

3.1　增强现实（AR）

　　AR 相关技术包括数据存储、服务环境、定位技术、便携与移动终端，以及可辅助虚拟三维环境与现实对比的自然用户界面[21]。AR 在建筑领域已经被广泛应用。相关研究包括了施工检查、监控和文档管理、工序辅助以及缺陷管理[22-26]。然而大多数需要特殊的 AR 设备。

　　BIM 与 AR 的结合在建筑领域具有极大的潜力[27]。其原因的一方面是 BIM 可以为 AR 提供虚拟数据仓库以及服务。在 BIM 和 AR 集成框架中，普通移动设备即可支持自然用户界面，而大多数计算集中在 BIM 服务器中[28]。然而，无线信息传输的低效率也限制了 AR 使用的效果。

3.2　室内定位

室内定位主要使用 WLAN、UWB、蓝牙、RFID 等技术[29,30]。其中，WLAN 相对于其他定位技术而言，适应于已有的无线网络，并且易被应用在普通移动应用中。

室内环境下的定位方法主要包括 ToA、到达角度算法（AoA）以及接收信号强度指示（RSSI）[30]。ToA 和 AoA 均对使用的硬件有要求，而基于 RSS 的方法则可使用移动终端普遍配置的传感器如 WLAN 与蓝牙。基于 RSSI 的定位主要包括两种方法：路径损失模型法和 RSSI 映射法[31]。路径损失模型法主要通过计算若干已知位置的接入点与定位点之间的距离，从而对用户进行定位[32]。其中 RSSI 与距离的映射函数需要通过实验确定。而 RSSI 映射法并不计算接入点与用户的距离，而是 RSSI 与位置的直接映射[33]。

3.3　RSSI 交互式定位法

"现场检查 BIM" 的数据采集需要尽可能广的范围，以保证信息的即时性，从而使管理者可针对精确的问题情况进行快速反馈。因此，普通的移动终端相对于特殊终端更适合。本研究采用基于 RSSI 的定位方法，用于在整栋建筑范围内的定位。考虑到施工过程中周边建筑的变化性与复杂性，研究提出了 RSSI 交互式定位法以克服施工现场环境对传统 RSSI 定位方法带来的精确度干扰和额外的工作量。该方法基于 BIM、AR 以及机器学习技术，如图 2 所示。

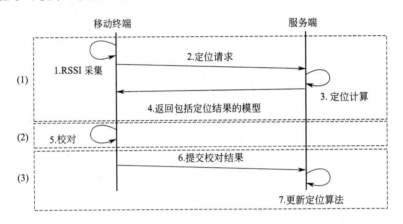

图 2　RSSI 交互式定位法

该方法主要包括三步：

（1）初步定位：首先使用可优化的基本定位方法进行初步定位。之后，初步定位结果附近的 3D 数据将由 BIM 服务器提供给用户，并呈现在移动端 AR 设备上。

（2）对比：在接收 AR 结果之后，用户应对比该结果与实际是否一致，并且在 AR 环境中进行校对操作。

（3）更新：根据本次定位结果的反馈，通过机器学习，定位算法被优化，从而使下一次定位更精确。

路径损失模型法与 RSSI 映射法均可被用于初步定位阶段。当使用路径损失模型法时，路径损失函数是优化目标。而使用 RSSI 映射法时，优化目标是 RSSI 映射。考虑到施工现场的复杂性，合适的路径损失函数会动态变化，从而难以逼近。因而，建议使用 RSSI 映射法。

方法实施前需要进行初始化。对于 RSSI 映射法而言，需要建立包涵了电波强度与位置对应关系的标点。之后的定位结果是根据目标与标点之间的接近程度判断的。这一步传统的方式是人工完成，定位精度将与标点的数量与分布情况相关。但是基于机器学习，标点将在定位过程中的学习阶段增加。所有用户在定位过程同时进行训练，因此这也被称为开放式训练。

4　动态现场管理

4.1　技术架构

考虑现场质量安全管理中对于检查的需求，设计了动态位置的施工现场管理原型系统。该系统的技术架构如图 3 所示。

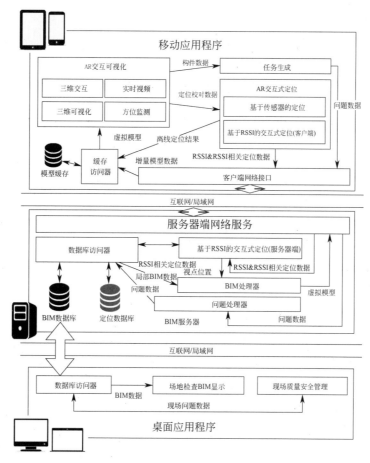

图 3　动态位置施工现场管理系统技术架构

该系统架构为客户端/服务器（C/S）架构，其中客户端由一个移动应用以及桌面应用程序构成，实现数据向 BIM 服务器的双向传输。移动应用包括两个主要模块：交互式 AR 可视化模块以及交互式 AR 定位模块。

前者提供了现实与虚拟对比的功能。为了能够获取和显示虚拟模型，三维显示以及交互式必要的。为了能够同时显示现实情况，需引入实时摄像技术。为了保证现实与虚拟在移动设备移动时的同步，基于传感器的方位监测是必要的。本研究中使用了已有的 AR 显示开源库，支持前端的 AR 显示以及自定义扩展。

交互式 AR 定位模块提供了在线与离线的定位方法。传感器定位应首先确定移动设备的基本位置，可以使用已知坐标二维码，或用蓝牙。之后通过传感器获取的数据进行位置的计算。该功能提供离线的定位服务，同时也可作为 RSSI 交互式定位中的初步定位方法。在客户端，系统支持 RSSI 数据采集，同时处理在 AR 交互式显示模块产生的更正位置数据。使用 Wi-Fi 或蓝牙接入点均可进行数据采集。

BIM 服务器接收更正的位置数据，同时提供包含三维形体、构件属性以及视点位置的虚拟模型。三维形体以及构件属性取自 BIM 数据库，而视点则通过服务器端 RSSI 交互式定位模块进行计算。由于无线局域网存在带宽限制，因此仅传输部分相邻的建筑构件模型。同时在客户端进行缓存，保证数据不重复传输。

BIM 服务器同时接收用户创建的问题数据，同时将它们存至 BIM 数据库。桌面应用程序应支持展示"现场检查 BIM"并解决这些问题。

4.2　管理流程

动态位置施工现场管理的目标是开放式检查，以期能够发现在施工过程中并未纳入考虑过的潜在问题。在建设工地中的任何持有该应用的人均可能发现并提交这些问题。其详细管理流程如图 4 所示。

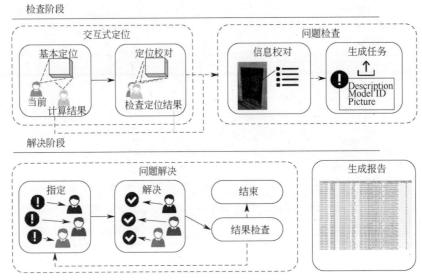

图 4　动态位置施工现场管理流程

流程始于用户对现场状况产生的疑惑。之后用户通过交互式定位过程进行问题的定位，其中需要用户进行位置的对比与更正，同时也可使用基础定位功能进行快速定位。之后，用户可以检查虚拟的建筑模型的相关信息。如果被认为这是一个需要解决的问题，则用户可创建一个任务。之后该问题会被标记在 BIM 平台中，而管理员可对其进行分配。当问题解决并检查无误后，问题便被归档处理。

5　实施与结果

5.1　RSSI 交互式定位方法验证

本研究为验证 RSSI 交互式定位方法的精确度进行了实验。实验中，在不同的房间内布置了约 10 个 Wi-Fi 接入点。标点共 31 个，以 600mm 的间隔均匀分布。定位使用了简单的基于 kNN 算法的 RSSI 映射定位法[34]。在标点位置数据采集后，又安排了 5 轮训练过程。每轮中，将实际位置与计算的位置进行对比，并将实际位置输入 RSSI 映射集合以完成训练。试验结果如图 5 所示。

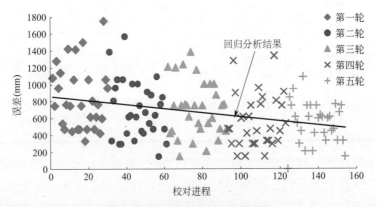

图 5　定位误差随校对进程的变化

由图 5 可知，校对进程与定位误差呈负相关关系，这意味着校对进程确实可提高定位精度。同时标点定位误差的标准差也随更正进程的继续而降低，这意味着定位结果的可靠性可随之提升。

5.2　原型系统研发

本研究基于提出的技术架构研发了原型系统。移动应用基于安卓平台研发。AR 交互式可视化应用了开源项目 DroidAR。移动终端缓存使用了 SQLite。BIM 服务器在 Windows 环境下发布，其网络服务使用的是 ASP. NET 服务。而桌面应用程序的研发基于本课题组已有成果 4D-BIM 平台[5]。图 6 显示了该系统的应用结果。

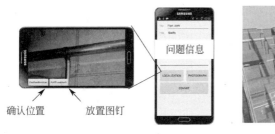

(a) 移动端问题检查　　　　　　(b) 基于现场检查BIM的质量与问题管理

图 6　系统应用

5.3　讨论

系统应用结果符合预期。然而，RSSI 交互式定位法仍存在一些问题。RSSI 的不稳定造成了误差。可行的解决方案是使用权重表示各标点坐标的可靠性，而权重则根据 RSSI 的历史数据得出。另一个问题是初步定位的精确性。该精确度并未严格限制，但应当与用户坐标相差不远。这个效果将会在基本定位方法充分优化之后改善。而在早期，其他的非电波的定位方法是需要的。例如传感器定位法。而基于非电波定位法的自动化训练也是将来值得研究的课题。在更正阶段，用户需要通过移动终端令虚拟模型与现实情况相匹配。这一步骤很可能对用户造成不便。在技术上可以考虑采用图像识别算法辅助重定位。而在管理层面上，建立激励环境也是可行的。RSSI 交互式定位法为大型、复杂以及动态施工环境设计。同时，两个影响定位环境的基本因素需要继续研究。分别是接入点和施工构件的变化。本研究中基本定位方法是 kNN，然而其他可优化的定位方法均可能适合，这些定位方法的验证研究可以继续进行。

本研究中的管理流程针对安全与质量管理中的开放式检查而设计，并未考虑针对性检查的专业辅助。然而该流程支持针对性检查，可在将来进行研究。在开放式检查的基础上，应引入更多的信息，如 BIM 应当扩展至 4D-BIM 这样的施工信息模型。而其他管理需求也会从该流程中受益。

接入点限制了 RSSI 交互式定位法以及动态位置施工现场管理。本研究中建议采用的 Wi-Fi 接入点，就目前而言在早期施工阶段难以部署。其更适用与晚期的施工阶段例如 MEP 安装，乃至建筑运维阶段。

6　结　论

以实现施工现场开放式检查为目标，本研究提出了开放式施工现场管理模式。作为其技术基础，提出了基于 IFC 的施工现场检查模型，将现场信息与 BIM 集成。同时，设计了 RSSI 交互式定位法，用于高精度室内定位。在此基础上，研发了原型系统，并将其应用于实际工程项目。应用结果表明了该系统的有效性，具有继续研究与应用的价值。

参 考 文 献

[1]　Li H，Chan G，Huang T，et al. Chirp-spread-spectrum-based real time location system for construction safety manage-
　　ment：A case study [J]. Automation in Construction，2015，55：58-65.

[2]　Zhou Z，Goh Y M，Li Q. Overview and analysis of safety management studies in the construction industry [J]. Safety
　　science，2015，72：337-350.

[3]　Li H，Lu M，Hsu S，et al. Proactive behavior-based safety management for construction safety improvement [J].
　　Safety Science，2015，75：107-117.

[4]　Kim H，Elhamim B，Jeong H，et al. On-site safety management using image processing and fuzzy inference [C].
　　ASCE，2014. 1013-1020.

[5]　Hu Z，Zhang J. BIM-and 4D-based integrated solution of analysis and management for conflicts and structural safety
　　problems during construction：2. Development and site trials [J]. Automation in Construction，2011，20（2）：

167-180.

[6]　Yau N，Tsai M，Wang H，et al. Improving bridge collapse detection and on-site emergency alarms：A case study in Taiwan [J]．Safety science，2014，70：133-142.

[7]　Wang L. Enhancing construction quality inspection and management using RFID technology [J]．Automation in construction，2008，17（4）：467-479.

[8]　Liu Y，Zhong D，Cui B，et al. Study on real-time construction quality monitoring of storehouse surfaces for RCC dams [J]．Automation in Construction，2015，49：100-112.

[9]　Jaselskis E，Sankar A，Yousif A，et al. Using telepresence for real-time monitoring of construction operations [J]．Journal of Management in Engineering，2014，31（1）：A4014011.

[10]　Ko C，Li S. Enhancing submittal review and construction inspection in public projects [J]．Automation in Construction，2014，44：33-46.

[11]　Riaz Z，Arslan M，Kiani A K，et al. CoSMoS：A BIM and wireless sensor based integrated solution for worker safety in confined spaces [J]．Automation in construction，2014，45：96-106.

[12]　Ganah A，John G A. Integrating building information modeling and health and safety for onsite construction [J]．Safety and health at work，2015，6（1）：39-45.

[13]　Collins R，Zhang S，Kim K，et al. Integration of safety risk factors in BIM for scaffolding construction [J]．Proc. ICCCBE，2014.

[14]　Chen L，Luo H. A BIM-based construction quality management model and its applications [J]．Automation in construction，2014，46：64-73.

[15]　Tsai Y，Hsieh S，Kang S. A BIM-enabled Approach for Construction Inspection [C]．ASCE，2014. 721-728.

[16]　Lee N，Salama T，Wang G. Building information modeling for quality management in infrastructure construction projects [C]．ASCE，2014. 65-72.

[17]　Davies R，Harty C. Implementing 'Site BIM'：a case study of ICT innovation on a large hospital project [J]．Automation in Construction，2013，30：15-24.

[18]　Zhang J P，Liu Q，Yu F Q，et al. A Framework of Cloud-Computing-Based BIM Service for Building Lifecycle [J]．Computing in Civil and Building Engineering，2014：1514-1521.

[19]　Zhang S，Sulankivi K，Kiviniemi M，et al. BIM-based fall hazard identification and prevention in construction safety planning [J]．Safety Science，2015，72：31-45.

[20]　Kim I，Seo J. Development of IFC modeling extension for supporting drawing information exchange in the model-based construction environment [J]．Journal of Computing in Civil Engineering，2008，22（3）：159-169.

[21]　Chi H，Kang S，Wang X. Research trends and opportunities of augmented reality applications in architecture, engineering, and construction [J]．Automation in construction，2013，33：116-122.

[22]　Dunston P S. Technology development needs for advancing augmented reality-based inspection [J]．Automation in Construction，2010，19（2）：169-182.

[23]　Zollmann S，Hoppe C，Kluckner S，et al. Augmented reality for construction site monitoring and documentation [J]．Proceedings of the IEEE，2014，102（2）：137-154.

[24]　Hou L，Wang X，Truijens M. Using augmented reality to facilitate piping assembly：an experiment-based evaluation [J]．Journal of Computing in Civil Engineering，2013，29（1）：5014007.

[25]　Kwon O，Park C，Lim C. A defect management system for reinforced concrete work utilizing BIM, image-matching and augmented reality [J]．Automation in construction，2014，46：74-81.

[26]　Park C，Lee D，Kwon O，et al. A framework for proactive construction defect management using BIM, augmented reality and ontology-based data collection template [J]．Automation in Construction，2013，33：61-71.

[27]　Wang X，Love P E，Kim M J，et al. A conceptual framework for integrating building information modeling with augmented reality [J]．Automation in Construction，2013，34：37-44.

[28]　Meža S，žiga Turk，Dolenc M. Component based engineering of a mobile BIM-based augmented reality system [J]．Automation in construction，2014，42：1-12.

[29]　Deak G，Curran K，Condell J. A survey of active and passive indoor localisation systems [J]．Computer Communications，2012，35（16）：1939-1954.

[30]　Yang C，Shao H. WiFi-based indoor positioning [J] . Communications Magazine，IEEE，2015，53（3）：150-157.

[31]　Luo X，O Brien W J，Julien C L. Comparative evaluation of Received Signal-Strength Index (RSSI) based indoor locali-zation techniques for construction jobsites [J] . Advanced Engineering Informatics，2011，25（2）：355-363.

[32]　Yan J，Tiberius C C，Janssen G J，et al. Review of range-based positioning algorithms [J] . Aerospace and Electronic Systems Magazine，IEEE，2013，28（8）：2-27.

[33]　Honkavirta V，Perälä T，Ali-Löytty S，et al. A comparative survey of WLAN location fingerprinting methods [C] . IEEE，2009：243-251.

[34]　Bahl P，Padmanabhan V N. RADAR：An in-building RF-based user location and tracking system [C] . Ieee，2000：775-784.

BIM＋RFID 技术在机电工程中的应用设想

黄惠群，滕君祥

(广州轨道交通建设监理有限公司，广东 广州 510010)

【摘　要】BIM 技术对于实现机电工程全寿命周期管理、提高工程效益等方面具有巨大的潜力和应用前景。而且随着信息化的推进和 BIM 探索的深入，BIM 逐渐显现出与其他相关技术如无线射频识别（RFID）、云技术、物联网技术（IOT）、地理信息系统（GIS）等综合应用的趋势。本文介绍了 BIM 与 RFID 的基本概念和技术特点，并详细介绍了 BIM＋RFID 技术在设备材料工业化生产、安装管理、设备运维与工程安全管理等方面的应用，通过结合二者自身的技术优势为实际机电工程提供一种新型的应用管理方式。

【关键词】BIM ；RFID；机电工程；工业化生产；安全管理

随着信息技术在机电工程应用的快速发展，以三维数字技术为基础的 BIM 已经成为全球主流，并得到广泛认可。城市数字化进程不断加快，智慧城市已在世界各国得到充分的重视，目前我国正处于一个从数字城市向智慧城市转变的重要阶段。随着"智慧城市"成为城市信息化的热词，BIM＋RFID 技术的应用研究也成为各相关领域研究热点。作为识别数据源[1]的 RFID 能够为 BIM 模型提供基本的信息，而 BIM 模型可以作为 RFID 系统的可视数据源。BIM＋RFID 技术是智慧城市建设的重要技术，其应用将会在机电工程、土建工程、结构工程信息数字化[2]等方面产生十分积极的作用。

BIM 的应用为机电工程的发展带了新的革命性的变化，为工程项目各参与方在工程全寿命周期的各阶段提供了有效地进行信息的交流和沟通的技术平台。协同化与参数化的 BIM 模型使得工程实体与模型相关联，可以对整个工程项目进行有效的管理。

RFID 技术作为一种非接触的自动识别技术[3]，可以在施工现场比较恶劣的工作环境下，收集工程构件的相关信息，对工程构件进行有效跟踪并与 BIM 数据库相联系，控制工程进度并反馈信息对构件的生产做相关的指导。RFID 技术具体的应用过程中，根据不同的应用目的和应用环境，RFID 系统的组成会有所不同，但从 RFID 系统的工作原理来看，典型的 RFID 系统一般都由电子标签、阅读器、中间件和软件系统几部分组成。

1　总体设计方案

基于 BIM 和 RFID 的机电工程管理模型是以 BIM 构建[4]为信息基础，RFID 技术实时收集施工现场的状态信息以及 BIM 案例库为数据信息来源。应用合理的生产、施工安装、运维及安全风险分析方法，对工程项目进行动态、可视化的管理和安全预警[5]。从而优化工程项目全寿命周期[6]的管理方法，确保工程项目可控、环保、安全、有序地开展。结合信息管理系统设计的基本步骤和要求、BIM 与 RFID 技术的工作原理，本文提出了基于 BIM 与 RFID 的机电工程管理模型总体架构如图 1 所示。

(1) 数据采集

原始数据获取的途径主要包括三个方面，一是从 RFID 实时采集的数据信息；二是项目的信息库以及工程现场数据；三是通过人机交互界面，由系统的使用者输入的数据和管理过程中使用者一定情况下的

【作者简介】黄惠群（1984-），男，系统集成工程师。主要研究方向为城市轨道交通工程信息管理系统项目集成管理。E-mail：19520592399@163.com
　　　　　　滕君祥（1975-），男，高级工程师。主要研究方向为城市轨道交通工程信息管理系统项目集成管理。E-mail：13924269989@139.com

修正与干预。数据采集的工具主要包括 RFID 标签、传感器、固定式阅读器等设备，通过将构件的基本信息写入 RFID 标签，RFID 编码具有较强的区分性和识别性，能够反映构件的基本属性、工程属性、几何信息、样式等，同时实现构件的实时追踪和定位，并能与建筑信息模型相对应。RFID 搭建起物理世界与信息世界的桥梁，可通过 Wi-Fi、WLAN 等网络通信传输工具上传至数据库。

（2）数据处理

在 RFID 信息处理中，中间件衔接了 RFID 硬件设备和与应用系统，是承接的工具。RFID 中间件收集并传递 RFID 阅读器采集的信息，和信息过滤的、依据统一的系统进行标准格式转换、采集、备份的要求，并进行监督和管理。它也提供了数据过滤和分析机制，将 BIM 和 RFID 技术中的信息进行协同和交互。按照 IFC 标准，交互后处理过的数据进行处理，进行对象识别和匹配，生成符合 BIM 模型要求的实时数据，上传至不同的数据库中，以便进行数据储存和处理。

（3）模型层

模型层是整个系统的重要部分，根据建设项目安

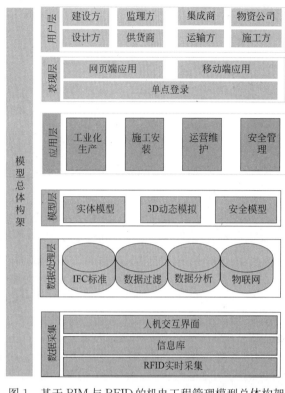

图 1 基于 BIM 与 RFID 的机电工程管理模型总体构架

全管理系统的需求，构建相应的安全视角下的实体模型、安全模型、3D 动态模拟等模块。多维可视化平台提供了一个动态三维可视化环境。各模块之间通过 IFC 标准实现互联，IFC 标准将各个模块与 BIM 数据库连接起来，完成信息查询、信息修改、信息更新等操作。

（4）应用层

功能应用是系统的功能模块，是对模型层所提供信息的具体应用，以实现系统功能设想和目标以及各类应用服务，主要包括：工业化生产管理、施工安装管理、运维管理及安全风险监管等功能。

（5）表现层

表现层可以实现多方式登录系统，登录方式可支持：网页端、移动端及单点登录等方式。

（6）用户层

为各种系统功能提供了友好的人机交互界面，从系统中可以清晰了解项目工程信息及状况，本系统的用户包括项目建设单位人员、设备生产厂商人员、设计单位人员、设备管理员、运维人员及施工员等。同时，BIM 模型中的信息需要随着项目工程进度不断进行补充和修改，随着项目的不断推进而不断完善，才能保证机电工程信息的准确性和及时性。

2 工业化预制

工程构件工业化[7]生产的发展程度，不仅体现在设计、构件生产、施工阶段的工业化程度上，同时也反映在工业化方式所建机电工程的实用功能上。另外，随着发展的深入，建筑构件工业化发展程度也通过环境方面的可持续性和社会方面的和谐性得以体现。

构件工业化的一个新型的施工形式，与传统的施工方式相比，具有效率高、精度高、成本低、质量好、资源节约、不受自然条件方面有诸多的优势，也是国家未来工程建设的热点领域之一。相对于其优点，构件工业化技术和管理的要求也要高得多，工作流程和环节也比现场施工要复杂得多，因而对工程项目中信息的准确性和及时性都提出了很高的要求。要实现工程项目全寿命周期的有效管理，必须采用

有效地信息化技术和手段解决传统管理模式下信息交流不畅的问题。

2.1　工业化标准

这里的工业化标准是指在构件生产过程中衡量标准，大体上可分为标准化、预制化、部品化[8]以及机械化。对于工业化应满足的经济发展目标，应着眼于宏观方面工业化带来的生产方式的改变对工程全寿命周期内经济效果的提高，应从包括工程成本、使用成本和维护成本的全寿命周期成本入手研究工业化和非工业化方式的区别。新型工业化的发展必须与环境的可持续发展一致，节能、节水、节材、降噪、减少垃圾污染、保护生态环境实现建筑与环境相协调的可持续发展。工业化的发展应保证与社会环境的协调，实现良性循环。在社会效益评价因素中技术创新、相关利益群体的满意度、对社会风险进行分析等，都应作为评价工业化的发展指标进行考虑。

（1）标准化

构件设计标准化是构件工业化的基础，标准化的衡量，主要可以从模数协调发展程度和工业化体系的数量以及推广程度等内容来评价。模数协调是标准化的重要内容。目前我国的模数协调实践多在房屋建筑的结构构件及配件的预制与安装方面，但对机电设备和设施开发、生产和安装方面缺少模数协调的指导应用，尤其是不同行业部品之间的模数协调还不能统一，实现部品的模数协调已经是我国构件工业化需要解决的问题之一。

构件工业化体系，是按照各种标准设计和定型构件类型，在工厂内大量生产构件，然后运输到施工现场进行机械化装配，或者在现场以机械化程度较高的施工方法代替手工劳动，这种方法又可形成一个系统，被称为构件工业化体系。

（2）预制化

预制化也是目前衡量机电工程工业化程度的重要标志之一，常用电气管线、上下水管线、供热及供冷系统工程等的预制化程度。预制率的计算方式主要有以下几种：预制体积比、预制价值比以及新建预制比例等。

（3）部品化

部品化是指按照一定的边界条件和配套技术，由两个或两个以上的机电单一产品或复合产品在现场组装而成，构成工程某一部位中的一个功能单元，满足该部位一项或者几项功能要求的产品构件单元化。将工程构件或部件按照一定的原则进行分类，进行大规模工厂预制生产。构件部品化程度可以从工程构件的通用部件（包括非结构性管线、设备等）的种类、数量以及产品生产商的数量和专业化程度上体现。

（4）机械化

机械化，即机电工程施工过程机械化，是指工程中各工种施工的机械化乃至各工序施工的机械化，最终将各工序、工种的施工统一、科学、有机地组织起来，实现施工综合机械化。施工机械化一直都是机电工程工业化的标准之一。其衡量可以从以下两个方面进行：一是施工机械设备的品种、产量等先进性指标；二是施工队伍的机械装备率。另外也有学者指出可以从施工的经济效果进行分析，如劳动生产率和工程进度等。

2.2　构件 RFID 编码体系

（1）编码设计的原则

在构件的生产制造阶段，需要对构件置入 RFID 标签，标签内包含有构件单元的各种信息，以便于在运输、存储、施工吊装的过程中对构件进行管理。

RFID 标签的编码原则有三点：

唯一性：在整个装配式建筑中，为了区分不同的构件，必须要保证构件单元对应唯一的代码标识，确保其在生产、运输、吊装施工中信息准确。如果不同构件使用同一编码，识别过程中很有可能将其作为冗余的信息而被优化处理掉。而一个构件有几个编码，则会被判断为几个不同的实体，导致数据处理的工作量增大。

因此，唯一性是构件编码工作最重要的一条的准则。

可扩展性：应考虑多方面的因素，预留扩展区域，为可能出现的其他属性信息保留足够的容量。

预定义性：应有含义确保编码的可操作性和简单性，这点与普通商品无含义的"流水码"相反，建筑产品中构件的数量种类都是提前预设的，使用有含义编码可加深编码的可阅读性，在数据处理方面有优势。

（2）编码体系

RFID 编码采用了较为简单的编码格式，其格式如表 1 所示。

RFID 编码格式　　　　　　表 1

项目代码			构件代码			位置属性		数量编号			扩充区	
字母			字母			数字		数字			数字	
A_1	A_2	A_3	A_4	A_5	A_6	A_7	A_8	A_9	A_{10}	A_{11}	A_{12}	A_{13}

① 编码 $A_1 \sim A_3$ 位，可采用大写英文字母，表示工程项目的代码，用以区分相互独立的不同项目，可取工程的简称，也可以由用户自己确定。

② 编码 $A_4 \sim A_6$ 位，表示项目中构件的具体类型，可用构件的拼音或英文名称与构件类型种类的组合来表示，如 FAA 代表 A 种类型的网管，SBA 代表 B 类型的水管等。

③ 编码 A_7，A_8 位，用阿拉伯数字表示，表示位置，一般情况下，多指楼层数。

④ 编码 $A_8 \sim A_{11}$ 位，用阿拉伯数字表示，表示相同属性构件的数量编号。

⑤ 编码 A_{12}，A_{13} 位，用阿拉伯数字表示，可作为 RFID 数据的扩充区，用以对前面数据不足之处作补充，不需补充的情况下可设为 00。比如 ZHLFAA0100100 代表的是综合楼项目中第一层编号为 001 的 A 类型风管。

构件编码体系的结构要根据工程项目实际情况优化选择，即使是在同一个项目中也要根据实际情况进行修正，以适应后续数据采集的实现，只有这样才能够确保编码体系的可操作性。

2.3　构件生产运输规划

运用 RFID 技术有助于实现工程建设中零库存、零缺陷的理想目标。根据现场的实际施工进度，迅速将信息反馈到构件生产工厂，调整构件的生产计划，减少待工待料发生概率。在生产运输规划中主要考虑以下两个方面的问题：

（1）根据构件的大小规划运输车次，某些特殊或巨大的构件单元要做好充分的准备。因为工业化建设过程中对预制构件的依赖程度增大，而预制构件中经常会出现一些尺寸巨大的类型。运输这类构件往往受到当地的法规或实际情况的限制，因而做好周密的计划安排很有必要，并根据存储区域的位置规划构件的运输路线。

（2）根据施工顺序编制构件生产运输计划。如在进行第一层施工时，无需将第三层的构件运至现场。利用 BIM 和 RFID 相结合，能够更早的对构件的需求情况做出判断，减少因信息不畅而产生的各种延误。同时，施工现场信息的及时反馈也可以对构件的生产起指导作用，进而更好地实现工程的目标。

3　施工安装管理

在机电工程工业化的施工阶段，BIM 与 RFID 可以发挥较大作用的有两个方面：一是构件存储管理，另一个方面是工程的进度控制。两者的结合可以对构件的存储管理和施工进度控制实现实时监控。另外，在工业化的施工过程中，通过 BIM 和 RFID 将设计、构件生产、施工安装、运维等各阶段紧密联系起来。不但解决了信息创建、管理、传递的问题，而且 BIM 模型、三维图纸、装配模拟[9]、采购制造、运输、存放及安装的全程跟踪等手段为工业化建造方法的普及也奠定了坚实的基础，对于实现机电工程工业化有极大的推动作用。

3.1　构件管理

工业化的施工管理过程中，应当重点考虑两方面的问题：一是构件入场的管理，二是构件吊装施工中的管理。在实际的施工现场中，很少会有不受场地范围限制的区域来存放构件，要尽可能利用有效空间，往往出现找不到构件，或者找错构件的情况。要防止这种情况的发生，对于现场管理水平要求就比较严格。一般的工地现场，都是通过人工填写报告的方式，速度慢、信息发生延误，且人工方式也极易发生错误，尤其是大批量的构件验收时，构件的不当放置，工作人员可能无法判断构件的真实状况，导致各种问题发生，影响了整体效率。

在施工安装阶段，以 RFID 技术为主追踪监控构件存储吊装的实际进程，并以无线网络即时传递信息，同时配合 BIM，可以有效地对构件进行追踪控制。RFID 与 BIM 相结合的优点在于信息准确、完整、传递速度快，同时减少人工录入信息可能造成的错误。RFID 标签最大的优点就在于其无接触式的信息读取方式，在构件进场检查时，甚至无需人工介入，直接设置固定的 RFID 阅读器，只要运输车辆速度满足条件，即可采集数据。

3.2　工程进度控制

在进度控制方面，BIM 与 RFID 的结合应用可以有效地收集施工过程进度数据，利用相关进度软件，如 P3，MSProject 等，对数据进行整理和分析，并可以对施工过程进行 4D 可视化[10]的模拟。同时，也可将实际进度数据分析结果和原进度计划相比较，得出进度偏差量。然后进入进度调整系统，采取调整措施加快实际进度，确保总工期不受影响。

在施工现场中，可利用手持或固定的 RFID 阅读器收集标签上的构件信息，管理人员可以及时获取构件的存储和吊装情况的信息，并通过无线感应网络及时传递进度信息。获取的进度信息可以 Project 软件 .mpp 文件的形式导入 Navisworks Manage 软件中进行进度的模拟，并与计划进度进行比对，可以很好地掌握工程的实际进度状况。

4　运维管理

传统的机电工程的信息都存在二维图纸（包括其后的各种电子版木文件）和各种机电设备的操作手册上，二维图纸有三个与生俱来的缺陷：抽象、不完整和无关联。需要使用的时候由专业人员自己去找到信息、理解信息，然后据此决策对工程进行一个恰当的动作，这是一个花费时间和容易出错的工作，往往会有装修的时候钻断电缆、水管破裂找不到最近的阀门、电梯没有按时更换部件造成坠落、发生火灾疏散不及时造成人员伤亡等。以 BIM 和 RFID 技术相结合，实现物业管理与 BIM 模型、图纸、数据一体化[11]，如果业主相应了建立运营维护指标，那么就可以很方便地指导、提醒并记录运营维护计划的执行。

在运维阶段，BIM 软件以其阶段化设计方式实现对机电工程改造、扩建、拆除的管理。参数化的设计模式可以将设备材料图元的各种属性，如名称、性能参数、功能、体积、用途等集合在模型内部，可以很好地对工程设备材料进行全方位的管理。虽然现在 RFID 电子标签的寿命并不足以满足一般民用建筑物设计使用期限 50 年的要求（有源电子标签一般 3～5 年，无源电子标签最长 40 年寿命）。但是如果将来好 ID 技术更加成熟，标签寿命更长，我们可以将管理的实现延长到建筑物的拆除阶段。这将满足工程可靠性要求的构件重新利用，减少材料能源的消耗，满足可持续发展的需要。

5　安全管理

5.1　安全管理流程

安全管理[12]流程主要包括三个阶段：数据收集与处理阶段、安全评估阶段和安全预警阶段。首先，数据收集阶段通过 RFID 技术自动化收集的现场实时数据信息，对收集的数据进行处理和分析。然后，将处理后的数据信息输入面向安全维度[13]的 BIM 4D 模型中，集成和存储实时施工信息，并依据安全规则和安全评价标准进行安全分析和风险评价。最后，一旦通过系统分析得出的安全风险值达到安全预警的标准，就应该立即发出预警信号，通过实时通信设备，第一时间通知施工工人和安全管理人员。当施工工人和安全管理人员采取相应的安全措施后，停止发出预警。

5.2　安全数据处理

安全数据流主要经过设备数据采集、数据整理过程、数据的交互模块、数据处理模块和 BIM 的数据系统。安全数据[14]的处理流图如图 2 所示。

第一层为设备数据采集，由 RFID 阅读器采集 RFID 标签包含的对象属性信息、环境信息、信号强度、到达时间等信息。

第二层为数据整理过程，通过中间件对收集的数据进行格式转换、信息过滤、数据分组，保证信息的安全。

第三层为信息的交互模块，是实现安全管理模型系统功能的关键，通过相关应用软件 API 接口实现 BIM 数据库与 RFID 标签之间的信息读写和交互。

第四层为数据处理模块，数据处理模块需要同时对现场设备收集的数据、用户输入的数据和 BIM 数据系统中的数据信息进行处理，是整个数据处理系统的核心，具体作用是对施工现场收集来的现场数据进行处理和分析，即对象属性信息、环境信息、实时位置信息，并生成 BIM 实时信息模型，具备数据转换功能，完成数据的读取和格式的转换。

第五层为 BIM 数据系统，存储 BIM 系统的全部信息。

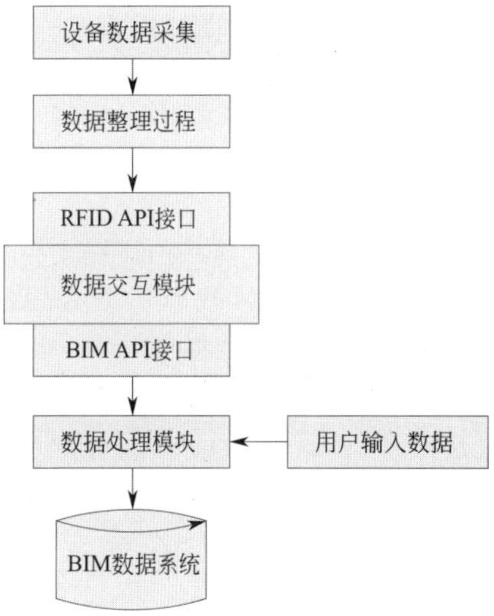

图 2　安全数据的处理流图

5.3　安全监控

按照机电工程安全事故发生的不同类型，建立相应的安全监控功能，主要包括：触电监控、火灾事故监控、高处坠落监控、物体打击监控、机械伤害监控。通过 RFID 技术获取相应的实时位置信息、对象属性信息以及环境信息。根据收集数据信息可以有效跟踪施工现场的工人、材料、机械设备等，并通过结合 BIM 模型反映出三维位置信息[15]，监控工程现场的施工过程。一旦人、施工机械进入了安全危险区域、带电区域等存在严重安全隐患的工作区域可以立即发现，并在安全预警系统中发出预警信号，及时采取应对措施，有效地降低安全事故发生的可能性。

6　结　束　语

本文分析研究了机电工程中 BIM 和 RFID 技术的在项目全寿命周期的管理应用。根据不同的工程阶段提出了构件生产工业化、施工安装管理信息化、运维管理信息化与工程安全信息化等应用方式。

（1）RFID 技术作为一种非接触的自动识别技术，可以在施工现场比较恶劣地工作环境下，收集工程构件的相关信息。同时协同化、参数化的 BIM 模型使得构件信息可与 3D 模型相关联。通过 BIM＋RFID 技术对整个工程构件信息与模型进行无缝融接，实现工程构件全寿命周期的管理。

（2）针对机电工程不同阶段的构件生产、施工安装、运营维护等管理进行分析，提出了采用基于 BIM＋RFID 技术的新型管理应用。

（3）对机电工程中 BIM 和 RFID 技术的工程安全管理数据需求和功能需求进行讨论，设计和构建了安全管理流程、安全数据处理流程与安全监控等功能，为工程安全管理系统的设计开发奠定基础。

（4）通过对机电工程全寿命周期各阶段的具体分析，阐述了 BIM 与 RFID 的结合应用在此过程中发挥的具体作用，相较于以往的机电工程建设过程中各种问题，BIM 与 RFID 结合对于机电工程项目产生有益的推进作用。

参 考 文 献

[1]　谢佑明. 无线射频识别（RFID）整合建筑信息模型（BIM）于智能绿建筑 MEGA House 之应用 [D9/OL]. [2010-12-27].

[2]　张洋. 基于 BIM 的建筑工程信息集成与管理研究 [D]. 北京：清华大学，2009.

[3]　袁昌立. 集成 RFID 的智能建筑系统研究 [J]，微计算机信息，2007，23（1-2）：264-265.

[4]　刘晴，王建平．基于 BIM 技术的建设工程生命周期管理研究［J］．土木建筑工程信息技术，2010，12，(3)：40-45.

[5]　李万庆，安娟．基于 RS-SVM 的建筑施工项目安全预警模型［J］．河北工程大学学报自然科学版，2010，27（004）：30-35.

[6]　李天华．装配式建筑寿命周期管理中 BIM 与 RFID 应用研究［D］．大连：大连理工大学，2011.

[7]　苏畅．基于 RFID 的预制装配式住宅构件追踪管理研究［D］．哈尔滨：哈尔滨工业大学，2012：23-28.

[8]　罗曙光．基于 RFID 的钢构件施工进度监测系统研究［D］．上海：同济大学，2008.

[9]　张建平．基于 BIM 和 4D 技术的建筑施工优化及动态管理［J］．中国建设信息，2010，(02)：18-23.

[10]　张建平，范晶，王阳利，等．基于 4D-BIM 的施工资源动态管理与成本实时监控［J］．施工技术，2011，40（4）：37-40.

[11]　杨嗣信．关于建筑工业化问题的探讨［J］．施工技术，2011，40（347）：1-3.

[12]　江凡．基于 BIM 和 RFID 技术的建设项目安全管理研究［D］．哈尔滨：哈尔滨工业大学，2014.

[13]　许程洁．基于事故理论的建筑施工项目安全管理研究［D］．哈尔滨：哈尔滨工业大学，2008：125-139.

[14]　高瑞．RFID 传感网络实时三维定位系统的研究与设计［D］．广州：广东工业大学，2013：27-40.

[15]　刘福铭．RFID 与无线传感器网络集成技术研究与开发［D］．上海：上海交通大学，2007：22-30.

数字化移交在广佛线中的应用与探讨

庄　超

（广州轨道交通建设监理有限公司 BIM 研发应用项目部，广东　广州 510000）

【摘　要】为规范和推进广州地铁数字化移交工作，有效组织数字化移交工作开展过程中有关模型、设备、档案等数据资料的移交工作，加快推进电子数据整合，确保广州地铁统一登记工作顺利实施。本文主要介绍数字化移交前的有关准备工作、数字化的内容、移交程序以及移交后续有关工作等内容。

【关键词】工程实体与竣工模型比对；实物资产清点表；二维码与设备交付模型及工程模型相关联；数字化移交成果

1　数字化移交的定义

将对设计阶段的设计数据、施工过程的建设数据以及运行阶段的维护和实时数据完整科学地进行整合，使得基于 BIM 系统的数字化移交平台的工程数据库将具有所有重要设备完整的工程信息、参数信息与编码信息，并可以根据业主指定的移交对象需求，定制数据接口，从而实现项目的数字化移交目标。

2　数字化移交的目标成果

（1）集成了建筑的机电设备三维模型及其相关信息的工程数据库，通过数据接口定制导入 BIM 系统中，可将信息与系统电子化集成交付给业主方。

（2）提供设备信息查询管理功能，为运维人员查询设备信息，修改设备状态，追溯设备历史等需求，提供了方便快捷的查询、分析工具。

（3）提供运维知识库功能，包括操作规程、培训资料和模拟操作等运维知识，运维人员可根据自己的需要，在遇到运维难题时快速查找和学习。

（4）通过"派工单"双闭环条件等实现档案资料与 4D 模型数据的有效关联，解决传统档案资料之间孤立、重复、版本冲突等问题，实现档案资料基于数据库的电子化归档。

（5）由于将设计阶段信息集成到 4D 模型中，提供了基于关联的信息、表单、附件检索，省去大量重复的找图纸、对图纸工作。

3　现阶段数字化移交的应用效果

3.1　施工方启发

（1）优点：

①应用二维码对设备材料进场质量管控保证；

②设备材料清点时应用二维码扫描查询，通过设备交付模型与现场实物比照反映了真实性，确保设备清点移交时质量保证。

（2）缺点：

①刚开始应用系统对施工方使用不习惯；施工前期阶段投入资源较多；

【作者简介】庄超（1974-），男，BIM 研发及应用项目副经理/高级工程师。主要研究方向为基于 BIM 技术的轨道交通工程项目管理。E-mail：13802848618@163.com

②存在重复做各种工序现象；对数字化移交认识和理解不够深入等。

3.2　建设方目标

（1）实现可视化阶段竣工成果交付；

（2）通过参数化实现三权移交时交付成果比对；

（3）完成阶段性交付成果，为后续竣工交付做好准备。

3.3　运营方作用

（1）提高了运营平时工作质量，如在三权移交对设备清点时通过移动终端 APP 软件，将设备交付模型导入到移动终端设备，让运营各专业人员利用设备交付模型与实体的对比，直观快速对设备清点查询确认；

（2）提高了运营对设备管理 BIM 应用价值，如通过可视化实现设备定位、利用参数化实现设备维护维修数据管理；

（3）加强了运营对资产管理 BIM 应用价值，如通过可视化实现资产配置、利用参数化实现资产精确统计。

4　广佛线后通段各阶段应用 BIM 技术数字化移交情况（共分四阶段）

4.1　第一阶段

4.1.1　收集及确认各专业甲、乙供设备二维码信息

（1）二维码组成

为提高设备、材料采购管理中的质量管控手段，采用二维码来解决传统工程管理方式中存在的设备、材料到货进度、质量管理难题，并将其作为在停车场工程中应用 BIM 技术的重要组成模块。二维码由"位置码"、"标识码"及"信息内容"三部分组成，信息内容分别为：工点名称、设备编号、机组型号、设备技术参数、生产商、生产日期、整机产地、安装位置等，特别是品质信息（如油漆等级）和注意事项（如维保期限、加注机油）。

（2）二维码编写样板（图 1）

二维码标识码线路编		二维码标识码车站编码		GF15KT000TVF001					
线路名称	代码	车站名称	代码	GF	15	KT	00	0TVF	001
广佛线	GF	鹤洞站	15	线路代码	站点代码	专业代码	甲乙供设备材料标识码	设备材料代码	流水号
六号线二	6D	沙涌站	16	广佛线	鹤洞站	通风空调	甲供设备	隧道风机	

图 1　二维码编写样板

（3）二维码制作

举例：回排风机二维码（图 2，图 3）。

设备名称：×××××

标识码：×××××

位置码：×××××

规格型号：×××××

设备编号：×××××

厂商：×××××××

图 2　二维码编制样板

图 3　回排风机实物扫描

由于是首次基于 BIM 系统制作二维码信息，在经历了多次修改后才于 7 月最终确定二维码的内容。按原方案，二维码包括至少 10 项设备信息，若全部附在二维码图像中，将难以被系统识别。因此我们将二维码信息中最重要的 6 项附在图像中，其他信息需要在有网络的情况下才能呈现。6 项信息分别为：设备名称、运营位置码、二维码标识码、规格型号、设备编号、厂商。如图 4 所示。

设备名称	位置码	标识码	规格型号	设备编号	厂商
回排风机	LGFZ29GHKHFJEAF	GF15KT000EAF001	SDF-4	EAF-B601	浙江上风实业股份有限公司
新风机	LGFZ29GHKHFJFAF	GF15KT000FAF001	DTF-9	FAF-01	浙江上风实业股份有限公司

图 4　二维码信息表

4.1.2　校验竣工工程实体与竣工模型

为了验证鹤洞站机电设备及综合管线的安装精度，本次对广佛线鹤洞地铁站进行了三维激光扫描作业，通过对设备、管线实体扫描得到的点云数据进行处理，将得到的点云成果与鹤洞站的 BIM 模型进行比对。对鹤洞站设备区的三处地点进行三维激光扫描，分别是鹤洞站冷水机房、环控电控室、设备区走廊顶部一段综合管线（不超过 5m）利用三维激光扫描技术将工程实体与竣工模型进行了对比，完成了现场实际与模型的匹配，形成检验报告。

（1）三维激光扫描如果有物体遮挡，遮挡部分会是扫描盲区，现场设备较多，且位置相邻较为紧密，受遮挡等因素的影响，很多设备及管线难以扫描完整。

（2）部分设备的外观尺寸与模型存在差异，主要体现在冷水机房。通过将点云与模型对比，肉眼就能发现外观上的差异，一方面可能是前期建模的模型颗粒度不够精细，另一方面可能是设计变更后模型没有及时调整（图 5）。

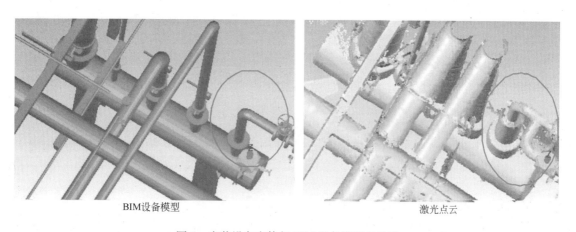

BIM设备模型　　　　　　　　　　　　　　激光点云

图 5　安装设备实体与 BIM 设备模型有差异

（3）部分管道实体是包裹着保温棉的，但是模型中的管道部分有隔热层，部分没有，因此在对比过程中能明显发现管道的粗细不一致。可能前期建模不包含隔热层模型，后期隔热层建模还没有全部完成，也可能是模型导出时，漏掉了部分隔热层模型（图 6）。

（4）同时也由于模型没有应用真实坐标系的原因，点云与模型的套合难以达到最精准的效果。比如环控电控室设备里面设备结构相对不是很复杂相对较规则，通过点云 BIM 模型比对发现问题在于一些设备的安装的相对位置关系较 BIM 模型有所偏差（图 7）。

建议：

第一，以后新线的建模都采用了广州市城建坐标系，因此三维激光扫描时也可以采用该坐标系，建立基标点，便于将点云与模型精确拟合。

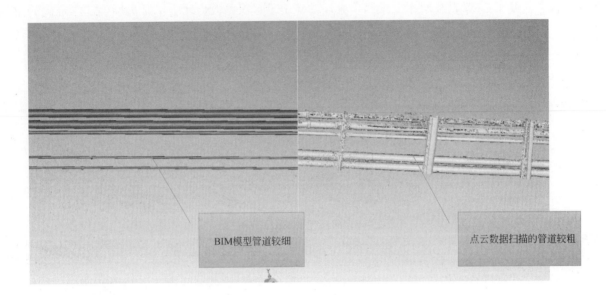

图 6　综合管线点云与 BIM 模型比对

 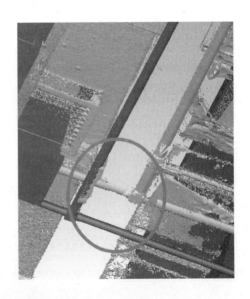

图 7　点云与 BIM 模型比对位置偏差（局部）

第二，扫描时，将土建结构也扫描出来，这样可以通过设备、管道某一面与土建结构之间的距离来测算是否与图纸有偏差。

第三，由于导致此问题的原因不明确，如果设备外形较复杂，工程模型的建模颗粒度不够时，可以单独用交付模型与点云进行比对，主要是检测交付模型与实体之间的误差。而对于设备实体安装位置与图纸是否有偏差，由于模型外观不能匹配，最好是采用统一的坐标系来解决点云与模型的核准问题。

4.1.3　导出基于"轨道交通工程信息模型管理系统"的实物资产清单

实现在"轨道交通工程信息模型管理系统"中将各专业设备按总公司资产组合要求自动分组并导出《实物资产移交系统导入表》的功能。而是系统根据规则表、已安装的设备信息、合同信息等等，按照资产合并规则，自动分析，然后用户可以直接导出 Excel。如图 8 所示。

4.1.4　制作基于工程竣工模型的实物资产清点图册

鹤洞站给排水专业、石溪站风水电专业都使用清点表完成了设备清点，将利用手持终端实现设备清

序号	合同编号	供应商编号	开项号	开项状态	资产清单类型	开项名称	供货渠道	移交数量	资产组合标识	资产名称	台套数	资产单位	安装分类	资产目录	是否固资
1	HT141022	100353	1.1.3.1	已确认开项	合同开项清单	低压开关柜	甲供	1	1	低压开关柜	1	台	在线安装资产	06.04.01	是
2	HT141022	100353	1.1.3.1	已确认开项	合同开项清单	低压开关柜	甲供	1	2	低压开关柜	1	台	在线安装资产	06.04.01	是
3	HT141022	100353	1.1.3.1	已确认开项	合同开项清单	低压开关柜	甲供	1	3	低压开关柜	1	台	在线安装资产	06.04.01	是
4	HT141022	100353	1.1.3.1	已确认开项	合同开项清单	低压开关柜	甲供	1	4	低压开关柜	1	台	在线安装资产	06.04.01	是
5	HT141022	100353	1.1.3.1	已确认开项	合同开项清单	低压开关柜	甲供	1	5	低压开关柜	1	台	在线安装资产	06.04.01	是
6	HT141022	100353	1.1.3.1	已确认开项	合同开项清单	低压开关柜	甲供	1	6	低压开关柜	1	台	在线安装资产	06.04.01	是

图 8　应用 BIM 平台系统《实物资产移交系统导入表》

点。制作该专业的实物资产清点图册，按设备区、公共区、轨行区进行划分，分专业列举各区域内设备的存放地点、名称、资产目录、移交数量、确认人员等信息。如图 9 所示。

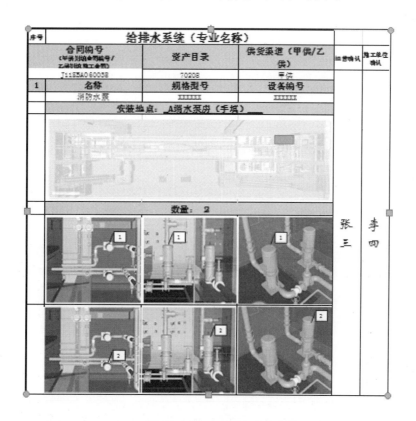

图 9　实物资产清单图册

4.1.5　开展"运维信息查询系统"用户需求调研

在广佛线后通段鹤洞站工地会议室，建设总部机电中心主持召开广佛线后通段数字化移交工作与运营讨论会，会上确定了运营对查询系统的需求及功能：与会各方明确模型信息查询系统在广佛线后通段需实现设备模型信息的查询功能，其中模型信息包括设备的简要参数、安装位置、检验资料及其精细模型（模型颗粒度参考广州地铁监理编制的《广州轨道交通机电工程信息模型管理系统 BIM 建模及交付标准》）。

4.2　第二阶段

4.2.1　甲、乙供设备二维码图集的打印及制作

完成二维码的打印、现场粘贴以及向"轨道交通工程信息模型管理系统"回传信息的工作，车站设备安装及装修工程承包商分专业制成《鹤洞站给排水专业设备二维码图集》（如图 10 所示）。其中二维码为 PET 材质的二维码贴片，是由施工单位在图集打印好后，将未撕开粘贴纸的二维码贴片粘贴在方框内；运营经办人首先确认二维码信息是否与"设备信息"一致并签字确认；然后在现场，运营指导施工单位贴码后，签字确认。

二维码A 贴于设备	二维码B 备用	二维码C	设备信息	二维码确认	模型	运营总部确认	施工单位确认
			设备名称： 规格型号： ……	张三	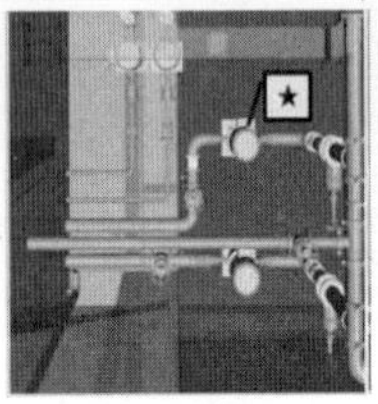	张三	李四
			……	……	……	……	……

图 10　二维码图集

4.2.2　甲、乙供设备二维码信息确认及现场粘贴工作

广佛线后通段鹤洞站低压开关柜和通风风机在进行二维码粘贴前，运营总部在业主的协助下审核图集中二维码扫码后的信息与图集中的信息是否一致。然后，施工单位与运营相关人员共同在设备上粘贴二维码。粘贴后，施工单位与运营共同签字确认，图集交由运营总部保管。

施工承包商及供货商根据合同要求按照《基于"模型信息管理系统"的二维码管理办法》完成甲、乙供设备二维码图集，施工监理及设备集成商审核二维码图集清单，确认无误上报建设方，建设方复核后通知施工监理及设备集成商组织运营及相关单位对二维码图集张贴及签认签字。

4.3　第三阶段

（1）经运营总部签字确认的二维码图案回传至"轨道交通信息模型管理系统"，实现二维码图案、信息与设备工程模型、设备交付模型的一一对应。

（2）上传设备交付模型、信息、相关资料至"轨道交通信息模型管理系统"，实现设备工程模型与设备交付模型的数据挂接。

（3）完成"运维信息查询系统"的调试、试用、查询等相关工作。

（4）利用"轨道交通信息模型管理系统"检查机电工程归档资料的完整性，并直接导出符合归档要求的电子归档资料。

为了便于给运维方提供数据支撑，在施工阶段通过将设备生产厂家提交过来的设备交付模型的相关资料与工程模型进行关联，实现了在三维模型上集成设备模型信息，包括每台设备及其内部元器件的三维模型、规格型号、设备名称、生产厂家、生产日期、维保手册、检验报告以及一般检修操作视频等信息。如图 11 所示。

为提高设备材料采购管理中的质量管控效率，在广佛线新线建设中采用了二维码来解决传统工程管

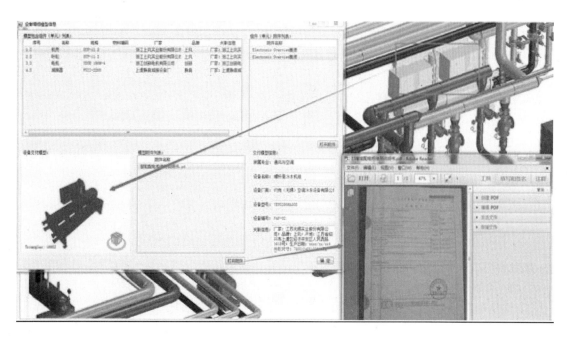

图 11　工程模型与设备交付模型相关联获取设备相关数据信息

理方式中存在的材料到货跟踪不及时、质量控制管理难等问题。二维码是由材料、设备厂家在出厂时将材料、设备信息编写生成二维码后贴附在铭牌标识处。通过在设备材料出厂前附加二维码信息，并由设备厂商及供货商提供设备模型文件及模型附加文件信息，将设备实体上的二维码信息与设备模型的构件编码相关联，从而实现对设备材料状态的可视化追踪管理，对设备安装、调试及验收的全过程信息记录，从而为运维方提供真实可靠的数据支持，如图 12 所示。

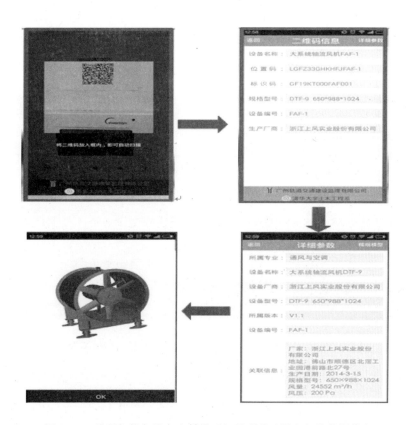

图 12　二维码扫描与设备交付模型相关联获取设备相关数据信息

4.4 广佛线数字化移交

在广佛线数字化移交过程中，完成了在向运营方实现数字化移交，主要工作内容有：在建模标准的规范下，工程模型与设备交付模型的关联；设备交付模型与设备相应信息的关联；二维码扫码读取设备交付模型的相关数据信息；工程模型、设备交付模型与设备设备材料二维码之间相互查询；BIM 工程模型与设备交付模型；全过程预归档资料。

5 数字化移交内容的交接程序及流程图

5.1 模型交接程序
（1）施工单位按上文标准整理资料。
（2）建设单位组织数字化移交大会。
（3）接收方登录系统进行查看，并验收签字。
流程图如图 13 所示。

5.2 档案交接程序
（1）平台服务商为单位工程配置档案目录模板。
（2）施工单位资料员在 BIM 系统相关功能中将需要归档的资料文件扫描成 PDF，上传到档案目录。
（3）监理单位资料员对施工单位资料员上传的档案资料进行审核。
（4）系统自动将经监理审核的档案资料推送到预归档平台。
流程图如图 14 所示。

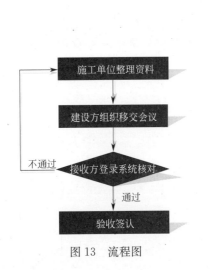

图 13　流程图

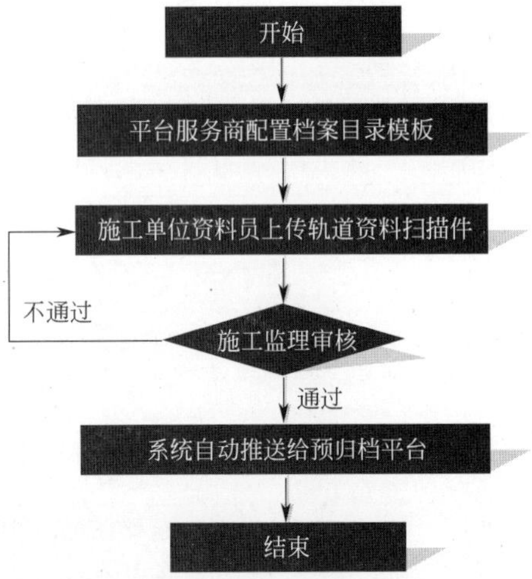

图 14　流程图

5.3 设备交接程序
（1）供货商根据供货合同及总公司档案移交管理相关规定提交设备资产相关档案；
（2）供货商根据总公司提供的表格编制资产移交清单；
（3）设备集成商审核供货商提交的资产移交清单，确认无误后报总公司；
（4）总公司组织相关单位对移交清单进行电子或纸质签认。
流程图如图 15 所示。

5.4 二维码交接程序
（1）施工承包商及供货商根据合同要求按照《基于"模型信息管理系统"的二维码管理办法》完成甲、乙供设备二维码图集；
（2）施工监理及设备集成商审核二维码图集清单，确认无误上报建设方；
（3）建设方复核后通知施工监理及设备集成商组织运营及相关单位对二维码图集张贴及签字。
流程图如图 16 所示。

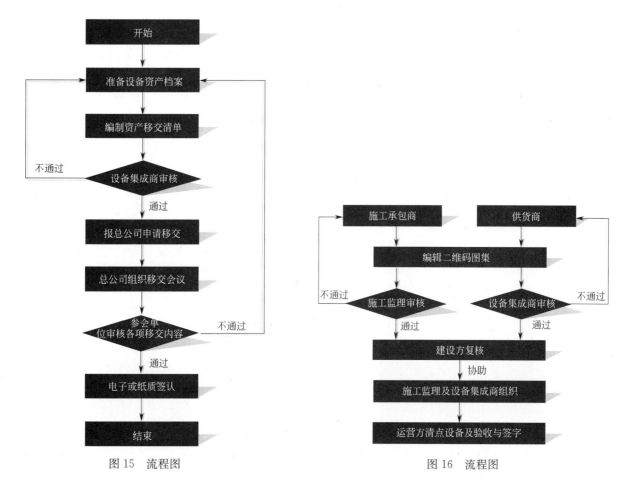

图 15　流程图　　　　　　　　图 16　流程图

6　总　结

通过前期四阶段的努力工作，基于 BIM 平台系统为数字化移交获取一定成果，目前在无网络的环境下通过扫描二维码后对不同专业设备的标识码分析出该设备所属的专业及详细参数信息，根据该标识码与模型构件编码的关联，获取到该设备对应的交付模型，并可在移动终端上浏览模型及相关信息等功能。在运营维护中，通过 BIM 将资产管理与设备运营集成到三维可视化系统平台，其中包含设施使用手册、运行参数、保养周期、运营工单等逻辑关联信息。运营管理人员通过 PC 电脑、移动手持设备等进行管理，消除运营管理人员查阅纸质文件的不便，提高运营管理的可靠性和应急处理能力。

参 考 文 献

[1]　Li H，Chan G，Huang T，et al. Chirp-spread-spectrum-based real time location system for construction safety management：A case study [J]. Automation in Construction，2015，55：58-65.

[2]　Zhou Z，Goh Y M，Li Q. Overview and analysis of safety management studies in the construction industry [J]. Safety science，2015，72：337-350.

[3]　Li H，Lu M，Hsu S，et al. Proactive behavior-based safety management for construction safety improvement [J]. Safety Science，2015，75：107-117.

[4]　Kim H，Elhamim B，Jeong H，et al. On-site safety management using image processing and fuzzy inference [C]. ASCE，2014：1013-1020.

[5]　Hu Z，Zhang J. BIM-and 4D-based integrated solution of analysis and management for conflicts and structural safety problems during construction：2. Development and site trials [J]. Automation in Construction，2011，20（2）：167-180.

BIM 应用中建模问题及解决方式

梁　焘

(广州轨道交通建设监理有限公司，广东　广州 510010)

【摘　要】对于城市轨道交通每条线路上的车站地域分布广，想要在同平台中进行整合的显示，需要约定项目基点及高程坐标值，从而完成各站点各专业间的合模，在同一个 BIM 平台中整体展现出来；在建模过程中，发现部分建模软件对 IFC 格式支持不足的情况，根据测试对比分析，寻找最优的解决方案。

【关键词】IFC 模型文件；项目基点；模型颜色

1　BIM 简述

1.1　BIM 名词解释

建筑信息模型（Building Information Modeling）是以建筑工程项目的各项相关信息数据作为模型的基础，进行建筑模型的建立，通过数字信息仿真模拟建筑物所具有的真实信息。它具有可视化，协调性，模拟性，优化性和可出图性五大特点。

1.2　信息模型，是一种用来定义信息常规表示方式的方法

通过使用信息模型，我们可以使用不同的应用程序对所管理的数据进行重用，变更以及分享。使用信息模型的意义不仅仅存在于对象的建模，同时也在于对对象间相关性的描述。

1.3　IFC 模型格式

IFC（Industry Foundation Classes）是工业基础类的缩写，是 IAI 组织（The International Alliance for Interoperability）国际协同联盟建立的标准名称。通过 IFC，在建筑项目的整个生命周期中提升沟通、生产力、时间、成本和质量，为全球的建筑专业与设备专业中的流程提升于信息共享建立一个普遍意义的基准。如今已经有越来越多的建筑行业相关产品提供了 IFC 标准的数据交换接口，使得多专业的设计、管理的一体化整合成为现实。

2　广州城市轨道交通机电工程 BIM 建模分工

2.1　广州城市轨道交通机电工程包含的专业

广州城市轨道交通机电工程按照项目情况划分为不同的标段和承包单位，机电工程包括但不限于以下专业：建筑装饰与装修（设备区、公共区）、通风与空调、给排水及消防、气体灭火、建筑电气、智能建筑（BAS、FAS、ACS）、广告灯箱及导向、地面恢复、屏蔽门、电扶梯、防淹门、人防门、供电系统、综合监控系统、疏散平台、供电运行安全管理系统、轨道及附属工程、主变电站、通信、信号、钢结构及屋面工程。

2.2　BIM 建模分工表（表 1）

BIM 建模分工表	表 1
机电承包商建模：	建筑装饰与装修(设备区)、通风与空调、给排水及消防、气体灭火、建筑电气、智能建筑(BAS、FAS、ACS)、广告灯箱及导向、地面恢复、钢结构及屋面工程、屏蔽门(外观模型)、防淹门、人防门

【作者简介】梁焘（1982-），男，BIM 研发及应用项目经理/工程师。主要研究方向为基于 BIM 技术的轨道交通工程项目管理。E-mail：dtjlbim _ lt@163.com

续表

公共区承包商建模：	建筑装饰与装修(公共区)
供电承包商建模：	供电系统、综合监控系统、疏散平台、供电运行安全管理系统
电扶梯承包商建模：	电梯、扶梯
屏蔽门承包商建模：	屏蔽门
轨道承包商建模：	轨道及附属工程
通信承包商建模：	通信工程、AFC、PIDS
信号承包商建模：	信号工程
主变电站承包商建模：	主变电工程

3　建模问题及解决方案

3.1　建模的项目基点问题

从表 1 的建模分工可以看出，城市轨道交通机电工程专业多，而且广州地铁不限制各承包商的建模方式和建模软件的特点，是 BIM 应用建模、合模的一大难点。

车站机电安装工程各个专业完成建模后，需要由机电承包商组织公共区、电扶梯、屏蔽门、通信信号等承包商进行合模工作，对模型进行碰撞检测、模型调整，最后合成一个完整的车站模型，从而最大限度地解决了设计变更的发生次数，指导现场按模型施工。

从上面的合模要求进行引申，在后续整体 BIM 平台应用中，需要将某条地体线路进行一个整体的整合，使全线车站及区间模型同时在 BIM 平台中显示，从而实现对全线机电安装项目管理甚至日后的运维管理均可进行由全局至车站/区间的整体管理。如图 1 所示，方框代表着线路上的各个地铁车站，各个车站完成各个专业间的合模后在 BIM 系统平台上进行全线的车站整体合模，形成整个线路的全局模型。

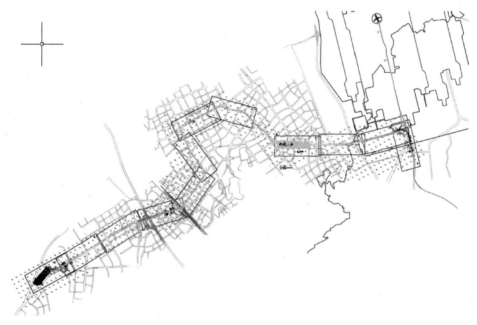

图 1　地铁车站在线路上分布

不同的机电承包单位提交的模型，如何让 BIM 平台正确识别车站/区间模型位置呢？又或者是如何确定地铁车站在整个地铁线路中的位置呢？因此，所有建模的基础工作就是确定测量点、项目基点和高程点。

图 2 中可以看到，项目基点及测量点均位于车站模型的中心，项目基点的 X，Y，Z（东/西、北/南、高程）的值都为 0，这样设置确实让地铁车站中各专业建模能够以一个中心点为基础进行合模。但是如果放在整体地铁线路上，就无法体现出各个地铁车站在线路上的实际位置；还有一个问题就是如果各建模单位采用的不是同一种建模软件呢？地铁各个机电专业项目基点是否如何保证在一个位置上呢？这个点

的确定又是依据什么数据或者说另外一个参考点来确定的呢?

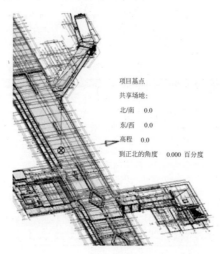

图 2　车站模型中的项目基点

3.2　项目基点解决方式

因此，需要统一一个项目基点，指定测量点的参考数据和高程参考点的具体名称。

具体的方式是，项目初始建模时，项目基点的 X，Y 坐标值设置为 0，0，测量点的参考数据为当地城市的城建坐标系统的坐标值（如图 3 所示）。

坐标表

序号	X	Y	序号	X	Y	序号	X	Y
1	23304.0818	35035.6228	18	23308.6977	35032.7108	35	23294.1679	35019.8181
2	23311.3654	35046.4289	19	23308.9624	35033.1349	56	23298.8338	35016.9060
3	23310.9412	35046.6936	20	23304.7207	35035.7822	37	23287.9459	35019.5756
4	23310.4858	35046.1527	21	23304.4560	35035.3581	38	23265.5500	34983.6909
5	23309.8920	35046.5233	22	23316.0992	35036.5430	39	23275.9844	34977.1786
6	23311.7980	35049.5773	23	23309.3345	35025.7039	40	23268.5985	34965.3443
7	23319.7724	35044.6004	24	23310.2252	35025.1480	41	23273.3492	34962.3793
8	23317.8663	35041.6464	25	23306.6778	35019.4642	42	23261.8335	34943.9280
9	23317.1877	35041.9700	26	23302.6058	35022.0055	43	23251.3566	34950.4668
10	23317.6112	35042.6487	27	23299.2580	35016.6413	44	23249.6599	34951.5257
11	23316.0313	35043.5169	28	23300.8698	35015.6353	45	23253.1014	34957.0399
12	23315.6071	35043.7816	29	23297.1494	35009.6743	46	23254.7980	34955.9810
13	23315.3240	35038.9838	30	23299.7793	35008.0330	47	23282.8720	34968.9183
14	23313.9666	35039.8310	31	23297.9791	35005.1486	48	23305.0384	35036.2912
15	23312.9179	35038.5284	32	23293.0588	35008.2196	49	23309.2801	35033.6439
16	23313.0028	35038.4755	33	23296.7262	35014.0957			
17	23309.2067	35032.3931	34	23292.3148	35016.8489			

设计说明：

1、坐标系统采用广州城建坐标系统.

2、高程系统采用广州城建高程系统.

3、所有标注尺寸以米计.

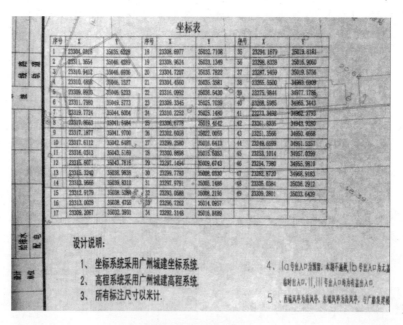

图 3　城建坐标系统

图 4 中圆形的点为项目基点，坐标值为 0，0；三角形为测量点，X 和 Y 的数据已经按照城建坐标系统完成录入。

按照城建坐标系统依次对线路上各车站进行坐标录入后，在日后 BIM 平台整体需求达到时，即可实现线路上各个车站按图纸的分布情况在 BIM 平台中布置。

3.3　建模的高程问题及解决方式

众所周知，模型是在一个立体空间内，除了包含 X 轴和 Y 轴信息外，还包含了 Z 轴信息（高程信息）。之前均约定好了 X 和 Y 的坐标信息，在平面上模型是能够顺利地完成合模，但是在空间高程上未约定的情况就有可能出现无法顺利对接的情况，因此同样需要约定高程的坐标信息。

图4　城建坐标系统

指定某个车站有效站台中心线（图 5 方框处、图 6）上的轨道顶面高程（图 7 方框处）－1.080（－0.276）作为各个车站机电建模的高程参考点。

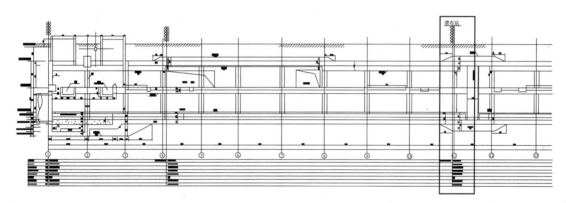

图5　车站中心线

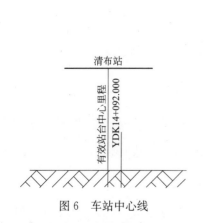

图6　车站中心线

右线里程	(m)	YDK14+092.000
地面高程	(m)	13.600(13.640)
顶板顶面高程	(m)	10.400(11.204)
站厅层地面高程	(m)	4.950(5.754)
轨道顶面高程	(m)	－1.080(－0.276)
纵向坡度	(m)	0.2%
底板顶面高程	(m)	－1.660(－0.856)
底板底面高程	(m)	－2.560(－1.756)

图7　车站纵剖图高程

3.4　IFC 模型文件颜色丢失问题

在使用 Revit 软件进行建模时，除了结构和建筑类构件，其他专业的构件无论使用何种方式对模型构件进行添加或者赋予颜色等工作，在导出 IFC 格式模型文件后，此模型构件均没有颜色和颜色属性，且使用了各种 IFC 模型浏览软件进行反复验证过,而使用 Bentley 软件建模就不会出现以上问题。从而得到现阶段 Revit 建模软件对于 IFC 格式支持不足的结论。由于 Revit 软件的性价比和大众的接受程度,是现阶段最为普遍的建模软件,暂不考虑 Revit 软件在日后的升级提供支持的情况下,必须优先考虑在 BIM 平台中得到支持。

将建筑结构类和机电安装类分开进行测试:

对于 Revit 中建筑结构的柱子建立 5 个不同颜色(通过材质赋予颜色)的柱子,如图 8 所示,然后将这个 RVT 模型文件导出为 IFC 格式模型文件,利用多种第三方 IFC 模型浏览器(Solibri Model Viewer / BIM Vision/ ifcviewer 等等)打开这个 IFC 模型文件,如图 9~图 11 所示,为了更加直观看到 IFC 模型文件颜色与 IFC 模型颜色的区别,可以将这些结果放在一起比较,如图 12 所示。通过图 12 基本可以确定,IFC 模型文件中有构件颜色信息,而且可以被解析出来。

通过这三种第三方 IFC 模型浏览器的读取结果可以看出,大多数的 IFC 模型浏览器是可以读取到 IFC 模型文件的原始颜色信息,少数软件无法读出颜色,例如 BIMvision,这是 BIMvision 对 IFC 模型文件解析程度导致的,也可以说 BIMvision 对 IFC 模型文件的支持还有待完善。

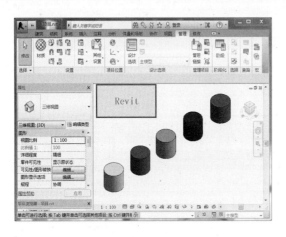

图 8　Revit 源文件

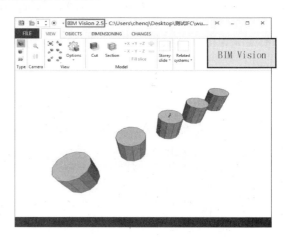

图 9　BIM Vision

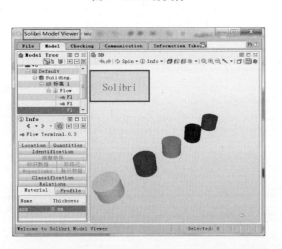

图 10　Solibri Model Viewer

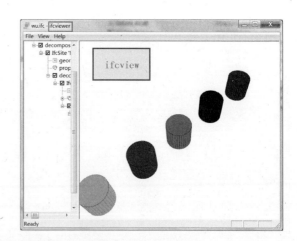

图 11　ifcviewer

另外也可以从文件数据层面(用记事本编辑器直接打开 IFC 模型文件)再次确认 IFC 模型文件中是否具有颜色值的信息,例如 RGB,Red,Green,Blue 等等,如图 13 所示,如果 IFC 文件中存储了这样的 RGB 值信息,那么我们就可以解析出来显示出颜色。

综上所述,对于 Revit 建模中的建筑结构是可以通过材质添加颜色信息,并且能够将这些颜色信息导出到 IFC 模型文件中,只要 IFC 模型文件中存储了构件的颜色信息,如 RGB 值等,我们就可以通过 IFC

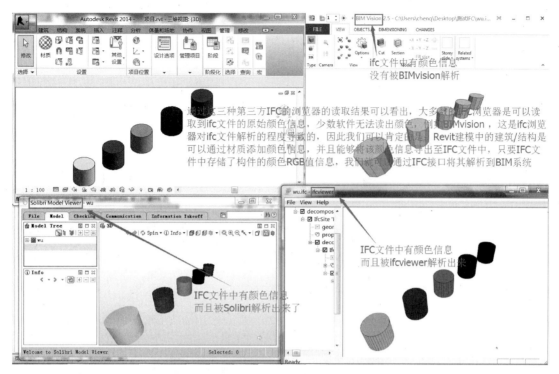

图 12　多种 IFC 模型浏览器比较结果

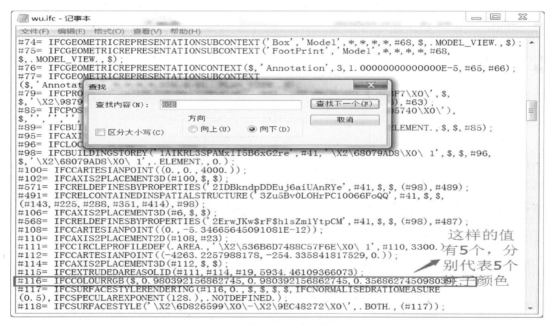

图 13　IFC 文件数据

接口解析到 BIM 系统中，并显示出构件颜色。

在 Revit 中对机电工程中的管道分别建出 3 个不同颜色的水管/风管，按照建筑结构测试的相同思路，三种第三方 IFC 模型浏览器读取结果如图 14 所示，我们同样简单查看 IFC 模型文件的数据，发现并没有建筑结构中的 IFCCOLOURRGB 特征值，如图 15 所示。因此我们可以得出基本结论：在 Revit 中导出机电专业类型下的风管、水管模型的 IFC 模型文件时，Revit 不支持将风管/水管的颜色信息导出到 IFC 模型文件中，即 Revit 中的此类构件导出 IFC 模型文件过程存在颜色信息丢失问题。

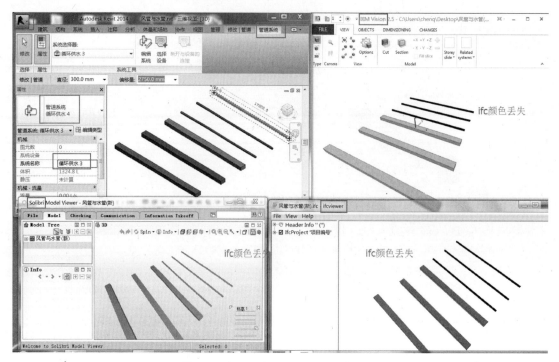

图 14　Revit 导出 IFC 过程中颜色丢失

图 15　IFC 文件数据

3.5　IFC 模型文件颜色丢失解决方式

针对 Revit 的自身缺陷，提出解决方案如表 2 所示。

解决方案　　　　　　　　　　　　　　　　　　　　　　　　　　　　　　表 2

方案编号	方案内容	优点	缺点
方案一	利用 Revit 软件建模，与添加构件材质颜色操作相同，在构件中间码中再添加一项自定义属性，编制此中间码与颜色对应表，使用 BIM 平台按照对应表进行模型颜色赋予	Revit 软件较为普及，便于推广，大多数建模单位都采用 Revit	需要加入颜色中间码及编制对应表，需要调整 BIM 平台相关接口

续表

方案编号	方案内容	优点	缺点
方案二	利用 Revit 软件建模，通过 Bentley 开发的 Revit 插件（商用）导出为 imodel（.i.dgn 格式），然后将 .i.dgn 格式文件导入 Bentley 中，通过 Bentley 导出 ifc 文件	Revit 软件较为普及，便于推广，大多数建模单位都采用 Revit	需要获得 Bentley 开发的 Revit 插件，操作费时费力
方案三	利用 Bentley 软件建模	经测试，Bentley 软件对 IFC 支持程度较好，而且能够将颜色信息导出至 IFC 中	软件费用较高，大众不易接受

从表 2 中可以看出，采用方案一的方式将是现阶段最优的解决方法。

4 结　论

不同于其他城市的轨道交通或者其他建设项目，以上所提到的项目基点和高程的确定，是广州城市轨道交通 BIM 建模的一大特点，同时也是一大难点，是基础建模中的基础。将来建设工程的设计人员直接画出的三维设计图纸必然取代现有的通过二维图纸建立的三维模型的方式，再加上科技进步与发展，解决项目基点和 IFC 模型文件丢失问题只剩时间问题了。同样的，部分建模软件对 IFC 格式支持不足的情况，也是可以通过版本升级去解决。

参 考 文 献

[1] 周春波.BIM 技术在建筑施工中的应用研究［J］.青岛理工大学学报，2013，34（01）：51-54.
[2] 焦安亮，张鹏，侯振国.建筑企业推广 BIM 技术的方法与实践［J］.施工技术，2013，42（01）：16-19.
[3] 马志明，李严，李胜波.IFC 架构及模型构成分析［J］.四川兵工学报，2014（11）：114-118.
[4] 张建平，张洋，张新.基于 IFC 的 BIM 三维几何建模及模型转换［J］.土木建筑工程信息技术，2009，1（1）：40-46.

打破边界：基于 BIM 与物联网的城市轨道 交通机电工程管理"云十端"系统构建探索

邹　东，李俊贤，王　玮，张　锐

（广州地铁集团有限公司，广东　广州 510330）

【摘　要】本文从城市轨道交通机电工程项目建设管理信息孤岛问题的空间化分析出发，探讨基于 BIM 与物联网技术的"云十端"系统构建思路，并以广州地铁集团有限公司自主研发的"机电系统工程信息模型管理系统"为例，阐述企业私有云、客户端、网页端、移动端的功能定位与关系，提出用于建设管理的物联网系统架构，打破办公空间与施工空间、虚拟空间与实体空间的阻隔，实现建设过程的"万物互联、信息互通"，将系统、数据、空间与人相结合。

【关键词】轨道交通；信息孤岛；BIM；物联网；云计算

1　问题的提出：基于空间概念的信息孤岛问题分析

在工程管理实践中，经常提倡"深入现场一线"或类似的理念。无论谈及"现场"还是"一线"的管理，都是基于空间化思维的实践方法，其中含义是，掌握现场一线的信息才能实施有效的管理。同时，受限于技术，工程管理者需要凭借自身的专业知识与经验，亲身深入一线收集一手信息，为管理获取充分的信息支持，并保证信息的全面、真实、可靠。当管理者身处办公室、会议室等工作空间，他们需要一些机制以获得并验证现场信息，但遇到的问题往往是要么信息收集与验证的成本很高，要么得到的信息不甚准确或不能充分满足管理需要。

在城市轨道交通机电工程项目实施中存在着"信息孤岛"现象。信息孤岛是指相互之间在功能上不关联互助、信息不共享互换以及信息与业务流程和应用相互脱节的计算机应用系统。本文借用"信息孤岛"的概念，描述工程项目实施中信息不共享互换的问题。与原概念有所差异的是，工程项目实施的"信息孤岛"产生于流程的分隔，即设计、建设、运营等阶段的划分，使得各阶段因行动主体的不同以及业务流程的独立性而成为"信息孤岛"，影响信息在各阶段间的传递与共享。这种基于流程概念的理解，经常被纳入到工程项目全寿命周期管理的议题中被讨论。

与上述角度不同的是，本文观察到工程项目实施中的"信息孤岛"不仅存在于不同的流程阶段，同时还存在于同一阶段的不同空间。正如本部分一开始所描述的情况，本文将基于空间的概念，用两组空间关系来分析城市轨道交通机电工程建设管理中的信息孤岛问题：其一是办公空间与施工空间，其二是虚拟空间与实体空间。这两组空间无论在我们的认知层面，还是在实践层面，都有明显的边界，并对不同空间形成了阻隔，阻碍了信息的共享互换。

办公空间与施工空间的"信息孤岛"形成原因首先在于空间的物理分隔上。两者之间缺乏实时、有效的信息交换渠道，管理者若身处办公室、会议室等办公空间，则无法及时掌握施工空间的信息，而不得不耗费时间去到现场，或向现场人员了解情况。"信息孤岛"形成的第二个原因是，不同空间的信息被

【作者简介】邹东（1969-），男，高级工程师。主要研究方向为基于 BIM 技术的项目管理模式。E-mail：zoudong@gzmtr.com

　　　　　　李俊贤（1988-），男。主要研究方向为工程项目管理。E-mail：lijunxian@gzmtr.com

　　　　　　王玮（1980-），男。主要研究方向为工程项目管理。E-mail：wangwei1@gzmtr.com

　　　　　　张锐（1982-），女，工程师。主要研究方向为工程项目管理。E-mail：zhangrui2@gzmtr.com

不同的人员掌握。办公空间中形成的管理措施与具体的细节，在向施工空间的作业人员传递过程中，由于信息发出者的态度、经验等不同，对信息的认知、理解带有一定的选择性和倾向性，并根据自己的理解继续往下传递；同时，直接掌握现场信息的施工员、监理员或一线管理人员，在将信息从车站、轨行区等施工空间传递到办公空间的过程中，有可能夸张、削弱或改变信息的内容。

虚拟空间与实体空间之间同样存在"信息孤岛"问题，主要出现在施工蓝图向工程实体的转化过程中。问题的原因之一是从虚拟空间到实体空间的"指导失灵"。信息从虚拟空间传递到实体空间的过程中，容易受到有限认知能力的阻隔，虚拟空间的信息未能完全转化为实体空间的行动。工程设计、工艺工法等信息存在于虚拟空间，虽然"按图施工"是应然要求，但由于不同班组及施工人员的素质难以保持在一定的标准水平，施工人员对工艺工法标准等的理解与掌握程度不尽相同，他们采取最"熟练"、"习惯"的方法进行细节处理，同时，用"二维"图纸指导"三维"实体施工的过程中，需要施工人员按自身经验进行"信息加工"，以弥补"升维"所导致的信息残缺。原因之二是从实体空间回到虚拟空间的"验证失灵"。管理者会设置检查机制，以确保工程实体情况与计划构想保持一致，形成管理闭环。若对工程实体的检查机制失效，如完工情况未被如实反映，则将产生与实体情况不相符的信息，真实信息被"封锁"在实体空间中。

针对上述问题，新技术的应用将能提供新的解决方案。本文将基于BIM与物联网技术，探讨城市轨道交通机电工程管理"云＋端"系统的架构，为打破城市轨道交通机电工程建设管理中的信息孤岛问题提供工具性的解决思路。

2　空间互动：BIM与物联网结合的解决思路

2.1　BIM

BIM，即建筑信息模型（Building Information Modeling），已在国内外建筑行业得到广泛关注，国家及地方正大力推动BIM技术在建设工程中的应用，越来越多的建筑工程项目应用BIM并取得了成效。BIM应用的主要目的之一，是实现设计、施工、运营全寿命周期的精细、高效管理。

应用BIM如何使得全寿命周期管理更精细、高效？最核心的原因是基于模型，项目全寿命周期过程中的信息孤岛被打破，各种信息碎片通过建立逻辑关系而相互关联，信息失真问题有了更高效的解决方案。首先，全寿命周期内的信息需求得到明确，后一阶段的信息需求都在前一阶段中得到充分考虑，其次，通过一系列信息处理规则，基于模型，将设计、建设、运营阶段的信息进行汇聚、加工、传递，保证信息源的唯一性以及信息的真实性，让信息在各阶段间无损流转与不断积累，建立起满足设备系统运营需求的信息库。

本文第一部分提出的信息失真问题，存在于差异化的空间与管理的细节上，并镶嵌于全寿命周期的"深处"。BIM让信息更加"通透"、"立体"和"具象化"，不仅能在横向上解决全寿命周期的信息传递问题，还能在纵深方向作用到每位管理者、每位作业者，从认知的层面打破信息孤岛。

2.2　物联网

2016年中央政府工作报告提出，促进大数据、云计算、物联网广泛应用。同时，物联网发展被写入"十三五"规划纲要。物联网的飞速发展，不断地改写着自身的定义，目前，关于物联网尚未形成公认的概念，按照2010年我国政府工作报告所附的注释，物联网的定义为通过信息传感设备，按约定的协议，把任何物品与互联网连接起来，进行信息交换和通信，以实现智能化识别、定位、跟踪、监控和管理的一种网络，它是在互联网基础上延伸和扩展的网络。

物联网将人与人、人与物、物与物相连，打破了空间的边界，拉近了彼此的距离，形成"万物互联"的网络，使得连接更加简化，将信息转化为行动，并创造更大的价值。物联网具有普通对象设备化、自治终端互联化、普适服务智能化三个主要特征，由感知层、网络层、应用层组成，形成感知、互联和智能的叠加。

物联网的出现，使得不同空间、不同的人、不同物品之间的便捷连接成为可能，让连接变得更广泛、更深层，使得边界变得模糊，让"触点"变得无处不在。这对于解决本文所提的问题具有重要意义。本文基于空间的划分分析了信息孤岛问题，而物联网则为打破空间的隔阂提供了思路，并为关于连接的问题提供了方案。

2.3　两者融合的操作化方案："云＋端"系统构建

BIM 为信息传递提供载体，解决的是造成信息孤岛的认知隔阂问题；而物联网则提供了平台与渠道，解决的是空间连接与互动的问题。BIM 与物联网的结合，为城市轨道交通机电工程项目建设管理提供了解决信息孤岛问题的理论支持，并指导"云＋端"系统的搭建，实现系统、数据、空间人的结合。

在实践中，广州地铁与清华大学联合研发"机电系统工程信息模型管理系统"，为业主、设计、监理、施工承包商、集成服务商及设备材料供应商等参建方的高效协同工作提供统一的管理平台；对建设资源、安全、质量、进度、档案资料等各项要素进行全方位的精细管控，及时、完整、准确地采集工程建设全过程数据。

系统架设企业私有云，并设置了客户端（下称 C/S 端）、网页端（下称 B/S 端）及移动端（下称 M/S 端）。C/S 端汇聚了三端的总体信息；B/S 端主要应用于日常管理流程；M/S 端作为 C/S 端和 B/S 端的延伸，充分发挥"移动"和"一线"的优势，用于现场信息采集及确认，整个系统架构形成了正向指导，逆向验证的机制。

下一部分，将以广州地铁机电工程信息模型管理系统的"三端"架构为例，阐述"云＋端"系统搭建的实践探索。

3　"云＋端"系统的架设：私有云、C/S 端、B/S 端与 M/S 端

3.1　"云＋端"的整体结构

物联网体系架构包括三个层次，自下而上分别是感知层、网络层、应用层。感知层以二维码、RFID、传感器、智能设备等为主实现物体的识别；网络层以互联网、通信网络等实现数据的传输；应用层是利用云计算、数据挖掘等技术实现对物体的智能管理等。典型的物联网体系层次结构如图 1 所示。

| 应用层：云计算平台、大数据平台 |
| 网络层：互联网、无线网络等 |
| 感知层：二维码、智能设备等 |

图 1　物联网层次

按照上述架构的层次划分，广州地铁机电工程信息模型管理系统进行了进一步细分，设置企业私有云、C/S 端、B/S 端、M/S 端，并结合了二维码等延伸感知技术。其中，将 C/S 端与 B/S 端界定为管理层，定位在应用层与感知层之间。设置"云"主要解决是数据安全存储、数据分析挖掘与提供应用服务的问题；设置"端"是解决全场景数据采集、实时跟踪管理、数据无缝共享的问题。系统结构如图 2 所示。

"云"	应用层：基于云计算与工程大数据的智慧建造		企业私有云
＋	网络层：连接应用层、管理层、感知层的互联网		WIFI、局域网
"端"		管理层：信息管理的端口	客户端（C/S 端）
			网页端（B/S 端）
	感知层：施工现场信息生成与感知的端口		移动端（M/S 端）
			二维码、门禁设备等

图 2　系统结构

C/S 端具有最充分的硬件支持（如部署工作站），允许在充分信息和优化效果的条件下进行操作；B/S 端适应复杂的工作场景与多方参与管理流程的需求，将日常管理中的操作与模型分离，降低对硬件配置的要求，实现更广的适用性；M/S 端的便携优势使得在一线作业场景中具有更大的"用武之地"，随着配套技术设备的发展，功能的拓展空间较大。

网络层以及感知层的二维码、门禁设备等技术应用相对成熟，广州地铁机电工程信息模型管理系统的创新重点在于企业私有云与"三端"的研发及应用。因此，本文接下来将主要探讨企业私有云、C/S 端、B/S 端、M/S 端的定位及功能。

3.2　企业私有云的定位及功能：云计算与大数据解决方案

安全云存储。目前，为保证数据存储的安全性及网络快速反应，广州地铁机电工程信息模型管理系统所架设的企业私有云的存储架构主要分为两个层次，自上而下分别是中心机房、各在建线路服务器。广州地铁每条在建线路均设置独立服务器，用于各线路数据的存储；中心机房与各线路服务器相连并实时同步，存储全线网所有数据。

工程数据库。以建筑信息模型为载体，按照一定的数据结构，随着新线机电工程建设的持续推进，不断收集、存储设计、施工（包括进度、安全、质量、人员配置、机具、工艺工法、设备材料、作业空间）等所有工程信息，建立起工程数据库，实现工程场景数据化。工程数据库中的数据具有三个特征，一是以模型为基础保证同一工程对象数据的唯一性，机电工程的几何信息、非几何信息等均附着于相应且唯一的模型上；二是数据之间具有逻辑关联，模型内以及模型之间的数据按照专业、施工等知识体系建立关联；三是数据的积累符合设计、施工阶段内及阶段之间数据传递的规律及规范，保证数据在各阶段间的无损流转与继承发展。

云计算中心。云计算中心基于新数据的不断涌入、积累，通过一套算法模型并充分利用全线网计算资源来处理海量数据，为工程实施提供最优方案，这是智慧建造的核心。算法在计算机科学中通常指一组包含有限、明确并有先后顺序的指令集合，被广泛应用于数据处理和自动推理。同时，算法模型也会根据工程数据的不断积累而调整优化，例如哪些维度的指标应当被纳入或剔除，哪些数据应该被赋予更高的权重，在不同条件下哪些算法模型有更高的准确度。云计算中心随着数据的积累和算法的优化，将不断提高智能化水平，逐步实现智能施工组织，不断提升施工效率。

3.3　C/S 端的定位及功能：充分信息环境下的整合管理平台

广州地铁各在建新线均设机电工程项目管理中心基地，汇聚全线信息。C/S 端设于中心基地，一般部署在图形工作站，连接企业私有云，并对企业私有云进行数据传输、访问及获取服务应用。与 B/S 端、M/S 端不同的是，C/S 端具有三维模型管理的最高权限，管理人员在中心基地的协同办公环境中，操作C/S 进行基于三维模型的基础性数据管理。管理内容包括用户权限设置、全专业合模、施工 WBS、进度、质量、安全、人员、机具、设备材料、工艺工法、作业空间等数据，对数据进行创建、查看、编辑、导入、导出、删除等操作，同时，获得企业私有云的全部应用服务，包括模型 3D 漫游、虚拟建造、碰撞检测、派工单等，为业主单位、施工单位、监理单位等参建主体获取企业私有云的数据与应用并进行高效协同提供行动框架与规则。

3.4　B/S 端的定位及功能：嵌入日常管理流程的数据管理端口

与 C/S 端相对固定设于少数终端设备不同，B/S 端是实现移动办公的企业私有云访问入口，并深度镶嵌于项目管理流程中，可"足不出户"，在不同的办公场所，甚至在家里，便捷地使用台式计算机或便携计算机，通过网页浏览器，以一定权限访问企业私有云并获取应用服务，对工程数据进行日常管理，主要实现数据录入、业务流程审批等功能。基于项目管理的日常需要，B/S 端与复杂的工三维模型分离以节约计算资源，并按照基础模块、资源模块、资料模块、质量模块、考核模块、一体化模块、门禁模块等主模块划分与企业私有云进行数据交换，以更为简洁的交互界面提升管理效率与用户体验。

3.5　M/S 端的定位及功能：轻量化模型获取与底层数据采集端口

M/S 端的设置同样注重用户体验，与 C/S 端、B/S 端共同围绕企业私有云形成"单中心、多端应用模式"，覆盖到工程管理与施工作业的所有空间场景，通过智能手机、平板电脑等移动智能终端实现工程管理的物联网化。

对于管理者，可通过移动互联网查看实时工程进度、质量安全、设备材料等信息，并连接监控系统查看现场状态，将指挥机制从施工现场延伸拓展至任何一个地方，可以是在上下班途中，也可以是在深夜的私人办公空间；在现场通过施工场地内的 WiFi 网络，可通过移动端实时记录工程状态信息并同步更新企业私有云相关数据，也可按需获取轻量化的工程模型、派工单、安全风险源、质量标准等信息，结合 MR（Mixed Reality，混合现实）等技术实施检查，并将检查结果及时反馈至企业私有云。

对于作业者，可利用手机便捷地查看基于 BIM 的可视化内容，并读取粘贴于设备材料上的二维码，进一步获取相关信息服务与支持，使得交底的场所不再局限于会议室或施工场地外的宣讲台，同时，将移动设备连接放样机器人等设备，利用模型对施工进行指导，提高施工的精准度。作业者随时随地获得所需信息，避免了可能产生的记忆错误，更有效地按照安全、质量要求进行施工作业，并将完成情况通过手机反馈至系统。

3.6 "云十端"的软硬件配置

广州地铁按照上述架构思路搭建并逐步完善软、硬件平台，应用于轨道交通广佛线后通段、六号线二期等多条线路机电工程建设过程，形成全时、全空间、全过程的工程信息汇聚、共享与协同管理机制（图 3，图 4）。

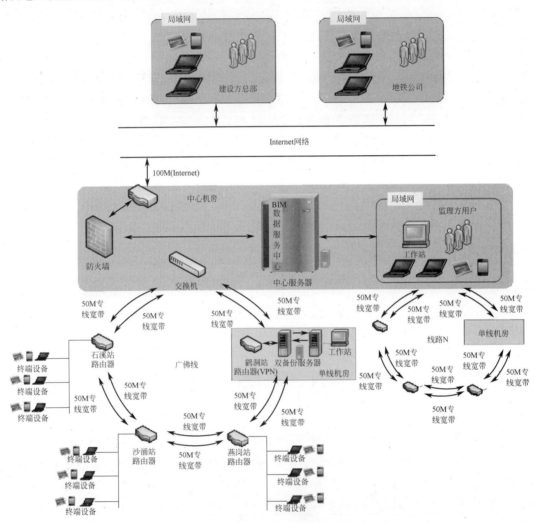

图 3　硬件架构（以广佛线后通段为例）

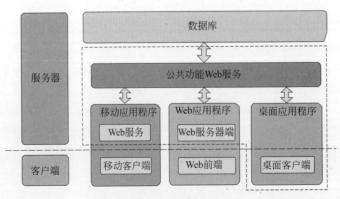

图 4　软件架构

4 "云＋端"系统下的空间融合与信息对称

"机电系统工程信息模型管理系统"所架设的企业私有云、C/S 端、B/S 端、M/S 端构成了"云＋端"的物联网系统,基于 BIM 解决了大规模复杂数据的逻辑结构问题,并将数据智能服务平台与工程场景进行了融合。"云"的核心是提供服务,通过网络与算法将庞大的数据进行分析处理,并按照用户的需求将结果返回给用户。"端"的核心是让数据交换无处不在,将工程对象数据化,并以低成本的方式与"云"进行数据交换。

"云＋端"系统打破了办公空间与施工空间之间、虚拟空间与实体空间之间的阻隔,数据从源头到企业私有云,以及从企业私有云到施工现场实现了"点对点"的直接传递,有效避免了传递过程中可能发生的偏差和失真问题,同时,通过 C/S 端、B/S 端、M/S 端的设置以及应用规则,全面收集工程数据,并通过闭环机制验证数据的真实性与客观性,从而打破建设管理过程中的信息孤岛,保证管理各个环节的信息对称。

以现场为核心,以物联网为基础,打破办公空间与施工空间的隔阂。M/S 端及相关延伸应用的感知技术,如二维码、门禁、监控等,使得管理者的"法眼"有效覆盖到所有施工作业现场,打破了管理者传统的管理触角与认知局限,在身处办公空间时,能实时掌控现场的真实情况,并根据相关信息采取有效的管理措施;在身处施工空间时,能将在办公空间形成的措施、方案,基于可视化技术与移动终端,准确、全面地传达至现场作业的每一名人员。

以工程信息模型的全场景可及性,打破虚拟空间与实体空间的隔阂。企业私有云为工程信息模型及相关数据的收集、存储、处理提供了可靠的虚拟空间,但要充分应用虚拟空间中的数据资源,则需要建立机制作用到行动者,让数据转化为实体空间中的行动。而"云＋端"物联网系统的搭建,则使得管理者与作业者无论在何时、何地均能方便地访问虚拟空间的工程数据库,以此获得数据支持与行动指导,并将过程中产生的新数据及时反馈至虚拟空间,做到"知行合一"、"虚实一致"(图 5)。

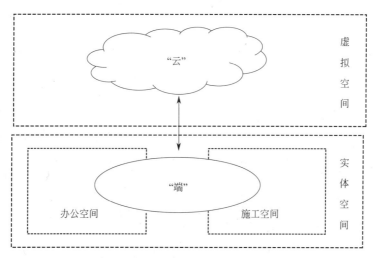

图 5 "云＋端"系统下的空间融合

5 改变:形成以现场为核心的扁平化管理架构

在施工阶段,通过基于 BIM 的"云＋端"物联网系统,将工程全过程数据进行统一的收集、管理,实现基于管理权限的透明化,各参建单位均可根据权限查看相关数据,掌控工程一线实时、准确的情况,实现系统、数据、空间与人的结合。

随着"云＋端"物联网系统的持续优化、更新与深入应用,虽然在责、权、利层面上,业主、监理、施工单位各方角色没有变化,但传统方式上的"业主—监理—施工"管理模式、信息及指令传递的方式将发生改变,变化具有以下三个特征:

一是扁平化。各方工程管理决策的依据均来源于企业私有云，所需的数据信息均直接提取自建筑信息模型，同时，管理指令的下达更加直接高效，实现实时的全局或"点对点"定向传送，极大减少了信息传递的中间层级，提高管理效率，并避免了传统方式下的信息传递误差，管理模式由原来的直线型转变为网络型。

二是标准化。系统为工程管理提供了一套行动准则，任何使用者均须服从系统所限定的管理流程、规范、标准，这些管理流程、规范、标准均通过计算机程序、算法而实现，自动化、智能化的系统对项目管理组织的标准化运作形成强约束，同时减少人力参与的流程环节。

三是组织"柔性化"。随着数据的不断积累与系统智能化水平的持续提升，"云＋端"物联网系统将大大降低工程项目实施的不确定因素，打破以往依赖程序降低不确定性风险的僵化体制，使得组织具有"柔性"，能因应现场问题与变化，及时获取充分的数据与策略支持，让项目的任何参与者在其权责范围内快速解决问题，激活组织内每一位成员的主动性和积极性。

参 考 文 献

[1]　政府工作报告——2010 年 3 月 5 日在第十一届全国人民代表大会第三次会议上 [R/OL]．[2010-03-15]．http：//www．gov．cn/2010lh/content_1555767．htm.

[2]　何关培．BIM 总论 [M]．北京：中国建筑工业出版社，2011.

[3]　中国 BIM 门户网站．http：//www．ChinaBIM．com.

[4]　王秀峰，崔刚，莫毓昌．物联网概述 [J]．计算机科学期刊，2012（1）：1-8.

[5]　National Institute of Building Science．United States National Building Information Modeling Standard [S]．Version 1-Part 1.

[6]　张建平，曹铭，张洋．基于 IFC 标准和工程信息模型的建筑施工 4D 管理系统 [J]．工程力学，2005（S1）：220-227.

[7]　张川，刘纯洁．城市轨道交通建设现场管理信息系统研究及应用 [J]．城市轨道交通研究，2014（8）：1-4.

"机电工程信息模型管理系统"在广州地铁轨道工程施工管理中的应用

马润韬

（广州地铁集团有限公司，广东　广州 510330）

【摘　要】"机电工程信息模型管理系统"是广州地铁会同清华大学自主研发的通过运用 BIM 技术进行地铁机电工程施工管理中的使用平台。运用"机电工程信息模型管理系统"进行地铁轨道工程施工管理可以有效把控轨道施工的进度、质量、安全等施工关键要素。同时运用轨行区派工单结合轨行区施工作业令的管理模式，有效降低了轨行区施工作业交叉的安全风险。

【关键字】机电工程信息管理系统；BIM 技术；轨道工程；施工管理

1　BIM 技术与工程管理

BIM（Building Information Model）是以三维数字技术为基础，集成了建筑工程项目各种相关信息的工程数据模型，BIM 是对工程项目设施实体与功能特性数字化表达。从工程角度定义，BIM 就是以工程项目相关模型为载体，实现工程项目全寿命周期内信息集成和传递。广州地铁通过运用与清华大学合作研发的"机电工程信息模型管理系统"将 BIM 运用到地铁建设施工管理中。将 BIM 运用到工程施工的全生命周期中，可以使各方更好地理解设计理念，共同解决设计中存在的问题；缩短建设周期；减少施工中的错误和遗漏，减少浪费、重复劳动，节省材料和时间；提升施工现场的安全指标；提前预知建设成本和时间。

2　轨道施工工程管理特点

轨道工程作为机电工程与土建的接口工程，在整个地铁施工中具有承上启下的重要作用。作为列车运行的直接载体，轨道工程通过对整体线路坡度、方向的调整一定程度上消除上道工序产生的误差保证限界安全，同时也为后续区间内的专业施工包括：供电接触网安装、疏散平台安装、信号设备安装等提供了施工的参考和基础。

和传统的工程管理一样，轨道工程管理同样需要从进度、质量、安全、合同、信息（计划）等模块进行把控，亦需遵守人机料法环的规则。但轨道专业也有其自身突出的特征。

2.1　兵家必争之地

当土建结构完工移交到下一步工序机电安装工程后，轨道工程作为机电安装工程与土建工程接驳的先锋队，土建工程区间内施工的场地都交付给其进行属地管理直至交付运营方，这部分场地，称为轨行区。轨行区场地狭小但施工方众多，包括轨道工程施工、土建工程堵漏、供电设备安装、信号设备安装等，多个施工作业面交叉施工的问题普遍存在。对多专业的属地管理，为工程的进度及安全管理增加了难度。

2.2　稳、准、狠

在轨道工程施工中，轨道道床结构稳定性至关重要，同时因钢轨直接与列车的车轮接触，其直接决定了列车在区间内行使的状态，因此施工过程中如何精确控制误差也十分关键。轨道施工可谓是重剑无

【作者简介】马润韬（1991-），男，助理工程师。主要研究方向为轨道工程。E-mail：maruntao@gzmtr.com

锋，大巧不工。

2.3　时不待我

轨道施工工期经常"腹背受敌"——受前期土建施工进度的制约，自身施工速度直接制约后期机电安装，需要一份详细的施工计划对其进行梳理。轨道施工总体计划包含了轨道工程每个铺轨基地所覆盖的铺轨范围、分部分项工程内容及各施工工期，其作用就是整体把控施工进度，了解整体施工节奏，预知在施工中将出现的工程风险，提前为工期紧张的施工区域做好人力、物力的准备。从以往施工过程来看，这样一份总体计划基本可以满足工期的需求，但涉及的信息量较少，所能起到的作用也就相对单一，且对于非本工程实际管理人员而言很难从仅有的信息中判断出此计划的正确与合理性。

3　BIM 技术在轨道中的应用形式

3.1　WBS 在轨道施工中的应用

WBS 是 Work Breakdown Structure 的缩写，即工作分解结构。可应用在 BIM 计划信息模块当中。其作用是通过对一项复杂工程的步骤（计划）进行逐步分解，直至分解为最小单元，从而将其条理化，并获取最基础、详细的信息，起到对全局的控制效果。

将施工总体计划进行 WBS 工作分解，在原有总体施工计划的基础上又细化出施工月计划、周计划，同时将每一分部分项工程的施工时间细化至该分布分项工程中每道工序，同时加入该工序的前后一道工序情况和条件，及该工序本身施工时的条件，如是否需要存在高空作业、需要大型设备吊装及是否为检验批等信息。如此一来，原本信息量单薄的总体计划变得更加厚实，功能也更加强大。可以说从各个层次对于施工计划作出了详细的拆分，使其除了适用于工程项目管理者外，更加适合每一层级的施工相关人员。举个例子，如果是项目总体管理者，需要控制大局，那他所看到的信息可以只是整个工程工期的排布。如果是物资管理或质量安全管理者，那他可以获取的信息可以是每月或每周中各分部或分部下工序施工时的物资准备需求及检验批验收计划。如果是现场的施工员那他获取的信息可以是施工中每一道工序的施工时间及其与其前后工序间的逻辑关系和自身的施工条件，这样一来该施工员也可以提前为该工序的施工做好充分准备。

3.2　轨道模型在 BIM 中的应用

模型是 BIM 在工程管理应用中的另一种展现形式，是工程实体的虚拟表达，是连接虚拟与现实的桥梁。将其和 WBS 相结合，可以起到双剑合璧的作用。在施工阶段建模的精细度要求达到 LOD300，并包含该结构的基本参数信息。轨道工程的模型因要匹配其实际工程的特点——线路长、材料多、形状复杂不规则等因素，给模型建立造成了相当大的困难。本文主要以模型功能为主，就不展开去说建模的部分。轨道模型现阶段主要有以下两部分功能：

3.2.1　进度管理

通过将模型和施工总体计划导入机电工程信息模型管理系统，进行模型与施工总体计划的动态匹配，实现施工过程的虚拟建造。在虚拟建造过程中，探寻出整个施工过程的关键路径和发现施工过程中的重难点提前预警。同时通过虚拟建造提前规划出施工时人员、物料、资金的投入曲线，把控整个施工的整体节奏。

3.2.2　质量管理

预先完成限界检查。隧道的限界共分为结构限界、设备限界和车辆限界三种，限界规定了隧道内每个结构和设备间的位置关系，也就直接决定了最终的施工成果是否合格。以往的限界检测在工程开始之间只能靠数据测算，工程完工后通过线路冷滑才可确定是否真正符合限界要求，这其实是有风险的。一旦前期数据测算失误，直至冷滑时才发现的错误导致的结果必然是部分结构推倒重来，这无疑是对人力、物料、资金、时间的浪费。而现在通过机电工程信息模型管理系统将以实际的调线调坡资料为基础的轨行区内全专业的模型在实际施工前进行虚拟冷滑，则在工程开始前就完成对测量资料的检查。同时本段施工完成后再次将施工完的数据导入系统利用模型进行虚拟冷滑,提前检测施工内容是否符合限界要求,最大程度上确保了限界的安全。

保证轨道几何尺寸。轨道的几何尺寸是指轨道各部分的几何形状、相对位置、基本尺寸。包括钢轨形状、间距、标高,扣件形状、尺寸等。这些几何尺寸是进行施工质量校核的基础。在直线整体道床地段这些几何尺寸很容易满足,但在曲线超高的地段,就有过出问题的先例。根据轨道设计规范规定,隧道内整体道床曲线地段超高宜采用外轨抬高超高值一半,内轨降低超高值一半的办法设置。某地铁施工时,工人并没有遵照这个要求而是对外侧钢轨抬高了全部超高值,而监理也未发现此情况,导致轨道几何尺寸出现严重偏差,最终导致整个曲线地段的道床都要重新施工。现在通过每日将浇筑混凝土前的轨道几何尺寸的报检数据导入模型,在模型中验算该部分施工数据是否符合规范要求。即先根据施工前调线调坡数据调整模型,再将完工后数据导入时发现模型整体位移较大明显超出误差范围,则证明数据有误。通过这种手段即使监理在现场检查时未查出问题,还有机会直接从模型中查出。这种双保险,可以更大程度上保证施工质量。

除上述讲到的内容外,在未来模型的在施工管理中的运用还会更加广泛,包括计算工程量、直接切割出施工图指导施工等。

3.3　轨道行区派工单的应用

通过轨道交通模型信息管理系统对施工过程进行派工单管理,这是 BIM 在轨道工程施工应用中的真正核心。它是工作计划 WBS 分解和模型有机结合的产物(图1)。

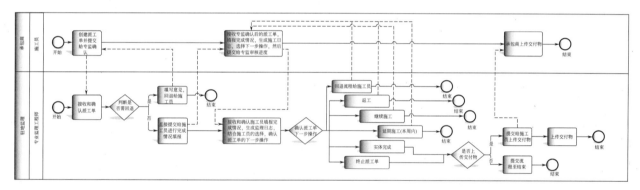

图1　通用派工单流程图

派工单,指生产管理人员向生产人员派发生产指令的单据,是 BIM 技术在工程管理中的核心工具。具体来说就是施工方根据自己的施工计划提前一天从 BIM 平台(轨道交通信息模型管理系统)上申请第二天需要进行施工的工作量,其中包括施工区域、施工人员、所需要的设备或材料等信息,监理审核通过后第二天方可由专人进入相应的施工区域进行施工。当第二天施工完成后,施工员将当日实际完成情况填入前一日计划的工作量中,由监理进行检查、确认所派工单的完成情况,实现整个派工单的闭环。派工单的主要作用是:

(1)对施工进度的严格把控,切实做到施工计划落地应用。

(2)通过关联门禁系统实现工程现场的人员安全管理,没有经过三级安全教育、没有平安卡、不是前一天申请准入名单的施工人员无法进入场地进行施工。

(3)准确的资源管理,施工所消耗的材料用量与到货的库存用量采用动态关联,确保施工材料物尽其用,避免浪费,做好库存的计划。

以上是派工单的通用应用方式及功能和效果,而轨行区派工则结合了轨行区特有的请销点管理制度专门针对轨行区施工管理而量身定制的派工单。

因轨行区施工的特殊性,每条施工中的地铁线都会成立相应的联合调度办公室来为所有需要进入轨行区施工的单位进行时间、空间上的安排与协调,而各需要进入轨行区进行施工的单位也需要提前向联合调度办公室进行请销点,请销点制度的书面证明称为轨行区施工作业令。即对于需进入轨行区进行施工的各施工单位其拿到联合调度办公室批准的作业令才可进入轨行区。

　　为了贴合轨行区联合调度办公室的管理制度，这就要求轨行区所使用的派工单不仅要符合一般派工单所具备的功能，还要与轨行区的作业令进行有机结合。结合分为表面融合和灵魂融合两部分，表面融合就是将原有作业令上的内容移植到轨行区派工单上，同时再添加上派工单原本应有的内容。这样做可以使各轨行区的施工单位在进行施工请点时就可同步完成派工与请点两项工作，在销点时亦同时完成闭合派工单的工作。灵魂的融合是将轨行区调度的管理制度融入 BIM 管理的模式中，这也是轨行区派工单的核心（图 2）。

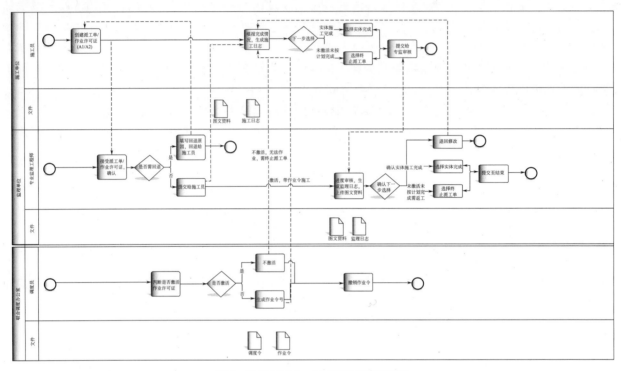

图 2　轨行区 A1、A2 类派工单流程图

　　在轨道交通信息模型管理系统中每一天所有被批准的轨行区派工单，需自主完成符合轨行区行车调度原则的逻辑判定--A1 类作业不能与 A2 类作业 A3 类作业在同时空内同时进行。A2 类作业令不能与 A1、A3 同时空进行施工 A3 类不能与 A1、A2 类同时空进行施工，A4 类可以与 A1、A2、A3 同时空进行施工。同时，在轨行区派工单的批准和审核流程中在监理审批完成后同时加入联合调度办公室的权限，确保整个流程的合理与完整。最后由于轨行区的施工作业有可能会涉及一个区间甚至更多，则对于派工单上相应施工人员进入轨行区的门禁权限，并不能仅限于单个车站或区间，需要将整个区段的门禁权限同时设置完成（图 3）。

　　轨行区派工单的主要作用是将对作业令的主观判断变为主观复查，为轨行区的规范管理加上了双保险。以前各单位申报的作业令都是由轨行区调度进行主观审查来完成，在多专业同时需要在轨行区施工的时候，这部分工作量会成倍增加，而现在各施工方在申报施工计划时，系统已经对其作业类型和同时空内是否有冲突的作业进行了判断和提示，调度员只需根据提示进行相应的审查和调整即可。其次在施工过程中，机电工程信息模型管理系统会对于已经在施工的派工单和即将进入轨行区施工的派工单班组发送推送，确保其按时请销点，尽量做到轨行区作业时间点的有条不紊。

　　轨行区派工单仍存在一些瑕疵，特别是在处理突发性问题时有一定缺陷。相比起轨行区作业令时代的临时派工单，即在当日因为其他原因，临时需要增加某单位的施工作业令的情形，因为有违计划，可能会因为无法及时关联到该施工班组的门禁等，造成其无法进入轨行区施工，这都是今后需要进一步改善的功能。

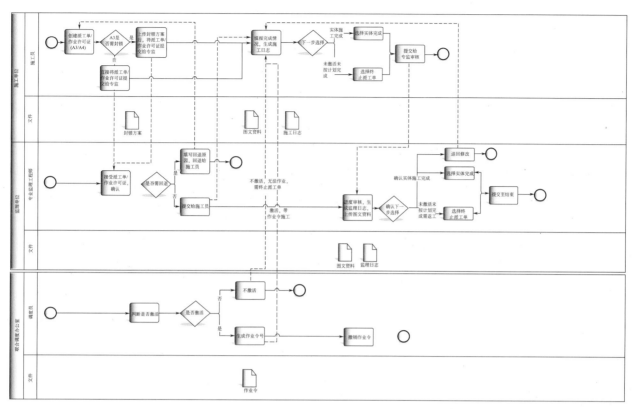

图 3   轨行区 A3、A4 类派工单流程图

4   总结与展望

BIM 技术已经从施工计划、施工模型及派工单三个方面开始渗透到轨道工程施工管理过程中，其对于施工进度、质量、安全、资源、信息的积极影响已经初见端倪。但这并不是终点，轨行区 BIM 技术的应用同样需要更加深入的应用。举两个例子：

4.1   AR 技术还原隐蔽工程

AR（Augmented Reality），是一种实时地计算摄影机的位置及角度并加上相应图像的技术，该技术可以运用到轨道乃至供电专业轨行区施工中。地铁隧道的施工形式多为盾构法，也有矿山法和明挖法。而盾构法中的每一片管片都是由工厂进行预制。工厂预制可以确保每一片管片的尺寸及其包含的配筋方式都是相对固定的。在现阶段轨道及供电施工时，需要在管片结构上植入一定的螺栓——轨道需要安装螺栓来固定临时轨道支座，在暗挖地段需要植入连接道床和土建结构底板的膨胀螺栓，供电专业需安装疏散平台支架打孔，接触网打孔，电缆支架打孔等。现阶段的施工方式是由人工判断土建结构内钢筋的位置进行避让然后施工螺栓，但仍然存在结构件上施工螺栓时会因碰到结构内部的钢筋进而两败俱伤的情形——造成土建结构的破坏，螺栓无法安装牢固影响后续施工质量。现在利用 AR 技术，提前将盾构管片的配筋图导入 MS 端，在现场施工时，通过全息投影技术将管片的配筋形式投入到管片上即可显示出管片上的钢筋分布状态，进而在施工时可以轻松避开结构中的钢筋，一举两得。

4.2   算量功能将在轨行区 BIM 应用中得到开发和应用

在机电工程信息模型管理系统中根据模型信息自主计算出施工所需要的钢筋、混凝土等材料的用量取代人员的手工填报、录入并根据每日派工单控制所需的施工材料用量。此功能的实现，真正将理想状态的资源管理现实化。但这并不简单，一方面结构的形式错综复杂，很难得到精确的计算；另一方面，此功能将会冲击现有的工程材料管理格局，推行起来势必会遇到前所未有的阻力。

"互联网＋BIM"的大数据流已是未来工程施工管理的发展趋势，轨行区 BIM 技术的应用顺应时代的潮流必将拥有巨大的发展潜力。希望通过各方共同努力，真正做到轨行区 BIM 技术的应用完美落地。

参 考 文 献

［1］　Sciences NIOB. United States National Building Information Modeling Standard Version 1-Part 1：Overview，Principles，and Methodologies［S/OL］［M/OL］．2009［2011-4-13］.

［2］　GB 50157-2013 地铁设计规范［S］．北京：中国建筑工业出版社，2014：45-51.

［3］　Liebich T. IFC 2x Edition 2 Model Implementation Guide［M/OL］．International Alliance for Interoperability（IAI）．2004.

［4］　Autodesk Inc. 建筑信息模型［EB/OL］．［2011.10.31］．http：//www. autodesk. com. cn/adsk/servlet/index？.

［5］　Graphisoft. ArchiCAD 14 概述［EB/OL］．［2011.10.31］．http：//www. archicad. net. cn/product/ac. asp.

［6］　吴敦，马楠，徐宁．轨道交通信息模型在宁波地铁建设中的应用研究［J］．城市勘测，2014（2）：69-71.

［7］　张川，刘纯洁．城市轨道交通建设现场管理信息系统研究及应用［J］．城市轨道交通研究，2014（8）：1-4.

［8］　L. Y. Ding，Y. Zhou，H. B. Luo，X. G. Wu. Using nD technology to develop an integrated construction management system for city rail transit construction［J］．Automation in Construction，2012，21：64-73.

［9］　蔡蔚．建筑信息模型（BIM）技术在城市轨道交通项目管理中的应用与探索［J］．城市轨道交通研究，2014，05：1-4.

基于 BIM 技术的施工组织设计与工作分解结构

姜亚楠

(广州地铁集团有限公司，广东　广州 510000)

【摘　要】本文主要研究 BIM 技术在轨道交通行业机电工程中的应用，将传统的施工组织设计与工作结构分解结合 BIM 技术进行完善和提高，结合广州地铁机电工程的实际情况，运用模型进行图纸深化，实现全专业图纸会审，尝试三维模型导出二维图纸指导施工的方案，通过对车站、区间等施工区域的轴块化，实现 WBS 编辑的精细化。经过目前广州地铁在建项目的跟踪调查，该方法极大地提高了地铁建设过程中施工组织设计的准确性，保障工程顺利稳步推进。

【关键词】BIM 技术；施工组织设计；工作结构分解

1　施工组织设计

1.1　定义

施工组织设计（Construction organization plan ）是用来指导施工项目全过程各项活动的技术、经济和组织的综合性文件，是施工技术与施工项目管理有机结合的产物，它能保证工程开工后施工活动有序、高效、科学合理地进行。

施工组织设计一般包括五项基本内容：（1）工程概况；（2）施工部署及施工方案；（3）施工进度计划；（4）施工平面图；（5）主要技术经济指标。

1.2　广州地铁机电安装工程施工组织设计的特点

广州地铁机电安装工程涉及专业众多，工期受各方面条件制约，被压缩得非常紧张，经常面临在同一狭小空间内展开不同专业、不同施工单位同时作业，因此不同施工、监理单位在同一区域作业的协调管理是项目整体推进实施的重要工作之一，针对广州地铁机电安装工程的项目特点，一般将整个工程划分为两大区域，即轨行区机电安装工程和车站机电安装工程，各区域涉及专业如图 1 所示。

从图中可以看出，在同一施工区域存在任意两个或以上的专业在交叉施工的可能，各专业施工先后的逻辑关系较为复杂，如果在前期组织策划不合理，施工阶段现场协调管理力度不足的话，极易造成部分专业返工、窝工等现象，对整体工期都会造成一定的影响。

图 1　各区域涉及专业

1.3　BIM 技术在施工组织计划中的应用

广州地铁建设总部机电中心运用 BIM 技术妥善地解决了上述工程难点问题，具体解决思路如下：

（1）建立工程模型

广州地铁机电安装各专业施工单位在编制施工组织计划前，首先根据设计图纸进行三维工程建模，

【作者简介】姜亚楠（1983-)，男，二级项目经理/城市轨道运营管理师。主要研究方向为 BIM 技术在城市轨道交通建设中的应用。E-mail：jiangyanan@gzmtr.com

建模完成后由监理单位组织进行图纸会审，图纸会审的主要内容是按照《广州地铁 BIM 模型建模标准》的原则，审核工程模型的完整性及模型与施工图纸的一致性。

（2）设计图纸深化

根据广州地铁机电安装特点，以不同专业为主体，进行以下几次模型合并检查工作：

1）以轨道专业为主体的模型合并检查

轨行区涉及专业众多（图2），详情请参见 1.2 所述，各专业设计标高均以轨面标高为参照物进行设定，因此在轨行区以轨道专业为主体进行合模检查，轨行区各专业施工特点可参见《铁路工务技术手册-轨道》及《城市轨道交通供电、弱电集成系统工程施工质量验收标准指南》。

2）列车动态包络线

列车动态包络线是制定动态限界的主要依据，是安全行车的重要保障，任何专业设备的设置和安装位置均不得侵入列车动态包络线，涉及轨行区的各专业在施工组织设计阶段依据列车动态包络限界对各专业设备安装位置的检查，可有效避免施工完成后的变更、返工等。

图 2　轨道专业

地铁轨道一般分为：圆形断面、矩形断面、马蹄形断面。

3）车站主要专业的模型合并检查

车站机电安装主要由通风空调系统、给排水及消防系统、低压配电系统、建筑装修系统等几个专业组成（图3），各专业间常见碰撞关系有：风管与水管、电气线槽碰撞（广州地铁自 2016 年以来，采用综合支架系统解决此类问题，此文不做详细论述）、水管无防护横穿电气设备房、风管出风口设置在电气设备上方、装修门体与水管碰撞等，详细参见《广州城市轨道交通工程建设概论—车站设备安装及装修工程》。

通过上述检查和修正，可有效地对各专业设计图纸进行深化，再次由监理组织各方进行图纸会审，降低施工中的动、静态碰撞，减少施工过程中的变更，达到可指导施工的三维模型及由模型投射的二维图纸。

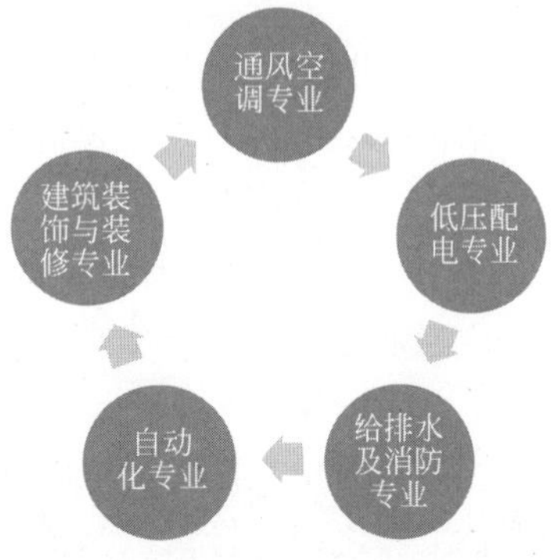

图 3　车站机电安装主要专业

1.4　施工组织计划的编制

1.4.1　总体计划编制的一般原则

（1）下服从上，综合平衡；

（2）积极可靠，留有余地；

（3）坚持基建程序，注意工作的连续性和均衡性；

（4）服从总体安排，做好接口施工。

1.4.2　计划的种类

本指引中工程计划的种类包括线路总工期策划、机电工程工期策划、总体计划、年（季、月）度计划、城建固定资产投资计划、设计及报建计划、供货计划和验收计划等。

（1）总工期策划

总工期策划以工程建设常规工期为依据，对线路建设各阶段工作做全面安排的指导性文件，是参建各方编制各类工程策划和计划的纲领性文件。总工期策划中土建工程全面开工、土建主体工程完工、轨通、电通、热滑、开通运营等目标为关键节点目标。总工期策划由建设总部总体部以线路为单位编制经总公司批准后发布。

（2）机电工程工期策划

机电工程工期策划是在某条线路土建工程全面开工后，在总工期策划的基础上制定的覆盖机电工程各专业进度管理的指导性文件，与总工期策划相比对线路机电工程各专业的关键进度目标分解更全面，它是机电承包商、监理编制各类工程计划的基础。

机电工程工期策划是确定当前至线路开通前机电工程参建各方所要实现的各专业（进度管理）阶段

目标汇总，其中关键的节点目标主要有：土建主体（车站、轨行区）移交、施工场地移交、设备房移交、短轨通、长轨通、电通、设备到货、设备单机调试、系统联调、热滑（三权移交）、开通运营等目标为关键。机电工程工期策划由机电工程项目组以线路为单位编制并发布。

（3）总体计划

总体计划是工程实体具备开工条件后，承包商根据承包合同、机电工程工期策划、结合工程实际进展情况编制的工程施工计划。总体计划由承包商以合同为单位编制上报机电工程项目组，项目组审核并经中心综合部会签后由中心领导审批签发，可作为合同工期调整的依据存档。

（4）年度计划

年度计划是为了实现线路建设目标，完成阶段性目标，根据线路总工期策划、总体计划，结合工程实际进展情况编制的某年度内工程计划。年度计划由承包商以合同为单位编制上报，机电工程中心综合部汇总平衡后报中心领导批准下达。

（5）季（月）度计划

季（月）度计划是为了实现年度目标，根据总体计划结合工程实际进展情况编制的季（月）度施工计划。季（月）度计划由承包商以合同为单位编制。

（6）城建固定资产投资计划

城建固定资产投资计划是政府筹集次年度建设资金的依据，根据机电工程工期策划、总体计划，由中心综合部牵头负责，结合工程实际进展情况以合同为单位编制。

（7）设计及报建计划

设计及报建计划是新线建设设计计划和报建工作任务安排。设计及报建计划分年度报批。

（8）供货计划

供货计划是设备、材料、物资的年供给计划。供货计划分年度、分专业报批。

（9）验收计划

验收计划是项目阶段性验收和竣工验收工作的任务安排。验收计划分年度、分专业报批。

2　工作分解结构

2.1　定义

工作（Work）——可以产生有形结果的工作任务；分解（Breakdown）——是一种逐步细分和分类的层级结构；结构（Structure）——按照一定的模式组织各部分。

WBS 是项目管理重要的专业术语之一。WBS 的基本定义：以可交付成果为导向对项目要素进行的分组，它归纳和定义了项目的整个工作范围每下降一层代表对项目工作的更详细定义。基于 BIM 系统的工作分解结构（WBS）是利用 Microsoft Project 文件对整体工程总体计划的细化和完善，是将 BIM 技术融合到机电施工管理中的重要环节，是现场实体施工与 BIM 三维模型相互连接的桥梁，是生成派工单的基础依据。

2.2　工作分解颗粒度

（1）关键工序

【机电工程】前期工作计划（场地、临设、临水、临电）

【机电工程】施工及质量控制进度计划（含隐蔽工程验收，检验批验收）

【机电工程】调试及功能验收进度计划（单机、系统、联调，功能验收）

【机电工程】验收及移交进度计划（分部验收，专项验收，单位工程验收、三权移交）

（2）专业

1）智能建筑（FAS）；2）智能建筑（门禁）；3）智能建筑（BAS）；4）建筑装饰与装修（设备区）；5）给排水及消防（含气体灭火）；6）通风与空调；7）建筑电气；8）建筑装饰与装修（公共区）；9）地面建筑；10）供电；11）综合监控；12）AFC；13）信号；14）屏蔽门；15）电、扶梯；16）楼梯升降机；17）人防工程。

（3）子系统

各专业划分各自的子系统，详情参见《基于机电工程信息汇聚系统的机电工程总体计划编制指引》。

（4）区域

各子系统一般分为站厅层（夹层）、站台层（夹层）、区间等区域。

按照建筑图进行区域划分。

（5）轴网

对各区域以施工图纸为标准，按照轴网进行进一步切分。

轴网的划分原则是以结构图纸结构柱为基点，延伸将车站各区域划分为块（图4）。

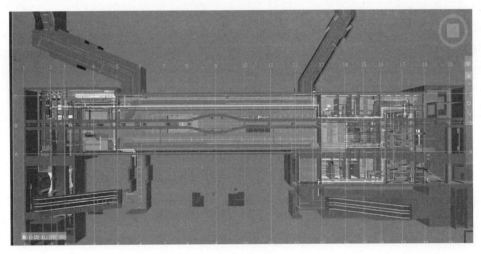

图 4　轴网

（6）工程内容

在各轴网中填写该区域的工程内容。各专业工程内容包括但不限于表1中的内容。

各区域的工作内容　　　　　　　　　　　　　　　　　　　表 1

序号	专　业	工程内容
1	轨道	短轨铺设(米)、道岔铺设(组)、长轨焊接(米)、感应板安装(米)、轨排井封堵(个)
2	供电	支架安装(个)、接触网(轨)安装(米)、电缆敷设(米)、变电所(个)
3	车站设备安装及装修	—
3.1	低压配电及照明	配电柜安装(台)、配电箱安装(台)、各种灯具(套)、电缆及配线配管(米)、电缆桥架(米)、母线槽(米)
3.2	给排水及消防	各种给水排水管安装(米)、各种阀门安装(米)、各种泵及控制箱安装(台)
3.3	通风空调系统	空调器安装(台)、冷却塔安装(台)、各种风机安装(台)、消声器(个)、各种阀门安装(个)、通风管道(平方米)、百叶风口(个)、无缝钢管(米);
3.4	环境设备监控系统	门禁设备安装(套)、探头安装(个)、控制柜(箱)安装(套)、电缆(米)、电气配管(米)
3.5	建筑装修	墙面(平方米)、地板(平方米)、天花(平方米)、墙体砌筑(立方米)、油漆(平方米)、商铺(个)、票亭(个)、栏杆(米)、门(套)、广告灯箱(个)、导向柱牌(个)、出入口雨棚钢结构(吨)、出入口雨棚屋面板(平方米)、高架车站钢结构(吨)、高架车站屋面板(平方米)
3.6	气体自动灭火	气瓶安装(套)、减压装置安装(个)、各种阀门安装(个)、高压无缝钢管(米)、电气配线配管(米)

2.3　标准工序

标准工序为树形结构，以工程中前期、施工、调试、验收、移交各个阶段为分支向下延伸，各阶段随工程推进为依次关系，各阶段均涵盖机电安装工程的各个专业，各专业间为并列关系但又相互制约，可按实际情况进行调整，专业下分系统，系统按站台、站厅、区间划分区域，各区域按照设计图纸划分轴网，轴网的划分原则是以建筑结构图纸构造柱为基点，综合延伸将车站各区域划分为块，最终在每个轴网中明确工程内容。

机电安装工程总体计划＜阶段＜专业＜子系统＜区域＜轴网＜工程内容

图 5 以广州地铁某站总体施工计划建筑电气专业电气配管为例：机电安装工程总体计划为主干，【车站设备安装工程】施工进度计划为阶段，建筑电气为专业，电气配管为系统，站厅层为区域，(7/OA)1-(6/OA) 为轴网，电气配管为施工内容。

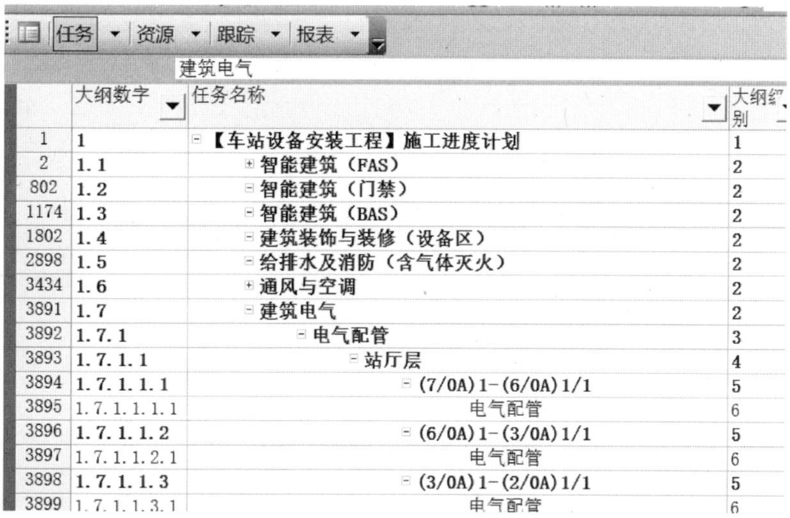

	大纲数字	任务名称	大纲级别
1	1	□ 【车站设备安装工程】施工进度计划	1
2	1.1	⊞ 智能建筑（FAS）	2
802	1.2	□ 智能建筑（门禁）	2
1174	1.3	□ 智能建筑（BAS）	2
1802	1.4	□ 建筑装饰与装修（设备区）	2
2898	1.5	□ 给排水及消防（含气体灭火）	2
3434	1.6	⊞ 通风与空调	2
3891	1.7	□ 建筑电气	2
3892	1.7.1	□ 电气配管	3
3893	1.7.1.1	□ 站厅层	4
3894	1.7.1.1.1	□ (7/OA)1-(6/OA)1/1	5
3895	1.7.1.1.1.1	电气配管	6
3896	1.7.1.1.2	□ (6/OA)1-(3/OA)1/1	5
3897	1.7.1.1.2.1	电气配管	6
3898	1.7.1.1.3	□ (3/OA)1-(2/OA)1/1	5
3899	1.7.1.1.3.1	电气配管	6

图 5　建筑电气专业电气配管

2.4　WBS 与模型的关联

车站及轨行区各专业模型在建模时，根据"广州轨道交通机电工程信息模型管理系统建模及交付标准"，每个模型构件都存在一个独立编码，在利用 Microsoft project 编制工作结构分解时，将工程内容细化到各轴网中，系统即可实现在模型中自动寻址各条 WBS 所对应的模型构件，实现模型构件与 WBS 相关联，如图 6 所示。

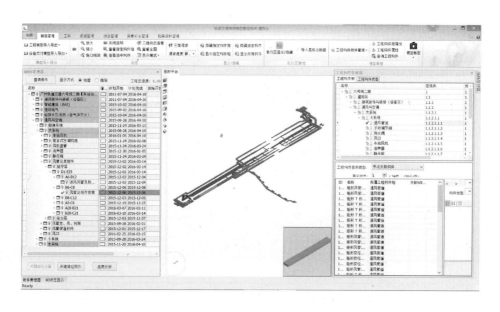

图 6　WBS 与模型的关联

通过上述方法可实现计划于模型关联，真正地实现通过实际的计划来完成模拟建造，为派工单管理提供了数据基础。

2.5　WBS 在派工单系统中的作用

派工单系统是广州地铁机电安装工作在 BIM 思路下的创新的管理模式（图 7），它整合了传统工程模式中的人、机、料、法、环等关键因素。WBS 是派工单在现场施工中形成闭环的非常重要的环节，计划编制—派工—施工—实际进度—调整计划，在工程实际应用中，可实现 WBS 中计划日期随实际日期进行自动派单。

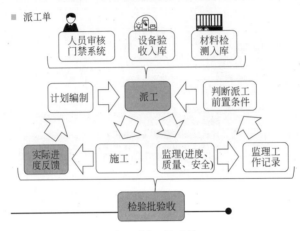

图 7　派工单系统

2.6　WBS 编辑方式新尝试

在广州地铁六号线二期机电工程的建设中，采取编制总体计划，通过轴网关系与模型关联的方法（详见 2.4 WBS 与模型的关联），通过此方法可以实现计划与模型匹配率达到 90％以上，剩余部分不能自动关联的计划与构建，采取手动关联的方式进行补充。

随着系统平台的进一步开发，广州地铁在四号线南延段机电工程的建设中，部分站点尝试采用点选模型，填写模型构件计划施工时间及完工时间，通过系统模型自动实现 WBS 导出的方式，将计划与模型匹配率提升至 100％，极大地提高了工作效率。

参 考 文 献

[1]　广州轨道交通机电工程建筑信息模型建模与交付标准.
[2]　基于机电工程信息汇聚系统的机电工程总体计划编制指引.
[3]　邹东，于小四.城市轨道交通供电、弱电集成系统工程施工质量验收标准指南［M］：北京：中国铁路出版社，2010.
[4]　谭晓梅.广州城市轨道交通工程建设概论—车站设备安装及装修工程［M］：广州：华南理工大学出版社，2013.

基于 BIM 在地下空间孔洞预留的规划探讨

李雄炳

（广州地铁集团有限公司，广东 广州 510060）

【摘 要】地铁工程的机电设备安装施工过程是整个地铁建设中至关重要的一个环节，本文结合广州地铁六号线二期机电设备安装工程的实际情况以及BIM模型中对车站预留孔洞的规划，对车站机电施工中基于BIM在地下空间孔洞预留规划进行分析探讨。建筑安装工程预留孔洞的位置准确性在机电设备安装过程中起着非常重要的作用，是一个绝对不容忽视的问题，出现的问题主要是：漏留孔洞、孔洞位置不准确或者预留尺寸不对，甚至多开孔洞。一旦出现这些问题，对施工质量、施工进度、后续工序等诸多方面带来严重影响，因此，有必要对其原因、造成的危害、控制措施进行系统的分析和研究，以便指导后续线路施工。

【关键词】广州地铁六号线二期；预留孔洞；地下空间

1 工程概况

六号线二期工程（长湴～香雪段）线路主要经过天河区和萝岗区，线路长约17.44km，全为地下线。共设10座车站，全为地下站。设换乘站一座，在苏元站与二十一号线换乘。在线路终点香雪站以东、荔红路东侧设车辆段一处，主变电站位于车辆段内。植物园站预留远期拆解成两条独立运营线路的工程条件，植物园－香雪段按照六辆编组规模预留工程条件。

车辆采用L形车，6节编组，开通初期为4节编组，中期6节编组，列车最高运行速度为120km/h。六号线二期10座车站总建筑面积约为170878.93m²，主体总面积为133392.42m²，附属总面积约为37686.51m²。目前全线设计了37个出入口，有9个出入口土建已建成并移交机电施工，22个出入口正在进行土建施工，剩余6个出入口由于征地拆迁原因暂未开展施工相关工作。

六号线二期机电工程实施难点。六号线二期附属结构受前期拆迁、借地、交通疏解等先天不利因素影响，机电已进场的多个车站由于出入口土建结构未实施，机电安装施工组织、人员进出、材料运输非常困难。广州地铁六号线二期运用BIM技术对各车站进行建模，在模型中的孔洞与现场实际的孔洞进行匹配，设备房砌筑时孔洞"不受控"、"考虑不到"、"临时增加"的孔洞所产生的原因。

2 BIM 技术概念及其应用

建筑信息模型（BIM）作为一种能够通过创建并利用数字化模型实现对建设工程项目进行设计、建造及运营管理的现代信息技术平台，以其集成化、智能化、数字化以及模型信息关联性等特点，为参与建设工程项目的各方创建了一个便于交流的信息平台。BIM技术应用的核心价值不仅在于建立模型和三维效果，模型只是载体，更重要的是对轨道交通机电系统工程丰富信息的全面掌握，随时随地、快速获取最新、最准确、最完整的工程数据信息，实现建设项目设计、施工、运营的精细、高效管理。BIM技术能够对项目全过程的进度、技术、投资和质量安全管理带来明显的效果。"这不但是工具的创新，还是模式的创新，它将支撑我们业主以更高的效率，实现对设计、施工、监理、供货商等参建主体以及工程全寿命周期管理的目标。"

【作者简介】李雄炳（1991-），男，项目工程师。主要研究方向为BIM现场应用。E-mail：lixiongbing@gzmtr.com

应用 BIM 技术对三维空间管线的模拟碰撞检查，这不但在设计阶段彻底清除硬碰撞，而且能优化净空和管线排布方案，减少由设备管线碰撞、预留孔洞错设引起的拆装、返工和浪费，BIM 技术的应用的主要目的就是在工程建造的过程中，对工程建造中的信息进行建立与集成，将所进行的工程项目进行一个总体规划，工程项目建设人员对 BIM 技术的合理运用，能够在很大程度上提高工程管理的效率和质量，在工程项目施工中提供准确的高质量数字化信息服务，有利于业主在工程项目后期建设中的运营管理，确保工程的顺利完成和后期高效率管理（图 1）。

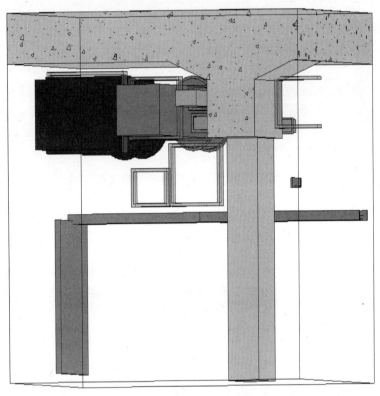

图 1　车站模型孔洞示意图

车站现场综合支吊架通过建立模型进行 BIM 化，设备区走廊管线结合通号专业进行深度合模。在六号线二期车站机电安装中，各车站通过 BIM 技术应用，对设备区走廊综合管线的布线实施进行了前期设置，避免了管线碰撞等问题，并也已完成现场施工。通过 BIM 三维可视化应用进行审核规划方案，在保证施工安全的同时、也确保了质量和效率。

3　预留孔洞出现错误的原因以及造成的影响

（1）机电施工设计与土建单位结构设计、车站装修设计协调不通畅。提资出现错误，造成机电图纸和土建图纸不相同，甚至相对尺寸相差很大。目前设计单位竞争激烈，设计周期相对较短，设计专业之间的协调不通畅、专业术语含义不一致，导致施工中有些预留孔洞出现偏差，两个专业房间大小不一致，无法保证机电设备之间和设备离墙的安全距离。

（2）土建单位、装修单位对预留、后砌墙工作不够重视，没有严格按照相关的设计要求、施工规范及工艺标准进行预留、砌墙，凭经验进行施工，往往是造成孔洞出现问题的一个重要原因，精度无法保证。

（3）土建单位与机电单位存在脱节，机电安装单位与土建施工单位缺少必要的沟通协调，导致往往土建施工单位完成预留孔洞工作后，机电施工单位后期介入时才发现为时已晚，无法及时发觉预留孔洞问题并进行修正。

（4）设计交底与图纸会审会议"走过场"，由业主和监理组织的设计交底和图纸会审会议时间短，不够细致，从会议组织、设计提供设计说明、移交设计交底文件再到各专业分组审图，往往会议上涉及单位人员众多，如未提前沟通协调，现场会议短短的时间内往往无法细致核实，如果未认真对待，将导致本该在会审时解决的问题未能得以解决。

地铁车站是一个人员高度集中的公共场所，工程实体的工程质量必须符合或超过国家相关标准、设计规范的要求，一旦出现质量问题，将会给工程实体带来严重的后果。预留孔洞错误造成的影响：

（1）对工程主体结构的影响。地铁的主体或附属结构大部分是钢筋混凝土结构，一旦发现漏留孔洞、孔洞大小不对或出现位置偏差，将被迫采取钻孔、凿墙甚至拆墙、重做或植筋等方法加以弥补，容易造成对结构整体或局部的强度影响，势必会造成原结构主体接口处存在质量隐患，甚至影响机电设备将来的正常运行。

（2）对设备、人身存在安全隐患。由于装修砌墙造成房屋面积减小时，预留孔洞、基础预埋件安装尺寸不能保证设备及对墙的安全距离，距离相差较小的，为减少误差，只能卡控在安全距离临界点，这对送电运行后人员及设备都存在安全隐患。

（3）影响整体美观。预留孔洞一旦出现"不受控"、"考虑不到"、"临时增加"的情况，将对装修的收口造成影响，导致影响车站整体美观。

（4）影响工期，浪费人力、物力、财力。在问题整改的过程中，既会影响工期，也会发生不必要的人力、物力来处理，从而使工程成本增高。误差越大，造成财产损失越大。

（5）给车站消防安全留下安全隐患。地铁工程的特殊性决定了火灾报警设施、气体灭火系统和排烟系统的重要性，按照设计规范的要求，所有的预留孔洞等到所有的机电设备和管线施工完毕后需要进行严格的封堵，所有的设备房之间不能有丝毫窜烟现象出现。而整改过程中通过钻孔、凿墙等方法得到的孔洞容易对周围结构产生一些裂纹，再加之孔洞的大小、形状不规则，势必给孔洞的封堵工作带来麻烦，为日后的放烟、消防检测工作留下安全隐患。

减少预留孔洞错误造成的影响，应对现场质量进行控制。现场质量控制措施包括主动控制措施和被动控制措施：

主动控制措施是在预先分析各种风险因素及其导致目标偏离可能性和程度的基础上，拟定和采取有效的针对性的预防措施，从而减少乃至避免目标偏离；被动控制措施是从计划的实际过程中发现偏差，通过对产生偏差的原因分析，研究制定纠偏措施，以使偏差得以纠正，工程实施恢复到原来的计划状态，或虽然不能恢复到计划状态但可以减少偏差的严重程度。

主动控制是一种面对未来的控制，它可以解决传统控制过程中存在的时滞性影响，尽最大可能避免偏差已经成为现实的被动局面，降低偏差发生的概率及其严重程度，从而使目标得到有效控制。

所谓被动控制，是从计划的实际输出中发现偏差，通过对产生偏差原因的分析，研究制定纠偏措施，以使偏差得以纠正，工程实施恢复到原来的计划状态，或虽然不能恢复到计划状态但可以减少偏差的严重程度.

对于建设工程目标控制来说，主动控制和被动控制两者缺一不可，应将主动控制与被动控制紧密结合起来，并力求加大主动控制在控制过程中的比例，主要包括以下方面：

（1）做好预留孔洞的检查验收工作。严格执行"三检"制度，通过自检、互检、专检对预留孔洞进行隐蔽验收；预留孔洞的位置和大小符合设计要求，按照图纸、规范及验评标准要求认真检查、详细记录隐蔽工程验收情况。

（2）加强现场管理和技术措施管理。混凝土浇筑时应派专人负责。混凝土终凝前应再次校核孔洞位置，以保证预留孔洞位置不移位，不得过早拆除模具，破坏孔洞周边的混凝土强度；浇筑好的预埋管道敞口处要做好临时封堵，以免掉进管内杂物或堵管。

重点部位要求监理进行旁站。对于车站站台层和站厅层的机电设备预留孔洞要重点监理，由于专业众多，管线复杂，预留、预埋时很容易出现交叉、错埋、漏埋的现象，因此，在这些关键部位需要监理进行旁站，机电设备安装单位要及早介入，土建单位在预留前和移交前，机电车站监理和施工单位需要进行核对。

4　BIM 技术解决地下空间预留孔洞中的难题

BIM 的协调性服务可以减少各专业设计沟通不到位，出现各种专业碰撞的问题，包括布置管线预留孔洞时与结构设计的梁等构件的碰撞。BIM 建造信息模型可以在建造前期对各专业的碰撞问题进行协调，生成协调数据。对施工过程中出现的不确定因素——预测，防止不良因素的产生。

经过 BIM 系统中的协调、模拟、优化工作以后，可得出综合结构流动图、建筑结构-机电-装修综合图等施工图，为现场施工提供可视化辅助。将每个施工行为进行及时记录、管理人员随时核查。在虚拟场景详细了解工程中每个设备和构件的信息，有利于后期运营管理工作（图 2～图 4）。

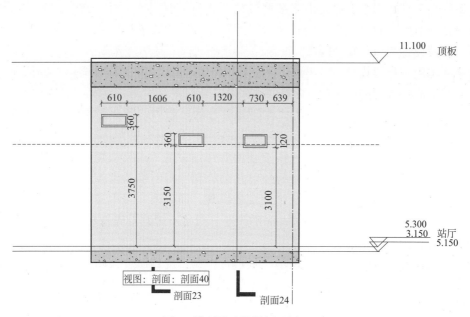

图 2　模型墙壁孔洞剖面图 1

运用 BIM 技术提供的施工图，地下车站的施工人员能够更加清楚地了解施工流程，了解施工现场中所需注意的一些事项，加快现场施工人员的施工效率，确保每一个环节的顺利完成，避免施工现场发生工程事故，保障施工人员的施工质量，从而解决多专业交叉问题。

运用 BIM 技术进行施工进度模拟来降低孔洞复杂难度。通过三维模拟实施，预留孔洞模型应按设计大小、形状、垂直度进行制作。其精度应符合设计要求。

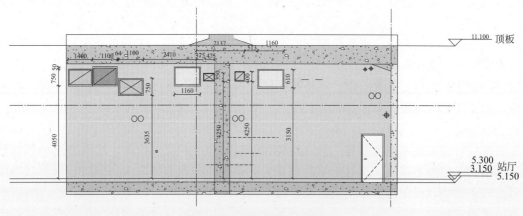

图 3　模型墙壁孔洞剖面图 2

利用 BIM 平台，可以快速、准确提取精准的施工用料数量，随时为采购计划的制定及施工现场限额领料提供准确的数据支撑，减少因施工用料申报不精准造成的工期延误、仓库积压、资金占用等问题。

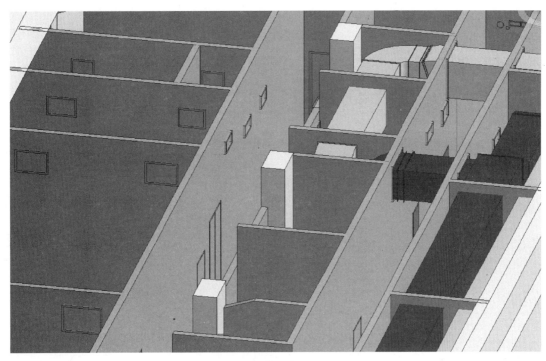

图 4　模型墙壁孔洞外观图

5　基于 BIM 孔洞预留规划存在的问题分析

虽然 BIM 技术的运用为预留孔洞的正确施工带来了很大便利，解决了一部分的难题，但从实际效果上看，不可避免还是存在一些孔洞跟实际情况不符，存在"不受控"、"考虑不到"、"临时增加"的原因，需要进行移位。下面就以具体车站六号线二期香雪站现场数据为例，探讨分析原因（图 5）。

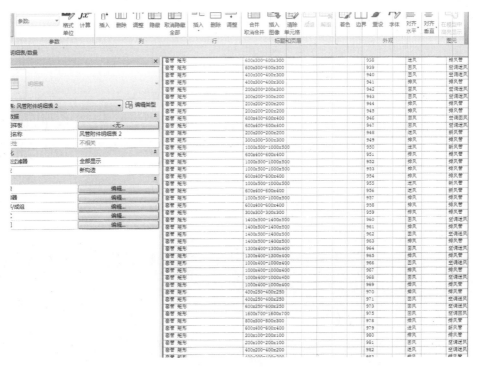

图 5　站内孔洞列表

通过模型和现场实际的预留孔洞进行匹配，统计如表 1 所示，可以看到香雪站的 102 个预留孔洞（穿墙套管）中，有 73 个是符合要求，有 29 个孔洞由于各种原因需要进行移位（图 6）。

六号线二期香雪站预留孔洞情况表（穿墙套管）　　　　　　表 1

序号	套管名称	规格型号	安装部位	安装标高(m)	移位原因
1	风管套管	1700×900	环控电控室一	2.75	砸墙原因:软碰撞考虑不合理
2	风管套管	1700×900	环控电控室一	3.75	砸墙原因:软碰撞考虑不合理
3	风管套管	1500×800	照明配电间一	3	砸墙原因:综合支吊架高度影响
4	风管套管	1500×800	33kV 开关柜室	3	砸墙原因:没考虑供电电柜高度与规范空间距离
5	风管套管	1100×700	整流变压器室一	3	砸墙原因:砌砖时由于工人不削砖导致高度不一致
6	风管套管	1100×700	整流变压器室二	3	砸墙原因:砌砖时由于工人不削砖导致高度不一致
7	风管套管	1700×700	站厅 B 端疏散楼梯	3.15	砸墙原因:套管变形且大风管角铁较大,导致风管无法插进去
8	风管套管	1500×1100	站厅 B 端风室	3.3	砸墙原因:构造柱爆模导致套管变形,风管进入空间不够
9	风管套管	700×350	站厅 A 端信号值班室	2.725	砸墙原因:综合支吊架高度影响
10	风管套管	700×350	站厅 A 端信号值班室	3.15	砸墙原因:综合支吊架高度影响
11	风管套管	700×350	站厅 A 端男更衣室	2.725	砸墙原因:综合支吊架高度影响
12	风管套管	500×200	站厅 A 端男更衣室	2.5	砸墙原因:漏留气体灭火下站台套管
13	风管套管	250×200	站厅 A 端票务管理室靠 1.5m 走廊	3	砸墙原因:综合支吊架高度影响
14	风管套管	250×200	站厅 A 端票务管理室靠 1.5m 走廊	3	砸墙原因:综合支吊架高度影响
15	风管套管	250×200	站厅 A 端票务管理室靠 2m 走廊	3	砸墙原因:砌筑时套管被移位
16	风管套管	400×300	站厅 A 端环控电控室一靠 2m 走廊	3.15	砸墙原因:综合支吊架排布影响,该处横穿风管无空间穿过,需要改位置
17	风管套管	400×300	站厅 A 端环控电控室一靠 2m 走廊	3.15	砸墙原因:综合支吊架排布影响,该处横穿风管无空间穿过,需要改位置
18	风管套管	400×300	站厅 A 端 400V 开关柜室靠 2m 走廊	3.15	砸墙原因:综合支吊架排布影响,该处横穿风管无空间穿过,需要改位置
19	风管套管	400×300	站厅 A 端 400V 开关柜室靠 3m 走廊	3.15	砸墙原因:综合支吊架排布影响,该处横穿风管无空间穿过,需要改位置
20	风管套管	1700×700	站厅 B 端设备楼梯前通道	3.15	砸墙原因:风管弯头影响套管大小
21	风管套管	300×300	站台层 B 端废水泵房	2.65	砸墙原因:砌筑时套管被移位
22	风管套管	300×300	站台层 B 端废水泵房	3.2	砸墙原因:砌筑时套管被移位
23	线槽套管	400×200	站台层 B 端照明配电室	2.5	砸墙原因:该处线槽有更好的优化,能减少约 30 米的线槽路径
24	风管套管	700×200	站厅 A 端车站备品库引风阀	2.3	砸墙原因:优化时遗忘
25	风管套管	700×200	站厅 A 端车站备品库引风阀	2.3	砸墙原因:优化时遗忘
26	风管套管	700×200	站厅 B 端照明配电室引风阀	2.3	砸墙原因:风阀尺寸变更
27	风管套管	1350×750	站厅 B 端通道	3.1	砸墙原因:风管做降低变径导致原来套管空间无法施工
28	风管套管	300×300	站厅 B 端照明配电室三	2.9	砸墙原因:综合支吊架影响
29	风管套管	300×300	站厅 B 端保洁工具间	2.9	砸墙原因:综合支吊架影响

设备房砌筑时"不受控"、"考虑不到"、"临时增加"的孔洞所产生的原因总的来说有以下几点：

（1）施工原因使预装套管变形或者移动。这是比较常见的问题，由于现场砌筑时砌筑的砖墙"刚好"与预装套管底部碰撞，砌砖时由于工人不削砖导致高度不一致，套管被移动。或是如构造柱爆模导致套管变形等施工原因导致风管插不进套管，要重新砸墙开洞。

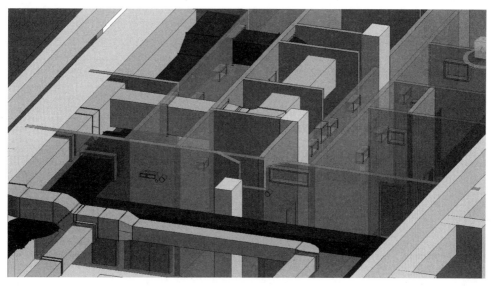

图 6　穿墙风管模型示意图

建议：在行为上，对工人进行施工前的技术交底，砌筑避免移动套管，对于套管下"不够位"的砖块去掉，用塞砂浆的方法代替，控制这些"不受控"影响预装套管的定位的因素，适当可以加入问责惩罚机制，保证开洞位置在预定的位置上。在空间定位上，装修专业要严格按照工艺工法施工，反复测量减低施工放线的误差。

（2）由于六二线新增走廊综合支吊架排布，而前期没有考虑用综合支吊架优化排布，两侧早期砌筑预留的孔洞不符合风管安装要求。

建议：如何能在工程前期确定是否布置走廊通道综合支吊架，并且能拿到相关设计确认图纸，对于前期规划布置是会有很大帮助的。

（3）定位不准。放线打吊杆定位预留孔洞，会出现误差。

（4）软碰撞。这些表面没有直接体现出来有碰撞的，而实际上有的施工是要预留空间的软碰撞。如：33kV 开关柜室没考虑供电电柜高度与规范空间距离与 1500mm×800mm 风管出现的软碰撞。环控电控室一的 1700mm×900mm 风管软碰撞考虑不合理。

建议：系统平台进行模型碰撞检测的手段需要进行优化调整，增加软碰撞的情况。

（5）遗漏。站厅 A 端男更衣室漏留气体灭火下站台套管。

通过表 1 的分析及归类，施工现场往往有很多其他因素，例如现场工人砌筑时施工错误也会造成孔洞错误，套管无法匹配等等，这些均为可以避免的错误。而在前期 BIM 模型规划套管预留孔洞位置时，除了硬碰撞之外还需考虑管道软碰撞的因素，否则根据导出来的材料表施工预装套管控制孔洞的位置时，有可能出现一些无法控制的原因软碰撞等。

思考总结设备房砌筑时"不受控"、"考虑不到"、"临时增加"的孔洞所产生的原因。预留孔洞的全过程分析如下：

（1）BIM 综合管线设计

（2）形成综合图、平面图、剖面图

（3）建筑墙体、洞口现场放线

（4）砌筑预留孔洞

（5）套管安装

（6）风管安装

（7）套管防火封堵

在这七大步骤中，我们主要需把控的是前五点，不仅仅要通过 BIM 把好关，而且还需在现场施工中做好技术交底，确保正确施工，才能预防孔洞错误移位，确保顺利施工。详细措施请见图 7。

图 7　把控措施流程图

6　结　论

结合广州地铁六号线二期机电设备安装工程项目的施工实践，将主动控制方案和被动控制措施相结合并落到实处，基于 BIM 在地下空间孔洞的预留、预埋工作的质量将会得到有力保证，为提高地铁机电设备安装工程质量奠定基础。

BIM 在为我们带来改变的同时，我们也要清晰地看到自己在实际运用中的差距，还有很多问题需要解决。广州地铁六号线二期当前 BIM 应用存在的主要局限性是虚拟与现实的结合程度不够。现场实体与模型对应程度无法及时反映，需要有更好的方法去完成这一目标。而在实际施工中，施工单位很难严格规定采用管线综合优化以后的模型进行施工，模型只是作为辅助施工的角色，设计没有进行管综深化后出图。因此，现场没有与模型保持一致的基础条件作为支撑。

在施工过程中，现场的信息反馈滞后，模型调整较为困难，目前只能针对现场变动较为突出的部分在模型中进行修改，对于细微的改动很难在模型中进行体现。例如在放样的过程中，BIM 模型的指导没有得到体现，是否可以根据模型进行放样工作。这是虚拟到现实的一个重要步骤。模型的准确性需要第三方进行充分的认定，不过在后期的项目中，如果是从设计院开始建模，模型的准确性可以有很大提升，当然在对模型深化后的审核工作，仍然需要设计院给予充分确定。

参 考 文 献

[1]　张洋. 基于 BIM 的建筑工程信息集成与管理研究 [D]. 北京：清华大学，2009.
[2]　吴敦，马楠，徐宁. 轨道交通信息模型在宁波地铁建设中的应用研究. 城市勘测，2014 (2)：69-71.
[3]　张川，刘纯洁. 城市轨道交通建设现场管理信息系统研究及应用. 城市轨道交通研究，2014 (8)：1-4.
[4]　Jim Plume, John Mitchell. Collaborative design using a shared IFC building model—Learning from experience [J]. Automation in Construction, 2007, 16：28-36.
[5]　蔡蔚. 建筑信息模型（BIM）技术在城市轨道交通项目管理中的应用与探索 [J]. 城市轨道交通研究，2014，05：1-4.
[6]　焦安亮，张鹏，侯振国. 建筑企业推广 BIM 技术的方法与实践 [J]. 施工技术，2013，42 (01)：16-19.
[7]　何光培. 那个叫 BIM 的东西究竟是什么 [M]. 北京：中国建筑工业出版社，2009.

结合机电工程信息模型管理系统在机电工程项目的二维码应用

李雄炳

（广州地铁集团有限公司，广东　广州 510060）

【摘　要】为了研究在工程管理中如何运用 BIM 技术和二维码技术提高企业的技术水平、工作效率和综合竞争力，尝试将二维码技术与广州地铁的机电工程信息模型管理系统相结合，试分析应用方法及对工程管理带来的影响。结果表明，在从业主角度推行下，通过适合的方式将二维码应用与机电工程信息模型管理系统相结合，有助于工程管理的提升。本文从三个方面来介绍机电工程信息模型管理系统和二维码技术的尝试及应用，即：为什么要做这样的应用尝试；如何做这样的应用尝试；通过这样的应用尝试可以获得怎样的效果。

【关键词】BIM 技术；二维码技术；机电工程信息模型管理系统

1　二维码技术介绍

二维条码/二维码（2-Dimensional Bar Code）是用某种特定的几何图形按一定规律在平面（二维方向上）分布的黑白相间的图形记录数据符号信息的；在代码编制上巧妙地利用构成计算机内部逻辑基础的"0"、"1"比特流的概念，使用若干个与二进制相对应的几何形体来表示文字数值信息，通过图像输入设备或光电扫描设备自动识读以实现信息自动处理：它具有条码技术的一些共性：每种码制有其特定的字符集；每个字符占有一定的宽度；具有一定的校验功能等。同时还具有对不同行信息的自动识别功能及处理图形旋转变化点。

二维码技术具有以下优点：高密度编码，信息容量大；编码范围广；容错能力强，具有纠错功能；译码可靠性高；可引入加密措施；成本低，易制作，持久耐用等。

2　机电工程信息模型管理系统介绍

机电系统工程项目全寿命周期包括"设计—建设—运维"三大阶段，每个阶段内部以及三个阶段之间均存在信息碎片化、信息孤岛的现象。

机电工程信息模型管理系统就是将各个阶段周期内形成的信息有效的组织起来，同时通过针对机电系统工程全寿命周期内的数据流进行梳理工作，明确信息的转化、传递规则，保证上述各阶段周期内组织起来的信息向后一阶段有效传递，打破信息孤岛的平台。这也是一个承托"设计—建设—运维"三大阶段的数据信息平台。机电系统工程信息模型管理系统由广州地铁集团有限公司自主研发，目前基本完成建设阶段应用功能的开发，已应用于广州地铁的新线建设中。

该系统综合应用了 4D-CAD、BIM、工程数据库、人工智能、虚拟现实、网络通信以及计算机软件集成技术，引入建筑业国际标准 IFC（Industry Foundation Classes），通过建立 4D 信息模型，将建筑物及其施工现场 3D 模型与施工进度计划相链接，并与施工资源信息集成一体，它能通过一个直观的三维图形平台来反映工程项目管理中的进度计划、实际进度、进度偏差、进度执行情况分析等信息。同时，在三维实体中附加材料、施工资源等信息，将施工单元与工程量、资源和成本统一链接起来，从而实现了施

【作者简介】李雄炳（1991-），男，项目工程师。主要研究方向为 BIM 现场应用。E-mail：lixiongbing@gzmtr.com

工进度、人力、材料、设备、成本的 4D 动态集成管理以及整个施工过程的 4D 可视化模拟，为提高施工管理水平、确保工程质量，提供了科学、有效的管理手段。

机电工程信息模型管理系统作为施工指挥平台，可提高项目业主管理者、各参与方之间的有效交流和沟通；通过直观、准确、动态地模拟施工方案，为施工方案的选定提供决策支持；应用系统精确计划和控制每月、每周、每天的施工进度和操作，动态地分配所需要的各种资源，可减少或避免工期延误，保障资源供给；对工程施工进度进行可视化模拟，可及时发现并调整施工中的冲突和问题，提高工程的准确性；4D 施工管理过程中，通过 3D 施工模型的工程信息扩展、直观的 3D 实体信息查询，提高了施工信息管理的效率。此外，相对施工进度对工程量及资源、成本的动态查询和对比分析，有助于全面把握工程的实施和进展，同时整个工程的 4D 可视化模拟和安全分析模块还有助于保障施工安全，提高了施工管理水平和工作效率。

在建设阶段，该系统为业主、设计、监理、施工承包商、集成服务商及设备材料供应商等各参建方的高效协同工作提供统一的管理平台。为满足不同用户、不同使用环境及不同功能的个性化应用需求，"机电系统工程信息模型管理系统"设置了 C/S（客户端）、B/S（网页端）及 M/S（移动端），实现全方位管理。CS 端汇聚了三端的总体信息；BS 端主要应用于日常管理流程；MS 端作为 CS 和 BS 端的延伸，充分发挥"移动"和"一线"的优势，用于现场信息采集及确认。

3　当前二维码技术在广州地铁中的运用

目前，二维码技术在广州地铁的施工建设及运营维保过程中，已经获得了一定的应用，积累了部分经验，下面就对当前广州地铁二维码的应用情况进行总结：

运营总部的 LMIS 系统，LMIS 系统是运营维保的系统，已在广州地铁多条线路的运营维护中应用，即在车站内各专业设备、车站结构、区间等粘贴二维码标签，运营维护人员通过扫描该二维码，可以得到一串序列号，此序列号有两种特定的编码规则，一是位置码，二是位置码与资产码结合，通过扫描读取设备上粘贴的二维码标签得到序列号，再通过运营的 LMIS 系统将序列号读取出系统中对设备的描述，包括设备的各个属性及资产情况。给运营的后期维保和跟踪带来了便利（图 1）。

图 1　LMIS 系统二维码标签

在新线建设过程中，施工单位会将二维码技术应用于施工现场中，比如在每个施工房间门口，都挂上了施工单位特制的牌子，上面有房间名称、工艺要求、施工负责人等，同时上面还有一个二维码，在站内无线网络覆盖的情况下，施工人员及管理人员可对二维码进行扫描，可以获得更多信息。

二维码同样也还应用在设备供货过程中，甲供设备厂商将设备出厂时，便带上了设备二维码，每个设备上都有一个独立的二维码，这个二维码便是每个设备的"身份证"，上面记录了这个设备的各类信息，这个二维码也将用于设备安装过程中的检查。同时后期结合机电工程信息管理系统，这个二维码内的信息将会融入后期平台对设备材料信息查询管理功能中，机电工程信息模型管理系统将提供原材料设备信息查询界面。

二维码技术还应用在与外界沟通、交流以及监督的手段中。在城市轨道交通建设施工过程中，施工单位的项目部往往搭建于车站附近住宅生活区周边的区域，在工程项目的建设过程中，难免会对周边的居民等造成影响，如何运用二维码技术加强与周边社区居民群众的沟通交流及监督，与周边居民群众建立起良好的关系，将有利于工程项目的顺利开展。通过在项目部围墙、大门等显著位置粘贴二维码标志牌，欢迎市民前来"扫一扫"。操作很简单，只要将手机对准二维码一扫，立即显示出这个项目的概况、建设进度、责任工长等多种信息。采用二维码加强与周边市民的交流，形式新颖、制作方便快捷，且节约成本，可替代传统的标识牌及多种纸质、电子资料。市民们用手机扫码就可以了解项目的进展，如果发现项目有不文明施工的行为可以拨打电话进行举报，这对施工单位也是起到监督的作用。

4　如何结合机电工程信息管理系统进行二维码应用（图 2）

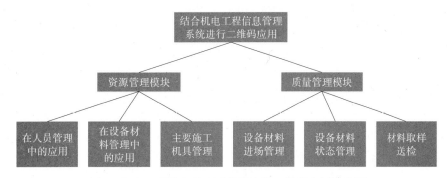

图 2　机电工程信息管理系统结合的二维码应用结构图

4.1　资源管理模块

机电工程信息模型管理系统在资源管理模块中能够实现对人员、设备材料和主要施工机具的综合管理。

4.1.1　在人员管理中的应用

人员方面，首先是基本信息的记录和查询，系统能够记录建设方、监理方、施工方管理人员、施工班组人员及其他参建人员的基本信息，并对各方管理人员提供不同的人员信息查询权限；其次是人员的管理，系统通过派工单和门禁系统实现对施工现场人员的管理，施工班组人员信息录入后须经监理审核，审核通过后才能在系统中通过派工单派工，只有出现在派工单的施工人员和监理人员才能凭借平安卡通过门禁系统进入施工现场。

在人员管理模块中，二维码因具有系统拥有信息容量大、译码可靠性高；可引入加密措施；成本低，易制作，持久耐用等优点。可用于系统中人员信息记录和读取的功能。

机电工程信息模型管理系统中，人员管理的模块包括了平安卡信息导入接口、施工班组人员信息登记与审核、班组人员工作状态管理、参建管理人员信息录入、其他单位人员信息管理、施工人员信息查询、监理人员/施工管理人员的休假管理、进入施工作业区域的人员控制及统计、电子签名、权限管理等。由于一整条线路施工及管理人员人数众多，应用二维码技术，每一位施工班组人员和管理人员在将相关信息录入系统的时候，将针对其录入的信息生成一个链接，再生成二维码打印出来贴于平安卡或 ic 卡上，对现场人员检查及平时对人员信息调取时，只需利用移动设备扫描二维码，即可读取具体人员的个人链接，点击后通过登录系统 BS 端即可读取一系列的个人及证件的信息，即每个人员的二维码就是他的身份证，达到优化信息管理的目的。

4.1.2　在设备材料管理中的应用

设备材料管理方面，首先是堆放区域的管理，通过建立临建场地模型，自动统计堆放区域面积，同时基于施工组织设计，动态提醒设备材料的到货及安装时间。

（1）设备材料堆放区域管理：提供临建场地模型导入接口，在模型的基础上对设备材料堆放区域进行统计，能够显示设备材料堆放区域面积及场地示意图。通过机电工程信息模型管理系统中车站模型及材料运输路线的规划，确定各物料的存放管理原则，对车站内的部分设备房空间进行充分利用。二维码标示牌将作为存放材料的设备房的"身份证"，通过二维码信息说明该房间的临时材料调配及存储的时间段信息。将二维码标志牌贴于站内用房门框边缘，使用站内 WIFI 网络，只要施工人员拿出移动设备一扫，即可清楚该房间的存放规则，便于现场施工材料及设备的存取，便于施工班组长调配作业。

（2）设备材料信息查询管理：机电工程信息模型管理系统将提供原材料设备信息查询界面，对已到货的设备材料信息进行查询，基本信息应包括：名称、二维码、类别（材料、设备）、状态（已安装、已调试、已验收、已移交）、品牌、数量、验收监理等，并可查询到已关联的派工单、WBS 节点、模型等。甲供随机清单，乙供相关证明材料（如产品合格证、产品供货证明、型式试验报告等）。

站内的箱柜等设备将贴上特制的二维码标签，此次粘贴上去的设备信息二维码，除了包含传统的设备名称、设备图纸编号、设备安装位置、生产厂家、设备属性和柜体尺寸大小等信息，还将施工负责人、技术负责人、施工人员和施工日期等信息全面涵盖，只要拿出移动电子设备轻轻一扫，所有的施工信息立刻显现。其中最有特色的就是将 BIM 模型中的设备模型编号也录入其中，为后期运营维修人员在维护时根据编号快速查找出模型中的设备属性提供了保障，加强了对设备的维护管理，促进了 BIM 模型的集成化管理。

材料二维码则有着与设备二维码不一样的特点。以通风管道构件上的二维码标签为例，只需用手机摄像头轻轻一扫通风管道构件上的二维码标签，手机屏幕上立刻显示出该构件的安装层数和位置。机电工程中材料种类繁多，特别是车站内各式管道、配件种类更是多样。二维码将帮助施工人员按照工期进度快速调用正确的材料，有助于提高工作效率。"传统的条形码包含的数据较少，无法满足建筑材料庞大的数量，借助机电工程信息模型管理系统的信息采集功能可将每一个钢构件都用二维码记录下来。"在加工阶段，工厂会在二维码中输入录入材料标高、轴线、坐标等位置信息的二维码标签，材料送到现场后通过仪器扫描就能知道这些材料的用处和位置，既便于及时调配和安装，也便于暂时存储和后期调用。

其次，利用设备材料的二维码进行对设备材料的追踪管理，通过规定格式的二维码，对设备材料的出厂、到货、安装、调试、验收、移交等状态进行全过程的跟踪管理，通过派工单等实现设备与模型的关联，形成设备安装位置及设备信息的电子化资料，集成交付给运维方使用（图3）。

图3　现场管理人员对二维码进行扫描

4.1.3 主要施工机具管理

主要施工机具方面，首先，系统需要能够实现监理对主要施工机具信息的查询和审核，保证主要施工机具满足施工要求；其次，通过应用二维码技术实现对施工机具存放和使用的管理，避免遗失等情况发生。

（1）施工机具登记：机电工程信息模型管理系统提供主要施工机具登记界面，由承包商将计划用于本工程的主要施工工器具（电动工具、需定期鉴定的测量工具等）的信息（规格型号、所属施工单位及班组、包括鉴定标志的扫描件、下次鉴定日期）录入系统并上报至监理方。

（2）施工机具审核：施工机具信息录入后，系统将自动提醒监理方对施工器具的相关资料进行审核，审核通过后，形成最终进场施工器具清单，由系统生产并印刷二维码，将二维码标签粘贴在工器具上，实现对施工机具现场管理。

（3）施工机具的使用：已通过监理审核的工器具方可用于现场施工，承包商在编制派工单时，应该从最终进场工器具清单中对某一 WBS 需要的施工器具进行选择。

4.2 质量管理模块

机电工程信息模型管理系统中的质量管理模块包含日常施工质量监管、设备材料质量管理和设计图纸模型三大部分。系统日常施工质量监管部分需要能够辅助日常施工、施工质量监管等工作，从而保证施工质量。在此模块中，二维码技术与系统充分结合，在多处地方进行应用，包括设备材料进场管理、设备材料状态管理、材料取样送检等。

（1）设备材料进场管理：甲、乙供设备、材料到货前，应按照二维码的相关规则，供货商在出厂前必须在设备材料的表面上粘贴二维码，进场前由监理人员对甲、乙供设备进行检查并核查相关证明材料（如产品合格证、产品供货证明、形式试验报告等）。对甲供：检查随机清单是否齐全；对乙供：进行进场检验（施工方提报审验--监理审验--回复审验结果，电子表单形式）。然后，方可视为到货。系统可以自动更新已到货设备、材料清单，作为派工单选择的依据；安装时才与 BIM 模型关联，派工单结束时，承包商填写设备与 BIM 模型的对应关系，也就是设备的安装位置；派工单生成时，WBS 范围内的设备要生成图形快照显示安装位置，建立序号，先自动排序，序号规则：左到右，上到下。设备商提供清单，清单中有二维码，现场扫描设备材料二维码就列出相应设备材料的条目，醒目显示。

此质量二维码不同于上文提到的设备材料二维码，质量二维码主要集成了站内设备材料的相关证明材料，便于业主和监理在承包商施工过程中的查验及管理。设想是分为两个二维码，与系统相应模块功能结合，将于现场使用后评估是否集成为一个二维码，便于管理和使用。

（2）设备材料状态管理：工程实施的不同阶段，系统平台的模型会以不同颜色区分设备、材料的不同状态，如：已安装、已调试、已验收、已移交等。在系统中所标识的设备、材料状态应该与监理单位对派工单完工情况的确认相挂钩。在派工单编制时已经选择了该项 WBS 相关的设备及材料，监理人员对该项 WBS 的完工情况进行确认后，在系统中对应的设备及材料模型颜色自动变为与"已安装"状态相对应的颜色。通过到货确认，派工单完工确认等措施，系统可自动更新"待安装设备、材料清单"；同时由集成服务商将设

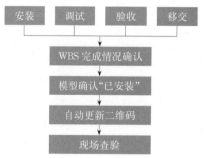

图 4 设备材料状态管理流程

备的（甲供设备材料）入库清单、出库清单上传至系统，结合"待安装设备清单"、"已安装设备清单"、"退库清单"，实现甲供设备的"五单"匹配。同时对设备材料的质量二维码进行更新，做到现场与系统同步更新，通过移动设备扫描即可对设备及材料的状态进行查验。系统也将动态分析施工组织月度计划、"待安装设备、材料清单"，对设备、材料的到货进度进行预警，防止窝工的情况（图4）。

（3）材料取样送检：按照相关规定，需要进行见证取样送检工作的材料到货后，系统可自动提醒承包商及监理人员开展此项工作；（需要复检的材料，首先监理检查确认到场，系统显示到场待复检，然后

取样送检合格经过监理确认后才显示已经验收，并且要求承包商要把进场信息，取样信息、复检报告根同步录入系统，经过监理审核后才能安排进行安装施工）设备材料到现场，扫二维码登记入库后，给监理自动提醒，是否需要见证取样由系统建库时确认；走见证取样流程，形成见证取样文档。

（4）施工现场交底二维码还可以结合机电工程信息模型管理系统的派工单功能，应用到施工现场的技术交底中。例如在施工员填写派工单选择工序时，可以在系统上钩选相应工序的二维码，这些特制的二维码对应着不同的工序的技术要求，施工人员或者监理及业主只需一扫，该工序的技术交底资料（文字、图片乃至视频）均可在移动端中读取出来，对于现场施工的质量控制及工序的严格执行带来了很大的方便。

5　心得体会

5.1　对工程管理的影响

通过将二维码技术与机电工程信息模型管理系统相结合应用到传统的工作流程中去，解决了以往设计方面的不足；减少了设计变更，减少了窝工代工；增加了所有人员的沟通效率、准确率；保证了施工质量和成本；增加了物料的利用率，解决了材料，更加绿色环保；提高了工程管理水平；二维码在质量管理和资源管理中带来了便利，也扩充了与外界沟通的通道。

5.2　有待改善的方面

通过将二维码技术结合机电工程信息模型管理系统应用到传统的工作流程中去，需要逐步由探索尝试转变为固定的一套模式和系统进行推广，只有统一形式，才能在全线的机电工程施工中落实下去，真正为工程管理带来便利。最重要的就是要和最终的流程融为一体，这样他们才不会孤立存在，造成资源浪费。

参 考 文 献

［1］何光培.那个叫 BIM 的东西究竟是什么［M］.北京：中国建筑工业出版社，2009.
［2］吴敦，马楠，徐宁.轨道交通信息模型在宁波地铁建设中的应用研究［J］.城市勘测，2014（2）：69-71.
［3］张川，刘纯洁.城市轨道交通建设现场管理信息系统研究及应用［J］.城市轨道交通研究，2014（8）：1-4.
［4］陶敬华.BIM 技术和 BLM 理念及其在海洋工程结构设计中的应用研究［D］.天津大学，2008（05）：23-24.
［5］杨海军.BIM 技术在建筑机电工程中的应用［J］.铁道建筑技术，2015（08）：145-146.
［6］王友群.BIM 技术在工程项目三大目标管理中的应用［D］.重庆大学，2012（04）：33-34.

BIM 技术在地铁既有结构保护中的研究

张伟忠[1]，胡绮琳[2]，杨远丰[3]

(1. 广州轨道交通建设监理有限公司，广东　广州 510010；

2. 广东轨道交通建设监理有限公司，广东　广州 510060；

3. 广东省建筑设计研究院，广东　广州 510010)

【摘　要】顺应新兴技术发展趋势，首创 BIM 系统在轨道交通既有结构保护中全生命周期的应用，希望借此机会能解决地铁设施保护实际工作中的困难，保护运营安全，并为日后地铁集团公司进行内部管理提及政府等相关行政主管部门加强建设管理提供研究依据。

【关键词】轨道交通；地铁保护；地质建模；航拍；三维扫描；BIM；广州地铁

1　前　言

目前，广州市已正式建成并投入运营的有一至五号线、八号线、APM、广佛线、六号线首期等 9 条城市轨道交通线路。按照目前广州市的城市规划，还将新建成六号线二期、七号线一期、九号线一期、四号线南延段、八号线北延段、十一号线、十三号线首期、十四号线一期、知识城线以及二十一号线，届时累计开通里程将超过 500km。根据《广州市城市轨道交通管理条例》第三章第十三条规定，"……有关政府管理部门依照法律、法规进行行政许可时，应当书面征求城市轨道交通经营单位的意见。"以及第十四条规定，"……应当会同城市轨道交通经营单位制定城市轨道交通设施保护方案"。广州地铁集团根据政府授权，承担着全市地铁保护的责任，我司作为广州地铁设施保护一线工作的主体实施单位，在如此大规模的建设形势下，地铁设施保护责任重大，工作压力倍增，而且近几年威胁地铁结构安全的事件时有发生，如何更为有效地管理及预控地保事件的发生，寻找科学、安全、高效的管理模式和方法是目前急需解决的问题，也是提高城市轨道交通设施保护的监管能力和水平，实现"规范化、标准化、精细化、信息化"的必然趋势和要求。

2　国内地铁既有结构保护的业务现状与需求综述

目前，在广州地铁设施保护外部项目审查过程中，外部项目与地铁结构平面位置关系可通过总平面图相互叠加确定，但由于空间关系不明确，垂直深度及角度则要通过推算，无法达到直观、快捷预判，且还要结合地铁结构健康状况、水文地质条件、地形地貌、周边管线等相关信息进行分析，从而判断外部项目建设对地铁结构的影响。

近年，随着建筑信息模型（BIM）的迅猛发展和应用引起了工程建设业界的广泛关注，该技术是以三维数字化信息为基础，集成了地铁结构各相关建筑信息的数据模型，其发展必将引起整个建筑业及相关行业革命性的变化，政府层面不断出台相关的政策鼓励 BIM 技术在工程建设领域中应用。使用它可完整的描述项目整个寿命期的情况，从根本上解决了项目从规划、设计、施工，到后期的运营和维修管理各阶段内部以及应用系统之间的界面障碍，帮助各参与方能够实时、高效的理解项目的相关信息，实现项目的全寿命周期管理，进而提高工作效率，具有重要的应用价值和广阔的应用前景。由广州地铁集团有限公司主编、我司参编的广东省标准《城市轨道交通既有结构保护技术规范（征求意见稿）》第 8.1.4 节

【作者简介】张伟忠（1969-），男，工程师，华南理工大学自动化专业。主要研究方向为轨道交通工程项目管理、建筑信息化、BIM。E-mail：13903054808@139.com

中提到，"外部作业影响等级为特级的项目可考虑建立其与城市轨道交通结构的建筑信息共享数字化模型（BIM），集成项目设计、实施全过程和使用等阶段城市轨道交通结构保护的数据、建立城市轨道交通结构保护的动态管理平台。"

外部项目进行审查时，需要进行全面、准确的资料收集，涉及地铁位置关系、地铁结构、健康状况、水文地质、地形地貌、周边管线及周边建筑物基础结构等诸多因素。目前，地铁设施保护中的各方面资料零散、无序，每对一个项目进行审查，就需要对影响范围的地铁结构及相关资料进行一次收集，耗时费力，影响时效。

由于地铁埋在地下无法直接观察，位置关系、结构轮廓不直观、不透明，二维 CAD 图纸不能有效表达外部项目与地铁的空间关系，外部项目因空间关系不明确钻穿、损坏地铁隧道的事情时有发生，影响工程顺利实施及运营安全。

现阶段地铁结构、水文地质、地形地貌、周边管线等的各种纸质信息无法实现数字化，在项目审查及监管过程相关资料、信息、记录难以查询，动态信息不易控制，甚至部分资料缺失，地铁结构竣工资料、地形地貌资料与现场存在较大偏差，无法满足项目审查及监管过程的有效管理与控制。

目前，应用于地铁设施保护方面的相关系统、平台均无法达到对地铁既有结构进行动态化分析和维护管理，特别对大型、重点外部作业或地铁既有结构自身存在病害区段，无法做到及时、全面反映实际轨道交通既有结构的变化，往往需要等到问题严重化后才能发现，导致决策、措施的滞后性。

地铁既有结构保护所涉及的监测项目较多，数据量大且更新频率快，外部作业项目监测数据及影响评估计算数据都是各自独立的，无法与隧道运营健康监测数据进行叠加，导致数据信息接收速度滞后，数据分析和预警相当薄弱。

综上所述，地下工程相对于常规的地面建筑工程具有复杂性、多样性、隐蔽性及不确定性的特点，技术分析及判断很难做到准确、快速，这些问题一直以来是地保项目审查中的关键与难点。现在社会提倡便民政策，对公办事时效的要求越来越严格，若不能在规定时间内给予答复便被通报至市政府，对地铁集团公司有很大影响，也会损坏地铁品牌在广大群众中树立的良好印象。因此，必须要有一套方法能帮助技术人员准确、快速地进行复核、判断，提高工作效率。我们急需建立一个结合地铁空间位置、结构、变形，水文地质、地形地貌、外部管线等信息的数据库，将上述方面建立成数字化模型，实现各个信息环节数字化，使能快速、准确判断外部项目与地铁结构的空间关系和周边地质情况，能够自动综合各种监测数据录入、叠加及分析的系统，实时掌握现场相关信息收录、储存、传输、导出等，快速反应，控制相互的安全距离，为精确办案、提高工作效率提供有力支持，确保地铁结构及运营的安全，在此，我们将采用 BIM 技术并结合激光三维扫描、三维地质建模、航拍等技术解决困扰地保项目中的相关问题。

建筑信息模型（Building Information Model，BIM）是对建筑全生命期各种工程信息的数字化表达[1]，旨在实现建筑业各阶段之间、各参与方之间的高效信息共享[2]，为面向建筑全生命期的性能分析和集成管理提供数据支持。

三维地质建模已在区域地质调查、矿产资源勘查、数字矿山、城市地质、水文地质、工程地质、环境地质等诸多领域得到初步应用，但在开发及应用过程中也遇到了限制其发展的几个瓶颈问题：（1）建模软件操作太复杂，难于为基层广大地质作图人员所掌握；（2）三维建模约束条件太严苛，编辑工作量巨大；（3）没有三维地质建模标准，模型数据难以交换与共享；（4）勘探规范没有硬性规定，项目负责单位积极性不高；（5）三维地质模型的建模成本预算支付问题。

三维激光扫描技术又称为实景复制技术，可通过非接触的测量方式获取地物表面的三维点云数据。通过对地铁轨行区的三维激光扫描，可以获取轨行区表面直观、真实、准确的三维数据，通过数据分析可以真实地反映出轨行区的现有状况，对保护地铁的现有结构和 BIM 系统运维期的管理有一定的作用。

3　项目概况

3.1　项目背景

从广州地铁运营线路内选取一站一区间，所选试验段为广州地铁运营线路八号线"磨碟沙～新港东"

区间隧道及磨碟沙站。

试验段区间正线隧道全长 1371.2m，起始里程 YDK1＋497.1，终点里程 YDK2＋868.3，出入段线全长 520m，起始里程 SDK0＋000，终点里程 SDK0＋520。从新港东路站西端开始沿新港东路向西至磨碟沙站东端，全区间除在华南路与新港东路相交路段处向北偏移外，其余线路均沿新港东路路由设置。区间正线隧道标准段为双洞明挖矩形隧道，过华南路为暗挖单洞马蹄形隧道，华南路两侧地段为单洞明挖矩形隧道，交叉渡线地段为双线单洞隧道。出入段线标准段为双洞明挖矩形隧道，引入正线地段为明挖单洞隧道。正线及出入段线范围内均设有风机房、排水泵房。磨碟沙站为地下两层，总面积为 10914m²，明挖施工，地面共设有三个出入口及一个预留出入口（未实施），四个地面风亭。

试验段新港东站至磨碟沙区间隧道结构顶覆土厚度约为 4～12m，上覆第四系（Q）土层，区间隧道底板主要在（2-2）淤泥质砂层、（3-1）海相冲积砂层、（3-2）冲积-洪积砂层通过，局部在（8）岩石中风化带通过。下伏岩层为白垩系东湖段（K2S2a），岩性为紫红色粉砂质泥岩和粉砂岩，中砂岩，偶夹青灰色泥灰岩，泥质胶结。

3.2　项目实施技术路线

本项目研究的总体技术路线包括理论研究与现场调研、模型创建及初步系统框架研发，实践应用、验收与评审四个部分。

（1）理论研究与现场调研：理论研究主要广州轨道交通保护在现阶段所面临的压力、困惑、风险等方面进行分析，全面信息化背景下对外部项目的审查、建设管理及轨道交通既有结构自身特点、变化分析，结合地铁结构健康状况、水文地质条件、地形地貌、周边管线等相关信息进行分析，最后建立基于BIM 在地铁既有结构保护中的技术应用架构和信息模型结构。需求调研过程中灵活采用各种调研方式，包括业务访谈、需求调查、实地踏勘、协调会议及纪要确认等方式，从各级、各层次、各专业、各岗位人员中了解需求和用户特点，为系统的研究设计了解充分的需求。通过现场查看、技术咨询、系统试用等多种方式，了解目前相关信息系统的现状和应用范围，进行广泛调研，力求计划设想与实际系统运行达到最佳效果。

（2）模型创建及初步系统框架研发：首先，结构模型建立阶段从广州地铁运营线路内选取一站一区间作为取样基础，收集相关资料组成地铁控制保护区范围的地质模型，采用新型技术结合地铁既有竣工资料，建立地铁结构的外轮廓模型。其次，地质详勘资料及管线信息收集：咨询地铁档案竣工归档的地质资料，与地铁设计院岩土勘察部收集当时地质勘测资料情况进行对比与汇总，通过取样区段地质数据，建立地质模型；同时向市建委管线办咨询，拟购买或结合运营接管后的既有管线及周边市政管线的位置及维护信息，建立地铁车站结构周边管线位置关系数据模型；对选取隧道区段和车站地面保护范围内地形地貌情况收集，通过高科技手段采集地形地貌数据，并转化成为数字信息，接入系统。最后，根据需求分析，进行系统数据库设计，稳定各模块的功能与设置，利用当前已开发的自有平台基础上进行调整，将各模型有效整合，形成系统。

（3）实践应用：通过选取位于运营线路一站一区间范围的典型、有代表性的重大影响外部项目进行实践应用。通过实验，验证计划设想的可行性，撰写应用报告，对实验成果进行项目验收，总结、分析存在的问题，并提出解决方案，为日后全面推广应用广州轨道交通既有结构保护 BIM 系统而作准备。

（4）项目总结、验收与评审：包括总结研究成果，撰写研究报告、技术报告等结题资料，组织专家召开评审和验收会。

4　关键技术创新点

（1）实现基于 BIM 技术的地铁结构、水文地质、外部管线、地形地貌相结合的三维模型。

通过建立地铁结构模型、地质模型、地形地貌、外部管线模型，结合地铁结构与外部作业项目空间关系，实现地下、地面结构全方位可视化，模型可任意截取剖面，任意角度查看外部作业项目与城市轨道交通结构的空间位置关系，可准确地判断外部项目每个阶段施工与地铁结构的关系，避免双方结构相互冲突。

（2）建立基于 BIM 技术模型下对城市轨道交通运营结构维护管控，形成结构、监测、变形等信息数据库。

将外部项目对地铁结构影响的变形监测数据、运营部门对地铁结构的现状普查、健康监测、病害调查数据集成，综合评定地铁结构安全及正常使用情况，形成结构现状评估的数据库。如有外部项目在地铁保护范围内建设时，可随时掌握地铁结构现状，方便提出各种控制指标值，为地铁保护要求的提出提供依据。

（3）研究了一种基于 Revit 的自动地质建模软件。

该方法是将钻孔剖面图和钻孔布置信息提取到 Excel 中，再利用 Visual Studio 在 Revit 中进行开发，将三角面剖分算法与三维建模算法相融合，自动根据统计的地层信息生成模型。

5　研究与应用成果

5.1　系统整体架构设计

5.1.1　CS 架构设计

由于 BIM 模型需要以三维图形作为最基本的表现，对客户端的图形表现有较强的需求，且三维模型数据量极其巨大，模型变换和渲染所需要的计算量也很大，无法全部放在服务器端处理。此外，在统计分析等需要图表进行显示方面，CS 结构的客户端表现能力更加符合 BIM 浏览与模型管理的要求。

5.1.2　物理结构设计

由于本项目涉及管理过程的各相关单位，因而系统物理结构设计需同时支持通过互联网或内网的访问，所以将数据存储的物理结构设计为二级存储模式。整个系统的数据服务可利用现有的广州地铁监理公司中心机房的中心服务器。如此，对于互联网访问用户，也可直接访问中心服务器（图 1）。

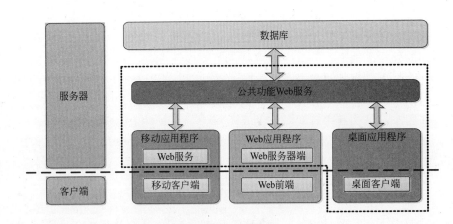

图 1　网络结构图

5.2　隧道建模

隧道建模包括管片、轨道、道床、枕木、百里标、里程标等构件。其中，管片为 1.5m 为一环，一环有六片；轨道为 15m 为一段，包括了道床、钢轨、枕木等构件。由于构件数量多，手动建模难于保证建模的准确性。对此，本项目根据隧道建成的规律，研发了一种隧道自动建模软件。该软件利用轨道中心线数据，根据管片、轨道的排布规律，自动建立隧道模型，再通过人工复测，修正错误的区域，从而保证模型与实际的一致性。生成的模型如图 2 所示。

5.3　周边管线建模

周边管线建模是以广州市管线数据为基础，将二维的管线数据变成三维的管线模型，同时将数据信息传递到模型当中。由于隧道周边的管线错综复杂，手动建模方式非常耗时。因此，项目开发了一个自动隧道管线建模的软件，自动提取 CAD 图纸信息，并根据图纸内的管线信息生成三维的管线模型，生成的模型如图 3、图 4 所示。通过该方法来建模，对于几公里长的隧道模型只需十几分钟就能够快速生成，同时将管线信息传递到模型中，极大地提高了建模速度，本项技术对于市政管线的三维信息化可发挥很大的作用。

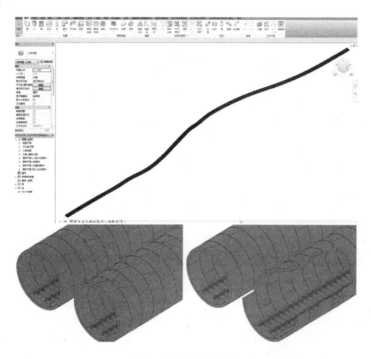

图 2　隧道模型组图

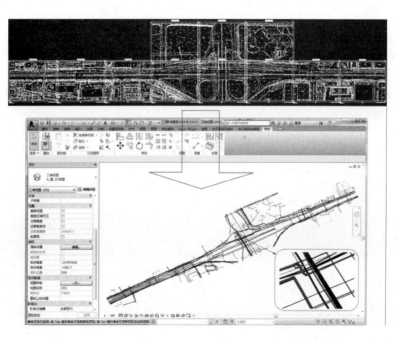

图 3　周边管线模型组

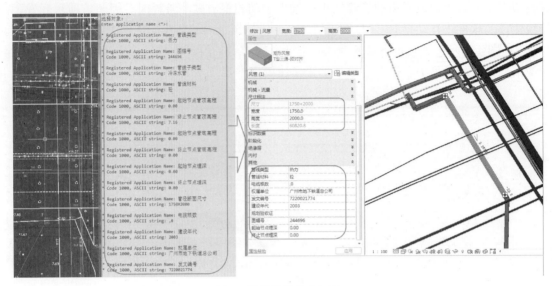

图 4　周边管线信息记录

5.4　地质水文建模

对于地质水文建模，前人已做了相应的研究，主要以下几种方式：

1）Revit 体量建模。该方法是在 Revit 中，导入地质详谌报告中的平面图和剖面图，建立多个控制点，通过手动调节控制点来绘制各个地层，模型如图 5 所示。通过该方法建模，操作非常繁琐。对于长达几里的地质层，手动根本不可能实现，尤其是复杂的地质层。况且手动建模的方式非常容易出错，在后期更新勘测数据时，很难增加数据。

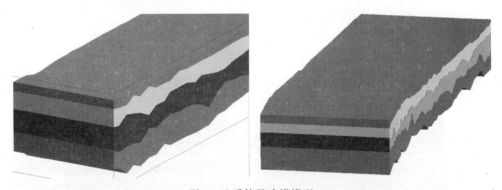

图 5　地质体量建模模型

2）高层信息建模。该方法是手动统计地质详谌报告中的平面图和剖面图中的地层数据，在 Cvil 中生成地质分层模型，再导入到 Revit 中，模型如图 6 所示。通过该方法建模，生成的是面，而不是实体模型，而且在剖面显示时，地质层会产生"重叠"。

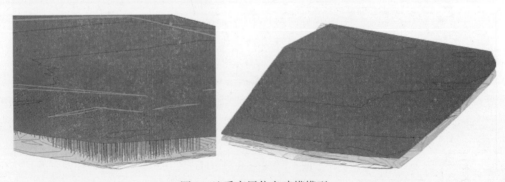

图 6　地质高层信息建模模型

3）实体建模。该方法是提取地质详谌报告中的平面图和剖面图中的曲线，通过 3DMAX 或 Rhino 来建模各个地质层，再用布尔运算得到地质模型，最后通过导入 Revit 中，模型如图 7 所示。通过该方法建模，操作相对复杂，且地质是经过拟合的，与实际的地质相差较大。另外，该模型难于修改调整。

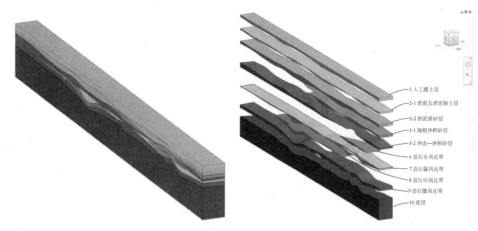

图 7　地质实体建模模型

对此，本项目研究了一种基于 Revit 的自动地质建模软件。该方法是将钻孔剖面图和钻孔布置信息提取到 Excel 中，再利用 Visual Studio 在 Revit 中进行开发，将三角面剖分算法与三维建模算法相融合，自动根据统计的地层信息生成模型，实现的技术思路如图 8 所示。

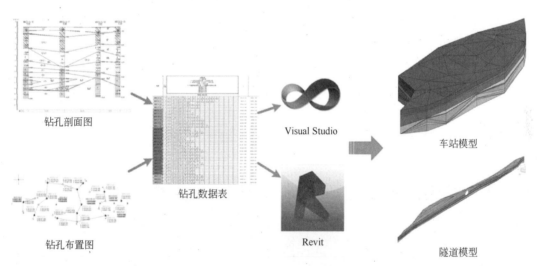

图 8　基于 Revit 的自动地质建模思路

通过该方法建模，只需要统计地质层信息。当需要增加钻孔信息时，只要在 Excel 中添加相应的地层信息即可自动生成，相对于前面三种方法更简单便捷。由于该方法是代码自动建模，减少了手动建模的错误概率，生成的模型精确度更高。自动生成的模型如图 9、图 10 所示，其中不同颜色表示不同的地层，模型表面的各个三角面交点是钻孔的位置点，该点与钻孔布置图的坐标点相对应。

5.5　激光三维扫描

三维激光扫描技术又称为实景复制技术，可通过非接触的测量方式获取地物表面的三维点云数据。通过对地铁轨行区的三维激光扫描，可以获取轨行区表面直观、真实、准确的三维数据，通过数据分析可以真实地反映出轨行区的现有状况，对保护地铁的现有结构和 BIM 系统运维期的管理有很大的作用。

1）作业方案

由于广州地铁 8 号线为已经投入运营的地铁线路，为保证轨道交通的正常运营以及作业人员的安全保障，作业时间定为凌晨 02：00 至 04：00，作业时间跨度为 1 个月。

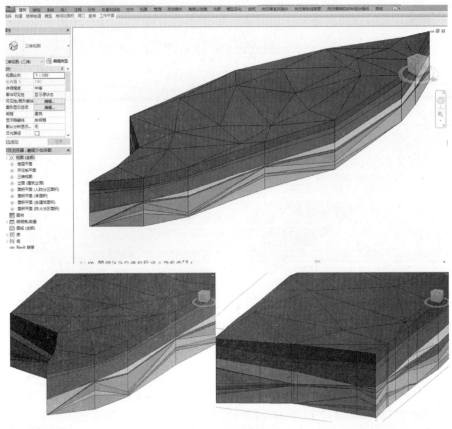

图 9　车站地质模型

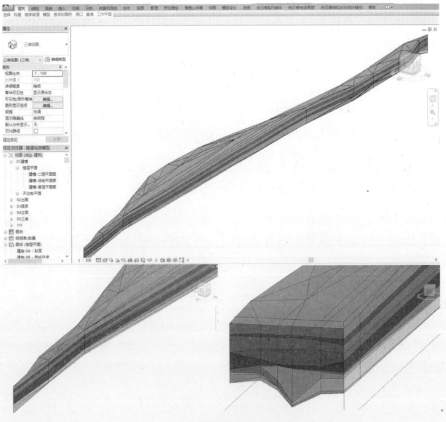

图 10　隧道地质模型

作业区域具有地形狭长、结构简单等特点，连续多站拼接容易照成误差累计，影响最终的数据精度。为保证作业精度，本次扫描采用先控制再扫描的作业方式。

2）控制测量

利用轨行区内已有的控制点布设导线控制网，扫描隧道长 1371.2m，加密布设 8 个控制点，扫描区域整体划分为四个小区域，确保每个区域内有两个控制点。如图 11 所示。

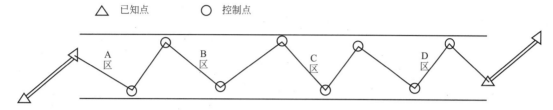

图 11　轨行区控制点示意图

3）激光扫描

控制点布设完成后，开始进行轨行区扫描作业，本次扫描使用拓普康 GLS2000 型三维激光扫描仪，该型扫描仪具有类似全站仪的后视定向功能，在已经布设好的控制点上完成设站后视定向后进行扫描作业，并逐步推进，根据现场情况，需要加密扫描的地方，先使用全站仪支导线加密控制点，再进行扫描作业。这样可以确保整条隧道扫描后的点云精度满足要求（图 12）。

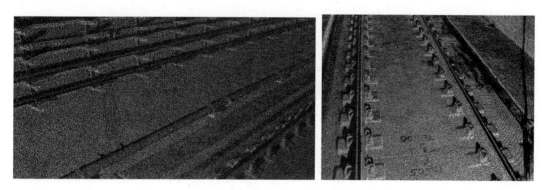

图 12　隧道三维点云数据

5.6　航拍

照片建模技术，是指通过相机等设备对物体进行采集照片，经计算机进行图形图像处理以及三维计算，从而全自动生成被拍摄物体的三维模型的技术，属于三维重建技术范畴。

对城市现状进行三维无人机航拍模型建立，将真实地展现建筑物本身（包括地上标的物）及其周边环境。在虚拟仿真环境中，可以通过平视、鸟瞰、顶视等各个角度，对该区域的建筑进行近距离接触，从而对建筑的形态、色彩、空间有一个全方位的认知。同时可以通过点击查看建筑物及所在区域的一些相关数据，如用地类别、道路红线、建筑不可逾越线等规划数据信息；可以记录城市规划、建设、管理和信息化的基础数据，如查看真实建筑或违章建筑所在准确的三维地理坐标。伴随数字化城市管理模式的兴起，城市市政管理要求越来越向精细化、制度化发展，城市建筑、水系、道路及市政标的物的数字化管理与服务是"数字城市"工程的重要内容。该项目建成以后，可以更加精确地将地上建筑（包括绿地，路灯等管理标的物）清晰直观的显现，三维建模航拍三维无人机建模航拍通过平视鸟瞰顶视多角度航拍建筑，可以让规划建设更加直观，方便决策部门及城市管理部门对研究对象有形象直观的认识、认知，从而制定相应的决策及措施，也可有效地管控违法建筑。

5.6.1　无人机倾斜摄影测量

使用小型无人机进行航拍，保证比较高的重叠率，便于进行正射及倾斜摄影数据处理。处理后的数据成果如图 13 所示。

图 13　三维效果图

主要解决的问题：1）因为建模范围没有现势性较新的数字线划图及建筑高度，导致三维建模没有依据。2）无人机从空中拍摄，视野宽阔，解决及补充地面采集工具无法进入的问题。

5.6.2　现场照片采集及 3DMAX 二次建模

无人机倾斜投影测量的三维成果尚不能满足数字城市三维建模要求，所以需要在此基础上进行二次建模。

1）现场照片采集。无人机斜投影测量的三维成果的一个重要不足是建筑侧面纹理像素较低，无法渲染出美观的效果，所以针对这种情况，需要现场采集建筑侧面照片，重新处理模型的纹理。

2）3DMAX 二次建模。在无人机斜投影测量的三维成果的基础上，使用 3DMAX 进行二次建模，重新处理纹理（图 14、图 15）。

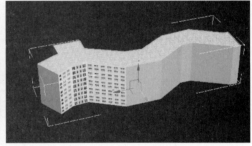

图 14　3DMAX 二次建模

图 15　基于航拍实景＋增加效果的三维效果图

5.7　模型整合

模型整合阶段，根据图纸的定位信息，将车站模型、隧道模型、隧道周边管线模型、车站地质模型和隧道区间地质模型和进行整合。整合后的模型如下图所示，其中为方便显示整体效果，已将地质模型进行半透明处理，该模型包括了车站信息、隧道信息、管线信息和地质信息，为进一步建立 BIM 系统提供数据支持（图 16）。

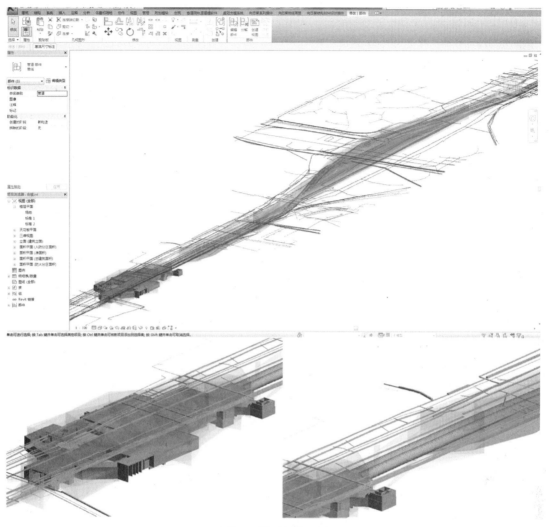

图 16　模型整合组图

6　结　语

广州轨道交通建设监理公司利用自身丰富的地铁既有结构保护经验，结合轨道交通车站、隧道与周边地质情况、管线的关系特点，会同广东建筑设计研究院研究"BIM 系统在地铁既有结构保护中的研究与应用"，为广州地铁外部项目审查提供可视化、信息化的管理方法和手段，为精确办案、提高工作效率提供有力支持，探索新的方法和技术。本项目分两阶段进行研发与应用，第一阶段首先建立地铁结构模型、地质模型、地形地貌模型、外部管线模型，并进行数据集成，实现外部作业项目建设信息化监管，建立城市轨道交通运营结构及设施维护数据库。研究成果为集团公司下阶段的地铁既有结构保护基于 BIM 技术的应用提供有益的探索和实践。在第一阶段取得成效后，并经过有关专项评审满足要求后，再实施第二阶段的研究与应用工作。此技术可在全国城市轨道交通既有结构保护中推广应用，可产生较大的管理、社会效益。

参 考 文 献

[1]　王志杰，马安震．BIM 技术在铁路隧道设计中的应用 [J]．施工技术，2015（18）：59-63.

[2]　李君君，李俊松，王海彦．基于 BIM 理念的铁路隧道三维设计技术研究 [J]．现代隧道技术，2016，53（1）：6-10.

[3]　戴林发宝．隧道工程 BIM 应用现状与存在问题综述 [J]．铁道标准设计，2015（10）：99-102.

[4]　吴连山．建筑信息模型 BIM 在地铁设计中的应用 [J]．中国公路，2014（z1）．

［5］　李多贵 . BIM 在地铁工程的应用初探［J］. 工程质量，2013，31（10）：52-54.

［6］　马瑞 . BIM 软件在地铁工程中的应用与发展［J］. 天津建设科技，2015，25（S1）：44-45.

［7］　尹龙，王启光，路耀邦 . 基于 BIM 技术的仿真模拟在地铁暗挖隧道施工中的应用［J］. 土木建筑工程信息技术，2015，7（6）.

［8］　王潇潇，姬付全，卢海军，等 . BIM 虚拟技术在铁路隧道施工管理中的应用［J］. 隧道建设，2016（2）：228-233.

［9］　蒲红克，魏庆朝 . BIM 技术在地铁施工过程周边建筑加固中的应用［C］//中国土木工程学会工程质量分会、中国老教授协会土木建筑专业委员会工程质量学术会议 . 2014.

［10］　钱睿 . 基于 BIM 的三维地质建模［D］. 中国地质大学（北京），2015.

BIM 技术在广州轨道交通建设中
机电安装监理的应用

张东哲

（广东工程建设监理有限公司，广东 广州 51000）

【摘 要】简述 BIM 技术的产生背景、使命以及其概念以广州市轨道交通七号线一期工程为例，浅析机电安装监理通过使用 BIM 协作平台、管线碰撞技术、二维码技术、虚拟施工技术优化传统的监理模式、监理方法，BIM 技术不仅为城市轨道交通建设项目管理工作提供了新的方法，更为重要的是为城市轨道交通建设项目管理创造了新的机遇。最后对 BIM 技术在以后的发展做出了展望。

【关键词】BIM 技术；监理；城市轨道交通

建筑信息模型（Building Information Modeling，简称 BIM）技术作为当前建筑业的一场革命，对建筑市场的各参与主体带来了新的机遇与挑战。地铁车站工程是一项重大的系统工程，其涉及专业面广，投资额度大，建设周期长，参建单位众多，同时又是投入运营后的客流集散点，因此需要科学的规划设计、合理的施工组织以及健全的运营维护机制。BIM 是一种革命性的技术，它能够在建筑全生命周期中利用协调一致的信息，对建筑物进行分析、模拟、可视化、统计、计算等工作，从而帮助用户提高效率、降低成本，并减少对环境影响。BIM 技术在我国轨道交通行业中的应用正逐渐普及，BIM 技术的应用有望能从根本上解决地铁车站规划、设计、建造以及运营维护各个阶段及应用系统之间的信息断层，实现车站全生命周期管理。本文分析了 BIM 协作平台在广州市轨道交通七号线一期工程应用的现状与方法，为城市轨道交通建设中机电安装监理使用 BIM 技术提供了参考经验。

1 BIM 由来

1.1 BIM 技术产生背景

BIM 原始概念是由美国人 Chuck Eastman 博士于 1975 年提出的，到 2002 年美国欧特克公司率先提出了 BIM 方法和理念，随后 BIM 理论被广泛推广并获得了业界的普遍关注与讨论。经研究发现，导致建设行业效率不高的原因是多方面的，但只有通过应用先进的生产流程和技术才能整体提高建设行业水平，因此 BIN 技术应运而生[1]。BIM 建筑信息是一个附加很多工程信息模型的数据库，而并非是 AutoCAD 中用于渲染或动画制作的计算机实体造型，它存储了工程设计方案的全部几何信息和相应的全部工程技术信息。

1.2 行业赋予 BIM 的使命

一个工程项目建设和运营，涉及业主、用户、规划、政府部门、承包商、供货商、环保、金融、维护等成百上千家参与方和利益相关方。其典型生命周期包括规划、设计、施工、项目交付和试运营、运营维护、拆除等阶段，时间跨度几十年甚至上百年。

目前在工程建设中，各参建单位在项目不同阶段使用各自不同的软件进行信息统计，完成相应任务，把合同规定的工作成果交付给接收方。因为目前合同规定的交付成果以纸质成果为主，在这个过程中，项目的过程资料被重复输入、处理、输出成合同规定的纸质成果；下一个参与方再接着输入他的软件所需要的数据信息。据美国建筑科学研究院的研究报告统计，每个数据在项目生命周期中被平均输入 7 次。

【作者简介】张东哲（1993-），男，助理工程师。主要研究方向为 BIM 技术在监理行业中的使用与发展。E-mail：714761062@qq.com

因此在一个项目中，并不缺少数字信息；真正缺少的是对信息的结构化组织管理和信息交换，即机器可以自动处理且不需重复输入。由此看来，行业赋予 BIM 的使命是：解决项目不同阶段，不同参与方、不同软件之间的信息结构化组织管理和信息交换共享，使得合适的人在合适的时候得到合适的信息，这个信息要求准确、及时、够用。[2]

2　BIM 概念

BIM 是指通过数字化技术建立虚拟的建筑模型，也就是提供了单一的、完整一致的、逻辑的建筑信息库。它是三位数字设计、施工、运维等建设工程全生命周期的解决方案。它具有可视化、协调性、模拟性、优化性和可出图性五大特点。[3]在项目的不同阶段，不同利益相关方通过在 BIM 中插入、提取、更新和修改信息，以支持和反映其各自职责的协同作业。

3　BIM 技术应用

3.1　监理对 BIM 协作平台使用

轨道交通信息模型管理系统是由广州地铁公司与清华大学合作开发的 BIM 协作平台。平台综合应用了 4D-CAD、BIM、工程数据库、人工智能、虚拟现实、网络通信以及计算机软件集成技术，引入建筑业国际标准 IFC（IndustryFoudationClasses），通过建立 4D 信息模型，将建筑物及其施工现场 3D 模型与施工进度计划相链接，并与施工资源与场地布置信息集成一体，从而实现施工进度、人力、材料、设备、成本的 4D 动态集成管理以及整个施工过程的 4D 可视化模拟，提高了施工管理水平、确保工程质量，提供了科学、有效的管理手段。

以广州地铁轨道交通七号线一期工程为例，在使用 BIM 协作平台时，需要准备人员资质表格、Revit 模型、设备材料清单、施工进度计划、门禁与网络这 5 要素方可在协作平台中进行派工。

轨道交通信息模型管理系统具有 C/S 端（电脑端）（图 1）、B/S 端（网页端）（图 2）、M/S 端（手机端）（图 3）。

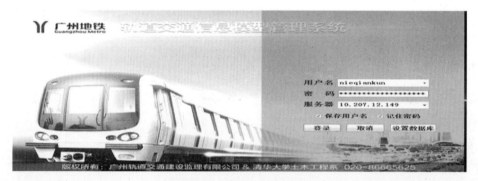

图 1

图 2

图 3

3.1.1 模型的审核

监理主要对建模单位提供的模型进行审核，检查模型与图纸的一致性，首先需收集各专业图纸，把需要审核的专业模型打开，再在 Revit 中链接图纸，由各专业监理工程师进行对比，检查建模单位模型是否符合要求。优点是可以使专业监理工程师加深对图纸的理解，可以对现场情况进行更好的了解，把二维的图纸变成 3D 的模型，使工程师更容易理解图纸表达的含义。模型审核通过后会发给广州轨道交通监理进行二次审核，审核通过后上传至系统，如有问题会发送问题报告给建模单位，要求其对模型按照要求进行修改。

3.1.2 计划的审核

监理需审核由 Microsoft Project 软件编制的施工进度计划（WBS），编制模版由广州轨道交通监理提供，如图 4 所示，进度计划需由总代与总监参与审核，施工单位需提供总计划、月计划、周计划。总计划只是一个大致的范围，比较笼统，月计划与周计划每月更新，比较详细。优点是方便总监与总代对现场进度的了解与控制，施工进度计划表表达比较直观，而且细化到每个工序，并与模型中相应的区域进行关联，可以对人员进出门禁进行管理。

3.1.3 派工单的使用

施工单位通过 BIM 协作平台操作界面导入 WBS 与模型，并使模型与 WBS 进行关联。在使用派工单时，需施工单位在 B/S 端填报材料到货计划，材料到货计划需施工单位管理人员及时根据现场实际情况

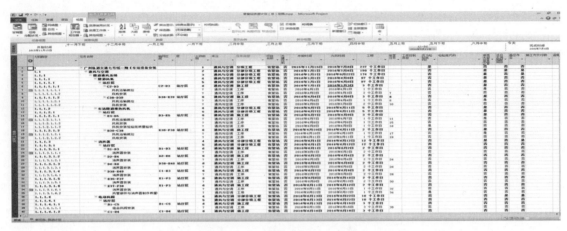

图 4

及时填报，在填报派工单时，需施工管理人员填写使用材料与设备，报专监审核，审核通过后方可在派工单中选择材料设备。派工单中包含工作内容、所属区域、计划开始与结束时间、施工人员信息以及使用材料与设备，派工单如图 5 所示。

派工单按照原则每三天制作一张派工单，派工单由各专业施工管理人员负责填写，填写完成后由各专业专业监理工程师进行审核，审核通过后，施工人员信息会传递到门禁系统中，门禁系统接收信息后会对进场施工的人员进行识别，未进行派工的施工人员，不可进入施工现场，派工的人员需刷平安卡进出施工现场，并在门禁系统中保留记录。加强了管理人员对施工人员的管理能力，确认每日进出现场人员情况，方便业主不在现场时，对现场施工人员与施工工序的管理。

各专业监理工程师在每日巡视现场时，需打开 M/S 端检查本车站的派工单情况，检查现场施工人员是否按照派工单进行施工，现场人员是否是被派工的人员，发现质量问题直接在 M/S 端记录，记录后可导入至 C/S 端进行修改，C/S 端有图钉功能，可以在 C/S 端模型中添加图钉，图钉保存记录了监理在日常巡视中发现的问题。

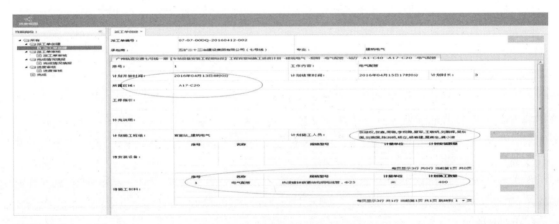

图 5

3.2 管线碰撞技术

地铁是公共建筑领域比较复杂的工程，而安装工程是地铁中最复杂的一步，地铁安装工程中不仅包括一般民用建筑中的通风空调、消防、建筑电气，而且要涵盖铁路系统中通信、信号、综合监控、安全门、自动控制、电扶梯等各类专业系统。[4]地铁安装过程中最经常碰到的问题就是管线的碰撞问题，而且越是管线碰撞的地方，空间越是狭小，要想解决管线碰撞只能更改路径，这样势必造成返工现象，这样不仅增加了成本，也会影响进度。针对这一情况，监理组织施工单位与建模单位，通过使用 Navisworks Manage 软件对各专业模型进行合模，合模后要求施工单位与建模单位按照广州地铁公司给出的模型修改标准进行修改。

3.3　二维码技术的使用

在将二维图纸转换成三维模型的同时，对每个需要进行编码的设备及材料进行编码并生成二维码，将编码作为 BIM 系统标识码添加到 C/S 端 BIM 模型里面。采用二维码技术，实现了对材料及设备的检测、检验及验收等方面的信息运维管理工作。使监理在现场检查材料时能够确定材料来源与安放部位，加强监理对现场材料与施工质量的管理。如图 6 所示，二维码需具有设备名称、位置码、标识码、规格型号、设备编号和厂商，并要求运营与施工单位进行确认。

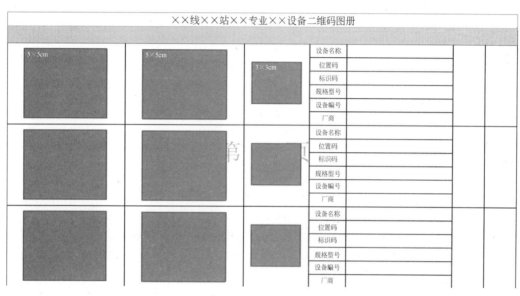

图 6

3.4　虚拟建造技术的使用

在 C/S 端中具有虚拟建造模块，虚拟建造功能与 WBS 相关联，可以进行虚拟施工。随时随地直观地快速地将施工计划与实际进展进行对比，同时进行有效协同，施工方、监理方、甚至非工程行业出身的业主领导都可对工程项目的各种问题和情况了如指掌。这样通过 BIM 技术结合施工方案、施工模拟和现场视频监测，大大减少建筑质量问题、安全问题，减少返工和整改。

4　结　语

BIM 技术推动建筑业的二次革命，是建筑业信息化进程中的重要里程碑。本文以广州市轨道交通七号线一期工程为例，介绍 BIM 技术的由来、BIM 技术的概念以及 BIM 技术在工程中的具体应用，为城市轨道交通建设中机电安装监理使用 BIM 技术提供了参考经验。我国当前对于以 BIM 技术为代表的建筑业信息化发展相当重视，希望通过 BIM 技术的应用与普及从根本上提高建筑业的技术水平和生产效率。监理作为建筑业中重要的一个环节，理应对 BIM 技术进行理解与应用。

参 考 文 献

[1]　柯尉．BIM 技术在地铁车站工程中的应用初探［J］．铁道勘测与设计，2014，(2)：39-44.

[2]　江晓云．浅论 BIM 在监理中实现的功能［J］．建设监理，2015，(3)：12-17.

[3]　李恒，孔娟．Revit2015 中文版基础教程［M］．北京：清华大学出版社，2015.

[4]　于金勇，林敏．BIM 技术在地铁安装工程中的应用［J］．土木建筑工程信息技术，2013，5 (2)：87-91.

对 BIM 技术落实在施工生产管理和现场操作中的探索应用

李 阳

（中国华西企业股份有限公司，四川 成都 610081）

【摘 要】本文从利用 BIM 技术指导施工讲起，对利用 BIM 技术指导现场施工在广州地铁七号线的应用做了具体介绍。接着对利用 BIM 平台、派工单、门禁系统等进行精细化管理进行了详细阐述，最后阐明只有重视 BIM 技术进步，加大软硬件投入和人才培养才能保证 BIM 技术真正做到指导施工。

【关键词】建筑信息模型；BIM 技术；施工应用；项目管理

BIM（Building Information Modeling）即建筑信息模型，是通过工具软件，将建筑内全部构件、系统，赋予相互关联的参数信息，并直观地以三维可视化的形式进行设计、修改、分析并形成可用于方案设计、建造施工、运营管理等整个建筑生命周期的信息集合体。[1]BIM 技术在施工生产管理和现场操作中的应用，除了利用 BIM 软件的碰撞检查功能做好综合管线排布，还可以在材料管理、造价管理、质量管理、安全管理、施工区域管理、人员进出管理、资料管理等方面深入使用。同时为了满足 BIM 应用的要求，还需要从管理机构和管理流程上去做出相应调整，如果明确了合适的流程，BIM 就能有效提高施工质量，降低成本，成为有助于推动管理改革和创新的动力。

1 创新 BIM 应用思路，注重实效，与现场操作相结合指导施工

很多工程跟风上 BIM，仅仅只是用 BIM 软件的碰撞检查功能解决了管线交叉问题，建了很漂亮、很好看的模型，建完之后却不知道怎么用。其建模的成本很高，但是 BIM 的实际价值却发挥不出来。作为一家以施工生产为主的单位，我们中国华西企业股份有限公司立足本身情况，更加注重 BIM 与施工生产实际相结合，力求走出一条适合自身的利用 BIM 技术指导施工的道路。

在中国华西企业股份有限公司广州地铁七号线 2 标项目部成立之初，就确立了以 BIM 技术指导施工的目标，项目部为了满足 BIM 工作需要，还专门设立了 BIM 办公室。BIM 办公室设计人员在力保施工进度的前提下，利用 BIM 技术进行管线排布和支吊架方案设计，同时为各专业施工人员搭建了一个高效的沟通平台。通过 BIM 技术的运用可以将所有专业工长和劳务班长组织起来进行讨论，然后 BIM 设计人员将讨论得到的结果通过 BIM 技术来做验证，在形成一套较成熟的方案后，再做出一份有针对性的 BIM 技术交底来指导施工。这一整套流程的建立，可以使每个施工人员都参与到方案的讨论中，这样不仅减少了后期的返工，提升了效率，更形成了一个高效有序的管理机制。下面就用 BIM 技术指导施工在广州地铁七号线 2 标的几个应用点做下介绍。

1.1 地铁站厅层联络通道的 BIM 应用

广州地铁七号线 2 标钟村站站厅层联络通道位置就利用了 BIM 技术指导施工。钟村站站厅层联络通道长 200m 左右，净宽和净高分别只有 4.2m 和 4.8m，而各专业的管线都要通过这条走廊，其中有两条分别为 1600×630、1250×400 的大回风管，两条分别为 800×400、630×400 的送风和排风管，两根 132×149 的母线槽，1000×150 的电气桥架和 5 根智能建筑电气桥架，还有若干水管，但因图纸排布存在

【作者简介】李阳（1985-），男，工程师，工学学士。主要研究方向为 BIM 技术在机电施工领域的应用。E-mail：191988481@qq.com

问题，需重新修改方案。项目部先后召开了三次方案讨论会，通过使用 BIM 技术，让各专业工长、劳务班主都可以更直观的通过三维模型和剖切图进行现场讨论，想到的方案立刻能让 BIM 工程师在模型上进行实时修改，查看方案是否可行。在第三次会议后最终确定了联络走道综合管线的排布方案、安装工序和管理流程。在进行正式施工前，BIM 设计人员及时把此方案的各种成果图和文字说明一起对所有专业工长、劳务班组长进行了技术交底，并由各专业工长进行签字确认，然后由各专业工长对施工人员再次进行施工技术交底，进而指导施工。

在此次技术交底的过程中，项目部除明确了管线排布位置高度、安装工序外，还确定了一套基于 BIM 技术指导施工的管理流程，将责任落实到人，方便管理人员和 BIM 设计人员可以随时对比现场和方案，进行纠偏。

1.2　地铁设备区通道的 BIM 应用

广州地铁七号线 2 标汉溪长隆站站厅层 B 端设备区走廊也利用了 BIM 技术指导施工。汉溪长隆站站厅层 B 端设备区走廊是一个 C 字形走廊，总长 46m，净高 4.7m，净宽 2.3m，同钟村站站厅层联络走道一样，各专业管线都要通过这里，属于管线交叉十分厉害的地方。项目通过 BIM 技术对管线进行排布后解决了交叉打架的问题，并明确了详细的施工工序，现在 BIM 工程师正在完善技术交底的纸质资料，而汉溪长隆站设备层所有通道将全面使用成品综合支吊架，同样也利用 BIM 技术来指导该区域的施工。

1.3　空调制冷主机房的 BIM 应用

广州地铁七号线 2 标钟村站的空调制冷主机房是一个比较狭窄的设备房，长度为 17.8m，宽度仅为 5.2m，净高为 4.8m，而要在机房内排布的设备有 2 台冷水机组、3 台冷却水泵、3 台冷冻水泵、分集水器各 1 个（5 孔）、水处理器 1 台，再加上 1000×150 的强电桥架 1 组、1250×400 风管 2 根、800×320 风管 2 根都要在这个空调水机房里穿过，管线排布异常困难，所以从一开始项目部就计划利用 BIM 技术指导该空调水机房的施工。

首先找齐空调制冷主机房所涉及的各专业图纸（包括说明、系统图、平面图及大样图，特别是装修专业图纸不要遗忘），熟悉该空调制冷主机房的图纸。然后找齐各专业设备外观尺寸及其参数，收集业主及设计关于空调制冷主机房布置的基本要求及相关的施工规范。如果现场土建已经施工完毕，还要复核土建尺寸。之后就开始排布综合管线及支吊架（排布管线及支吊架时兼顾考虑配电箱、排水沟、拖布池及地漏排布位置）。组织项目技术负责人、专业工长、劳务班组作业人员对已绘制的方案进行讨论，整理讨论的结果并对模型做出修改，再组织人员进行讨论，直至方案修改完善。最终形成一整套空调制冷主机房排布的资料，包含：空调制冷主机房排布 BIM 图、支架的形式及大样图、预留洞口图、土建排水沟及设备基础图、设备安装图、基本的说明及图例，并对所涉及的专业工长、操作人员进行技术交底。

在施工过程中，将依托派工单，把该空调水机房的施工工序、施工人员管理、施工区域管理、安全管理、质量管理等进行统筹安排，使整个机房的施工都在 BIM 方案的管控之中。同时根据 BIM 模型做好材料统计，进而指导材料管理和成本管理。

2　充分运用 BIM 平台功能，实现精细化管理，保证规范施工、安全施工

2.1　派工单与 BIM 平台的结合应用

派工单是广州地铁项目的一个特色，它基于广州地铁轨道交通信息模型管理系统，结合已编码的 BIM 模型、各专业施工工序分拆（WBS）、乙供材料到场计划等将施工计划细化到天，施工区域细化到每根轴网。同时将派工单与门禁系统相结合，实现更加智能的人员出入管理。将设备材料、施工区域计划好，以派工单的形式每天报给监理审核第二天的施工内容、施工人员、材料计划、施工区域等，通过审核后方能施工。

现在广州地铁七号线通过派工单的有效使用，不仅保证了施工的精细化管理，还能让业主、监理及施工单位对工程进行实时管控，同时生成相关的施工档案资料，为形成竣工后的运维信息知识库做好准备。

2.2　门禁系统与 BIM 平台的结合应用

目前广州地铁七号线 2 标项目部已使用门禁系统，加强了对工程施工现场的管理，增加人员流动的安全性，保证了站内人员施工的有序性。使用门禁系统后，所有人员的进入都需要通过刷平安卡来实现，并在门口的 LED 显示屏上显示当天站内施工人员的情况，极大地提升了项目对人员的管理。门禁系统还包含视频监控系统，视频监控系统的 12 个摄像头分别分布在施工现场的关键部位。在视频监控室中，可以一目了然地看到整个站内的施工情况，以及各个施工班组人员进出场的情况。大部分摄像头都能实现云平台控制，在视频监控室可以通过一系列的操作，如旋转、翻转、平移等命令，来实现对现场 360°全方位管理。同时监控设备还具有录制和查询功能，使施工现场操作情况具有可追溯性并加强了对突发情况的应对能力，也方便了管理人员的管理工作。所以说使用门禁监控系统在满足地铁建设要求的同时也实现了项目部对施工现场的实时监管，使项目施工管理更加规范和精细化。

3　转变观念，重视 BIM 技术进步，加大软硬件投入和人才培养

3.1　BIM 应用的软硬件投入

"工欲善其事必先利其器"，要想做好 BIM 应用工作，首先就要在软硬件上有所投入。在广州地铁七号线 2 标项目部，为满足 BIM 工作的需要，项目专门成立了 BIM 办公室，并为办公室配置了四台高配置台式电脑（售价均超过 12000 元）和两台高配置笔记本电脑（售价均超过 20000 元）。

3.2　BIM 人才的建设与培养

企业搞 BIM 需要 BIM 人才，而 BIM 人才如果都是企业自己培养起来的员工，不仅对 BIM 技术应用到施工中大有裨益，而且相比从外面请来的 BIM 咨询团队，这些企业自身的员工对企业的忠诚度会更高，所以中国华西企业股份有限公司十分重视 BIM 人才的建设与培养。早在 2012 年初，公司就认识到了 BIM 技术的先进性和发展的必然趋势，组织了一个主要由技术骨干组成的 16 人团队学习 MagiCAD 软件的操作应用。后来随着 Revit、Navisworks 等软件的成熟和 BIM 技术理念的推广，公司又先后多次组织了 BIM 培训和交流会，并适时组织团队出去学习先进的 BIM 知识和技术。同时，公司还会组织这些 BIM 人才去参加由图学会主办的 BIM 等级证书考试，现在已有十多名员工取得了 BIM 一级证书（其中不乏项目经理级的管理人才），预计将在今年 12 月的 BIM 等级考试中组织部分运用更熟练的员工去考取 BIM 二级证书，并组织更多企业内的员工去考取 BIM 一级证书。

项目搞 BIM 必然要组织 BIM 团队，但是偌大一个项目只靠一个 BIM 团队显然是不足的。需要项目管理机构和管理流程进行基于 BIM 的调整，每个人都参与到 BIM 工作中，让 BIM 技术指导施工成为大家日常工作的一部分，才可以让 BIM 实现从管理人员到施工人员一个良好的贯穿，进而提高项目的 BIM 应用水平，提高竞争力。

4　结　语

从现阶段看，施工单位对于 BIM 的应用需求是非常巨大的[2]。作为施工单位对 BIM 技术的应用除了管线碰撞检查、综合管线排布外，更应该探索将 BIM 技术更深入、更全面地运用到施工中，通过与现场操作相结合、合理使用 BIM 平台、加大软硬件投入和人才培养等手段，使 BIM 技术真正做到指导施工[3]。

参 考 文 献

[1]　裴以军，彭友元. BIM 技术在武汉某项目机电设计中的研究及应用 [J]. 施工技术，2011，40（352）：94-99.

[2]　赵彬，牛博生. 建筑业中精益建造与 BIM 技术的交互应用研究 [J]. 工程管理学报，2011，5（5）：482-486.

[3]　黄强. 论 BIM [M]. 北京：中国建筑工业出版社，2016.

基于 BIM 的站内用房的物料临时存储的实施规划探讨

黄伟雄

（广州地铁集团有限公司，广东 广州 510330）

【摘 要】在广州地铁六号线二期机电工程建设过程中，结合BIM技术科学有效解决施工物料临时存储的难题，提高施工组织的计划性，提高现场安全文明管理水平。

【关键词】BIM；物料临时存储

1 前 言

1.1 地下空间的概况

六号线二期工程（长湴～香雪段）线路主要经过天河区和黄埔区，线路长约17.44km，全为地下线。共设10座车站，全为地下站。设换乘站一座，在苏元站与二十一号线换乘。植物园站预留远期拆解成两条独立运营线路的工程条件，植物园至香雪段按照六辆编组规模预留工程条件。二期工程已开工建设，计划于2016年底建成开通。

广州地铁六号线二期车站10座，总建筑面积约170878.93m²，主体总面积约为133392.42m²，附属总面积约37686.51m²。总附属出入口数量为55个，其中在建出入口为40个，远期预留出入口为15个，合建出入口4个，消防疏散口8个。总附属风亭数量为24个。

1.2 六号线二期机电工程实施难点

六号线二期沿道路建设，出入口施工征地困难且用地面积狭小，普遍存在附属出入口土建移交晚的情况，见表1。

土建移交情况 表1

站 点	出入口土建移交情况		存在困难
	2016.3.30	2016.9.30	
植物园	无	2个	三权移交前无出入口材料运输通道,需通过轨行区或利用临时人行通道运输
龙洞	2个	—	
柯木塱	无	无	三权移交前无出入口材料运输通道,需利用临时人行通道运输
黄陂	1个	2个	车站主体分批移交机电施工,且完成移交时间为晚
高塘石	无	2个	车站主体分批移交机电施工,且完成移交时间为晚
金峰	2个	—	
暹岗	2个	—	
苏元	无	3个	三权移交前无出入口材料运输通道,需通过临时人行通道运输
萝岗	2个	—	车站主体分批移交机电施工,且完成移交时间为晚
香雪	无	2个	三权移交前无出入口材料运输通道,需通过临时人行通道运输

【作者简介】黄伟雄（1986-），男，机电一体化工程师。主要研究方向为机电专业。E-mail：huangweixiong@gzmtr.com

由表 1 可见，一半以上车站存在运输材料的问题需要现场克服，且站外无合适的材料堆放场地，只能利用站内有限的空间对材料进行运输、中转、存储。

1.3　安全文明绿色施工的要求

尽管现在地下空间施工大部分材料已提高工厂化加工比例，但多专业大批量材料进场后仍会对施工场地的规划带来大量的压力，如何划分施工区域，如何规划材料的运输、中转、存储是现场施工效率的其中一个关键把控点。在传统模式下，为了满足紧张的施工工期，通常情况下会安排材料大批量提前到货，保证不会因为材料到货的滞后影响总体进度。而站内大批量的材料堆放会影响安全文明绿色施工的状态。那么如何在高效施工与绿色施工之间获得平衡，需要新的管理模式和更加精细化的管理手段。

基于以上情况，需使用新型的管理手段和便捷信息化工具对机电工程的建设进行统筹安排，而 BIM 技术恰恰在新工业时期起到了桥梁的作用，使用 BIM 给工程带来效益是必然的趋势和要求。

2　BIM 技术在六号线二期机电工程的应用及思考

2.1　BIM 的应用

（1）"所见即所得，关键工程轻量化"：将设计二维图纸使用建模软件建立整个车站全专业模型，对全专业模型进行模型碰撞，对设备及管线模型进行优化，重新形成稳定版本的二维施工图纸。针对工程的关键卡控部分模型进行轻量化显示与手机端和网页端，便捷查询工程卡控点的形态。

（2）"高颗粒度模型，关键信息有记录"：对甲乙供设备及材料的三维信息及关键信息进行提取，录入模型中。形成设备、材料相关的大数据库，同时具有一套行之有效的信息提取机制，能够方便、快速地查询关键信息。

（3）"密切匹配施组，关键过程有监控"：将多专业施工组织设计的 WBS 信息录入"信息模型管理平台"，将作业区域划分为轴块，并对作业的周期进行记录。

（4）"动态管控人员，关键责任有追溯"：将管理人员及施工人员的平安卡信息录入平台，通过"信息模型管理平台"，结合派工单，记录工人的作业内容及竣工质量信息。

2.2　BIM 的思考

BIM 的新型管理模式在六二工程实施过程中形成了大量的信息，如何提取有效信息，对其挖掘分析，并结合工程难点使 BIM 更贴切地应用于工程，成为六二实施过程中值得关注的重要思考方向。尤其是使用 BIM 后，较原有传统模式革新了管理思维，BIM 更具计划性，更能直观表达及分析方案的可行性。而当务之急，针对六二附属移交晚的困难所衍生出大量的施工困难，BIM 能否为其提供一套高效有序的执行方案举措乃是重中之重。

3　设备房的规划

3.1　站内用房情况

站内用房情况　　　　　　　　　　　　　　　　　　　　　　　　　　表 2

类别	房间名	长×宽(cm)	面积(m²)	规格	是否关键设备房
管理用房	车站控制室	600×515	32.7	天花吊顶及静电地板	是
	AFC 票务室	555×423.5	23.67	天花吊顶及陶瓷地砖	是
	接触警室	528.8×357	20.14	天花吊顶及陶瓷地砖	否
	安全办公室	321.5×441.5	14.15	天花吊顶及陶瓷地砖	否
	站长室	290×335	10.3	天花吊顶及静电地板	否

续表

类别	房间名	长×宽(cm)	面积(m²)	规　格	是否关键设备房
设备用房	环控机房	3720×1726	642.07	水泥自流平	是
	屏蔽门设备室及控制室	673×365	30.96	水泥自流平	否
	应急照明电源室	370×560	20.9	水泥自流平	是
	AFC 设备室	372×360.5	14.14	天花吊顶及静电地板	是
	气瓶室	528.5×360	17.8	水泥自流平	是
	通信设备室	629×518.7	33.97	天花吊顶及静电地板	是
	综合监控设备室	544.4×425	23.26	天花吊顶及静电地板	是
	PIDS 设备室	501.1×518.7	26.48	天花吊顶及静电地板	是
	信号设备室	628.9×518.7	33.97	天花吊顶及静电地板	是
	环控电控室	1658.5×364.3	60.59	水泥自流平	是
	33kV 开关柜室	573×785	44.98	水泥自流平	是
	400V 开关柜室	1690×750	125.9	水泥自流平	是
	商业通信机房	858.5×554	49.88	天花吊顶及静电地板	是
	照明配电室	358.5×278.5	8.68	水泥自流平	是
	通信配线间	400×180	7.25	水泥自流平	是
	通信电源室	500×518.7	26.75	天花吊顶及静电地板	是
	真空泵房	530×350	18.55	水泥自流平	是
	检修储藏室	470×450	19.03	陶瓷地砖	否
	电力控制室	717×624.5	37.83	水泥自流平	是
其他	男更衣室	260×515	13.39	天花吊顶及陶瓷地砖	否
	女更衣室	260×515	13.39	天花吊顶及陶瓷地砖	否
	女卫生间	259.4×419.7	10.19	天花吊顶及陶瓷地砖	否
	男卫生间	290.4×429.7	11.57	天花吊顶及陶瓷地砖	否
	保洁工具间	158.0×425.0	6.8	天花吊顶及陶瓷地砖	否
	会议室	400×515	27.82	天花吊顶及陶瓷地砖	否
	安全办公室	321.5×441.5	14.15	天花吊顶及陶瓷地砖	否
公共区	商铺	444×420	32.92	天花吊顶及陶瓷地砖	否

　　表 2 为六号线二期金峰站典型站的站内用房的大体概况，非关键设备的总利用面积可达 224m²。

3.2　站内用房规划的考虑因素及重要性排序

　　（1）避开关键设备房，在关键设备房砌筑及孔洞定位基本完成后，将进行关键设备的安装，在此房间内堆放材料及放置工器具容易对设备机柜及精细设备等造成施工污染。

　　（2）站内用房的材料存储的时间周期，需考虑站内用房基本砌筑完成后到"精装修"的施工周期间隔。

　　（3）站内用房的材料存储的空间情况，需考虑站内用房的面积是否满足材料的存储需求，对最大容纳空间进行计算。

　　（4）站内用房材料存储的安全考虑，对贵重的小型材料所存放的站内用房需加装临时门及锁具。

　　（5）材料所存储的站内用房与施工区域的运输距离，从材料安装的高效性出发，在规划中需考虑近距有限的原则。

　　（6）站内用房的调配使用，各单位需严格执行总包场地的管理办法。

4　结合 BIM 的站内用房规划

4.1　BIM 与站内用房规划关系图（图 1）

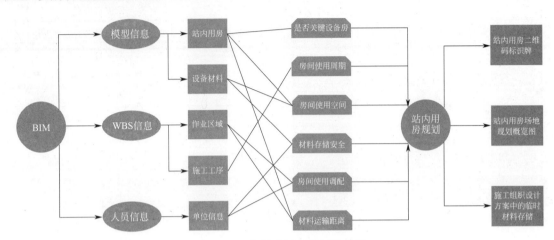

图 1　BIM 与站内用房规划关系图

（1）有效信息的提取，通过 BIM 的信息模型管理平台可以获取模型、WBS、人员的相关信息。这三个信息模块可以较方便地提取站内用房信息，设备材料信息，作业区域范畴，施工作业的串行和并行工序，人员所属的单位信息。

（2）有效信息的整合，"是否关键设备房"的可由 BIM 的站内用房信息进行判断。"房间使用周期"是否满足要求可由 BIM 的施工工序进行判断。"房间使用空间"是否满足要求可由 BIM 的站内用房信息和设备材料信息进行判断。"材料存储安全"可由 BIM 的设备材料信息判断材料的重要性，可由 BIM 的单位信息判断责任单位。"房间使用调配"的合理性可由 BIM 的作业区域和单位信息判断。"材料运输距离"可由 BIM 的站内用房信息和作业区域信息进行计算。

（3）规划方案的生成，结合"是否关键设备房"、"房间使用周期"、"房间使用空间"、"材料存储安全"、"房间使用调配"、"材料运输距离"六个方面的二次提取信息可形成较完善的站内用房规划方案。

4.2　站内用房规划

（1）编制站内用房二维码标示牌，通过二维码信息说明该房间的临时材料调配及存储的时间段信息。将二维码标示牌张贴悬挂于站内用房门框边缘，使用站内 WiFi 网络，可利用手机扫码功能获取该房间的相关信息。施工作业班组长可根据房间的二维码清晰地了解该房间的材料堆放用途及所存储得相应材料（图 2）。

图 2　二维码标示牌

（2）编制站内用房材料临时存储的场地规划概览图，按月度划分材料临时存储区域，将场地规划概览图悬挂张贴于车站施工人行出入口处。可用于班前施工作业交底时，用施工技术员向班组介绍材料的吊装、运输、存放、二次加工、安装的全过程（图 3）。

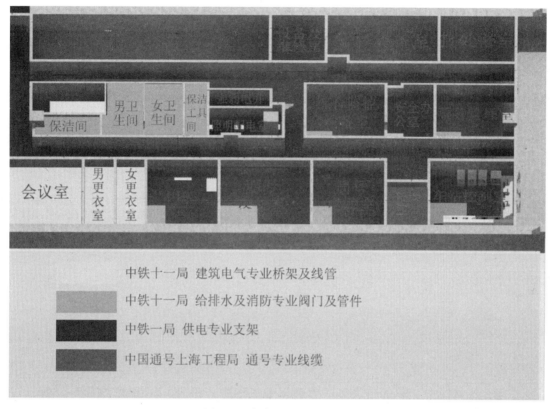

图 3　金峰站厅层 B 端规划图

（3）通过 BIM 平台，结合派工单的材料消耗量，对其中存放的量进行动态管控，同时，对于临时材料堆放区域的下一步工序进行临近报警，编制更为精细化的施工组织设计方案。施工的重点管理对象是"人、机、料"，而实现物料的"零损耗"其中一个关键环节在于施工过程管理中针对物料储备及存放的合理性，科学性。减少或根治因物料乱堆乱放所产生的材料丢失或遗弃的情况，不仅提高了绿色施工的管理水平，也是精细化管理的重要体现。

5　结　语

针对广州地铁日益扩展的线网通车规划，未来线路的规划不可避免地面临出入口施工征地困难且用地面积狭小的情况，正因如此，站外物料的临时存储空间将会不停地压缩，如何利用站内寸土寸金的环境对物料的存储规划尤为重要。

由广州地铁自主研发的 BIM 平台目前不断扩展其智能化模块，其中一个方向便是如何更智能地实现对物料的精细化管理，而作为物料的其中一个环节——临时存储规划是不可或缺的一部分。那么信息模型管理系统中开发站内用房临时物料管理子系统十分必要，该系统需智能化便捷化处理并分析 BIM 大数据中的关键信息，并挖掘其有效结论指导施工。可从以下几个方面进行完善：

（1）物料储备分析，在系统中记录站内用房的入库信息，根据派工单的施工作业量进行动态更新料存。

（2）物料预警分析，提前分析 WBS 中所需用料的情况，对施工节点进度目标下的备料量进行评估。

（3）物料仓储能力评估，提前分析 WBS 中下一段所需用料的情况，与当前库存量及预计消耗量进行匹配分析，对仓储能力进行相应评估。

（4）物料优先级分析，模块化施工工序并分析 WBS 多专业施工作业工序间的模块联接。提取各专业各物料之前存储优先级关系。

参 考 文 献

[1]　胡振中，陈祥祥，王亮等，等 . 基于 BIM 的管道预制构件设计技术与系统研发 [J]. 清华大学学报（自然科学版），
　　　2015，55（12）：1270-1274.

[2]　于龙飞，张家春 . 基于 BIM 的装配式建筑集成建造系统 [J]. 土木工程与管理学报，2015，32（4）：74-78.

[3]　许劼 . 基于 BIM 的施工过程低碳管理数据建模 [D]. 武汉：华中科技大学，2013.

[4]　李云霞 . 基于 BIM 的建筑材料碳足迹的计算模型 [D]. 武汉：华中科技大学，2012.

[5]　汪振双，赵一键，刘景矿 . 基于 BIM 和云技术的建筑物化阶段碳排放协同管理研究 [J]. 建筑经济，2016，37（2）：
　　　89-90.

[6]　何蔚 . BIM 技术在 SOHO 外滩项目的机电综合应用 [J]. 科技，2015，23：64-67.

[7]　苏斌，苏艺，赵雪锋，等 . BIM 在地铁站点工程中的应用探索 [J]. 土木建筑工程信息技术，2013，5（6）：94-96.

[8]　马捷 . 基于 BIM 的地铁综合管线设计优化方法研究 [D]. 广州：华南理工大学，2015.

[9]　刘卡丁，张永成，陈丽娟 . 基于 BIM 技术的地铁车站管线综合安装碰撞分析研究 [J]. 土木工程与管理学报，2015，
　　　32（1）：54-56.

基于机电工程信息模型管理系统的
人员管理体系研究——车站篇

孙有恒

（广州地铁建团有限公司建设事业总部，广东　广州 510330）

【摘　要】广州地铁建设事业总部基于"互联网＋BIM"技术自主研发了"机电工程信息模型管理系统"。本文将就如何借助"机电工程信息模型管理系统"形成新型门禁及人员管理体系的有关问题进行实践和探讨究。作为行业内首次针对基于"互联网＋BIM"技术进行关于门禁与人员联动管理体系进行研究，希望本文对提高建筑工程的门禁及人员管理水平有一定的参考意义。

【关键词】BIM；广州地铁；门禁

1　引　言

根据住建部的年度安全事故通报，2014～2015 年出现多起建设安全事故的主要起因都有"安全生产隐患排查治理工作不到位、安全监管责任和主体责任未落到实处"以及普遍存在"人证分离"的现象。安全管理的核心，是"以人为本"[1]；而建筑工程安全管理工作的重点，是对参建人员进场权限的严格把控以及对门禁系统的信息化管理。在国内，政府对于参建人员的参建资质有非常具体的要求，根据《建筑施工企业主要负责人、项目负责人和专职安全生产管理人员安全生产管理规定》及实施意见等文件要求，参建单位各级管理人员、施工人员都需进行安全管理培训并测试合格后，才能参与项目建设。但多年来，建设单位、监理单位、施工单位都难以把政府对人员进场资质的管理规定落实彻底、落实到位。经过两年的观察与分析，本人发现导致上述问题的主要原因是施工单位参建人员流动性。以地铁工程为例，土建工程的工班人员在几个月甚至几年的时间内都是固定的，但建筑装修及机电安装工程则相对较短，有的甚至仅需上岗一周就可完成所有工作。正是由于机电工程施工内容的多样性，导致有些工人可以凭证进场，而有些则因工时短来不及办证而无证上岗。"不患寡而患不均"，由于缺乏对工人的个体化管理，因此严肃的管理规定在施工现场变成了一纸空文。另外为了赶工期，施工单位在项目后期会"被迫"降低人员管理的力度以换取高效的作业率。综上种种原因，施工单位陷入了明知现场人员管理有缺失却无从下手的困局。

为了解决这一难题，本研究以基于"互联网＋BIM"技术的机电工程信息模型管理系统所产生的，包含内容、区域、时间、人员、材料、工法等要素的施工派工单为数据源，以轨道交通机电工程各类参建人员的上岗资质要求及其在安全管理规定中的要求为系统流程处理机制，将人员管理与门禁系统融为一体，形成联动管理体系，实现对所有参建人员的资质管理、权限配置，能支持多用户协作和远程控制。但需要建立施工信息数据库和不间断的网络服务，解决基于"互联网＋BIM"的数据存储、管理、集成和访问等技术难题。

2　施工场地人员管理现状分析

2.1　建筑业现状

当今在国内绝大部分施工场地都是以基于本地网络搭建的门禁系统加保安组成的"人机组合"作为

【作者简介】孙有恒（1986-），男，二级项目经理/助理工程师。主要研究方向为 BIM 技术研发及低压配电照明设备管理。E-mail：sunyouheng@gzmtr.com

人员管理的主要工具。它是在传统的机械门锁基础上，将电子磁卡锁取代钥匙，提高了对进出施工场地人员的管理程度，使通道管理进入了电子时代。但磁卡作为进场媒介，存在较大缺陷：信息容易复制，存储信息量小，故障率高，安全系数低。同时这些产品大多是以门锁单元、非接触式 IC 卡感应模块及门禁控制器[2]组成的独立一体机，从技术上说，由于传统系统只能通过本地局域网传输数据，因此它无法实时核对人员作业信息、无法远程控制门禁设备、无法与其他系统交换数据，等同于一个信息孤岛。

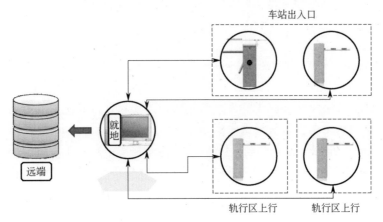

图 1　传统门禁系统架构

从图 1 可见，传统门禁远端服务器仅作为数据收集中心，并不管理各站现场门禁服务器，因此会出现"要去 N 个站就要办 N 张门禁卡"的情况；而由于 IC 卡无法呈现使用者的外貌，因此就地服务器的授权只能"对卡不对人"，现场门卫也无法根据刷卡信息判断使用者的对应性，存在"一卡多用"的隐患。而对于日均人流量高达 800 人次的车站出入口，要求门卫对所有进出人员进行"精细核对"显然难以实现。

从管理上看，作为施工现场安全保障的第一道屏障，这套系统过于依赖保卫职业操守，难以保证进入现场人员的准入资格，可谓形同虚设。建筑业急切需要一套稳定、智能、网络化的门禁管理系统解决门禁管理制度的顽疾。

2.2　广州地铁施工场地现状

广州地铁目前正在进行六号线二期、七号线一期、四号线南延段等 10 条"十二五"规划地铁线路的建设，在建车站超过 130 座，在建或即将进场的机电施工标段超过 50 个[3]，同一时期在场施工人员接近2 万多名，高峰期将会突破 3 万，建设规模和强度史无前例。根据《广州市建设工程文明施工管理规定》及《广州市建设工程文明施工标准》的规定——建设单位和施工单位应当做好建设工地施工现场安全保卫工作，施工现场应实行封闭管理，施工出入口处应有专职门卫人员及门卫管理制度，进入施工现场的人员都应佩戴建设工程平安卡。因此，传统的"门禁＋保安"的人员管理制度显然难以满足规定要求。

与土建工程不同，城市轨道交通机电工程涉及的专业多、交叉作业面广、工期短、施工人员流动性大，因此如何高保准达到政府对施工现场的安全管理要求并有效地利用门禁系统对现场进出人员进行分类管控和信息统计，是广州地铁研究多年的难题。

广州地铁集团有限公司在 2010 年对建设业务提出了"精细化、标准化、规范化、信息化"的"四化"要求。建设总部机电中心通过引入"互联网＋BIM"技术，结合多年的机电工程管理施工经验，针对施工现场对人员安全文明施工的要求，搭建了机电工程信息模型管理系统，并基于该平台研发了一套门禁与人员联动管理机制和系统架构，将门禁系统与人员准入资格无缝集成，实现了对门禁与人员的实时管理，为解决在工程施工中的人员管理漏洞找到了新的途径和方法。

2.3　小结

本节对目前建设业人员及门禁管理的现状进行了从系统到制度的分析，说明了由于管理需求的落后，导致管理力度的不足，而广州地铁已全面提高精细化施工管理的要求，而 BIM＋互联网技术的出现为解决这一难题提供了新的思路。

3 基于"互联网＋BIM"技术的机电工程信息模型管理系统

3.1 "互联网＋BIM"

近两年来我国建筑行业正大范围应用 BIM（Building Information Modeling）技术，BIM 已成为大型工程项目施工管理的重要工具。在《2011～2015 建筑业信息化发展纲要》[4] 中，BIM 技术被列为"十二五"期间在建筑业推广应用的重要信息技术，并特别强调在施工阶段开展 BIM 技术的研究与应用，研究基于 BIM 技术的项目管理信息系统在大型复杂工程施工过程中的应用，实现对建筑工程有效的可视化管理[5]。而广州地铁建设总部应用 BIM 的真正目的是借助数字化模型及其附加的信息，结合互联网技术，实现建设项目设计、施工、运营的精细、高效管理。

"互联网＋"作为 2015 年两会的一个重要热词，它体现三个主要特点：扁平化、标准化和平台化。同时，它指明了目前国内各行业发展的一个方向——那就是利用互联网消除信息孤岛，引领行业改革，实现资源共享。而互联网与 BIM 的融合，实现了工程项目信息的全寿命期传递，解决项目从虚拟到现实的真实转换，并使得建立建设行业数据库成为可能[6]。这些变化将会引发一场建设行业的革命，整个行业生态圈将会脱胎换骨。

3.2 机电工程信息模型管理系统

"机电工程信息模型管理系统"（以下简称"平台"）是广州地铁集团有限公司建设事业总部机电工程中心基于"互联网＋BIM"技术自主研发的数据处理中心，它是一个以三维模型为数据载体、以现场管理要求为信息处理规则、以实现机电工程全寿命周期管理为目的的现代化施工管理平台。它实现了施工组织虚拟化、工程管理信息化以及信息移交数字化，落实了业主的安全监管责任，提高了工程管控效率。

平台主要包括"进度、安全、质量、资源、验交、资料、考核"七大模块，其中人员准入资格管理子模块属于安全模块。人员准入资格管理子模块以分步式结构为流程页面，将人员信息分为基本信息、单位及工种信息、平安（门禁）卡信息三大类。所有参建人员通过上传投标时所要求提供的资质资料，才具备系统能够使用权。系统通过对人员信息的管理，实现对其准入资格进行管控的目的。

3.3 平台人员管理子模块

根据参建各方人员信息的通用特性与岗位个性，平台为每一个角色都定制了专属的信息录入路径。同时平台根据信息的类别，将填报页面分为基础信息、单位及工种信息、门禁卡信息三大类，以分步式结构引导填报者完成信息填报。

3.4 门禁管理系统

门禁管理系统是广州地铁集团有限公司建设事业总部质量安全部在现场搭设的门禁数据采集系统。系统采用 16 位元微处理器、TCP/IP 网路协议、S422（或者 485）接口协议、三层反馈回，支持 Auto Access2000，可供 35000 持卡者使用，可实现双门双向控制，服务器或网络故障不能连接管理中心，系统的运行不受影响，故障恢复后数据自动补传。

现场门禁系统包括硬件设备安装与门禁系统软件两个部分：

1) 硬件包括：门禁系统主要由远端服务器、就地服务器、三辊闸、铝合金门、门禁控制器、控制器电源及铁箱、人员卡、读卡器、LED 屏幕、交换机、磁力锁、闭门器等组成。

2) 软件部分包括：出入口至施工现场监控中心的人员信息传送；施工现场监控中心至建设总部监控中心的人员信息传送；施工区人员数量的统计。

从上文可看出，门禁管理系统是孤立的数据采集器，其对进出人员的管控力度很薄弱，究其原因是门禁卡信息、人员信息与人员工作信息三类信息的相互孤立所造成的。而利用"互联网＋BIM"技术搭建的机电工程信息模型管理系统可以打破信息孤岛，但必须借助门禁系统的"实体"——闸机，才能实现对人员的控制。可见两者可以互补有无，门禁系统可以让控制逻辑从虚拟变成现实，而系统接触互联网技术联通了施工信息、人员信息和门禁信息。两者通过网络接口无缝集成，建立信息交换与共享，实现联动管理。

4 基于平台的人员管理流程

基于平台的人员管理要求是要实现对所有进场人员的精细管理、统一标准、规范要求、实时统计。其中：

精细管理——根据场地管理权及专业的不同，把管理对象精细划分为监理、属地承包商管理人员、属地承包商施工人员、非机电专业参建单位管理人员、非机电专业参建单位施工人员、业主、访客 6 种权限角色。

统一标准、规范要求——广州地铁机电中心在 2016 年 6 月发布了《管理办法》，对下辖所有机电工程施工场地的人员管理设定了施工场地管理的统一标准，并以此作为系统研发的需求基准。

实时统计——平台记录所有新录入人员的信息，并利用网络搜集所有工地门禁闸机的记录数据，形成包含新进场人数、即时在场人数、累积进场人流、分部工程平均人工时等数据，为未来对施工大数据的分析提供最基础、最真实、最丰富的信息。

为更好地说明本管理体系的组成以及拓扑关系，本章以最具代表性的属地承包商管理人员、属地承包商施工人员为对象，简要介绍人员从"上岗前"、"进场"及"离职"三大阶段所需完成的内容及其背后的逻辑关系。

4.1 上岗前准备

4.1.1 人员信息录入

1. 基本信息

基础信息包括姓名、性别、身份证及籍贯。平台内嵌身份证号归属地分析工具，根据身份证号自动获取人员姓名、性别和籍贯信息，实现"一次录入多出应用"的效果（图 2）。同时，平台约定身份证扫描件为必传项目，以便审核人员进行校验。

图 2 基本信息

2. 岗位资质及信息

管理人员的岗位资质包括：项目经理的安全管理证、注册安全工程师证或安全主任证、专职安全生产管理人员证等。施工人员的岗位资质包括：特种作业人员的特种作业证（图 3）。当工人在平台上被管理者安排工作时，若涉及特种作业的工作，则只有填报了"特种作业证"信息的工人才能被选中。

3. 关联门禁卡

根据《广州市建设工程文明施工管理规定》及《广州市建设工程文明施工标准》的规定——建设单位和施工单位应当做好建设工地施工现场安全保卫工作，施工现场应实行封闭管理，施工出入口处应有专职门卫人员及门卫管理制度，进入施工现场的人员都应佩戴建设工程平安卡。因此，平台规定所有进场的监理单位、施工单位人员都必须录入平安卡（或临时平安卡）信息，并使用平安卡（或平安卡）作为进入现场的门禁卡（图 4）。

4.1.2 安全教育

根据《广州市轨道交通工程建设安全生产文明施工管理办法》要求，属地承包商对所有新到岗人员

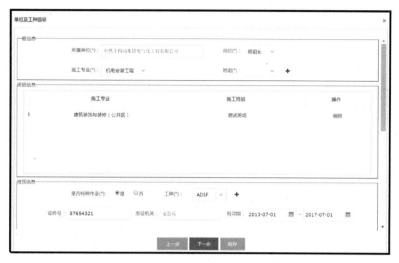

图 3　岗位信息

图 4　门禁卡信息

都要进行安全教育培训，并对培训过程做记录；广州地铁质量安全管理部门会定时统计新到岗人数信息并抽查培训记录，以培训到位情况作为考核点。

新到岗人员上岗前，属地承包商安全管理员在平台选择相关人员组成"人员培训清单"，并发起安全教育培训事项。培训完成后，安全员上传培训记录（签到表）并闭环培训事项。此时，平台将对人员的信息录入情况及安全教育培训情况 2 项内容进行验证，均完成者获得准入资格。

4.2　进场管理要求

研究根据多年施工管理经验，机电中心梳理了机电工程项目现场人员管理的需求，以"互联网＋BIM"技术研发了基于网路架构的门禁与人员联动管理整体实施方案——通过建立清晰的人员权限分类和明确的准入授权逻辑，强调人员管理的个性化，实现分类管理、实时控制和数据统计三个维度的综合管理。

平台利用 VPN 建立网络架构和有效的接口协议，将管理数据与管理平台中的派工单双向链接，从而实现工作需求与人员进出之间的关联和联动，并根据工作内容、工作区域、工作性质的不同量身定制相应的准入权限，为管理人员提供高效的控制手段。同时，平台与门禁服务器交换人员进场信息，为决策人员提供准确的数据分析（图 5、图 6）。

根据人员权限分类，本文对参建单位管理人员、施工人员及访客的进场管理机制进行简要阐述：

（1）管理人员

监理单位人员（总监、专监、驻地监理等）、施工单位管理人员（项目经理、总工、安全员、质量员

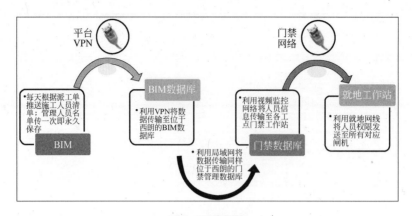

图5　网路架构

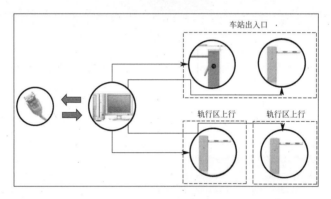

图6　门禁系统硬件架构

等）、杂工等并不参与施工作业的人员，在录入完成信息后，获得车站出入口的门禁权限。

（2）施工人员

所有施工人员的进场权限均通过派工单赋予，其作业范围受派工单约束。

派工单是广州地铁建设总部机电中心在机电工程信息模型管理系统开发的新型管理工具。它的核心是 WBS（精细施工计划）——施工单位按照广州地铁机电工程的要求按总体计划、月计划、周计划的颗粒度编制各级计划，计划保函施工内容、施工区域及工作属性（如特种作业要求、属于关键工序、可组织检验等）。计划经过平台校验后，成为该单位的派工基础。

各单位施工员根据 WBS，选择对应的人（施工班组）、机（设备）、料（材料）、法（标准工序指引）、环（危险源提示），生成一张包含完整作业信息的派工单。平台据此管理设备材料库存及人员门禁权限。

（3）访客

访客以受远程管理的访客卡进场。

开工前，属地承包商在平台建立访客卡，并放置在承包商辖下各站门卫处。当访客来访时，门卫与属地承包商安全员确认完访客信息后，由安全员远程激活访客卡，访客即可持卡进场。

4.3　离岗处理机制

（1）管理人员、施工人员

平台以身份证号为标识，对所有参建人员的工作信息进行数据存档。当工程完工并完成三权移交后，平台将对该标段所有人员进行撤权。若参建人员及后仍参与地铁建设，则其历史信息将被调用，作为对其能否进场的判断依据。

（2）访客

访客卡被约定在每天 23：50 前撤权。平台根据访客来访事件记录表对访客信息进行分析、管理，并以此作为数据统计依据。

4.4　数据统计

平台按照多种条件进行实时数据查询、统计分析并自动生成统计报表。通过设定事件流程，对施工过程中发生的安全、质量等事件进行跟踪，到达设定阈值将实时预警，并自动通过邮件和手机短信通知相关管理人员。

场内人员统计：

系统平台在弥补了传统的不足的同时，更加先进和智能化，减少了整个过程的人工介入的情况，同时通过系统平台的人员与派工单联动记录，收集了相关的信息，形成了可用于进行施工单位及班组的统计评估大数据。

平台可对每个施工计划中的施工人员进行进出时间统计，并可追溯每一个施工人员的历史数据、行为记录及作业路径。当数据积累到一定程度时，平台即可进行大数据统计，形成针对轨道交通机电工程的人员作业规律分析、专业施工规律分析。

5　发展趋势

最近几年随着感应卡技术，生物识别技术的发展，门禁系统得到了飞跃式的发展，进入了成熟期，集成了微机自动识别技术和现代安全管理措施为一体，涉及电子、机械、光学、计算机技术、通信技术、生物技术等诸多技术。在数字技术网络化的今天，门禁系统早已超出了单纯的门道及钥匙管理，已经逐渐发展成为一套完整的出入管理系统。

5.1　静脉识别技术

由于密码泄漏或被破解、感应卡被复制、丢失等原因所造成的安全隐患，使得生物识别技术在门禁系统中选择使用中越来越广泛。目前，各国政府都在大力推广生物识别技术的使用。静脉识别，生物识别的一种。静脉识别系统一种方式是通过静脉识别仪取得个人静脉分布图，依据专用比对算法从静脉分布图提取特征值，另一种方式通过红外线 CCD 摄像头获取手指、手掌、手背静脉的图像，将静脉的数字图像存贮在计算机系统中，实现特征值存储。静脉比对时，实时采取静脉图，运用先进的滤波、图像二值化、细化手段对数字图像提取特征，采用复杂的匹配算法同存储在主机中静脉特征值比对匹配，从而对个人进行身份鉴定，确认身份[7]。

5.2　视频智能分析技术

在安全性日益成为工程首要考虑的因素之时，传统的感应卡技术无法满足用户对门禁系统安全的要求。视频行为分析技术是对采集到的视频上的行动物体进行分析，判断出物体的行为轨迹、目标形态变化，并通过设置一定的条件和规则，判定异常行为，它糅合了图像处理技术、计算机视觉技术、计算机图形学、人工智能、图像分析等多项技术[8]。

智能视频分析技术最早以纯软件形式出现，但其主要趋势是不断向前端迁移。以 bellsent "智能视觉服务器" 为例，可配置在摄像机前端及后端，以前端嵌入式分析为主，将视频分析直接嵌入摄像机内。智能视频分析技术是监控技术第三个发展阶段 "机器眼＋机器脑" 中的 "机器脑" 部分，利用机器，将 "人脑" 对于视频画面的监控判断，进行数据分析提炼特征形成算法植入机器，形成 "机器脑" 对视频画面自动检测分析，并作出报警或其他动作。它借助计算机强大的数据处理能力过滤掉视频画面无用的或干扰信息、自动分析、抽取视频源中的关键有用信息，从而使摄像机不但成为人的眼睛，也使计算机成为人的大脑。智能视频监控技术是最前沿的应用之一，体现着未来视频监控系统全面走向数字化、智能化、多元化的必然发展趋势。

5.3　手机 NFC（RFID）技术

NFC（近距离无线通信）是一种短距高频的无线电技术，它适用于门禁系统的技术[6]，这种近距离无线通信标准能够在几厘米的距离内实现设备间的数据交换。NFC 还完全符合非接触式智能卡的 ISO 标准，这是其成为理想平台的一大显著特点。通过使用配备 NFC 技术的手机携带便携式身份凭证卡，然后以无线方式由读卡器读取，用户只需在读卡器前出示手机即可开门。未来，我们不再需要钥匙和卡片，只需将具有 NFC 功能及内置虚拟凭证卡的手机置于读卡器前，便能开启门禁。

6　总　结

基于"互联网＋BIM"技术搭建的机电工程信息模型管理系统为参建单位提供了一个人员管理的新工具，也为参建单位在人员管理工作提出了一个新理念。它的出现不但解决了传统现场门禁管理系统信息无法传递的弊端，同时它是基于精细化的施工计划为基础安排的人员计划，门禁系统可对施工人员作业时间进行统计，为机电工程标准人工时的大数据分析提供了真实可靠的数据基础。

参 考 文 献

[1]　徐国平.以人为本——安全管理的核心［J］.金属矿山，2007（10）：119-120.

[2]　贺利芳，范俊波.感应卡门禁系统的研究与实现［J］.信息技术，2004，28（4）：73-75.

[3]　欧阳卫民.科学规划建设轨道交通促进广州新型城市化发展［J］.城市轨道交通，2013（1）.

[4]　2011—2015 年建筑业信息化发展纲要［R］.中国勘察设计，2011，（6）.

[5]　张建平，刘强.基于 BIM 的工程项目管理系统及其应用［J］.土木建筑工程信息技术，2012，12（4）.

[6]　张建平，李丁，林佳瑞，等.BIM 在工程施工中的应用［J］.施工技术.2012（08）：10-17.

[7]　陈剑，郭庆昌.静脉识别技术的应用研究［J］.电子世界，2013（7）：111-111.

[8]　秦伟.基于视频的指纹识别技术研究［D］.山东大学，2011.

BIM 应用＋工厂 ERP 和 MES 形成机电工程智慧制造的探索及应用

洪毅生

（广州市水电设备安装有限公司，广东　广州 510115）

【摘　要】在广州地铁 2015 年施工的广佛后通段机电安装已经实现通过 BIM 模型生成暖通专业管线工厂装配图的预制生产方式。本文主要探索以该方式实践应用的基础上如何实现现场数据吸入的智能，并探讨在广州地铁四号线南延段实现 BIM 模型＋BIM 一体化项目管理平台与工厂的 ERP＋MES 系统对接，最终以实现全车站的机电管线、设备一体化智慧制造的途径。

【关键词】地铁车站空调系统定制；数据吸入；ERP；MES

1　目前广州地铁机电安装对于管线预制的应用情况

ERP 系统是企业资源计划指建立在信息技术基础上，集信息技术与先进管理思想于一身，以系统化的管理思想，为企业员工及决策层提供决策手段的管理平台。它由 MRP（物料需求计划）发展而来，其核心思想是供应链管理。

MES 系统是一套面向制造企业车间执行层生产信息化管理系统，MES 可以为企业提供包括制造数据管理、计划排程管理、生产调度管理、库存管理、质量管理、工具工装管理、采购管理、成本管理、项目看板管理、生产过程管理、底层数据集成分析、上层数据集成分解等管理模块。MES 系统设置了必要的接口，与提供生产现场控制设施的厂商建立了合作关系。

广州地铁广佛线后通段机电安装工程 F 标段，车站通风系统和防排烟系统的风管预制是通过管综合模后 BIM 模型导出。导出模型后，技术人员提供风管模型数据至供应商，由供应商进行 ERP 数据算量，由 ERP 系统输出物料需求计划至加工厂 MES 系统，由 MES 系统控制排产预制。该过程是一个单向的信息输出，是通过施工技术人员和排产人员进行人手录入材料信息进行加工信息复核和排产组织，风管生产过程及进度无法形成即时数据与承建各方共享，且存在一定量的信息误差，如若产生设计变更，则需通过人手排查调阅，耽误生产周期和安装周期，生产质量和相关财务信息对项目承建各方处于封闭状态，生产质量必须现场监造。

图 1～图 3 为广佛机电安装风管预制流程图和排产图。

智慧建造的信息是开放的和协同的，项目现场是机电工程材料定制一体化的神经末梢，为了实现项目机电定制一体化，我们有必要探讨在现场神经末梢和供应加工如何采集数据、信息组织系统的传递和信息的处理及定性跟踪的应用如何智能化，以达到提供准确的信息数据满足以后到来的智慧工厂定制。而且只有这样，才能达到整个通风系统的预制、个性定制；甚或在将来达到全车站所有专业的预制、个性定制。

在暖通系统的管线预制应用中，广佛后通段已经通过 BIM 模型的信息采集和材料二维码和射频码的植入，实现了精细级的生产预制，在广州地铁四号线延长线机电安装工程中，我们的目标是实现优化级别的通风系统和防排烟系统定制和安装，并探索智能级的预制和安装。

【作者简介】洪毅生（1981-），男，工程师。主要研究方向为项目管理。E-mail：13068834150@163.com

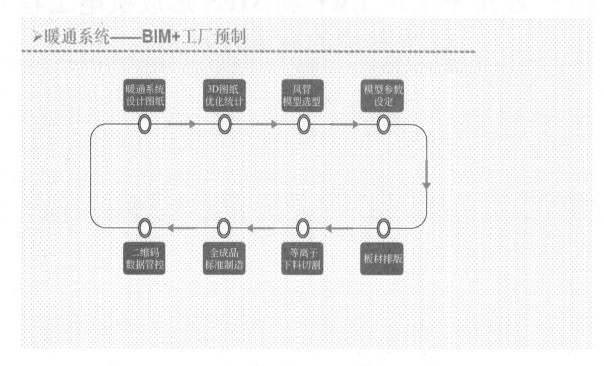

图 1　暖通系统—BIM+工厂预制

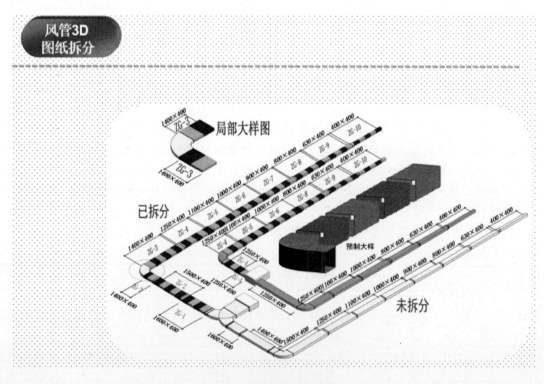

图 2　风管 3D 图纸拆分

图 3　风管等离子切割

2　项目机电管线智慧制造的应用探索

项目机电一体化施工应参考智慧工厂的定性,从表 1 中几个级别进行分类。

项目机电一体化施工分类级别　　　　　　　　　　　　　表 1

序　号	类　　别	描　　述
1	初始级	及时反馈项目材料预制完工情况,应用了质量管理系统,能对生产过程中的质量进行实时把控,清晰知道任务的详细进度,对关键作业的追溯管理
2	规范级	对设备、人员源等自动化数据采集,对施工实时状态管理,初步优化预制并指导生产,实现安装作业的过程管理,建立完善的预制追溯管理体系
3	精细级	优化生产计划,建立与其他资源的集成关系,实现技术文件、物料、设备、工艺工装、人员等与生产任务单的集成化管理,建立生产现场多方面的预警管理与电子看板管理系统
4	优化级	实现了预制与 WBS 计划的部分集成,能够根据现场的施工生产能力等因素、自动化进行预制信息吸入及输出,能对专业系统结合 BIM 模型进行优化、降低成本本
5	智能级	施工现场应用了自动化生产设备,包括机器人、自动寻址装置、存储装置、柔性自动交换装置、接口等,应用自动化控制和管理技术,实现施工系统仿真和动态调度等

为了达到这个机电安装智慧安装目的,我们尝试与工厂建立共同的数据共享平台通过网络实现施工现场与工厂的数据自动无缝对接。基于此目的,在四南延长线上尝试四方面的应用探索:提高项目现场的网络化能力、提高项目施工现场透明化能力、提高施工现场的无纸化能力和提高项目施工现场的精细化能力。

2.1　提升项目施工现场网络化能力

地铁四号线南延段实现了全车站无线 WiFi 的覆盖,并且包括了轨行区。车站施工整合数据采集渠道(RFID、条码设备、PC 等)覆盖整个施工现场,保证现场数据的实时、准确、全面的采集。目前存在的问题是如何建立空间数据转化处理系统,如何利用这个系统实现车站机电安装所需要的信息数据统一及方便传递处理。打造项目管理系统数据采集基础平台,使这个平台具备良好的扩展性;采用先进的RFID、条码与移动计算技术,打造从原材料供应、生产、销售物流闭环的条码系统;健全产品追踪追溯功能;通过视频监控进行状况监视;健全库存管理与看板管理的数据化;个性化的工厂信息门户,通过互联网浏览器,随时随地都能掌握施工现场实时信息并且传递到工厂及供应商,实现信息的无损和及时传递。

2.2　提高项目施工现场透明化能力

对于底层数据，结合 BIM 模型、轻量化软件和三维定位，实时了解现场安装的空间定位、设备安装需求，管线安装一目了然，及时发送指令至生产车间及供应商。并且通过 WBS 工期策划及派工单组织策划，实现施工相关信息组合，达到预制生产信息和安装信息匹配，减免信息传递错漏。

2.3　提高项目施工现场的无纸化能力

通过采用 BIM 模型和 BIM 项目一体化管理平台提升数字化施工无纸化能力。BIM 模型、BIM 项目一体化管理平台和派工单有机结合，就能通过计算机网络和数据库技术，把施工过程中所有与预制生产及安装相关的信息和过程集成起来统一管理，为工程技术人员提供一个协同工作的环境，实现作业指导的创建、维护和无纸化浏览，将生产数据文档电子化管理，避免或减少基于纸质文档的人工传递及流转，保障工艺文档的准确性和安全性，快速指导生产，达到标准化作业。目前，车站的安装的工艺及工法已经通过 BIM 进行虚拟建造及专业交底，通过作业人员带手提笔记本及 IPAD 实现工艺工法及材料进场状态跟踪等与之相关安装的信息查询。

2.4　提高项目施工现场的精细化能力

在精细化施工组织，主要是利用 WBS 和派工单，项目越来越趋于精细化管理，越来越需要现场改善，精益化生产。重视施工组织细节、安装工艺工法量化通过互联网进行数据传输，这些都是构建智能安装的基础，建构数字化项目组织和施工数据量化是构建智能建造的基础。

3　工程智慧建造目前存在需要解决的问题

（1）从智慧建造来说，建筑物施工是工厂、机器、生产资料和人通过网络技术的高度联结，形成自我组织的生产，建筑物的所有专业系统、BIM 模型及一体化平台都是数据的吸入器，BIM 和信息数字化使项目成为一个透明的图像表达，项目上的一切都被监视，不仅是安装过程，项目的管理层、员工，甚或是产品设备供应都处于监督的状态，并往具备自我调整功能的方向努力。广州地铁 BIM 项目一体化管理平台已经实现部分数据的吸入和处理，但对于现场施工，平台的数据还是不够充分，不够精细，不够智能。

（2）以往的项目施工、设备制造是低效能、劳动密集型、核心竞争力定位于低劳动成本的加工制造安装，目前这种状态还占据建筑施工的半壁江山，中国的建筑一线人员大体都是农民工，他们的受教育程度决定着施工项目的智慧建造的发展速度和水平，在目前的智能机器、物联网、云计算、工业数据不断以不同平台和途径呈现、施工产品及技术和项目数据应用方式更新速度日新月异，我们必须培养一线员工相关的知识和提高他们应用 BIM 和互联网软件等工具的技能。

（3）建筑行业的供应商，目前也处于转型智慧工厂制造的阶段，如何将地铁项目智慧施工的工厂预制、工厂定制比例提高，视乎多少比例数据开放型的制造工厂参与到项目的智慧建造中来，统一数据输送处理途径，并将数据开放，项目参建方授权以不同的人员处理数据，搭建数据和应用的处理桥梁。

（4）工程数据、设备材料专利、建筑系统功能等数据开放的程度、类别和保密规则的建立也是实现智慧建造过程不可跨越的一个前提条件。

参 考 文 献

[1]　约翰·比切诺，马蒂亚斯·霍尔. 精益工具箱（原书第 4 版）[M]. 北京：机械工业出版社，2016：121-158.
[2]　杰弗里·布斯罗伊德，皮尔特·杜赫斯特，温斯顿·奈特. 面向制作及装配的产品设计 [M]. 北京：机械工业出版社，2015：200-128.
[3]　物联网智库. 物联网：未来已来 [M]. 北京：机械工业出版社，2015：99-110.
[4]　夏妍娜，赵胜. 工业 4.0：正在发生的未来 [M]. 北京：机械工业出版社，2015：56-70.

浅谈 BIM 技术在地铁车站装修设计过程中的应用 ——以广州市轨道交通 7 号线鹤庄站为例

马　竞

（广州地铁设计研究院有限公司，广东　广州 510000）

【摘　要】本文以广州市轨道交通 7 号线鹤庄站车站装修 BIM 设计为例，简要介绍 BIM 技术在地铁车站装修设计过程中的实践应用，重点说明 BIM 技术在车站装修项目中的应用的思考，希望为以后 BIM 技术在轨道交通车站装修的广泛使用提供借鉴。

【关键词】车站装修；BIM 技术；实践应用；BIM 实施

1　概　述

1.1　BIM 基本概念

BIM（Building Information Model）即建筑信息模型，是 Autodesk 公司于 2002 年开始推广的概念。虽然国内外对 BIM 的定义略有不同，但不难看出，BIM 技术实际上是依赖于三维模型表达建筑全生命周期的各专业的信息，这些信息为建筑物在规划、设计、施工、运维阶段的实现提供可靠的依据，并支持数据跨专业共享，以达到协同设计，从而大大减少设计和施工人员的工作量和失误的概率，提高工程质量、提升工作效率，达到事半功倍的效果。

1.2　BIM 发展状况

在国内，BIM 技术应用也形成一股热潮，除了软件商呼吁外，政府单位、各行业协会与专家、设计单位、施工企业、科研院校等也开始重视推广 BIM。相比 2014 年，中国 BIM 普及率超过 10%，BIM 试点提高近 6%。但是无论政府还是行业巨头，对 BIM 的发展预期远不如欧美乃至部分亚洲国家乐观。BIM 技术在轨道交通行业的应用更是仅仅处于起步阶段，BIM 技术应用的广度及深度都存在先天不足，BIM 技术在轨道交通行业的推广任重道远。

2　项目概况

2.1　工程概况

鹤庄站是广州市轨道交通 7 号线一期工程第 6 座车站，位于迎宾路东侧，沿汉溪大道敷设（图 1）。该站是地下三层岛式车站，车站总长 260m，标准段宽度 19.6m，轨面埋深达 29.7m，总建筑面积达 2 万 m²。车站共设置 2 个出入口、1 个紧急疏散出入口，2 个风亭组、1 个冷却塔。

本站与万博地下商业中心结合，周围围绕着三个功能各异、业态不同的综合体，包括万博地下空间综合体、天合城万达综合体、市政工程交通枢纽综合体，综合体开发总面积约为 28 万 m²（图 2）。这也是国内首例大型综合体内包含地下枢纽站的工程项目，工程难度较大。

2.2　项目难点

由于工程项目特殊、边界条件复杂，本项目主要存在以下工程难度：

（1）建筑体量庞大、周边制约条件多、性质特殊、功能分区复杂。消防疏散系统、导向系统、地铁

【作者简介】马竞（1991-），男，助理设计师。主要从事轨道交通车站建筑设计。E-mail：majing@dtsjy.com

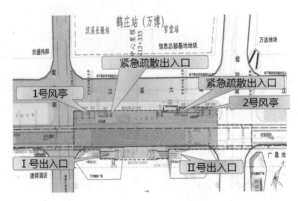

图 1　鹤庄站总平面图

图 2　鹤庄站及周边商业效果图

装修设计、施工及运维协调等等都比较复杂，对设计的精准度要求较高。

（2）项目协调参与方多，要求多，设计方案变化频繁。而 7 号线计划 2016 年底通车，工程需求迫切，对设计方案修改的效率要求高。

（3）项目涉及的设计专业很多（40 多个专业参与），专业协调复杂，设计图纸一致性及工程量的准确性的要求高。

3　BIM 实施方案

3.1　实施目的

地铁车站装修可分为设备区装修及公共区装修。重点包含车站导向设计、设备区及公共区天、地、墙的设计以及地面附属建筑设计等。地铁车站装修设计本身并不十分复杂，常见的问题主要集中在工程量统计繁琐（费时费力）、导向系统设计准确性不高、施工过程中设计变更多等。借助 BIM 技术，我们希望可以很好地改善以上常见问题并解决上述的项目难点，提高工程设计质量、减少设计错误及变更、节省人力与时间、节省工程投资、加快施工进度，满足工程需求。

3.2　实施策略

针对以上项目实施的难点及主要问题，本项目制定了相应的 BIM 实施策略，并在项目开展的过程中不断地进行基于 Autodesk 平台的二次开发。主要实施策略如下：

（1）协同设计。利用 ProjectWise（简称 PW）工作平台实现多专业协同工作。将中心文件置于 PW 工作平台上，各专业分别创建本地文件进行操作，并通过本地文件与中心文件同步，确保不同专业的模型是相同的，加强沟通的效率、保证剖切的图纸的一致性，减少设计误差。

（2）二次开发。针对设计需求，项目研发了"出入口快速建模工具"、"建筑装修（墙面地面）智能化"、"空间碰撞校验模块"、"建筑消防验收插件"等等，为提高方案设计及修改效率、提高项目的质量提供支持。

（3）族制作。根据项目需求，设计人员制作了约 304 个装修族（图 3）。这些族不仅加快了建模的速度，提高了出图的准确性，还被我院收入自己的族库系统，成为我院的企业族。

```
📄 （圆圈）00禁止烟火.rfa          📄 00非饮用水.rfa
📄 00请勿乱丢弃物.rfa            📄 00请勿拍照.rfa
📄 00请勿通过.rfa               📄 00请勿吸烟.rfa
📄 01禁止携带武器及仿真武器.rfa   📄 02禁止携带托运易燃及易爆物品.rfa
📄 05禁止携带气球.rfa            📄 06禁止携带托运剧毒物品及有害液…
📄 09禁止触摸.rfa               📄 10请勿饮食.rfa
📄 哺乳室.rfa                   📄 餐饮.rfa
📄 出口.rfa                     📄 出入口.rfa
📄 当心爆炸.rfa                 📄 当心车辆.rfa
```

图 3　自做的装修族

（4）常规 BIM 应用。项目同时利用了 BIM 技术的"三维场地仿真"、"三维综合管线碰撞检查"等常规应用，确定车站选址的合理性以及车站管线设计的精确性，协助业主及设计师确定方案，提高项目过程中的沟通效率。

（5）三维信息模型。通过三维模型巡游可以非常直观地看到车站导向的设计是否有误。模型里的墙面及地面均是三维实体，可以更准确的统计工程量，同时三维信息模型还可以为后期运维的可持续使用奠定基础。

3.3　重点案例

3.3.1　实例一：场地仿真

基于 Revit 与 Revizto 实践应用。在车站设计初期，通过构建车站、周边建（构）筑物、地下市政管线、场地、道路等三维模型，模拟站位周边真实环境，表达车站站位敷设、地铁线路路由、车站与各种边界条件的关系、地块属性及交通疏解效果等，校核设计方案是否满足环评要求、消防规范及相关技术标准要求，协助业主与设计师确定最终方案，避免不必要的反复（图 4）。

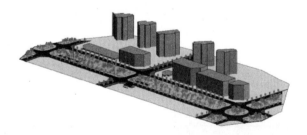

图 4　场地仿真效果图

3.3.2　实例二：建筑装修智能化

基于 Revit 二次开发的研发应用。无论是二维设计还是常规的三维建模，车站天花、墙面、地面装修的铺设都费时费力。而且在 Revit 中创建以上装饰模型，需要用到众多不同的功能，同时设计师还要在不同的视图之间反复切换，这需要耗费大量的时间与精力。

考虑到不同城市地铁车站墙面及地面的装修具有很强的相似的规律性，而不同城市的天花的设计大不相同、各有特色，不具备可推广的逻辑排布。所以项目针对建筑装修中的墙面及地面铺设进行二次开发，实现智能化设计，达到模型一建排布、工程量自动生成且可追溯、修改。该开发在以后依然可以可持续利用。而车站天花装饰则采用常规模型＋手动排布的方式完成建模（图 5、图 6）。

3.3.3　实例三：族研发

基于 Revit 的深入应用。地铁项目的设备或者导向等有其特殊性。由于 BIM 技术在城市轨道交通行业项目中的使用仍处于起步阶段，建模所需要的族并不如民建那样丰富，尤其是车站装修所需要的族，在整个行业内流通的都比较少。

为了能完整地准确地表达车站装修设计，提高建模的效率，成立了 8 人组成的 BIM 装修族研发小组，利用工作之余的时间，耗时一个月共完成了以车站导向为主的族共 304 个（图 7）。

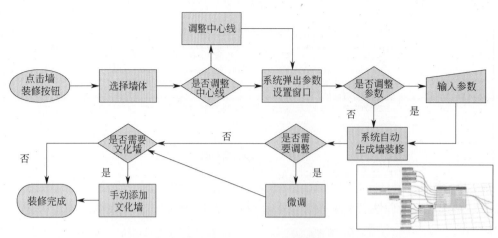

图 5　智能化二次开发逻辑图

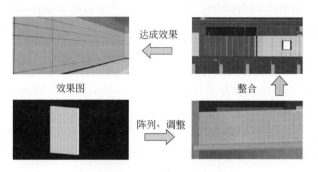

图 6　墙面装修自动生成效果图

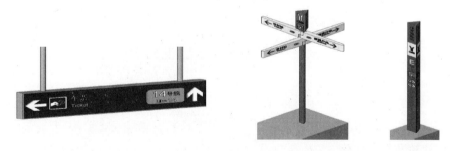

图 7　装修族研发成果

3.3.4　实例四：协同设计

基于 PW 及 Revit 的实践应用。BIM 技术实践应用的核心就是在规划、设计、建造、运营的全生命周期过程中，数据信息流在一个大平台或者大系统中高效流转。因此，真正的 BIM 实施必然是协同工作模式（图 8）。

地铁工程项目从规划、设计、建造、运营的全生命周期，是一个庞大、复杂、涉及多行业、多专业的系统工程。从设计角度出发，BIM 协同设计实施的关键是明确工作分配的主要原则。本项目 BIM 协同设计的主要原则如下：

（1）"谁使用，谁建模"。例如暖通的设备基础由暖通专业构建模型。

（2）"共同使用，大小共用，大者建模；强弱共用，强者建模；互为冲突，取前顺位确定"。例如供电与低压专业共用孔洞，由供电专业构建孔洞模型。

在确定好工作分配的原则之后，我们还细化各专业的具体的工作分配以及具体的工作流程。最终该项目的实践经验指导并改进了我院《BIM 协同工作流程》使用手册的编制。

图 8　地铁工程各参与方协同设计

3.3.5　实例五：管线碰撞检查

基于 Revit 与 Navisworks 的常规应用。轨道交通车站设计虽不像高层建筑那样体量庞大，但是依然有许多较为复杂的空间设计，其中综合管线布置是最让设计师与业主的头疼的部分之一。传统的二维图纸经常会出现错漏碰撞的情况，不仅影响施工进度，还会造成较大的经济损失。

基于 BIM 协同平台之后，各专业基于相同的三维模型展开设计，可以直观地看到自己的管线与土建结构以及其他管线的关系，在结合传统的设计原则与设计经验，可以避免大部分的碰撞。在所有的管线设计完成之后，在进行管线碰撞检查并进行修改，循环重复直到管线零碰撞，再出图或者指导施工（图 9）。

图 9　地铁车站机房管线示意图

4　总　结

目前 BIM 技术的应用点非常多，而不同项目其特点、工期、投资等也各不相同，这就决定了不可能每个项目对 BIM 技术的应用都面面俱到，不同项目需要根据自身的特点筛选必要的合理的 BIM 应用点。

本项目开始之初，就明确了项目的难点，确定了 BIM 技术应用需要解决的问题：工程效率与准确性。针对这些问题分别制定相应的 BIM 技术实施策略，例如针对专业多、地块环境复杂而造成的沟通困难，我们选择 BIM 协同设计并事先确定相关原则与分工，增加沟通与建模效率。比如针对建模效率慢、方案变化多，我们研发了快速智能化建模工具并研发大量的族，提高工作效率。而在做二次开发时，受限于时间及经费，我们也仅仅是优先选择那些费时费力，以后仍可持续利用的。比如我们研发车站装修墙面、地面的智能化而放弃对天花的研发。

广州市轨道交通 7 号线鹤庄站不仅设计阶段采用 BIM 技术，后期施工也采用了 BIM 技术进行现场管理、施工模拟等。项目采用 BIM 技术优化后，达到缩短工期和节省造价的目标，得到政府部门、业主及其他各方的认可，取得了丰硕的实践应用成果。我们希望本次 BIM 技术的探索不仅能给鹤庄站工程带来效益，同时也能为以后的地铁车站装修项目甚至其他项目的 BIM 实施提供一定的借鉴，为 BIM 技术的推广、发展贡献一份力量。

<h2 style="text-align:center">参 考 文 献</h2>

[1]　上海市城乡建设和管理委员会. 上海市建筑信息模型技术应用指南（2015 版）［R］，2015.

BIM 技术在广州地铁十四号线高架车站设计阶段的实践与应用

叶　春

（广州地铁设计研究院有限公司，广东　广州 525001）

【摘　要】随着高架车站的设计越来越复杂，二维的图纸越来越难以满足建筑信息的表达，随着 BIM 技术的发展和进步，工程设计人员可以直接利用软件进行三维设计，而且模型精度更加精细可靠，本文将以广州市 14 号线高架车站设计为例，探索 BIM 技术在高架车站设计的应用。

【关键词】BIM 技术；REVIT；岛式高架车站

1　引　言

随着城市化的不断深入，城市轨道交通在城市发展的地位越来越重要，这种快速公共交通系统逐渐从市中心向市郊扩展，地铁中广泛运用的隧道区间由于受市中心地面建筑、路网、建设成本等因素控制，造价高昂，相比之下高架线的优点非常明显，高架车站在地铁线路的应用越来越广泛。

BIM 为"建筑信息模型（Building Information Modeling）"的简称。BIM 的理论基础主要源于制造行业集 CAD、CAM 于一体的计算机集成制造系统 CIMS（Computer Integrated Manufacturing System）理念和基于产品数据管理 PDM 与 STEP 标准的产品信息模型。以三维数字化为基础，利用计算机建立数字化模型，对项目构筑物实体中的各种构件进行参数化的定义，对项目进行过程当中的设计、施工和运营维护等一系列过程的全面辅助，BIM 是一种有效的方法和手段。BIM 模型不仅能表达出传统 CAD 图形中的几何尺寸信息，模型当中还集成了大量非几何信息，如构件的力学性能、材料的物理参数、材料的使用年限等等。BIM 技术具有可视化程度高、数据信息高度整合、协调性好等特点，它加快了基础设施行业信息化进程，实现了土建技术和管理模式的全面升级。

2　高架车站 BIM 设计的必要性

典型的高架站有两种结构形式，即"桥建分离"和"桥建合一"两种形式。对于"桥建分离"高架车站形式，轨道梁、支撑轨道梁的柱及柱下基础为独立的桥梁结构，与车站框架结构完全分离。该结构受力明确，能减少行车对车站用房的振动。但是对于侧式车站，横向柱子较多，且桥墩柱子尺寸较大，这些会给车站的用房布置、使用带来难度。对于岛式站，因车站框架结构两侧有桥墩与轨道梁，车站建筑外立面不好处理，景观性较差。"桥建合一"是行车部分的轨道梁支承在车站框架横梁上，车站结构与桥梁结构结合一起共同受力，支承轨道梁的横梁、支承横梁的墩柱及墩柱基础承受列车动荷载，该方案具有站厅至站台提升高度较小、车站建筑布置规则灵活、结构整体性好、施工工艺简单可行等优点。从长远来讲，"桥建合一"具有更好的适用性，其应用也越来越多，但"桥建合一"高架车站构造复杂，二维设计在很多时候并不能满足设计要求，冲突碰撞的情况时有发生，所以利用 BIM 技术对岛式高架车站进行三维设计，势在必行。本文以广州十四号线钟落潭车站为例，详细介绍高架车站的三维设计过程。

【作者简介】叶春（1985-），男，安徽省安庆人，工程师。主要从事地铁和市政桥梁设计工作。E-mail：yechun@dtsjy.com

3　利用 BIM 技术设计高架车站

3.1　车站设计概况

钟落潭车站主体结构位于广从路规划路路中，也处于现状道路路中，三层双岛四线高架车站。车站结构总长 120m，总宽 36m，站台结构面相对标高 17.32。首层架空，二层设站厅，站厅通过天桥与两侧出入口相接，三层为站台。车站轨道梁、站台梁采用桥梁式结构，轨道梁采用标准跨径 24m 的预应力混凝土简支小箱梁，支撑于墩顶横梁，站台梁采用 5×24m 钢筋混凝土连续箱梁。轨道梁及站台梁下支撑结构采用三柱两跨框架墩（16.4m＋16.4m），墩柱截面尺寸 1.6m×1.8m（横向×纵向），框架墩纵向间距 24m。站厅层采用钢筋混凝土框架梁板结构，纵向柱距 24m，横向柱距 16.4m。

3.2　车站主体结构 BIM 设计

3.2.1　快速建立车站模型

建立轴网，利用 BIM 设计软件 Revit 自带族建立承台和桩基础，建立站台层和站厅层，利用自建族建立轨道梁和墩顶横梁，快速建立车站 BIM 模型（图 1、图 2）。

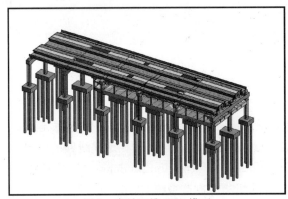

图 1　车站三维 BIM 模型

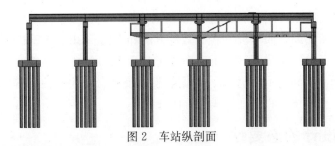

图 2　车站纵剖面

3.2.2　利用自建族建议轨道梁构造与预应力模型

轨道梁构造建模-利用常规模型族快速建立轨道梁模型，利用参数设置可以快速变化轨道梁形状，快速建模（图 3、图 4）。

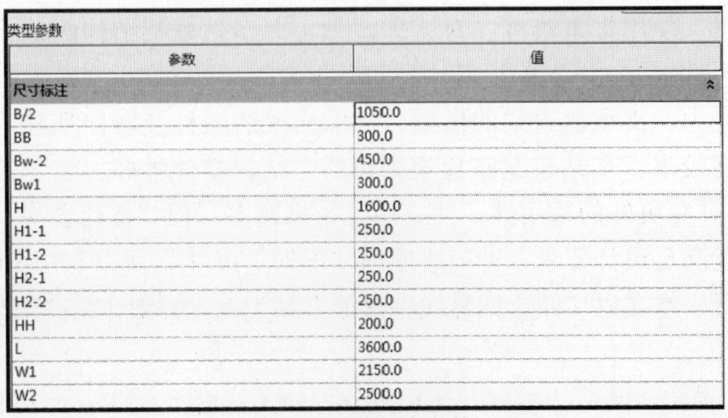

类型参数	
参数	值
尺寸标注	⌃
B/2	1050.0
BB	300.0
Bw-2	450.0
Bw1	300.0
H	1600.0
H1-1	250.0
H1-2	250.0
H2-1	250.0
H2-2	250.0
HH	200.0
L	3600.0
W1	2150.0
W2	2500.0

图 3　轨道梁族参数

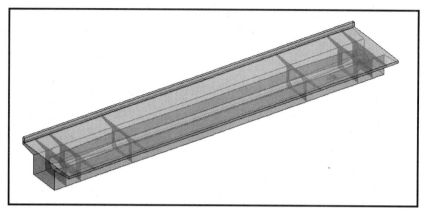

图 4　轨道梁三维 BIM 模型

轨道梁预应力建模-利用自适应常规模型族快速建立轨道梁预应力钢束模型，实现快速修改并可以实现钢束平弯和竖弯（图 5）。

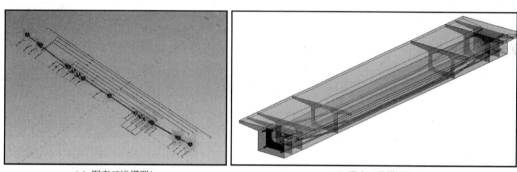

(a) 钢束三维模型1　　　　　　　　　　(b) 钢束三维模型2

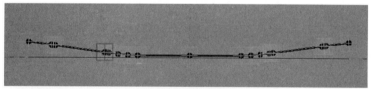

(c) 钢束平弯线型

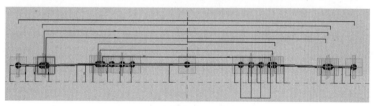

(d) 钢束竖弯线型

图 5　钢束模型

3.2.3　建立三维钢筋模型

在常规的设计模式中，钢筋是在二维平面中绘制，很难发现钢筋冲突和碰撞的情况，施工现场经常需要现场调整，利用 BIM 的三维钢筋绘制功能，可以自动发现钢筋的碰撞情况，减少施工现场变更，并且能精确计算工程量（图 6、图 7）。

3.2.4　BIM 出图和应用

利用 BIM 三维建模可以实现大部分高架车站图纸的绘制并能实现出图，由于构件是由参数化建模建立，如发现施工阶段的变更，更改模型参数即可实现出图，相比二维设计更加方便准确，并且由结构建模提供给下游电气，管线专业，方便检查碰撞和冲突（图 8、图 9）。

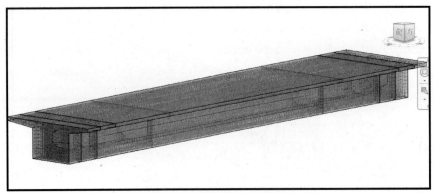

图 6　轨道梁钢筋三维模型

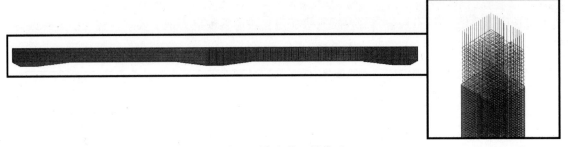

图 7　下部钢筋三维模型

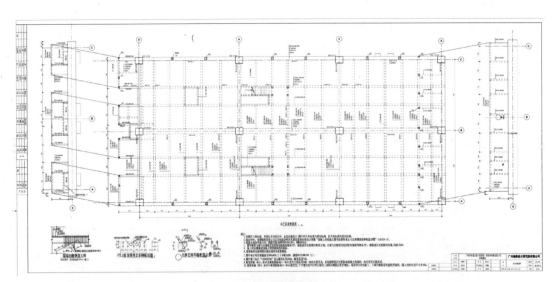

图 8　BIM 出图

图名	实现软件	图名	实现软件	图名	实现软件
上部结构设计说明（一）	revit	3#~5#墩牛腿钢筋布置图	revit+cad	轨道梁普通钢筋图（二）	revit+cad
上部结构设计说明（二）	revit	垫石及垫石支撑配筋大样图	revit+cad	轨道梁普通钢筋图（三）	revit+cad
上部结构设计说明（三）	revit	1轴、6轴顶横梁预应力束布置图	revit	轨道梁普通钢筋图（四）	revit+cad
钢筋混凝土结构设计说明（一）	revit+cad	2轴、5轴顶横梁预应力束布置图	revit	墩顶后浇轨道梁钢筋图	revit+cad
钢筋混凝土结构设计说明（二）	revit+cad	3轴、4轴顶横梁预应力束布置图	revit	轨道梁桥面防水设计图	revit+cad
车站结构A-A 纵剖面图	revit	站厅层结构平面图	revit	车站轨道梁伸缩缝设计图	revit
车站结构B-B 纵剖面图	revit	站厅层梁配筋图	revit	轨道预埋钢筋布置图	revit+cad
1-1横剖面图	revit	站厅层板配筋图	revit	站台层结构平面图	revit
2-2横剖面图	revit	站厅层电梯、扶梯底坑大样图	revit+cad	站台层安全门槽口平面图	revit
3-3横剖面图	revit	墩顶框架梁平面布置及支座布置图	revit	站台梁构造图	revit
4-4横剖面图	revit	轨道梁结构平面布置图	revit	站台梁普通钢筋图（一）	revit+cad
3#~5#墩构造图	revit	轨道梁构造图（一）	revit	站台梁普通钢筋图（二）	revit+cad
1#、6#墩构造图	revit	轨道梁构造图（二）	revit	1号楼梯大样图	revit+cad
2#墩构造图	revit	轨道梁预应力钢筋图（一）	revit	站台下轨道梁楼梯结构图	revit+cad
墩柱普通钢筋图	revit	轨道梁预应力钢筋图（三）	revit	1轴~2轴墩防雷接地剖面	revit
1轴、6轴顶横梁普通钢筋布置图	revit+cad	轨道梁预应力钢筋图（二）	revit	3轴~6轴墩防雷接地剖面	revit
2轴~5轴顶横梁普通钢筋布置图	revit+cad	轨道梁普通钢筋图（一）	revit+cad		

图 9　BIM 出图清单

4　总　结

　　BIM 技术在国外应用成熟，正在取代传统的二维设计模式，本文通过广州十四号线钟落潭高架车站的 BIM 应用实践，证明 BIM 技术应用在高架车站的设计上是可行，并且效果显著，通过对 BIM 软件的深入应用和二次开发，可以实现模型的快速建立和出图。在今后的研究中，需要在结构计算、工程量统计、施工模拟方面研究进一步应用，通过完善 BIM 平台整体功能，为今后 BIM 技术在地铁高架车站结构设计中的应用提供可靠的技术实践路线，助力于实现 BIM 技术在地铁车站全生命周期的应用。

参 考 文 献

[1]　何关培. BIM 和 BIM 相关软件 [J]. 土木建筑工程信息技术，2010，2（4）：110-117.

[2]　柴家远. 大型复杂地下空间总体设计研究 [J]. 铁道工程学报，2012（7）：77-81.

[3]　赵立峰. 地铁高架车站设计综述 [J]. 广东土木与建筑，2014（5）：50-53.